AF130706

9

Schlüssel zur Mathematik

Niedersachsen

Herausgegeben von
Reinhold Koullen †

Günther Reufsteck
Christine Sprehe
Rainer Zillgens

Erarbeitet von
Elke Cornetz
Wolfgang Hecht
Reinhold Koullen †
Jeannine Kreuz
Frank Nix
Hans-Helmut Paffen

Beraten von
Christina Kapitza
Christa Meyer

unter Mitarbeit
der Verlagsredaktion

Cornelsen

Teile dieses Unterrichtswerkes basieren auf Inhalten bereits
erschienener Lehrwerke.
Diese wurden herausgegeben von Reinhold Koullen † und Udo Wennekers
sowie erarbeitet von:
Helga Berkemeier, Ilona Gabriel, Wolfgang Hecht, Ines Knospe,
Reinhold Koullen †, Doris Ostrow, Hans-Helmut Paffen, Jutta Schaefer,
Gabriele Schenk, Willi Schmitz, Herbert Strohmayer, Martina Verhoeven,
Udo Wennekers

Redaktion: Kerstin Kälberer, Viola Moncada

Illustration: Roland Beier

Grafik: Christian Böhning, Ulrich Sengebusch †

Umschlaggestaltung und Layoutkonzept:
Syberg | Kirstin Eichenberg und Torsten Symank

Layout und technische Umsetzung:
CMS – Cross Media Solutions GmbH

Begleitmaterialien zum Lehrwerk			
für Schülerinnen und Schüler		**für Lehrerinnen und Lehrer**	
Arbeitsheft Basis	978-3-06-006752-7	Lösungsheft	978-3-06-006738-1
Arbeitsheft	978-3-06-006749-7	Handreichungen	978-3-06-006734-3
Arbeitsheft mit CD-ROM	978-3-06-006746-6	Lehrerfassung	978-3-06-006741-1

www.cornelsen.de

Unter der folgenden Adresse befinden sich multimediale
Zusatzangebote für die Arbeit mit dem Schülerbuch:
www.cornelsen.de/schluessel
Die Buchkennung ist: **MSL006730**

Alle Drucke dieser Auflage sind inhaltlich unverändert
und können im Unterricht nebeneinander verwendet werden.

© 2015 Cornelsen Schulverlage GmbH, Berlin
© 2018 Cornelsen Verlag GmbH, Berlin

Das Werk und seine Teile sind urheberrechtlich geschützt. Jede Nutzung in anderen als den
gesetzlich zugelassenen Fällen bedarf der vorherigen schriftlichen Einwilligung des Verlages.
Hinweis zu §§ 60 a, 60 b UrhG: Weder das Werk noch seine Teile dürfen ohne eine solche Einwilligung
an Schulen oder in Unterrichts- und Lehrmedien (§ 60 b Abs. 3 UrhG) vervielfältigt, insbesondere
kopiert oder eingescannt, verbreitet oder in ein Netzwerk eingestellt oder sonst öffentlich zugänglich
gemacht oder wiedergegeben werden. Dies gilt auch für Intranets von Schulen.

Soweit in diesem Buch Personen fotografisch abgebildet sind und ihnen von der Redaktion Namen, Berufe,
Dialoge und Ähnliches zugeordnet oder diese Personen in bestimmten Situationen dargestellt werden,
sind diese Zuordnungen und Darstellungen fiktiv und dienen ausschließlich der Veranschaulichung und
dem besseren Verständnis des Buchinhalts.

Druck und Bindung: Livonia Print, Riga

1. Auflage, 5. Druck 2021
Schülerbuch
978-3-06-006730-5
978-3-06-006583-7 (E-Book)

1. Auflage, 2. Druck 2021
Lehrerfassung
978-3-06-006741-1

PEFC zertifiziert
Dieses Produkt stammt aus nachhaltig
bewirtschafteten Wäldern und kontrollierten
Quellen.
www.pefc.de
PEFC/12-31-006

Inhalt

Terme, Gleichungen und Funktionen

Die Steinplatte befindet sich im Gleichgewicht, da die vier Steine auf der rechten Seite dem Gewicht des Steins auf der linken Seite entsprechen. Das modellhaft dargestellte Gleichgewicht und die Steine sind in der Mathematik auf Gleichungen mit Variablen übertragbar.

Noch fit?

Einstieg

1 Terme zusammenfassen
Ordne und fasse dann zusammen.

a) $x + y + x + y + y$
b) $i + j + j + i + i + j + i + i$
c) $x + y - x + x + y - y - x + x + y + x$
d) $o + o - p + o + p - o - p - p$
e) $r + s + t + r - s - t - r - s + s$
f) $-c + d - c - e + d + e - e - c + c$

2 Gleichungen aufstellen
Schreibe als Gleichung.

a) Robert hat nach seinem Einkauf noch 3 € übrig. Er hat fünf Schokoriegel für je 1 € gekauft und eine Packung Kekse für 2 €. Wie viel Geld hatte er vor dem Einkauf?
b) Sophia erhält 13,50 € Rückgeld an der Supermarktkasse. Sie hat ein Brot für 2,50 €, zwei Sorten Aufstrich für je 1,50 € und eine Gurke für 1 € gekauft. Mit welchem Schein hat sie bezahlt?

3 Gleichungen lösen
Löse die Gleichungen.

a) $20 - 5x = 10$
b) $49 + 36a = -59$
c) $24 - 6d + 14d = 0$
d) $-32 + 8y + 9y = 67 + 26y$
e) $12v - 12 + 16 + 8v = 0$
f) $-11u - 96 = 9 - 4u$

Aufstieg

1 Terme vereinfachen
Vereinfache so weit wie möglich.

a) $6c + 3d + 5c + 10d - 9c$
b) $15o + 13p - 3p + 7o + 12$
c) $3p + 13q + 9p + 15q - 6q$
d) $35m - 55n - 29m - 65n + 17$
e) $13a - 25b - 36c + 30$
f) $5x + 3y - 3x - 11x + 4y + 7y$

2 Gleichungen aufstellen
Schreibe als Gleichung.

a) Pascal und Jule kommen mit 2,30 € aus dem Kino. Sie haben je 6,00 € Eintritt gezahlt. Ihr Popcorn hat 4,30 € und 5,90 € gekostet. Wie viel Geld hatten sie vorher?
b) Miriam hat 150 g Butter übrig. Sie hat für den Geburtstag ihrer Mutter einen Kuchen (300 g) und 12 Muffins gebacken. Sie hatte 630 g Butter. Wie viele Muffins kann sie mit der restlichen Butter noch backen?

3 Gleichungen lösen
Löse die Gleichungen.

a) $35 + 15x + 10 - 6x = 0$
b) $-8y - 4 = -6 - 2y$
c) $65p - 96 - 56p - 38 = 1$
d) $8 + 14k = 9 + 6k - 13$
e) $-18g + 15 + 6g - 21 = 0$
f) $4x + 1 - x + 5 = 39$

4 Funktionen erkennen
Bei welcher grafischen Darstellung handelt es sich um eine Funktion? Begründe.

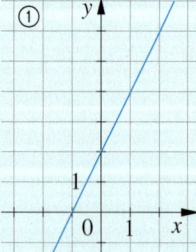
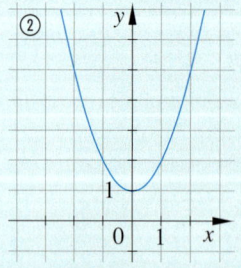
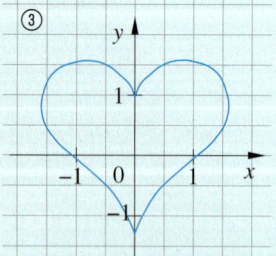
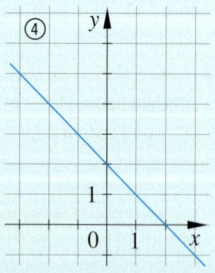

5 Funktionen zeichnen
Lege eine Wertetabelle an und zeichne den Graphen der Funktion.

a) $y = 2x$ b) $y = -x$ c) $y = -3x$

5 Funktionen zeichnen
Lege eine Wertetabelle an und zeichne den Graphen der Funktion.

a) $y = 1,5x$ b) $y = 3x + 1$ c) $y = -2x + 1,5$

Lösungen ab Seite 194

Terme vereinfachen

Entdecken

1 Arbeitet zu zweit oder in kleinen Gruppen.

a) Überprüft, ob wirklich alle Terme oben gleich sind, indem ihr für x und für y Zahlen einsetzt.

b) Findet jeweils einen Term ohne Klammer, der zu dem gegebenen Term gleichwertig ist:

  ① $4 \cdot (a + b)$ ② $6 \cdot (x + y)$ ③ $8 \cdot (k - m)$ ④ $a \cdot (r + 2)$

c) Findet jeweils einen Term mit Klammer, der zu dem gegebenen Term gleichwertig ist:

  ⑤ $7x + 7y$ ⑥ $3s + 3t$ ⑦ $x \cdot y - x \cdot z$ ⑧ $a \cdot b - 3a$

d) Wie kann man die Klammer in einem Term der Form $a \cdot (b + c)$ auflösen? Formuliert Regeln und überprüft sie.

2 Eine Architektin erstellt einen Bauantrag für einen Supermarkt, den die Baubehörde vor Beginn der Bauarbeiten genehmigen muss.

Zu diesem Bauantrag gehört neben den Grundrisszeichnungen auch eine Berechnung der genutzten Fläche.

Entnimm die Maße der Zeichnung.

a) Berechne die Fläche der einzelnen Räume.

b) Berechne die Fläche der gesamten genutzten Fläche.

c) Zeige, dass es verschiedene Möglichkeiten gibt, die Gesamtfläche zu berechnen.

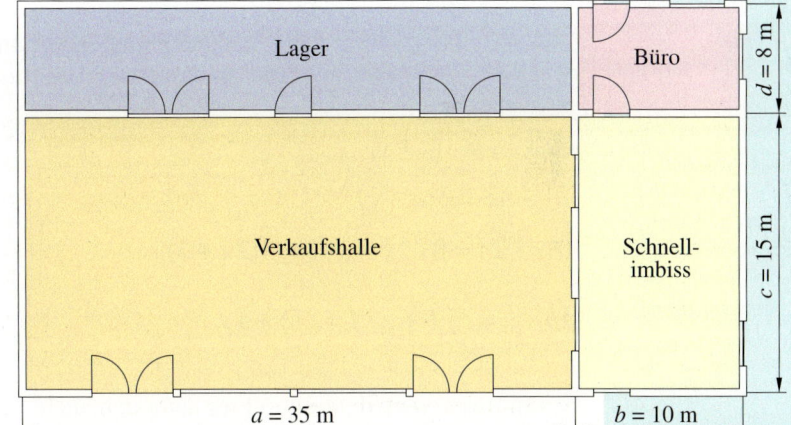

d) Für ähnliche Gebäude berechnet die Architektin die Fläche mit ihrem Tabellenkalkulationsprogramm.

Gib einen Term oder mehrere mögliche Terme für die Formel in Zelle **F3** an.

	A	B	C	D	E	F
1	**Supermarkt**	**Verkaufshalle**	**Imbiss**	**Imbiss**	**Büro**	**Supermarkt**
2		**Länge a**	**Breite b**	**Länge c**	**Breite d**	**Gesamtfläche**
3	wie im Bild	35	10	15	8	
4	Alternative 1	38	12	16	10	
5	Alternative 2	42	10	17	12	
6	...					
7						
8						

Verstehen

Maria und Lars haben ein Kantenmodell eines Quaders aus Draht gebaut. Sie sollen nun einen Term zur Berechnung der gesamten Kantenlänge des Quaders angeben.

Ich addiere zunächst alle Kanten $a + b + c$. Da jede Kante viermal vorkommt, multipliziere ich anschließend mit 4.

$4\,(a+b+c) = 4a+4b+4c$

Ich multipliziere jede Kante mit 4 und addiere dann die Produkte.

Das **Verteilungsgesetz** (Distributivgesetz), es gilt auch bei Termen mit Variablen:

Beispiele 1

$$4(a + b + c) = 4a + 4b + 4c$$
$$(8 - 6 + 2) \cdot 4 = 8 \cdot 4 - 6 \cdot 4 + 2 \cdot 4$$

Merke Wird eine Summe (oder Differenz) mit einer Zahl multipliziert, kann man folgendermaßen die **Klammer auflösen**:
$$a\,(b + c) = a \cdot b + a \cdot c$$
$$a\,(b - c) = a \cdot b - a \cdot c$$

Das Verteilungsgesetz kann man auch umgekehrt anwenden:

Beispiele 2

$$4x + 4y = 4(x + y)$$
$$ab - bc = b(a - c)$$
$$16x + 24 = 8 \cdot 2x + 8 \cdot 3 = 8(2x + 3)$$
$$ab + a = a \cdot b + a \cdot 1 = a(b + 1)$$

Merke Eine Summe kann man in ein Produkt umwandeln, indem man aus allen Summanden **einen gemeinsamen Faktor ausklammert**.
Das nennt man **Faktorisieren.**

$$\underbrace{ab + ac}_{\text{Summe}} = \underbrace{a \cdot (b + c)}_{\text{Produkt}}$$

HINWEIS
Auch zwischen Zahl und Variable bzw. zwischen Variablen kann man das Malzeichen weglassen:
$a \cdot b = a\,b$

Mithilfe des **Verteilungsgesetzes** lässt sich auch die Multiplikation von Summen herleiten.

Beispiel 3

$$(a + 13) \cdot (b + 5)$$
$$= a \cdot b + a \cdot 5 + 13 \cdot b + 13 \cdot 5$$
$$= ab + 5a + 13b + 65$$

Beispiel 4

$$(a - 4) \cdot (b + 6)$$
$$= a \cdot b + a \cdot 6 - 4 \cdot b - 4 \cdot 6$$
$$= ab + 6a - 4b - 24$$

Merke Beim **Multiplizieren von zwei Summen** wird **jeder** Summand der ersten Summe **mit jedem** Summanden der zweiten Summe multipliziert.
Anschließend werden die vier Teilprodukte addiert.

$$(a + b) \cdot (c + d) = a \cdot c + a \cdot d + b \cdot c + b \cdot d$$

Die Regel für das Multiplizieren von Summen gilt auch, wenn in den Klammern ein Minuszeichen steht.

BEACHTE
Beim Multiplizieren von Differenzen muss man immer das vorstehende Rechenzeichen „mitnehmen".

Üben und anwenden

1 Ordne im Heft die Terme mit Klammer und die Terme ohne Klammer einander zu.

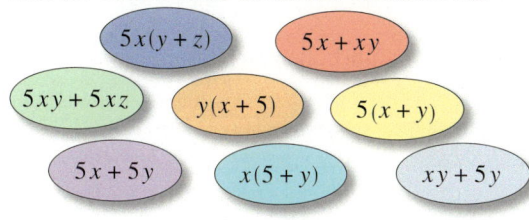

$5x(y+z)$

$5x+xy$

$5xy+5xz$

$y(x+5)$

$5(x+y)$

$5x+5y$

$x(5+y)$

$xy+5y$

2 Löse die Klammer auf.

a) $2(a+b)$ b) $4(m-n)$

c) $3(x+y)$ d) $a(b-c)$

e) $4(11+c)$ f) $15(3-2a)$

3 Löse die Klammer auf.

a) $3(a+b+c)$ b) $7(2a+3b+2c)$

c) $6(x+y+2)$ d) $13(c-d-7)$

e) $8(2k-3l+4m)$ f) $15(-2+3x-5y)$

g) $c(3a+c)$ h) $m(3a+4m+b)$

1 Überlege: Sind die Terme gleich? Übertrage ins Heft und setze = oder ≠ ein.

a) $x(4+x)$ ▢ $(4+x)x$

b) $x(4+x)$ ▢ $x(x+4)$

c) $x(4-x)$ ▢ $x(x-4)$

d) $x(-4-x)$ ▢ $x(x-4)$

e) $x(-4+x)$ ▢ $x(x-4)$

f) $x(4-x)$ ▢ $(-x+4)x$

2 Löse die Klammer auf.

a) $5(x+y)$ b) $7(a-b)$

c) $25(3-y)$ d) $8(x+3y)$

e) $a(12-3y)$ f) $12(m+10)$

3 Löse die Klammer auf.

a) $4(x+y-z)$ b) $2(3a-2b-c)$

c) $2(13k+4l-m)$ d) $6(-3+4x+6y)$

e) $2a(a+3b+4)$ f) $3x(7-5m-xy)$

g) $(3a+7b)\cdot 2$ h) $(19-8b)ab$

4 Auch beim Auflösen der Klammer kann man seine Lösung überprüfen.
Löse die Klammer auf.
Setze dann in *beide* Terme für die Variablen Zahlen ein:
Sind die Ergebnisse gleich?

a) $4(x-2y)$ b) $m(4-7)$ c) $2(d+3)$ d) $b(2a+b)$

TIPP
Bei der Probe solltest du für die Variablen nicht 0 und nicht 1 einsetzen.

5 Klammere einen gemeinsamen Faktor aus.
Beispiel $15x+3y=3(5x+y)$

a) $19a-19b$ b) $17r-17ab$

c) $3y-3x$ d) $2ab-4c$

e) $9a-18$ f) $7x^2-14y$

g) $2a+2b+2c$ h) $3b^2-6a$

5 Klammere einen gemeinsamen Faktor (eine Zahl oder eine Variable) aus.

a) $17c-10cd$ b) $6b-9ac$

c) $-xy+3x$ d) $2x-4z+8y$

e) $7c-15cd-5ac$ f) $7x^2-15x$

g) $4ab+a$ h) $3x+6$

6 Klammere gemeinsame Faktoren aus. Mache anschließend eine Probe, beachte dazu den Hinweis in der Randspalte.

a) $4x+8y$ b) $27-9x$

c) $3x-12$ d) $18-9x$

e) $14a+28ab$ f) $36r-24s$

6 Klammere gemeinsame Faktoren aus. Mache eine Probe, wenn du dir nicht sicher bist.

a) $27c-45d$ b) $-15p+45q$

c) $50ab-125a$ d) $42xz-63yz$

e) $bx-b$ f) $5x+35$

g) $-14z-35xz$ h) $8d-72cd$

7 Klammere gemeinsame Faktoren aus. Mache eine Probe, wenn du dir nicht sicher bist.

a) $20c+5b-40d$

b) $16a+24b-8c$

c) $48x+8y+6z$

d) $36w-12x+20y-24z$

e) $8ab+4b-2bc-12bd$

7 Klammere gemeinsame Faktoren aus.

a) $ax-4az+5ay$

b) $21abx-6by+15bz$

c) $24ab-12bc+48ab$

d) $5bx-by-15bz$

e) $25ab+125ac+75ax$

f) $16qrs-12rst+8stu$

ZU DEN AUFGABEN 6 UND 7
Es gibt hier zwei Möglichkeiten, die Probe zu machen.
– Du kannst die Klammer wieder auflösen.
– Du setzt in beide Terme (mit und ohne Klammer) für die Variablen die gleichen Zahlen ein.

Methode: Die binomischen Formeln verwenden

Bei der Multiplikation von Summen gibt es drei Sonderfälle, bei denen sich die Ergebnisse leicht zusammenfassen lassen.
Diese heißen **binomische Formeln**.
Sie ermöglichen eine **Abkürzung** der ausführlichen Berechnung.

	Quadrat des 1. Summanden	doppeltes Produkt beider Summanden	Quadrat des 2. Summanden

1. binomische Formel
$(a + b)^2 = a^2 + 2ab + b^2$

$(a + b)^2 = $ $\quad a^2 \quad + \quad 2ab \quad + \quad b^2$

2. binomische Formel
$(a - b)^2 = a^2 - 2ab + b^2$

$(a - b)^2 = $ $\quad a^2 \quad - \quad 2ab \quad + \quad b^2$

3. binomische Formel
$(a + b) \cdot (a - b) = a^2 - b^2$

$(a + b) \cdot (a - b) = $ $\quad a^2 \quad \underbrace{-ab + ab}_{0} \quad - \quad b^2$

$= \quad a^2 \qquad 0 \qquad - \quad b^2$

1 Tim überprüft die 1. binomische Formel:
$(14 + 18)^2 = 32^2 = \blacksquare$ und $14^2 + 2 \cdot 14 \cdot 18 + \blacksquare^2 = \blacksquare$

a) Ergänze Tims Rechnung in deinem Heft.

b) Überprüfe auch die 2. und 3. binomischen Formel für die Zahlen $a = 14$ und $b = 18$.

2 Übertrage ins Heft, ergänze + oder –.

a) $(x + 8)^2 = x^2 \,\blacksquare\, 16x \,\blacksquare\, 64$

b) $(c \,\blacksquare\, 2d)^2 = c^2 - 4cd + 4d^2$

c) $(2 \,\blacksquare\, a)(2 \,\blacksquare\, a) = 4 - a^2$

d) $(y \,\blacksquare\, 3z)^2 = y^2 - 6yz \,\blacksquare\, 9z^2$

e) $(w \,\blacksquare\, 4x)(w \,\blacksquare\, 4x) = w^2 - 16x^2$

f) $(2 - x)^2 = 4 \,\blacksquare\, 4x \,\blacksquare\, x^2$

3 Ergänze die fehlenden Terme im Heft.

a) $(c + d)^2 = \blacksquare + 2cd + d^2$

b) $(x - 5)(x + 5) = \blacksquare - 25$

c) $(d - 5)^2 = \blacksquare - 10d + 25$

d) $(4 - m)^2 = 16 - 8m + \blacksquare$

e) $(9 + y)^2 = 81 + 18y + \blacksquare$

f) $(0{,}2 - b)(0{,}2 + b) = \blacksquare - b^2$

4 Löse die Klammer auf. Verwende die erste binomische Formel.

a) $(4 + y)^2$
b) $(a + 5)^2$
c) $(x + 12)^2$
d) $(s + 15)^2$
e) $(4a + 14)^2$
f) $(6 + 3b)^2$
g) $(2x + 3)^2$
h) $(x + y)^2$

5 Löse die Klammer auf. Verwende die zweite binomische Formel.

a) $(5 - t)^2$
b) $(b - 4)^2$
c) $(8 - p)^2$
d) $(c - 7)^2$
e) $(11 - 2y)^2$
f) $(3y - 3)^2$
g) $(1 - c)^2$
h) $(10 - 5x)^2$

6 Löse die Klammerauf. Verwende die dritte binomische Formel.

a) $(x + 2)(x - 2)$
b) $(8 + a)(8 - a)$
c) $(a + 9)(a - 9)$
d) $(y + z)(y - z)$
e) $(4 - x)(4 + x)$
f) $(2c + 3)(2c - 3)$
g) $(6 - xy)(6 + xy)$
h) $(d + 20e)(d - 20e)$
i) $(9a - ab)(9a + ab)$

7 Löse die Klammern auf. Nutze die binomischen Formeln.

a) $(y + 3)^2$
b) $(x - 4)^2$
c) $(a - 5)(a + 5)$
d) $(3 - c)^2$
e) $(a - 4)^2$
f) $(a - 9)^2$
g) $(x + 5)^2$
h) $(x + 9)(x - 9)$

8 Ordne jedem Term aus dem linken Kästchen einen gleichwertigen Term aus dem rechten Kästchen zu. Je ein Term bleibt übrig, finde dafür einen Partner.

$$y^2 - 6y + 9 \qquad 9 - 6y + y^2 \qquad 4x^2 - y^2$$
$$x^2 - 2xy + y^2 \qquad x^2 + 6xy + 9y^2$$
$$x^2 - 6xy + 9y^2 \qquad 9x^2 + 6xy + y^2 \qquad 9 + 6x + x^2$$

$$(3 + x)^2 \qquad (y - 3)^2 \qquad (x - y)^2$$
$$(x - 3y)^2 \qquad (3x + y)^2$$
$$(3 - y)^2 \quad (4x + y)(4x - y) \quad (x + 3y)^2$$

9 Vervollständige im Heft.

a) $u^2 + 2uv + v^2 = (u + \blacksquare)^2$

b) $25a^2 + 30ab + 9b^2 = (5a + \blacksquare)^2$

c) $4 + 4b + b^2 = (\blacksquare + b)^2$

d) $16d^2 - 4e^2 = (\blacksquare + \blacksquare)(\blacksquare - \blacksquare)$

e) $4 - 9x^2 = (2 + \blacksquare)(2 - \blacksquare)$

f) $x^2 - 6xy + \blacksquare = (\blacksquare - \blacksquare)^2$

10 Erkläre, was Jona damit meint.
Vergleicht eure Erklärungen untereinander.

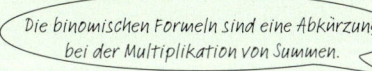
Die binomischen Formeln sind eine Abkürzung bei der Multiplikation von Summen.

11 Kann der Term durch Anwendung einer binomischen Formel entstanden sein? Begründe deine Antwort.

a) $x^2 + y^2$

b) $-x^2 + 2xy + y^2$

c) $x^2 + 2xy - y^2$

d) $-x^2 + y^2$

12 Wende die erste oder zweite binomische Formel zur Berechnung der Quadratzahl an.

Beispiele $36^2 = (30 + 6)^2 = 30^2 + 2 \cdot 30 \cdot 6 + 6^2 = 900 + 360 + 36 = 1296$
$\qquad\quad 29^2 = (30 - 1)^2 = 30^2 - 2 \cdot 30 \cdot 1 + 1^2 = 900 - 60 + 1 = 841$

a) 31^2 　 b) 28^2 　 c) 34^2 　 d) 63^2 　 e) 47^2 　 f) 98^2 　 g) 205^2 　 h) 394^2

13 Mithilfe der dritten binomischen Formel kann man bestimmte Multiplikationsaufgaben schnell lösen.

Beispiel $58 \cdot 62 = (60 - 2)(60 + 2) = 3600 - 4 = 3596$

a) Erkläre den Rechenweg.

b) Berechne auf die gleiche Weise die Produkte im Kopf.

　① $46 \cdot 54$ 　　　② $72 \cdot 68$ 　　　③ $85 \cdot 75$

　④ $98 \cdot 102$ 　　　⑤ $45 \cdot 55$ 　　　⑥ $204 \cdot 196$

14 Frau Meier besitzt ein quadratisches Grundstück. Dort soll ein Supermarkt gebaut werden. Zum Tausch bietet man ihr ein rechteckiges Grundstück an, das auf der einen Seite 5 m länger, aber auf der anderen Seite 5 m kürzer als ihr bisheriges Grundstück ist.
Frau Meier nimmt das Angebot an.
Ihre Freundin Louisa ist empört: „Da bist du ja ganz schön betrogen worden!"
Überprüfe, ob der Tausch fair war.
Tipp: Stelle einen Term auf.

15 Ergänze in deinem Heft.

a) $(\blacksquare + \blacksquare)^2 = a^2 + \blacksquare + 9b^2$ 　　 b) $(\blacksquare - \blacksquare)^2 = 4x^2 - \blacksquare + y^2$ 　　 c) $(\blacksquare - 4z)^2 = \blacksquare - 24z + \blacksquare$

16 Es ist $a^2 - b^2 = (a + b) \cdot (a - b)$. Warum ist dann $a^2 + b^2$ nicht gleich $(a + b) \cdot (a + b)$? Begründe.

8 Ordne den Produkten jeweils die passende Summe zu.

a) $(a + 2) \cdot (b + 6)$ ① $ab + 3a + 4b + 12$
b) $(a + 4) \cdot (b + 3)$ ② $ab + 3a + 9b + 27$
c) $(a + 1) \cdot (6 + b)$ ③ $ab + 6a + 2b + 12$
d) $(a + 5) \cdot (9 + b)$ ④ $6a + ab + 6 + b$
e) $(a + 9) \cdot (b + 3)$ ⑤ $9a + ab + 45 + 5b$

8 Ergänze die Lücken im Heft.

a) $(x + 2) \cdot (y + 4) = xy + 4x + 2y + \blacksquare$
b) $(a + 5) \cdot (b + 6) = ab + 6a + \blacksquare + \blacksquare$
c) $(x + 7) \cdot (y + z) = xy + xz + 7y + \blacksquare$
d) $(c + 11) \cdot (3 + d) = 3c + \blacksquare + \blacksquare + \blacksquare$
e) $(3 + a) \cdot (8 + b) = 24 + \blacksquare + \blacksquare + \blacksquare$
f) $(4 + x) \cdot (y + 2) = 4y + 8 + \blacksquare + \blacksquare$

9 Löse die Klammern auf.

a) $(a + 4) \cdot (b + 8)$
b) $(x + 1) \cdot (y + 3)$
c) $(a + 2) \cdot (12 + b)$
d) $(3 + d) \cdot (e + 8)$
e) $(11 + a) \cdot (b + 5)$

9 Löse die Klammern auf.

a) $(12 + a) \cdot (b + 11)$
b) $(2f + 3) \cdot (g + 5)$
c) $(4 + 3u) \cdot (v + 6)$
d) $(4a + 8) \cdot (2b + 7)$
e) $(9 + 2x) \cdot (5y + 3)$

10 Gib einen Term zur Berechnung der Gesamtfläche an. Löse dann die Klammern auf.

a)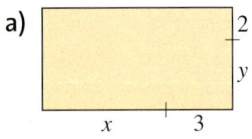
b)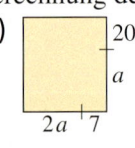
c)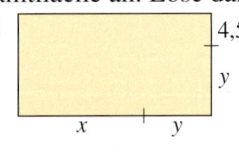
d)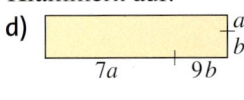

Flächen nicht maßstabsgetreu

11 Übertrage ins Heft und ergänze.

a) $(x + \blacksquare) \cdot (y + 5) = xy + 5x + 7y + 35$
b) $(\blacksquare + a) \cdot (\blacksquare + 2) = 3b + 6 + ab + \blacksquare$
c) $(3 + n) \cdot (\blacksquare + \blacksquare) = 3p + 6 + \blacksquare + 2n$

11 Übertrage ins Heft und ergänze.

a) $(x + \blacksquare) \cdot (\blacksquare + 2) = xy + \blacksquare + 4y + 8$
b) $(\blacksquare + 3) \cdot (a - 4) = \blacksquare - y \cdot 4 + 3a - \blacksquare$
c) $(z \blacksquare 2) \cdot (x \blacksquare 7) = \blacksquare - z \cdot 7 - 2x + \blacksquare$

12 Multipliziere.

a) $(x + 2) \cdot (y - 10)$
b) $(b - 3) \cdot (c - 5)$
c) $(d - 8) \cdot (9 + e)$
d) $(11 - b) \cdot (2 - c)$
e) $(b - 7) \cdot (-c - 16)$
f) $(d + 12) \cdot (f - 10)$
g) $(-4 - g) \cdot (h + 3)$

12 Multipliziere je einen Term aus dem linken mit einem Term aus dem rechten Kasten.

$(a + b)$ $(b - 7a)$ $(3a - 8b)$ $(-b + 4a)$

$(15a - 6)$ $(-12b + 3a)$ $(-2a - 10)$ $(9a + 4b)$

BEACHTE
Hier wird von **Summe** gesprochen, obwohl auch subtrahiert wird:
$7a - ab + 2$.
Denn in diesem Term kann man auch eine Summe erkennen:
$7a - ab + 2$
$= (+7a) + (-ab) + (+2)$

13 Ordne dem Produkt die passende Summe zu. Setze anschließend zur Probe ein: $a = 3$; $b = 7$.

a) $(a - 3) \cdot (b + 2)$ ① $7a - ab - 21 + 3b$
b) $(a + 4) \cdot (b - 5)$ ② $7a - ab - 14 + 2b$
c) $(a - 2) \cdot (7 - b)$ ③ $ab + 2a - 3b - 6$
d) $(a - 3) \cdot (7 - b)$ ④ $-ab + 5a - 11b + 55$
e) $(-a - 11) \cdot (b - 5)$ ⑤ $ab - 5a + 4b - 20$

13 Ergänze die Lücken im Heft.

a) $(x - 4) \cdot (y - 6) = xy - 6x - 4y + \blacksquare$
b) $(b + 7) \cdot (c - 3) = bc - 3b + \blacksquare - \blacksquare$
c) $(a - 1) \cdot (5 - b) = 5a - ab - \blacksquare + b$
d) $(d - 3) \cdot (8 + e) = \blacksquare + de - \blacksquare - \blacksquare$
e) $(x - 9) \cdot (-y - 3) = -xy - 3x + \blacksquare + \blacksquare$
f) $(12 - b) \cdot (3 - c) = 36 - \blacksquare - \blacksquare + \blacksquare$
g) $(u \blacksquare v) \cdot (u \blacksquare w) = \blacksquare^2 - \blacksquare - \blacksquare + \blacksquare$

14 Multipliziere und fasse anschließend, wenn möglich, zusammen.

a) $(x - y) \cdot (2x + y)$ b) $(x - 3) \cdot (4x - 7)$
c) $(6a - 8) \cdot (a - 6)$ d) $(a + 2b) \cdot (4b - a)$

14 Multipliziere und fasse zusammen.

a) $(2a - b) \cdot (7a - 8b)$
b) $(6a - 2) \cdot (5 + 3a)$
c) $(s + 3t) \cdot (9s - t)$

Sachaufgaben systematisch lösen

Entdecken

1 Im Technikunterricht wurden für die Herstellung von Fensterbildern aus je einem Stück Schweißdraht geometrische Figuren gebogen. Jeder Schweiß-drahtstab ist 600 mm lang.

Meike, Henning und Doro unterhalten sich über ihre Ergebnisse:

Meike: „Mein Rechteck ist doppelt so breit wie hoch."

Henning: „Ich habe ein gleichschenkliges Dreieck gebogen.
Die Grundseite ist 120 mm lang."

Doro: „Meine Figur ist ein Parallelogramm.
Die Seitenlängen unterscheiden sich um 30 mm."

Finde heraus, welche Maße die Figuren haben. Gibt es mehrere Möglichkeiten?

2 Bearbeitet die Aufgaben in Gruppen.

① $V = 70l$

② Lisa biegt ein gleichschenk-liges Dreieck aus 70 cm Draht. Die beiden Schenkel sind 5 cm länger als die Basis.

③ Christians Opa wird 70 Jahre alt. Bei Christians Geburt war er doppelt so alt, wie Christian heute ist.

④ Tim fährt $5 \frac{km}{h}$ schnel-ler als Bibi. Nach 70 Mi-nuten ist er doppelt so weit gefahren wie Bibi.

$$2 \cdot (x + 5) = 70 - x$$

⑤ Frau Mühl und Herr Mei machen eine 70 km lange Wanderung. Frau Mühl legt pro Tag 5 km mehr zurück als Herr Mei. Nach zwei Tagen hat Frau Mühl noch so viel zu laufen, wie Herr Mei an einem Tag wandert.

⑥ Ein T-Shirt ist 5 € teurer als ein Schal. Marga hat 70 €. Nachdem sie zwei T-Shirts gekauft hat, bleibt noch genau so viel übrig, dass sie einen Schal kaufen kann.

⑦ Man erhält das gleiche Ergebnis, wenn man von 70 eine Zahl abzieht oder wenn man die um fünf ver-mehrte Zahl verdoppelt.

a) Welche Aufgaben können mithilfe der Gleichung $2 \cdot (x + 5) = 70 - x$ gelöst werden?

b) Schreibt zu drei Aufgaben aus a) auf, wofür die Variable x steht.

c) Was ändert sich bei ①, wenn die Gleichung $3 \cdot (x + 5) = 70 - x$ heißt?
Untersucht, wie sich weitere Änderungen auswirken.

3 Opa Karl-Heinz verspricht seinem Enkelsohn Maurice, ihm für jede richtig gelöste Mathe-matikaufgabe 50 Cent für die Spardose zu geben. Allerdings muss Maurice für jede fehlerhafte Aufgabe 30 Cent zurückzahlen.

Nachdem Maurice 25 Aufgaben gelöst hat, erhält er von seinem Opa 3,70 € für die Spardose.

a) Wie viele Aufgaben hat Maurice richtig gerechnet?
Finde die Lösung z. B. durch Probieren.

b) Erfinde eine ähnliche Aufgabe und löse sie.
Tausche deine Aufgabe ohne Lösung mit einer Partnerin oder einem Partner. Kontrolliert euch gegenseitig.

Verstehen

In der Tageszeitung findet Denzil dieses Preisrätsel:

Preisfrage:
Herr Ott ist heute 4-mal so alt wie seine Enkelin Sarah. Vor 10 Jahren war er sogar 10-mal so alt wie sie. Wie alt sind Sarah und ihr Großvater?

Gemeinsam mit Aika löst Denzil die Aufgabe Schritt für Schritt.

Sachproblem	**Mathematik**

1. Variable festlegen

Die Informationen in der Aufgabe beziehen sich alle auf das Alter von Sarah heute. Also wird für ihr Alter die Variable festgelegt.

Alter von Sarah heute: x

Zuerst legen wir x fest…

2. Terme bilden

Ausgehend von der festgelegten Variable x ergeben sich aus dem Rätseltext folgende Terme:

Alter von Herrn Ott heute: $4x$

Alter von Herrn Ott vor 10 Jahren: $4x - 10$

Alter von Sarah vor 10 Jahren: $x - 10$

3. Gleichung aufstellen

Herr Ott war vor 10 Jahren 10-mal so alt wie Sarah:

$$4x - 10 = 10 \cdot (x - 10)$$

4. Gleichung lösen

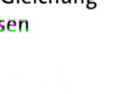

… jetzt wird mithilfe von Äquivalenzumformungen nach x aufgelöst.

$$4x - 10 = 10 \cdot (x - 10)$$
$$4x - 10 = 10x - 100 \;|+ 100$$
$$4x - 10 + 100 = 10x - 100 + 100$$
$$4x + 90 = 10x \;|- 4x$$
$$4x - 4x + 90 = 10x - 4x$$
$$90 = 6x \;|: 6$$
$$\frac{90}{6} = \frac{6}{6}x$$
$$15 = x$$

5. Lösung prüfen

Probe am Sachproblem

Sarahs Alter heute: 15 Jahre

Sarahs Alter vor 10 Jahren: 5 Jahre

Herrn Otts Alter heute: 60 Jahre

Herrn Otts Alter vor 10 Jahren: 50 Jahre

Herr Ott war also 10-mal so alt wie Sarah.

Probe durch Einsetzen

$$4 \cdot 15 - 10 = 10 \cdot (15 - 10)$$
$$60 - 10 = 10 \cdot 5$$
$$50 = 50 \;w$$

6. Antwort formulieren

Sarah ist heute 15 Jahre alt und ihr Großvater ist 60 Jahre alt.

Merke Sachprobleme kann man mit dem **Sechs-Schritte-Verfahren** nach folgender Reihenfolge lösen:

1. Variable festlegen
2. Terme bilden
3. Gleichung aufstellen
4. Gleichung lösen
5. Lösung prüfen
6. Antwort formulieren

Üben und anwenden

1 Ordne jeder Aussage einen passenden Term zu. Denke dir zu zwei übrigen Termen eine Aussage aus.
a) die 3-fache Menge
b) Die Fläche wird um $40\,m^2$ kleiner.
c) Die Länge halbiert sich.
d) Sie ist 12 Jahre älter.
e) Der doppelte Preis wird um $3\,€$ reduziert.
f) Zur halben Anzahl kommen 5 dazu.

1 Ordne den Aussagen einen passenden Term zu. Denke dir zu den übrigen Termen eine Realsituation aus.
a) vor 40 Jahren
b) Ein Drittel der Fläche wächst um $4\,m^2$.
c) Die 5 m längere Strecke wird halbiert.
d) Der 5-fache Preis wird um $3\,€$ verringert.
e) Addiere zum Doppelten der um 5 vergrößerten Zahl noch 5 hinzu.

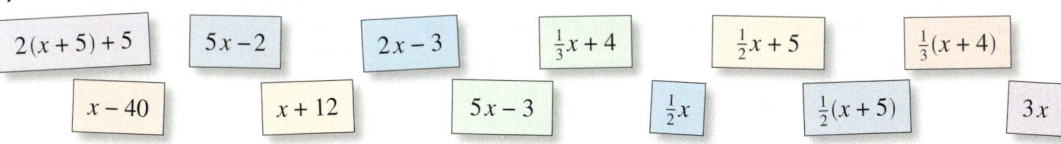

$2(x+5)+5$ $5x-2$ $2x-3$ $\frac{1}{3}x+4$ $\frac{1}{2}x+5$ $\frac{1}{3}(x+4)$

$x-40$ $x+12$ $5x-3$ $\frac{1}{2}x$ $\frac{1}{2}(x+5)$ $3x$

2 Erkläre, wofür die Variable steht. Stelle eine Frage und beantworte sie.
a) Alter von Kims Schwester: $a + 2$
   Kims Schwester ist 17 Jahre alt.
b) Alter von Lisas Bruder: $b - 3$
   Lisas Bruder ist 11 Jahre alt.
c) Alter von Mikes Mutter: $4c - 5$
   Mike ist 31 Jahre jünger als seine Mutter.
d) Alter von Noras Vater: $3d + 11$
   Noras Vater ist 4-mal so alt wie Nora.

2 Wofür steht jeweils die Variable? Stelle eine Frage und beantworte sie.
a) Alter von Karims Schwester: $a + 2{,}5$
   Karims Schwester ist 18 Jahre alt.
b) Alter von Leos Bruder: $\frac{1}{2}b - 3{,}5$
   Leos Bruder ist 4,5 Jahre alt.
c) Alter von Mias Mutter: $4(c - 1)$
   Mia ist 35 Jahre jünger als ihre Mutter.
d) Alter von Nikos Vater: $2 \cdot (d + 15)$
   Nikos Vater ist 5-mal so alt wie Nikos.

3 Finde zu den Gleichungen die passende Aussage.
Löse die Gleichung.
Überprüfe dein Ergebnis mit einer Probe und formuliere einen Antwortsatz.

① $3x + 0{,}2 = 5$ ② $x = 5 \cdot 70$

③ $3x + 5 = 20$ ④ $5x = 70$

a) 5 Eintrittskarten kosten $70\,€$.
   Wie viel kostet eine Eintrittskarte?
b) Julia kauft 3 kg Mehl. Sie bezahlt mit $5\,€$ und erhält 20 ct Wechselgeld.
   Wie viel kostet 1 kg Mehl?
c) Tarek transportiert in 5 Fuhren jeweils 70 kg Kies.
   Wie viel Kies transportiert er insgesamt?
d) Drei Eimer Farbe und 5 kg Gips wiegen zusammen 20 kg.
   Wie viel wiegt ein Eimer Farbe?

3 Ordne jeder Gleichung die passende Aussage zu. Stelle eine Frage und gib jeweils die Lösung an.

① $x + 58 = 2x - 5$ ② $\frac{1}{3}x = 2 - x$

③ $2(x + 5) = 58$ ④ $\frac{1}{3}(x + 2) = x$

a) Das PC-Spiel kostet $58\,€$.
   Die Zwillinge Kai und Uwe müssen je $5\,€$ zu ihrem Taschengeld dazulegen.
b) Chris hat ein Drittel der Kekse aufgegessen. Es sind nur noch zwei Kekse übrig.
c) Julia kommt auf ihrem 2 km langen Schulweg am Park vorbei. Danach muss sie noch $\frac{1}{3}$ der Strecke zurücklegen, die sie bis dahin schon gelaufen ist.
d) Jason macht auf dem Heimweg insgesamt 58 Minuten Pause.
   Damit ist er 5 Minuten weniger als das Doppelte der normalen Zeit unterwegs.

RÜCKBLICK
Wie groß ist der Unterschied zwischen den beiden Zahlen?
a) 0,1 und 0,01
b) 1,004 und 1,4
c) 0,55 und 0,055
d) −0,1 und 1,1

4 Löse die drei Textaufgaben mit dem Sechs-Schritte-Verfahren.

a) Ordne den Textaufgaben die am besten geeignete Variable zu. Begründe deine Wahl. Welche Variablen sind nicht sinnvoll? Begründe deine Antwort.

① Bei einem Ausflug wandert Jan 15 km. „Noch 1 km mehr und wir wären doppelt so weit gewandert wie beim letzten Mal", denkt Jan.

② Drei Schulhefte kosten genauso viel wie zwei blaue Tintenschreiber. Ein Tintenschreiber ist 60 ct teurer als ein Schulheft.

③ Meike möchte ihre Haare wachsen lassen. Sie sind 24 cm lang. „In einem halben Jahr sind sie doppelt so lang wie vor 9 Monaten", denkt Meike.

x: heute gewanderte Strecke

x: Kilometer

x: Schulheft

x: Preis eines Tintenschreibers in €

x: Meikes Haare vor 9 Monaten

x: monatliches Haarwachstum von Meike in cm

x: zuletzt gewanderte Strecke in km

x: Preis eines Schulheftes in €

x: Gesamtpreis

x: Meikes Haarlänge in cm

x: Meikes Haarlänge in cm nach 6 Monaten

x: doppelte Strecke

b) Welche Gleichungen passen zu den Textaufgaben?
Gib jeweils an, wofür die Variable steht. Begründe deine Antwort.

① $x + 1 = 2x$ ② $0,5x = 16$ ③ $x + 6 = 2 \cdot (x - 9)$ ④ $24 + 6x = 2 \cdot (24 - 9x)$
⑤ $2x = 3x + 60$ ⑥ $2x = 16$ ⑦ $3x = 2 \cdot (x + 0,6)$ ⑧ $2 \cdot (x + 60) = 3x$

c) Gib die Lösung der Textaufgaben an.

5 Finde zu den Termen passende Aussagen.

a) $2x$ **b)** $x + 25$

c) $x - 68$ **d)** $3x + 20$

5 Übersetze die Terme in Aussagen.

a) $2x - 6$ **b)** $2 \cdot (x + 30)$

c) $2x - (68 + x)$ **d)** $0,5 \cdot (3x + 20)$

6 Welche Zahl wird doppelt (3-mal, 6-mal) so groß, wenn man 10 addiert?
Welche Zahl halbiert sich, wenn man 10 subtrahiert?

6 Das Dreifache einer Zahl ist so groß wie das Doppelte des Nachfolgers.
Das Doppelte einer Zahl ist so groß wie das Dreifache des Vorgängers.

7 Familie Wildknecht ist von einer Eigentumswohnung in ein Haus mit Garten umgezogen.
Berechne mithilfe des Sechs-Schritte-Verfahrens.

a) Das Wohnzimmer im neuen Haus ist doppelt so groß wie das Schlafzimmer. Der Unterschied beträgt 14 m².

b) $\frac{5}{7}$ des Grundstücks sind Gartenfläche. Der Rest ist 120 m² groß.

c) Beim Anstrich des Kinderzimmers wurde 3-mal so viel weiße wie hellgrüne Farbe verbraucht. Zusammen waren es 16 l.

d) Für die alte Eigentumswohnung erhielten die Wildknechts $\frac{4}{5}$ vom Kaufpreis des neuen Hauses. Sie mussten für das neue Haus 45 000 € zusätzlich aufbringen.

e) Diele und Küche wurden mit Bodenfliesen gefliest. Insgesamt sind 75 Fliesen verlegt worden. Für die große Küche wurden 4-mal so viele Fliesen benötigt wie für die Diele.

Lineare Funktionen erkennen

Entdecken

1 Frau Brücker möchte Erdbeermarmelade herstellen.
Im Supermarkt kosten die Erdbeeren pro Kilogramm 2,50 €.
In der Zeitung findet sie eine Anzeige für ein Erdbeerfeld,
das allerdings 40 km entfernt ist.
Sie überlegt, ob es sich lohnt, dort hinzufahren.

a) Vergleiche die Preise für 5 kg, 10 kg, 15 kg und 20 kg
Erdbeeren aus dem Supermarkt und vom Erdbeerfeld.

b) Wovon hängt es ab, ob es sich lohnt, zum Erdbeerfeld zu fahren?
Überlege erst allein. Tauscht euch dann untereinander aus.

c) Mit dem Bus kostet die Hin- und Rückfahrt zum Erdbeerfeld 8,40 €.
Wie viel Kilogramm Erdbeeren muss Frau Brücker mindestens pflücken und kaufen,
damit sich die Busfahrt lohnt?

d) Überschlage, ab wie viel Kilogramm sich die Fahrt mit dem Auto zum Erdbeerfeld lohnt.

Erdbeeren selber pflücken

Selbst der weiteste Weg lohnt sich!
Ganz frisch und ungespritzt

nur 1,80 € pro kg.

Erdbeerfeld Mühlenhof

2 Die beiden Vasen werden
mit Wasser gefüllt.
Ordne jeweils die passenden
Graphen zu.

a) Beschreibe, wie sich
der Wasserstand in den
Gefäßen verändert.

b) Wie sieht der Füllgraph
aus, wenn die Vasen zu
Beginn jeweils 10 cm
hoch mit Wasser gefüllt
sind? Zeichne die verän-
derten Füllgraphen.

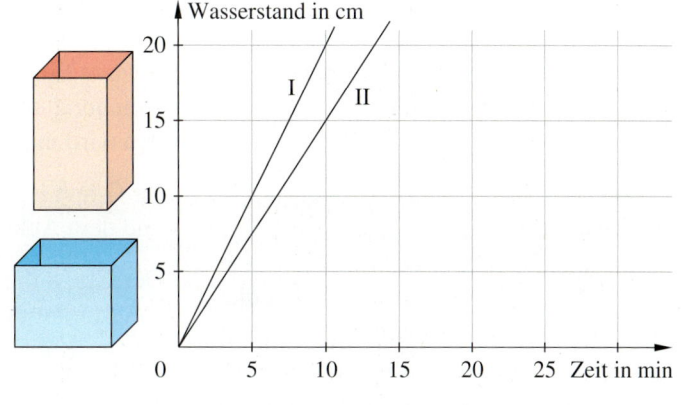

c) Erfinde selbst zwei Füllgraphen.
Überlege zunächst, wie hoch das Wasser am Anfang im Gefäß steht und um wie viel Zenti-
meter das Wasser pro Minute ansteigt.
Schreibe jeweils auf eine Karteikarte die entsprechende Wertetabelle (siehe Randspalte).
Zeichne jeweils auf eine andere Karte den Füllgraphen.
Vermischt eure Karten und spielt zu viert Memory.

3 Arbeitet in Gruppen von zwei bis fünf Personen.
Herr Müller ist während seiner Geschäftsreisen in Leipzig und in Köln mehrfach mit dem
Taxi gefahren. Er sortiert nun seine Quittungen (siehe Randspalte).

a) Frau Müller meint: „Etwas kann nicht stimmen. Eine Fahrt, die doppelt so weit ist,
muss doch doppelt so viel kosten."
Was meint ihr? Begründet eure Meinung.

b) In welchem Ort zahlt man für eine 20 km lange Fahrt mehr?
Beratet, wie ihr eine Lösung finden könnt. Erläutert euer Vorgehen.

c) Es gibt eine Fahrstrecke, bei der man in beiden Städten den gleichen Betrag zahlen muss.
Welche ist das? Findet gemeinsam eine Lösung, auch Probieren ist erlaubt.
Erklärt euch gegenseitig eure Lösungswege und überprüft die gefundenen Lösungen.

BEISPIEL ZU 2c)

Zeit (in min)	0	1
Wasser-stand (in cm)	0	2

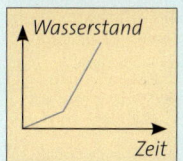

ZU 3:

Taxi Kramer
Leipzig

Strecke: 12 km
Betrag: 17,90 €

Köln
Taxi-Express

15 km: 22,80 €

Taxi Kramer
Leipzig

Strecke: 6 km
Betrag: 10,10 €

Köln
Taxi-Express

8 km: 13 €

Verstehen

Mia möchte sich einen Hamster kaufen. Einen Käfig hat sie bereits zu Hause. Ein Hamster kostet in der Zootierhandlung 5 €. Für Futter muss sie mit durchschnittlich 2 € pro Woche rechnen.

Futterkosten

Anzahl der Wochen	0	1	2	3	4
Futterkosten (in €)	0	2	4	6	8

Gesamtkosten

Anzahl der Wochen	0	1	2	3	4
Gesamtkosten (in €)	5	7	9	11	13

Die Futterkosten und die Gesamtkosten kann man mit einer Funktionsgleichung beschreiben.

Futterkosten: $y = 2x$

Kosten pro Woche — Anzahl der Wochen

Gesamtkosten: $y = 2x + 5$

Kosten für x Wochen — Anschaffungskosten

Die Futterkosten steigen um 2 € pro Woche. In der Gleichung wird dieses Steigen mit 2 angegeben: $y = 2x$. x ist die Anzahl der Wochen.

Zu den wöchentlichen Kosten kommen einmalig die Anschaffungskosten von 5 € hinzu. Dies wird in der Gleichung mit $+5$ angegeben: $y = 2x + 5$.

BEACHTE

Eine proportionale Funktion ist eine lineare Funktion mit $b = 0$, also $y = m \cdot x$.

Die Funktion $y = 2x$ hat die Steigung $m = 2$ und schneidet die y-Achse im Punkt $P(0|0)$.

Die Funktion $y = 2x + 5$ hat die Steigung $m = 2$ und schneidet die y-Achse im Punkt $P(0|5)$. 5 ist der Abschnitt auf der y-Achse.

Merke Eine Funktion, deren Funktionsgleichung in der Form **$y = mx + b$** geschrieben wird, heißt **lineare Funktion**.

Ihr Graph ist eine Gerade mit der **Steigung m** und dem **Achsenabschnitt b**.

Der Graph dieser Funktion schneidet die y-Achse im Punkt $P(0|b)$.

x-Werte und y-Werte können am Graphen abgelesen oder berechnet werden.

BEACHTE

Um zu prüfen, ob ein Punkt auf dem Graphen liegt, setzt man die Koordinaten in die Funktionsgleichung ein.

$y = 2x + 5$

$P(3|11)$

$11 = 2 \cdot 3 + 5$

$11 = 11$

P liegt auf der Geraden.

$Q(3|13)$

$13 = 2 \cdot 3 + 5$

$13 \neq 11$

Q liegt nicht auf der Geraden.

Beispiel

Wie viel kostet der Hamster in acht Wochen?

Funktionsgleichung: $y = 2x + 5$

Für $x = 8$ gilt: $y = 2 \cdot 8 + 5 = 21$

Die ersten acht Wochen kosten 21 €.

Mia hat 57 € für den Hamster ausgegeben. Wie lange hat sie den Hamster schon?

Funktionsgleichung: $y = 2x + 5$

Für $y = 57$ gilt:
$$57 = 2x + 5 \qquad |-5$$
$$52 = 2x \qquad |:2$$
$$26 = x$$

Mia hat den Hamster seit 26 Wochen.

Merke Der **y-Wert** einer Funktion kann berechnet werden, indem der x-Wert in die Funktionsgleichung eingesetzt wird.

Der **x-Wert** einer Funktion kann berechnet werden, indem der y-Wert in die Funktionsgleichung eingesetzt wird. Durch Äquivalenzumformungen wird die Funktionsgleichung nach x aufgelöst.

Üben und anwenden

1 Welche Funktion ist linear?
Gib für diese Funktionen die Steigung m und den Achsenabschnitt b an.
a) $y = 2x + 5$ b) $y = 3x$
c) $y = 2x^2 - 1$ d) $y = \frac{1}{x}$
e) $y = 0,5x - 4$ f) $y = -4x + 1,2$

2 Stelle die Funktionsgleichung auf, lege jeweils eine Wertetabelle an und zeichne den Graphen der Funktion.
Beispiel $m = 4$; $b = 1$; $y = 4x + 1$
a) $m = 2$; $b = 3$ b) $m = 3$; $b = 5$
c) $m = 3$; $b = 0,5$ d) $m = 5$; $b = 2,2$
e) $m = 4$; $b = -2$ f) $m = 0,5$; $b = -2$

3 Lege eine Wertetabelle an und zeichne den Graphen der Funktion. Gib m und b an.
a) $y = 3x + 2$
b) $y = 2x + 1$
c) $y = -1,5x + 0,5$
d) $y = x - 2$

4 Die Tabelle beschreibt eine lineare Funktion.

x	0	1	2	3	4	5	6	7
y			3	5	7			

a) Übertrage die Tabelle in dein Heft und ergänze die fehlenden Werte.
b) Zeichne den Graphen der Funktion.
c) Welche der folgenden Funktionsgleichungen passt zu der Funktion? Begründe.
  ① $y = 3x + 2$ ② $y = 2 - 3x$
  ③ $y = 2x + 1$ ④ $y = 2x - 1$

5 Welche Funktionsgleichung passt?
Gib an, was y, m und b bedeuten.
Ein Haar ist 12 cm lang. Es wächst pro Monat um 0,8 cm.
  ① $y = 12x + 0,8$
  ② $y = 0,8x + 12$

1 Welche Funktion ist linear?
Gib für diese Funktionen die Steigung m und den Achsenabschnitt b an.
a) $y = 2,4x - 1,3$ b) $y = 2x + x - 3$
c) $y = x^3 + 3$ d) $y = 7x$
e) $y = -x$ f) $y = 1,2$

2 Stelle die Funktionsgleichung auf, lege jeweils eine Wertetabelle an und zeichne den Graphen der Funktion. Erläutere den Verlauf der Funktion, wenn m negativ ist.
a) $m = 2$; $b = -3,5$ b) $m = -1$; $b = -1$
c) $m = \frac{3}{4}$; $b = -2$ d) $m = -\frac{5}{8}$; $b = 0$
e) $m = 0$; $b = 2$ f) $m = -1,8$; $b = 2,8$

3 Lege eine Wertetabelle an und zeichne den Graphen der Funktion. Gib m und b an.
a) $y = 0,5x + 1$
b) $y = 2,5x - 1$
c) $y = 4,5x + 1$
d) $y = 3,5x - 2$

4 Begründe:
Handelt es sich um eine Funktion, eine lineare Funktion oder keine Funktion?

a)
x	−3	−2	−2	0	1	2	3
y	5	2	5	1	5	6	1

b)
x	0	1	2	3	4	5	6
y	2	3	5	7	−11	13	17

c)
x	−15	−10	−5	0	5	10	15
y	−3	−2	−1	0	1	2	3

5 Welche Funktionsgleichung passt?
Gib an, was y, m und b bedeuten.
Ein Becken wird geleert. Das Wasser steht 1,20 m hoch und sinkt stündlich um 8 cm.
  ① $y = -8x + 1,2$
  ② $y = -0,8x + 12$

NACHGEDACHT
Wie viele Wertepaare in einer Wertetabelle musst du bei einer linearen Funktion bestimmen, um den Graphen zeichnen zu können?

6 Übertrage und ergänze den Lückentext.
Ein Umzugslaster kostet 80 €. Pro Kilometer müssen 0,25 € gezahlt werden.
Die Funktion ist ▪, da sich die y-Werte jeweils um 0,25 erhöhen, wenn die x-Werte um 1 erhöht werden. Die Steigung der Funktion ist $m = ▪$.
Der Grundpreis liegt bei 80 €, daher ist $b = ▪$. Die Gerade schneidet also die y-Achse bei $P(▪|▪)$. Die Funktionsgleichung lautet $y = ▪x + ▪$.

7 Betrachte die Wertetabellen.
Überprüfe und begründe, ob die Funktionen linear sind.
Falls ja, gib die Funktionsgleichung an.

a)

x	0	2	4	8	20
y	8	12	16	24	48

b)

x	0	1	2	3	4
y	20	15	10	5	0

c)

x	−2	0	2	4	5
y	0	3	6	9	12

7 Lies zunächst den y-Achsenabschnitt b und die Steigung m ab. Gib dann die Funktionsgleichung der linearen Funktion an.

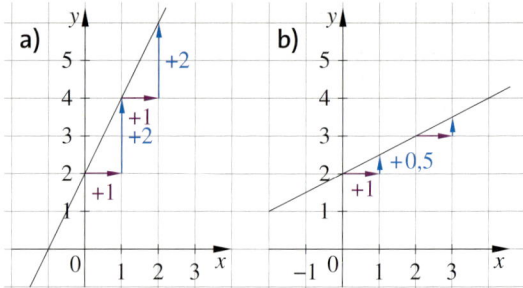

8 Notiere, was man über die Funktion wissen kann, ohne sie zu zeichnen.
a) $y = 3x + 4$
b) $y = -2x - 1$

8 Notiere, was man über die Funktion wissen kann, ohne sie zu zeichnen.
a) $y = -1{,}5x$
b) $y = \frac{4}{5}x - \frac{2}{3}$

NACHGEDACHT
Was unterscheidet den Graphen einer linearen Funktion vom Graphen einer proportionalen Zuordnung?

9 Überprüfe, welche Punkte auf einer der beiden Geraden liegen.
① $y = x + 3$ ② $y = 2x + 4$
$P(4|12)$ $Q(-5|2)$ $R(0|-4)$
$S(0{,}5|3{,}5)$ $T(-1|2)$ $U(-2|0)$

9 Überprüfe, welche Punkte auf einer der beiden Geraden liegen.
① $y = 3x - 2$ ② $y = \frac{4}{5}x + 5$
$P(-3|7)$ $Q(-5|13)$ $R(0|-4)$
$S(3|7{,}4)$ $T(-3|-11)$ $U(0|4)$

10 Gib drei verschiedene Punkte an, die auf dem Funktionsgraphen der Funktion $y = 2x - 4$ liegen. Kontrolliere deine Punkte, indem du den Funktionsgraphen zeichnest.

10 Gib drei verschiedene Punkte an, die auf dem Funktionsgraphen der Funktion $y = -1{,}6x - 2{,}3$ liegen. Kontrolliere deine Punkte anhand des Funktionsgraphen.

11 Berechne den Schnittpunkt des Graphen mit der x-Achse. Dort ist $y = 0$.
a) $y = x + 2$
b) $y = 3x + 6$

11 Berechne den Schnittpunkt des Graphen mit der x-Achse. Es wird $P(x|0)$ gesucht.
a) $y = -x + 2$
b) $y = 2x - 4{,}6$

12 Timo, Tom und Tanja haben den Handyvertrag abgeschlossen. Ohne weitere SMS lautet die Gleichung für die monatlichen Kosten:
$y = 0{,}09x + 8{,}95$.
a) Timo telefoniert im April 55 Minuten. Wie viel muss er bezahlen?
b) Tom telefoniert nur 25 Minuten. Wie hoch ist seine Rechnung?
c) Tanja hat in zwei Monaten 90 Minuten telefoniert und 45 SMS geschrieben. Wie viel muss sie für beide Monate zusammen bezahlen?

> **Handy kostenlos!**
> **50 SMS** pro Monat **frei**!
> Grundgebühr nur 8,95 €/Monat
> pro Minute 9 Cent in alle Netze

12 Tim und Kaja haben den Vertrag abgeschlossen.
a) Gib eine Gleichung für die Kosten an, wenn vierteljährlich abgerechnet wird.
b) Tim telefoniert nur 12 Minuten im Monat, verschickt dafür aber 65 SMS. Wie viel muss er nach drei Monaten bezahlen, wenn eine zusätzliche SMS 19 Cent kostet?
c) Kaja telefoniert gerne und viel. Ihre Eltern haben 20 € als monatliche Obergrenze festgelegt. Wie lange darf Tanja höchstens telefonieren?

Lineare Funktionen untersuchen und zeichnen

Entdecken

1 Daniel hat verschiedene Geraden gezeichnet, ohne vorher eine Wertetabelle zu erstellen.

① $y = 3x - 1$ ② $y = -3x + 2$ ③ $y = \frac{3}{4}x - 2$ ④ $y = -\frac{2}{3}x + 1$

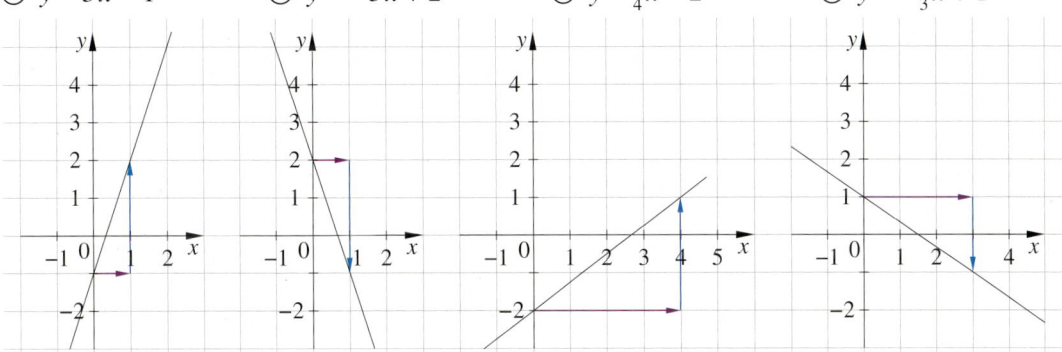

a) Daniel erklärt: „Ich bin immer von der Grundform $y = mx + b$ ausgegangen.
   b ist der y-Achsenabschnitt, also schneidet die Gerade der Gleichung $y = 3x - 1$ die y-Achse
   im Punkt _____. m ist die Steigung, also …"
   Führe seine Erklärung zu Beispiel ① fort. Erläutere auch sein Vorgehen in Beispiel ②.
b) Betrachte nun die Beispiele ③ und ④. Warum ist Daniel hier etwas anders vorgegangen?

2 Eine Kerze brennt ab.
Erkläre, wie du die Informationen abliest.
a) Wie hoch war die Kerze zu Beginn?
b) Um wie viel Zentimeter brennt die Kerze
   in einer Stunde ab?
c) Wann ist die Kerze abgebrannt?
d) Warum endet der Graph beim Schnittpunkt
   mit der x-Achse?
e) Stelle eine Funktionsgleichung auf.

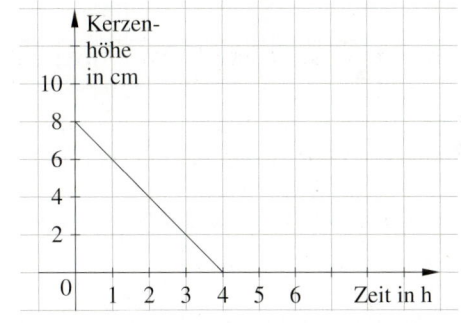

3 Die Schülerinnen und Schüler der 9a haben Funktionssteckbriefe erstellt.

① Meine Funktion geht durch den Punkt $P(2|3)$ und hat die Steigung 1,5.

② Meine Funktion hat die Steigung $\frac{1}{2}$ und schneidet die y-Achse bei 5.

③ Meine Funktion schneidet die x-Achse bei 4 und die y-Achse bei 2.

④ Meine Funktion geht durch die Punkte $P(2|3)$ und $Q(4|6)$.

⑤ Meine Funktion ist parallel zur Funktion $y = 3x + 1$ und schneidet die y-Achse bei 4.

a) Überlege, welche Funktionsgleichungen die Funktionen haben.
b) Vergleicht zu zweit eure Ergebnisse und erklärt einander, wie ihr die Gleichungen bestimmt
   habt. Falls ihr nicht alle Gleichungen ermitteln konntet, informiert euch bei einer anderen
   Kleingruppe.
c) Erstellt ein Plakat und notiert, wie man die Funktionsgleichungen in den verschiedenen Fällen bestimmen kann.

ZUM
WEITERARBEITEN
*Denkt euch
selbst Steckbriefe
aus und lasst
eure Mitschüle-
rinnen und
Mitschüler die
Funktionsglei-
chungen finden.*

Verstehen

Die Pharaonin Hatschepsut ließ in Ägypten einen Tempel in eine Felswand bauen. Die Tempelanlage besteht aus zwei Ebenen. Auf die obere Ebene gelangt man über eine Rampe. Die Rampe hat eine bestimmte **Steigung**, die von ihrer Länge und ihrer Höhe abhängt.

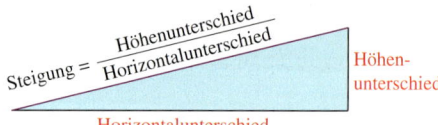

> $$\text{Steigung} = \frac{\text{Höhenunterschied}}{\text{Horizontalunterschied}}$$
>
> Höhenunterschied
>
> Horizontalunterschied

HINWEIS
Das Verhältnis von Höhenunterschied zu Horizontalunterschied heißt **Steigung**.

Die Steigung einer linearen Funktkion $y = mx + b$ kann mithilfe des Steigungsdreiecks und den Koordinaten zweier Punkte bestimmt werden.

Beispiel 1

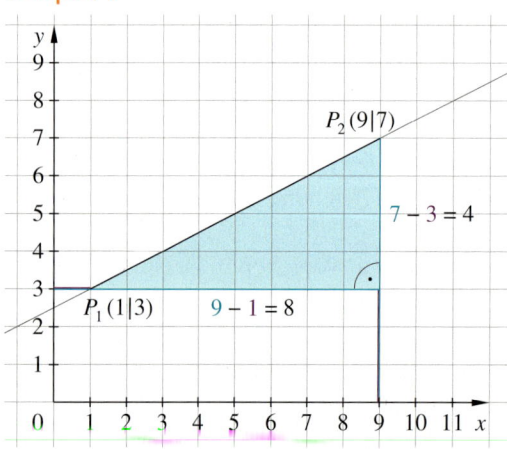

HINWEIS
Beim Berechnen der Steigung darf man die Punkte vertauschen:

$m = \frac{3-7}{1-9} = 0{,}5$

Der **Höhenunterschied** der Punkte $P_2(9|7)$ und $P_1(1|3)$ ist die **Differenz der y-Koordinaten** beider Punkte, er beträgt $7 - 3 = 4$.

Der **Horizontalunterschied** der Punkte $P_2(9|6)$ und $P_1(1|3)$ ist die **Differenz der x-Koordinaten** beider Punkte, er beträgt $9 - 1 = 8$.

Um die **Steigung m** der Funktion zu bestimmen, wird der Höhenunterschied durch den Horizontalunterschied dividiert:

$$m = \frac{7-3}{9-1} = 0{,}5$$

Die Funktionsgleichung lautet $y = \mathbf{0{,}5}x + \mathbf{2{,}5}$.

Merke Bei Erhöhung des x-Wertes um 1 erhöht sich der y-Wert in einer linearen Funktion immer um den gleichen Wert m.
Dies nennt man die **Steigung m** der Funktion:

$$m = \frac{y_2 - y_1}{x_2 - x_1}$$

Ist m **postiv**, **steigt** die Funktion gleichmäßig.
Ist m **negativ**, **fällt** die Funktion gleichmäßig.

Beispiel 2 $y = 1{,}5x + 1$

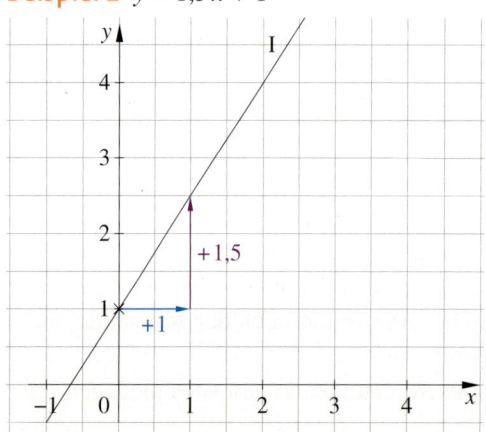

Beispiel 3 Graph mit $P_1(0{,}5|3)$ und $P_2(1{,}5|1)$

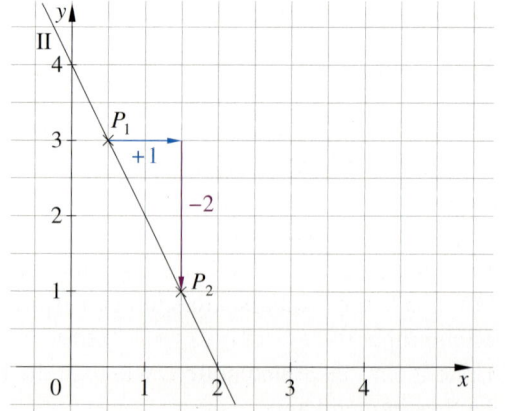

Üben und anwenden

1 Kevin und Niklas haben den Graphen der
Funktion $y = \frac{2}{5}x + 2$ gezeichnet.
a) Vergleiche ihre Vorgehensweise.
b) Welches Verfahren ist genauer?
c) Denke dir fünf Funktionsgleichungen aus.
   Zeichne die Graphen möglichst genau.

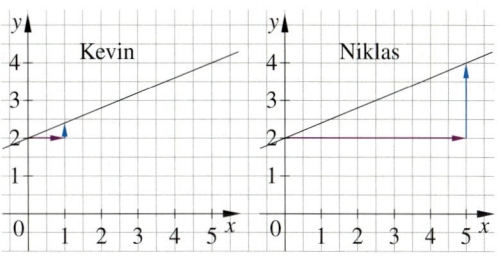

NACHGEDACHT
*Wie verlaufen
die Geraden mit
den Gleichungen
$y = 3$ oder $x = 5$?*

2 Ist die Funktion steigend oder fallend?
Zeichne den Graphen mithilfe eines Steigungsdreiecks.
Gib die Funktionsgleichung an.
a) $m = 2; b = 1$
b) $m = -4; b = 0,5$
c) $m = -2; b = 4$
d) $m = \frac{2}{3}; b = -2$

2 Ist die Funktion steigend oder fallend?
Zeichne den Graphen mithilfe eines Steigungsdreiecks.
Gib die Funktionsgleichung an.
a) $m = 0,5; b = 4$
b) $m = 2,5; b = -2$
c) $m = -1,5; b = 2\frac{1}{2}$
d) $m = -\frac{1}{2}; b = -1$

3 Gib die Steigung m und den Achsenabschnitt b an und zeichne die Gerade.
a) $y = 7x + 2$
b) $y = 4x - 1$
c) $y = -3x + 6$
d) $y = -4x - 0,5$

3 Lies die Steigung m und den Achsenabschnitt b ab und zeichne die Gerade.
a) $y = -x + 3$
b) $y = \frac{1}{2}x - 1$
c) $y = -2,3x$
d) $y = -\frac{2}{5}x - \frac{3}{5}$

4 Zeichne eine Gerade, die durch den
Punkt P geht und die Steigung m hat.
Gib anschließend die Geradengleichung an.
a) $P(1|2); m = 1$
b) $P(2|3); m = 2$
c) $P(-1|3); m = -4$
d) $P(-2|0); m = 3$

4 Zeichne eine Gerade durch die Punkte A
und B. Bestimme ihre Funktionsgleichung.
a) $A(-4|4);$ $B(4|6)$
b) $A(-3|-9);$ $B(2|-1,5)$
c) $A(0|-3);$ $B(3|0)$

HINWEIS
*Bei linearen
Funktionen kann
man die **Funktionsgleichung**
auch **Geradengleichung** nennen.*

5 Zeichne die drei Geraden in ein Koordinatensystem. Was fällt dir auf? Erkläre.
a) **I** $y = 2x + 3$ **II** $y = 2x + 1$ **III** $y = 2x - 1$ b) **I** $y = 2x + 2$ **II** $y = x + 2$ **III** $y = -3x + 2$

6 Lies b und m ab.
Gib an, welche Funktionsgleichung zum
Funktionsgraphen passt?
① $y = \frac{1}{2}x + 1$
② $y = -2x + 1$
③ $y = 2x + 1$

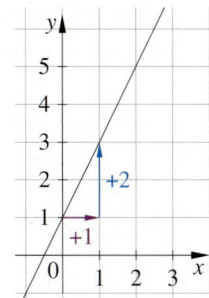

6 Ordne den
Graphen die richtige
Gleichung zu.
① $y = \frac{2}{3}x + \frac{3}{2}$
② $y = -1,5x + 2$
③ $y = -\frac{1}{4}x - 1$
④ $y = x - 1\frac{1}{2}$

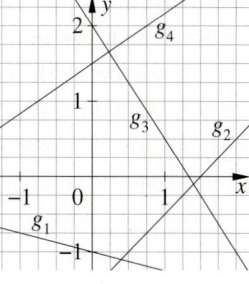

7 Ein Schwimmbecken wird geleert.
Der Wasserstand beträgt zunächst 2,5 m und
sinkt pro Stunde um 0,15 m.
a) Erstelle eine Wertetabelle.
b) Zeichne den Funktionsgraphen.
c) Liegt eine lineare Funktion vor? Begründe.
d) Gib die Funktionsgleichung an.

7 Nach einem Fußballspiel verlassen 56 000
Zuschauer das Stadion durch vier Ausgänge.
Pro Minute kommen durch jeden Ausgang etwa 220 Zuschauer heraus.
a) Gib eine passende Funktionsgleichung an.
b) Wie viele Zuschauer befinden sich nach
   25 Minuten noch im Stadion?

HINWEIS
Im Schnittpunkt des Graphen mit der x-Achse nimmt die Funktion den Wert
y = 0 an.
*Diese Stelle auf der x-Achse heißt **Nullstelle**.*

8 Bestimme rechnerisch die Nullstellen:
Für welches x gilt $y = 0$?
a) $y = 4x - 5$ b) $y = 2,5x + 2$
c) $y = 2x + 4$ d) $y = 3x - 4,5$
e) $y = -3x + 4,5$ f) $y = -0,5x + 2,2$

9 Forme um in die Form $y = mx + b$.
Lies die Steigung m und den Schnittpunkt mit der y-Achse b ab.
Berechne jeweils die Nullstelle.
a) $2x + y = 5$ b) $2x - y = 3$
c) $3y - x = 9$ d) $x - 2y = 6$

10 Gegeben sind zwei Funktionsgraphen.

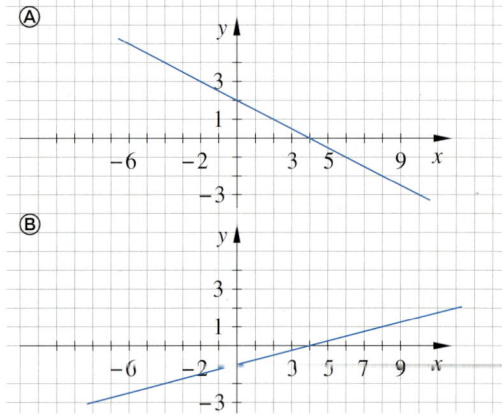

a) Ordne die richtige Funktionsgleichung zu.
① $y = 4x - 1$ ② $y = -\frac{1}{2}x + 2$
③ $y = -2x + 2$ ④ $y = \frac{1}{4}x - 1$
b) Lies den Schnittpunkt mit der x-Achse ab.
c) Überprüfe durch eine Rechnung.
Setze dazu $y = 0$.

NACHGEDACHT
Wie lautet die Gleichung einer Geraden mit der Steigung m, die durch den Nullpunkt (0|0) verläuft?
Wie viele Nullstellen kann eine lineare Funktion haben?

11 Der Funktionsgraph beschreibt den Wertverlust eines gebrauchten Autos pro Jahr.

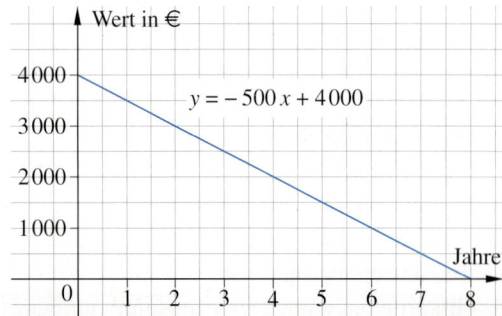

a) Zu welchem Preis wurde das Auto gekauft?
b) Wann liegt der Wert bei 0 €?
c) Berechne die Nullstelle. Was fällt dir auf?

8 Zeichne eine Gerade durch A und B.
Bestimme ihre Gleichung und lies die Nullstelle ab. Überprüfe mit einer Rechnung.
a) $A(2|3)$; $B(6|5)$ b) $A(-1|4)$; $B(-2|6)$
c) $A(3|0)$; $B(5|1)$ d) $A(0|-2)$; $B(1|2)$

9 Forme die Gleichung um und notiere sie in der Form $y = mx + b$.
Lies m und b ab und berechne jeweils die Nullstelle.
a) $2x + 3y = 0$ b) $4x - 3y = 12$
c) $5x = 2y$ d) $2x - 3y - 6 = 0$

10 Gegeben sind drei Funktionsgraphen.

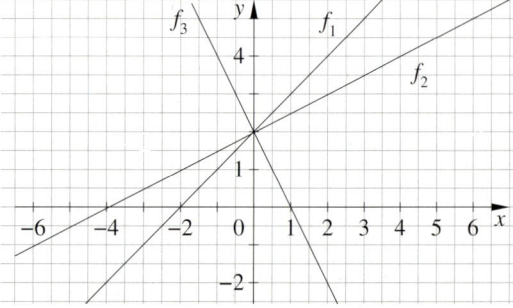

a) Beschreibe den Verlauf der Graphen.
b) Lies die Schnittpunkte mit den Achsen ab.
Welchen benötigst du zur Bestimmung der Geradengleichung?
c) Gib jeweils die Funktionsgleichung an.
d) Arbeitet zu zweit.
Welche y-Koordinate muss ein Punkt P $(-2|y)$ haben, damit er auf f_1, f_2 oder f_3 liegt? Beschreibt euren Rechenweg.

11 Zwei Kerzen aus demselben Material haben verschiedene Formen.
Sie brennen unterschiedlich schnell ab.

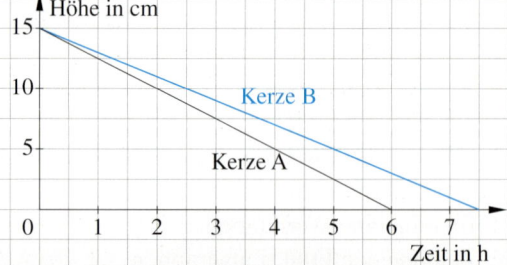

a) Gib die Brenndauer der Kerzen an.
b) Wie könnten die Kerzen geformt sein?
c) Bestimme beide Funktionsgleichungen.

Thema: Bewegungsprobleme

Bei der Lösung von Bewegungsproblemen werden die durchschnittliche Geschwindigkeit (v), der zurückgelegte Weg (s) oder die benötigte Zeit (t) berechnet.
Es werden Problemstellungen betrachtet, bei denen Wegstrecken die gleiche oder die entgegengesetzte Richtung haben können.
Im Diagramm zeichnen wir Weg-Zeit-Zuordnungen.

HINWEIS
$v = \frac{s}{t}$
$s = v \cdot t$
$t = \frac{t}{v}$

1 Im Diagramm ist die Situation dargestellt:
Ein Rollerfahrer startet um 9 Uhr und fährt durchschnittlich 40 $\frac{km}{h}$.
Ein Motorradfahrer fährt 1,5 h später den gleichen Weg mit durchschnittlich 60 $\frac{km}{h}$.
Beschreibe die Situationen an den vier Punkten.

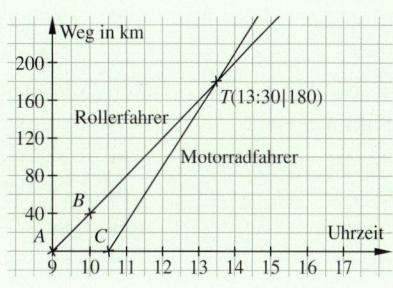

2 Meike wohnt in Hamburg und Jutta in Lübeck. Sie wohnen 60 km voneinander entfernt.
Sie wollen sich treffen und fahren beide gleichzeitig von zu Hause ab.
Meike schätzt, dass sie bis Lübeck sechs Stunden benötigen würde, Jutta ist schon einmal mit dem Fahrrad in vier Stunden nach Hamburg gefahren.
Beschreibe die Situationen an den fünf Punkten.

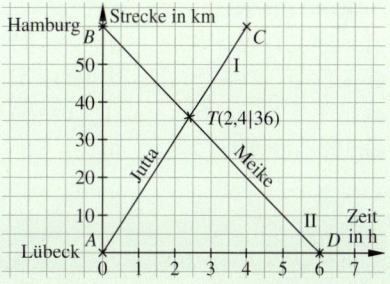

3 Familie Steiner wandert.
Wie könnten die Wanderungen verlaufen sein?

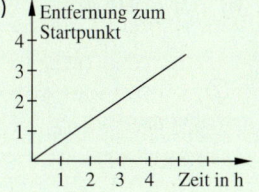
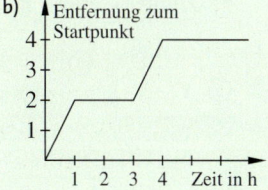
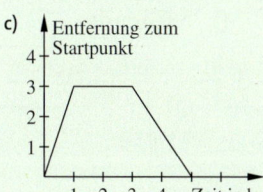

4 Ein LKW-Fahrer beginnt um 8:30 Uhr seine Fahrt nach Wien, wobei er durchschnittlich 60 $\frac{km}{h}$ fährt.
Um 9:15 Uhr bemerkt seine Frau, dass er wichtige Papiere vergessen hat.
Sie setzt sich in ihren Pkw und folgt ihm mit 80 $\frac{km}{h}$.
a) Wann holt sie den LKW ein?
b) Wie schnell müsste sie sein, um ihn nach 1,5 Stunden einzuholen?

5 Kerstin und Lisa wohnen 122 km voneinander entfernt. Sie wollen sie sich mit dem Fahrrad entgegenfahren.
Kerstin bricht um 9:00 Uhr auf und fährt mit einer Durchschnittsgeschwindigkeit von 16 $\frac{km}{h}$ Lisa entgegen. Lisa verschläft und fährt erst 30 Minuten später los. Dafür fährt sie aber mit 22 $\frac{km}{h}$.
a) Wann treffen sich die beiden Freundinnen?
b) Wer hat bis zum Treffpunkt mehr Kilometer zurückgelegt?

Klar so weit?

→ Seite 8

Terme vereinfachen

1 Löse die Klammer auf.

a) $4(a + b + c)$ b) $3(3a - 5b - 3c)$

c) $5(x + y + 7)$ d) $12(x - 6 - y)$

e) $a(2a + b + c)$ f) $y(7m + 3x + 4y)$

g) $(12a + 4b) \cdot 3a$ h) $(2 - 9a)ab$

1 Multipliziere aus.

a) $6(a + b - c)$ b) $8(4a - 3b - c)$

c) $3(10x + 4y - z)$ d) $9(-2x + 5 + 9y)$

e) $12a(3a + b + 7)$ f) $5y(10m - 4xy - 1)$

g) $(2a + 3b) \cdot 17$ h) $(21 - 6b)ab$

2 Klammere den größten gemeinsamen Faktor aus.

a) $3c - 3d$ b) $3a - 6c$

c) $xy - xz$ d) $4xy - 7xz$

e) $13c - 13$ f) $14xyz - 36ax$

g) $4a + 4b + 4c$ h) $6x^2 + 16x$

2 Klammere den größten gemeinsamen Faktor aus.

a) $7c - 12cd$ b) $2ab - 4ac$

c) $-15xy + 5x$ d) $3xy - 6xz + 9xyz$

e) $7c - 14cd - 21ac$ f) $6x^2 - 17x$

g) $2ab^2 + 12a^2$ h) $5x + 10x^2y^2$

3 Löse die Klammern auf.

a) $(a - 2) \cdot (b - 4)$ b) $(c - 4) \cdot (d - 8)$

c) $(x - 3) \cdot (y - 5)$ d) $(3 - u) \cdot (v - 6)$

e) $(f - 5) \cdot (g - 6)$ f) $(x - 8) \cdot (y + 3)$

g) $(9 + a) \cdot (b - 2)$ h) $(4 - u) \cdot (v + 9)$

3 Löse die Klammern auf.

a) $(x - 10) \cdot (y - 15)$ b) $(a - 2) \cdot (b - 7)$

c) $(4 - u) \cdot (v - 3)$ d) $(-6 + c) \cdot (d - 8)$

e) $(x - 9) \cdot (11 + y)$ f) $(7 + a) \cdot (-4 + b)$

g) $(5 - 4u) \cdot (v + 9)$ h) $(2c - 5) \cdot (d - 8)$

→ Seite 14

Sachaufgaben systematisch lösen

4 Ordne den Aussagen den passenden Term zu.

a) die doppelte Menge   b) $12g$ mehr   c) ziehe 3 davon ab   d) $5l$ weniger

e) 3 Jahre jünger   f) $5€$ teurer   g) ziehe es von 3 ab   h) der dritte Teil

① $x + 12$ ② $x - 3$ ③ $\frac{1}{3}x$ ④ $3 - x$ ⑤ $x - 3$ ⑥ $x + 5$ ⑦ $x - 5$ ⑧ $2 \cdot x$

5 Stelle zu jeder Aussage eine Gleichung auf. Gib die Lösung der Gleichung an.

a) Zieht man von einer gedachten Zahl 12 ab, so erhält man 2.

b) Tom wiegt zusammen mit seinem 35 kg schweren Hund genau 100 kg.

c) Ein Drittel des gesamten Weges zur Waldhütte beträgt 7,5 km.

d) In 5 Jahren wird Tills Vater 50 Jahre alt.

e) Vor wie vielen Jahren konnte der jetzt 79-jährige Opa Friedhelm seinen 50. Geburtstag feiern?

f) Mit 650 € Miete ist die Wohnung von Familie Klapeck doppelt so teuer wie die Wohnung von Torben.

5 Stelle zu jeder Aussage eine Gleichung auf. Gib die Lösung der Gleichung an.

a) Addiert man zu einer gedachten Zahl 2, so erhält man 1,5.

b) Gülcan wiegt 54 kg. Damit ist sie 3-mal so schwer wie ihr kleiner Bruder.

c) Nach 460 km sind zwei Drittel der Fahrt in die Berge geschafft.

d) In 3,5 Jahren ist Gaby endlich volljährig.

e) Uroma wurde dieses Jahr 97 Jahre alt. Mit 86 hat sie das Autofahren aufgegeben. Vor wie vielen Jahren war das?

f) Die Mietwohnung von Familie Demir ist 3-mal so teuer wie Erkans möbliertes Zimmer. Erkans Zimmer kostet 260 €.

Lineare Funktionen erkennen

→ Seite 18

6 Jeder rationalen Zahl x wird ihre Hälfte zugeordnet.
a) Erstelle eine Wertetabelle für den Definitionsbereich von -2 bis 5.
b) Gib die Anzahl der Wertepaare an.
c) Trage die Werte in ein Koordinatensystem ein und zeichne den Graphen.
d) Handelt es sich um eine Funktion? Begründe.

6 Erstelle zu den Wortvorschriften der Funktionen jeweils eine Wertetabelle. Wähle Werte für x von -3 bis $+3$.
a) Jeder Zahl wird das 2,5-fache zugeordnet.
b) Jeder Zahl wird das um 3 verminderte Vierfache zugeordnet.
c) Jeder Zahl wird ihre Quadratzahl zugeordnet.
d) Das Produkt von x und y ist 36.

7 Handelt es sich um eine lineare Funktion? Wenn ja, gib die Steigung m und den y-Achsenabschnitt b an.
a) $y = 9x + 5$
b) $y = x^2 + 2$
c) $y = -x$
d) $y = x^3 - 2$

7 Handelt es sich um eine lineare Funktion? Wenn ja, gib die Steigung m und den y-Achsenabschnitt b an.
a) $y = \frac{2}{x} + 2$
b) $y = 4 - 0,1x$
c) $y = 3 + x^2$
d) $y = x - 2x + 1$

8 Für den Transport werden Bücher in Kisten gepackt. Eine Kiste wiegt 600 g, jedes Buch 400 g.
a) Handelt es sich um eine lineare Funktion?
b) Welcher Term gilt?
　① $y = 400x + 600$　② $y = 600x + 400$
c) Wie viel wiegt eine Kiste mit 12 Büchern?
d) Wie groß darf die Anzahl der Bücher höchstens sein, wenn das Gesamtgewicht 13 kg nicht überschreiten darf?

8 Herr Kunze mietet ein Auto. Die Grundgebühr beträgt 59 €. Pro gefahrenen Kilometer werden 60 Cent berechnet.
a) Handelt es sich um eine lineare Funktion?
b) Gib einen Term an, der die Zuordnung beschreibt.
c) Wie viel muss Herr Kunze zahlen, wenn er 53 km gefahren ist?
d) Wie viele Kilometer darf Herr Kunze fahren, wenn er 100 € zur Verfügung hat?

Lineare Funktionen untersuchen und zeichnen

→ Seite 22

9 Ist die Funktion steigend oder fallend? Zeichne den Graphen mithilfe des Steigungsdreiecks.
a) $y = -x + 2$
b) $y = 4x - 3$
c) $y = x$
d) $y = -2x + 4$

9 Ist die Funktion steigend oder fallend? Zeichne den Graphen mithilfe des Steigungsdreiecks.
a) $y = -3,5x + 1,5$
b) $y = \frac{1}{3}x - 3$
c) $y = -5$
d) $y = 0,1x - 0,2$

10 Gib jeweils mindestens eine passende Funktionsgleichung an.
a) eine Funktion mit der Steigung $m = 4$
b) eine fallende Funktion mit dem y-Achsenabschnitt $b = 1,5$
c) eine steigende Funktion mit dem Punkt $P(2|0)$
d) eine zu $y = 3x - 1$ parallele Funktion

Vermischte Übungen

1 Ergänze die Tabelle im Heft.

·	2	–13	6x	–3x
(5+x)	$2(5+x) = $ ■			
(7−y)				
(9x+2)				
(−x+4y−8)				

1 Ergänze die Tabelle im Heft.

·	–7	–3a	2,5x
(6−y)			
(a+1,5)			
(−3,5a−4,2b)			
(0,2x²−4x−0,5)			

2 Ergänze so, dass die Gleichung stimmt.
a) $5(x + ■) = 5x + 20$
b) $8(■ − 3) = 8x − 24$
c) $■(y + 2) = xy + 2x$
d) $2a + 4b = ■(a + 2b)$
e) $2x + 16y = ■(x + 8y)$
f) $9a + 12b = ■(3a + 4b)$

2 Ergänze so, dass die Gleichung stimmt.
a) $x(■ + ■) = 4x + xy$
b) $■(6 + 2x) = 18x + 6x²$
c) $2x(■ − ■) = 8xy − 24x$
d) $25 + 20x = ■(5 + 4x)$
e) $2x + 5xy = ■(2 + 5y)$
f) $6a + 7ab = ■(6 + 7b)$

3 Klammere jeweils den größten gemeinsamen Faktor aus.
a) $3x² + 6x$
b) $12x²y − 74xy²$
c) $x − x³$
d) $48a²b + 24a³$
e) $x + x² + x³$
f) $3x² + 9x + 6xy$
g) $10x² + 10x$
h) $−7x² − 7x$
i) $−8x − 16$
j) $−8x² − 8x − 8$

3 Klammere gemeinsame Faktoren aus und kürze die Brüche wie im Beispiel:

Beispiel $\dfrac{15a − 5b}{25 + 10ab} = \dfrac{\cancel{5}(3a − b)}{\cancel{5}(5 + 2ab)} = \dfrac{3a − b}{5 + 2ab}$

a) $\dfrac{3x + 6}{9x + 12}$
b) $\dfrac{5 + 10a}{10b + 5}$
c) $\dfrac{5x + 7xy}{xy + 3x}$

4 Gib einen Term zur Berechnung des Flächeninhalts des Rechtecks an. Wie kannst du die Klammern geschickt auflösen?

$3a + 4b$

$3a − 4b$ (linke Seite)

4 Jede Seite eines quadratischen Blumenbeets wird um 50 cm verkürzt.
a) Gib einen Term an, der den Flächeninhalt des Beets beschreibt, und vervierfache ihn.
b) Um wie viel Prozent verringert sich der Flächeninhalt des Beets, wenn es vorher eine Seitenlänge von 2,50 m hatte?

5 Lena und Paul zeigen mit einer Zeichnung, warum man die Klammern so auflöst:
$$(a + b) \cdot (c − d) = ac − ad + bc − bd$$

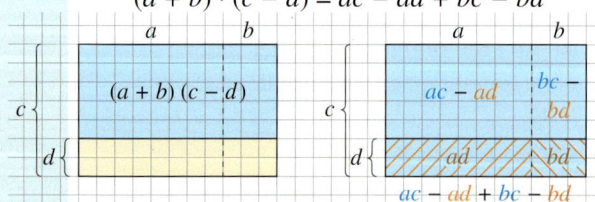

a) Überlegt zu zweit, was ihre Zeichnung bedeutet.
b) Veranschaulicht auf ähnliche Weise:
① $(a − b) \cdot (c + d) = ac + ad − bc − bd$
② $(a − b) \cdot (c − d) = ac − ad − bc + bd$

6 Eine Zimmerpflanze ist 15 cm hoch. Sie wächst jede Woche um 0,1 cm.
a) Stelle eine Gleichung für das Wachstum der Zimmerpflanze auf.
b) Wie lange dauert es, bis die Pflanze eine Höhe von 20 cm (30 cm; 46 cm) hat?

6 Eine Kerze ist 20 cm hoch. Wenn sie brennt, wird sie jede Stunde um 3 mm kürzer.
a) Wie lange dauert es, bis die Kerze vollständig abgebrannt ist?
b) Nach welcher Zeit ist sie nur noch 12 cm (9 cm; 3 cm) hoch?

7 Der Grundriss eines Gebäudes ist rechteckig mit 176 m Umfang. Die Längsseite ist 3-mal so lang wie die kürzere Seite. Wie lang und wie breit ist das Gebäude?

7 In einem Dreieck ist der Winkel β um 42° größer als der Winkel α. Der Winkel γ ist 4-mal so groß wie α. Wie groß sind die Winkel?

8 Wanda ist dieses Jahr 14 Jahre alt geworden. In 2 Jahren wird Wandas Katze „Mäuschen" so alt sein, wie Wanda vor 7 Jahren war.
a) Wie alt ist „Mäuschen" heute?
b) In wie vielen Jahren wird Wanda doppelt so alt sein wie ihre Katze?

8 Tim ist 8 Jahre älter als sein Hund „Schröder". Zusammen sind „Schröder" und Tim 22 Jahre alt.
a) Wie alt sind „Schröder" und Tim heute?
b) Vor wie vielen Jahren war Tim 3-mal so alt wie sein Hund?

9 Die Punkte $P(6|11)$ und $Q(2|3)$ liegen auf dem Graphen einer linearen Funktion. Wie lautet die Geradengleichung?

9 Eine lineare Funktion verläuft durch die Punkte $P(-3|5)$ und $Q(2|7)$. Wie lautet die Geradengleichung?

10 Erkläre zunächst, wie du das Steigungsdreieck zeichnest. Zeichne dann den Graphen.
a) $y = 2x$
b) $y = -4x + 1$
c) $y = \frac{8}{2}x + 1{,}5$
d) $y = \frac{2}{3}x + 3$
e) $y = 3{,}5x$
f) $y = \frac{1}{4}x + \frac{3}{4}$
g) $y = -2{,}5x - 1{,}5$
h) $x = -x + \frac{3}{2}$

11 Ein Eiswürfel schmilzt in der Sonne.

Zeit (in min)	0	1	2	3
Höhe (in cm)	8	7,6	7,2	6,8

a) Gib eine passende Funktionsgleichung an.
b) Wann ist der Eiswürfel geschmolzen?
c) Zeichne den Graphen der Funktion.

11 Eine dünne Kerze brennt ab.

Zeit (in min)	0	10	20	30
Höhe (in cm)	12	10	8	6

a) Wie hoch war die Kerze zu Beginn?
b) Nach wie vielen Minuten ist die Kerze ganz abgebrannt?
c) Welche Funktionsgleichung passt?
① $y = 2x + 12$ ② $y = 12x - 2$
③ $y = 12 - x$ ④ $y = 12 - 0{,}2x$

ZU AUFGABE 12
Vergleiche deine Ergebnisse.

12 Der Graph einer linearen Funktion verläuft durch die Punkte A und B. Bestimme die Funktionsgleichung.
a) $A(1|4); B(3|14)$
b) $A(2|7); B(4|3)$
c) $A(3|-2); B(6|7)$
d) $A(-1|2); B(3|8)$
e) $A(-3|6); B(2|-8)$

12 Der Graph einer linearen Funktion verläuft durch den Punkt P und hat die Steigung m. Stelle die Funktionsgleichung auf.
a) $m = 4; P(3|15)$
b) $m = \frac{2}{3}; P(6|1)$
c) $m = 0{,}3; P(-2|5)$
d) $m = -3; P(5|-2)$
e) $m = -1{,}4; P(-3|-1)$

13 Die Orte Urigen und Balm liegen in der Schweiz. Zwischen beiden Orten verläuft eine Etappe des Radrennens „Tour de Suisse". Erkläre, wie du die Steigung m der Strecke berechnen kannst. Entnimm alle Angaben aus der Zeichnung.

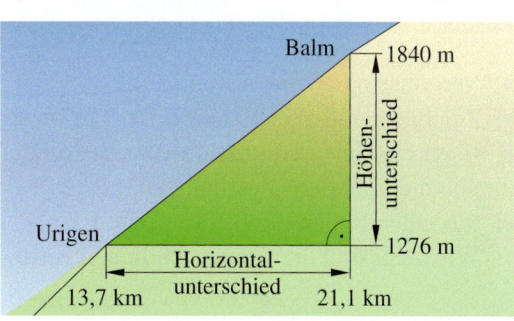

Balm 1840 m
Höhenunterschied
Urigen
Horizontalunterschied
13,7 km   21,1 km
1276 m

29

ANLAGENMECHA-
NIKER/IN
*Die Ausbildung
dauert 3 $\frac{1}{2}$ Jahre.
Suche nach
weiteren Infor-
mationen über
den Beruf z.B. im
Internet oder im
BIZ.*

Beruf Anlagenmechaniker/in für Sanitär-, Heizungs- und Klimatechnik

Anlagenmechaniker und Anlagenmechanike-
rinnen für Sanitär-, Heizungs- und Klima-
technik, bauen Sanitäranlagen ein und schließen diese an, montieren Heizungssysteme und
installieren Wasser- sowie Luftversorgungs-
systeme. Sie beraten ihre Kunden hinsichtlich
Modernisierungen und weisen Sie in die Be-
dienung der neuen Geräte und Systeme ein.
Sie arbeiten sowohl beim Kunden in Wohnungen und Häusern wie auch auf Großbaustellen. Arbeit finden sie hauptsächlich in ver-
sorgungstechnischen Installationsbetrieben
sowie bei Heizungs- und Klimaanlagenbauern.

14 Aufgaben aus dem ersten Lehrjahr
Der Einkaufspreis von Wasserhähnen kann mit der Gleichung $y = 1{,}10\,x + 20{,}25$ berechnet
werden.
a) Wie viele Wasserhähne können für 100 € bestellt werden?
b) Wie viel kosten 150 Wasserhähne?

15 Angebote vergleichen
Zwei Angebote verschiedener Zulieferfirmen für
Kupferrohre (Stückpreis und Lieferpauschale) kannst
du der Grafik entnehmen.
a) Ordne den Graph rechts die richtige Funktions-
gleichung zu.
$y_1 = 7{,}80\,x$ $y_2 = 4{,}50\,x + 39{,}60$
b) Eryk soll 14 Kupferrohre bestellen.
Für welches Angebot soll er sich entscheiden?
Begründe.
Wann lohnt sich das andere Angebot.

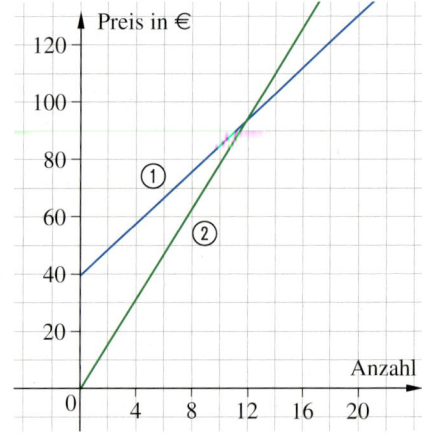

16 Auftragskosten berechnen
Die Preise für Reparaturen berechnen sich in Eryks Ausbildungsbetrieb durch eine Anfahrts-
pauschale von 35 € (brutto) und einen Stundenlohn von 40 € (brutto).

Zeit in h	1	2	3	…
Kosten in €				

a) Vervollständige die Wertetabelle.
b) Zeichne den Graphen der Funktion *Zeit → Kosten* (1 h ≙ 2 cm, 50 € ≙ 1 cm).
c) Liegt eine lineare Funktion vor? Begründe.
d) Gib die Funktionsgleichung an.
e) Für einen Reparaturauftrag werden 3,5 Stunden eingeplant.
Wie hoch sind die voraussichtlichen Kosten?

Zusammenfassung

→ *Seite 8*

Terme vereinfachen

Eine Summe (Differenz) wird mit einer Zahl multipliziert, indem jeder Summand in der Klammer mit der Zahl mulitpziert wird: $a(b + c) = a \cdot b + a \cdot c$ $6(c - de) = 6c - 6de$

Eine Summe kann man in ein Produkt umwandeln, indem man aus allen Summanden **einen gemeinsamen Faktor ausklammert**: $ab + ac = a \cdot (b + c)$ $5x + a \cdot 5b = 5(x + ab)$

Beim Multiplizieren von Summen wird **jeder** Summand der ersten Summe mit **jedem** Summanden der zweiten Summe multipliziert. Anschließend werden die vier Teilprodukte addiert.
$(a + b) \cdot (c + d) = a \cdot c + a \cdot d + b \cdot c + b \cdot d$ $(5x + 3) \cdot (2 + y) = 10x + 5xy + 6 + 3y$

Sachaufgaben systematisch lösen

→ *Seite 14*

Sachaufgaben lassen sich mit dem **Sechs-Schritte-Verfahren** systematisch lösen.

In einem Rechteck ist eine Seite 3 cm länger als die andere. Der Umfang beträgt 24 cm.

1. Variable festlegen — x: Länge der kürzeren Seite in cm
2. Terme bilden — $x + 3$: Länge der längeren Seite in cm
   $u = 2 \cdot (x + x + 3)$
3. Gleichung aufstellen — $2 \cdot (x + x + 3) = 24$
4. Gleichung lösen
   $x + x + 3 = 12 \mid - 3 \mid : 2$
   $x = 4{,}5$
5. Lösung prüfen — Probe $2 \cdot (4{,}5 + 7{,}5) = 24$ w
6. Antwort formulieren — Die Seiten sind 4,5 cm und 7,5 cm lang.

Lineare Funktionen erkennen, untersuchen und zeichnen

→ *Seite 18/22*

Der Graph der **lineare Funktion** mit der **Funktionsgleichung** $y = m \cdot x + b$ $(m \neq 0)$ ist eine Gerade, die die y-Achse im Punkt $P(0 \mid b)$ schneidet.

m ist die **Steigung** der Funktion und b ist der **Achsenabschnitt** auf der y-Achse.

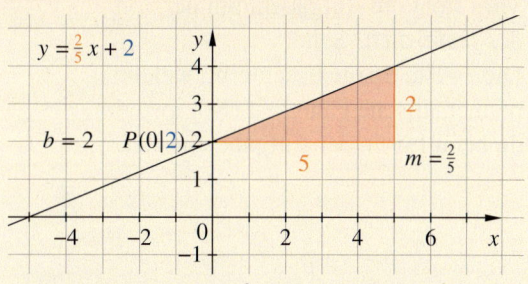

Der zu x gehörende y-Wert kann mithilfe der **Funktionsgleichung** berechnet werden.

y-Wert für $x = 5$: $y = \frac{2}{5} \cdot 5 + 2 = 2 + 2 = 4$
Der Punkt $P(5 \mid 4)$ liegt auf der Geraden.

Umgekehrt kann man auch den x-Wert berechnen, wenn der y-Wert bekannt ist.

x-Wert für $y = 6$: $6 = \frac{2}{5}x + 2 \mid -2 \mid \cdot \frac{5}{2}$
$10 = x$
Der Punkt $P(10 \mid 6)$ liegt auf der Geraden.

Die Steigung m einer linearen Funktion kann berechnet werden:

Eine lineare Funktion verläuft durch die Punkte $(2 \mid 1)$ und $(4 \mid 5)$.

$m = \dfrac{\text{Differenz der } y\text{-Koordinaten}}{\text{Differenz der } x\text{-Koordinaten}} = \dfrac{y_2 - y_1}{x_2 - x_1}$

$m = \frac{5 - 1}{4 - 2} = \frac{4}{2} = 2 > 0$, also ist die Funktion steigend.

Für **$m > 0$**, ist die Funktion **steigend**,
für **$m < 0$** ist die Funktion **fallend**.

Methode: Lerne selbstständig für eine Klassenarbeit

Blättere einmal um, dann siehst du die *Teste-dich!*-Seite zu diesem Kapitel. Solch einen Test gibt es am Ende jedes Kapitels. Mit ihm kannst du dich auf eine Klassenarbeit vorbereiten. Zu jeder *Teste-dich!*-Seite gibt es eine Checkliste, wie du sie unten siehst.

Dabei kann die Checkliste dir helfen:

Bekomme einen Überblick.

Worum ging es im Mathe-Unterricht der letzten Wochen?
Bekomme einen Überblick über das gesamte Kapitel.

Schätze dich selbst ein.

Was kannst du schon gut?
Was noch nicht?
Sei ehrlich zu dir selbst. Denn je genauer du das weißt, desto leichter geht das Lernen.

Schließe Lücken.

Was genau musst du noch einmal nachlesen und üben?
Finde heraus, auf welcher Seite es im Buch steht.

Aufgabennummer und Kompetenz
Vorn steht die Aufgabennummer von der *Teste-dich!*-Seite.
Die zweite Spalte beschreibt, welche mathematische Fähigkeit (Kompetenz) du beim Lösen der Aufgabe einsetzt.

Schätze dich selbst ein
Hier schätzt du ein, wie gut du diese Aufgabe konntest:

☀ Ich konnte die ganze Aufgabe lösen.
🌤 Ich habe wenige Fehler gemacht.
☁ Ich habe viele Fehler gemacht.
🌧 Ich konnte die Aufgabe gar nicht lösen.

Setze für jede Aufgabe nur ein Kreuz.

Checkliste zum

Nr.	mathematische Fähigkeit (Kompetenz)	☀	🌤	☁	🌧
1	Ich kann in Termen Klammern auflösen.		x		
2	Ich kann Terme faktorisieren.				x
3	Ich kann Summenterme multiplizieren.		x		
4	Ich kann die binomischen Formeln anwenden.	x			
5	Ich kann Sachaufgaben nach dem 6-Schritte-Verfahren lösen.			x	
6	Ich kann lineare Funktionen erkennen und ihre Graphen zeichnen.				x
7	Ich kann Graphen durch einen gegebenen Punkt, mit gegebener Steigung zeichnen und die Geradengleichung angeben.	x			
8	Ich kann Texaufgaben mithilfe einer Funktionsgleichung lösen.		x		

So kannst du dich selbstständig auf eine Klassenarbeit vorbereiten:

1 Bearbeite die Seite *Teste dich!*

Terme, Gleichungen und Funktionen
Teste dich!
6 Punkte **1** Löse die Klammern auf und fasse, wenn möglich zusammen.
a) $2a + (5 - b)$ b) $20,5x - (7y - 22,3x - 13,8y)$
c) $(6 + x) \cdots$ d) $4x + [3 \cdots x - 10 \cdots 9x] - 12$

2 Überprüfe deine Ergebnisse mit den Lösungen im Anhang.

Lösungen Terme, Gleichungen und Funktionen
Terme, Gleichungen und Funktionen
Seite 6 Noch fit?
a) $2x + 3 \cdots$ **1** a) $2c +$

3 Fülle die Checkliste aus. Sie hilft dir zu erkennen, welche Themen du gut kannst und bei welchen Themen du noch etwas lernen musst.

Checkliste zum Thema „Terme, Gleichungen und Funktionen"

Nr.	mathematische Fähigkeit (Kompetenz)	☀	☁	☁	Was hast du falsch gemacht? Wo lag dein Fehler? Noch Fragen?	Seite im Buch
1	Ich kann in Termen Klammern auflösen.	x				8 26 Nr. 1
2	Ich kann Terme faktorisieren.			x	Ich wusste nicht mehr, wie ich den größten gemeinsamen Faktor finde.	8 26 Nr. 2
3	Ich kann Summenterme multiplizieren		x			8 26 Nr. 3

4 Werte deine Checkliste aus. Wie es geht, wird unten beschrieben.

TIPP
Beobachte dich beim Lernen:
– Bei welchen Aufgaben stößt du auf Schwierigkeiten?
– Was hat dir schon einmal dabei geholfen, eine schwierige Aufgabe zu verstehen?
– Sammle die Checklisten in deinem Hefter. Hast du dich im Laufe der Zeit verbessert?

Thema „Terme, Gleichungen und Funktionen"

Was hast du falsch gemacht? Wo lag dein Fehler? Noch Fragen?	Seite im Buch
	8 26 Nr. 1
Ich wusste nicht mehr, wie ich den größten gemeinsamen Faktor finde.	8 26 Nr. 2
	8 26 Nr. 3
Ich habe alle Aufgaben gelöst :-D	10 10 Nr. 1
Ich kann zur Textaufgabe nicht die passende Gleichung aufzustellen.	14 26 Nr. 5
Wie stelle ich einen Funktionsgraphen dar?	18 27 Nr. 7
	22 27 Nr. 10
Ich kann die Antwort der Textaufgabe nicht aus dem Graphen ablesen.	27 Nr. 8

Noch Fragen?
Hast du einen Fehler gemacht?
Hast du etwas noch nicht verstanden?
Notiere hier deine Fragen zu diesem Thema oder zu der Aufgabe.

Auswertung deiner Checkliste
Hast du ein Kreuz bei ☁ oder ☁?
Hier steht die Seitenzahl der *Verstehen*-Seite, auf der du das Thema nachlesen kannst.

Lies gründlich die passende *Verstehen*-Seite.

Löse auch einige Aufgaben auf den folgenden *Üben-und-anwenden*-Seiten, die genau zu dem Thema passen.

Teste dich!

6 Punkte

1 Löse die Klammern auf und fasse, wenn möglich zusammen.

a) $2a + (5 - b)$ b) $20{,}5x - (7y - 22{,}3x - 13{,}8y)$

c) $(6 + x) - (4y - 7z)$ d) $4x + [3 - (x - 10) + 9x] - 12$

e) $a \cdot (b - 14)$ f) $30d - (2e - 4d) - [9e - (5d - 5{,}3e)]$

6 Punkte

2 Klammere jeweils den größtmöglichen Faktor aus.

a) $20a + 40b$ b) $14xy - 56x$

c) $xy - yz$ d) $4ab - 11ax$

e) $9a + 18b - 81c$ f) $33dez - 6ey + 18ef$

6 Punkte

3 Multipliziere und fasse, wenn möglich zusammen.

a) $(x + 4) \cdot (x + 6)$ b) $(a + 9) \cdot (a - 13)$ c) $(y - 15) \cdot (y - 8)$

d) $(-a + b) \cdot (5 - b)$ e) $(6d + 7) \cdot (18 - d)$ f) $(s - 1{,}5) \cdot (3{,}5 + s)$

8 Punkte

4 Löse die Klammern auf. Nutze die binomischen Formeln.

a) $(x + 5)^2$ b) $(v - 7)^2$ c) $(b - 9)(b + 9)$ d) $(2 - s)^2$

e) $(d - 8)^2$ f) $(t - 3)^2$ g) $(y + 10)^2$ h) $(m + 11)(m - 11)$

4 Punkte

5 Stelle zu jeder Aussage eine Gleichung auf. Gib die Lösung der Gleichung an.

a) Torben denkt sich eine Zahl. Er subtrahiert 2, multipliziert die Differenz mit 5 und addiert zum Ergebnis 24. Er erhält als Ergebnis die Zahl 74.

b) Ein Rechteck ist in der Länge 5 cm kürzer als das Dreifache der Breite. Es hat einen Umfang von 54 cm.

c) Christian möchte sich ein Fahrrad für 350 € kaufen. Das sind 65 € mehr als das Dreifache von dem, was er zum Geburtstag bekommen hat.

d) Marina will bei den Bundesjugendspielen den 1000-Meter-Lauf in 3 Minuten und 5 Sekunden laufen. Um diese Zeit zu schaffen, plant sie die Zwischenzeiten. Die erste Runde will sie 5 Sekunden schneller laufen als die zweite. Die letzte halbe Runde hofft sie in der Hälfte der Zeit der ersten Runde zurückzulegen.

6 Punkte

6 Welche Funktion ist linear?
Gib für diese Funktionen die Steigung m und den Achsenabschnitt b an. Zeichne die Funktion.

a) $y = 4x - 1{,}5$ b) $y = 3x + x - 4$ c) $y = x^3 + 6$

d) $y = 2x$ e) $y = -x$ f) $y = 4{,}7$

4 Punkte

7 Zeichne eine Gerade, die durch den Punkt P geht und die Steigung m hat.
Gib anschließend die Geradengleichung an.

a) $P(3|2); m = 1$ b) $P(1|4); m = 2$ c) $P(-1|0); m = -3$ d) $P(-2|2); m = 4$

4 Punkte

8 Frau Peters bekommt zwei Angebote für die Miete eines Autos für einen Tag.
Tarif I: 45 € pro Tag und 0,25 € pro km.
Tarif II: 65 € pro Tag inkl. 200 km; 0,42 € für jeden weiteren km.

a) Erstelle für beide Tarife eine Wertetabelle für 0, 100, … 600 km.

b) Zeichne die Graphen.

c) Welchen Tarif empfiehlst du ihr, wenn sie 520 km mit dem Auto fahren möchte?

d) Für welche Streckenlänge empfiehlt sich Tarif I?

Gold: 30–32 Punkte, Silber: 29–27 Punkte, Bronze: 19–26 Punkte   Lösungen ab Seite 194

Lineare Gleichungssysteme

Transport und Verkehr erfordern viel Koordination. Begegnungen, gleichzeitige Abfahrten, Anschlussverbindungen usw. können bei deren Planung berechnet werden. Dabei spielt mathematisch auch das Lösen von Gleichungssystemen eine Rolle.

Noch fit?

BEACHTE
Berechne die Termwerte in Aufgabe 1 ohne Taschenrechner.

Einstieg

1 Terme berechnen
Berechne den Wert des Terms.
a) $6x + 5$ für $x = 1,5$
b) $10 - 2,5x$ für $x = 7$
c) $3x + 12y$ für $x = 2$ und $y = 4$

2 Gleichungen lösen
Bestimme die Lösung der Gleichung.
a) $3x + 5 = 6x + 41$
b) $5x + 11 = 3x + 7$
c) $20x + 5 = 13x - 16$

3 Funktionsgraph zeichnen
Ergänze die Wertetabelle im Heft und zeichne den Funktionsgraphen in ein Koordinatensystem.

x	-3	-2	-1	0	1	2	3
$y = 4x - 2$	-14	-10					

4 Koordinaten von Punkten bestimmen
Der Punkt P liegt auf der Geraden mit der Gleichung y. Gib die x-Koordinate von P an.
a) $y = x - 7$ $P(\blacksquare | -1)$
b) $y = x + 2$ $P(\blacksquare | 0)$
c) $y = 3x + 1$ $P(\blacksquare | 3)$
d) $y = x - \frac{1}{3}$ $P(\blacksquare | -7)$
e) $y = \frac{1}{4}x - 2$ $P(\blacksquare | 5)$

5 Graphen linearer Funktionen
Was trifft auf alle Graphen linearer Funktionen zu? Begründe.
a) Sie sind Geraden.
b) Sie verlaufen durch den Ursprung.
c) Sie schneiden die y-Achse.
d) Sie schneiden die x-Achse.
e) Erhöht man die x-Werte um 1, so verdoppeln sich die y-Werte.

6 Lineare Funktion
Ein Mietwagen kostet 35 € Grundgebühr. Pro gefahrenen Kilometer kommen 40 ct hinzu.
a) Stelle eine lineare Funktion auf, die die Gesamtkosten beschreibt.
b) Wie hoch sind die Kosten, wenn man 500 km fährt?
c) Frau Meyer hat 157 € bezahlt. Wie viele Kilometer ist sie gefahren?

Aufstieg

1 Terme berechnen
Berechne den Wert des Terms.
a) $3x + 5y$ für $x = 2$ und $y = 4$
b) $12 - 5a + b$ für $a = 3$ und $b = 1,5$
c) $4p - 9q$ für $p = 0,5$ und $q = 1$

2 Gleichungen lösen
Bestimme die Lösung der Gleichung.
a) $4(y + 3) = 3y - 12$
b) $26 - 2(x + 3) = 32$
c) $2(3x + 2) = 6x + 5$

3 Funktionsgraph zeichnen
Ergänze die Wertetabelle im Heft und zeichne den Funktionsgraphen in ein Koordinatensystem.

x	-2	-1	0	1	2	3
$y = 0,5x + 1$		0				

4 Koordinaten von Punkten bestimmen
Nenne die Koordinaten des Schnittpunkts S mit der y-Achse. Gib die Steigung m an.
a) $y = 2x + 5$
b) $y = -3x + 1$
c) $y = -0,6x - 4$
d) $y = 0,25x - 0,25$
e) $y = 0,8x - 1,5$

6 Lineare Funktionen
Ein Mobilfunkanbieter bietet zwei Tarife an.
a) Wie hoch sind jeweils die Kosten, wenn man 4 h im Monat telefoniert?
b) Sarah hat im Tarif Relax 18,50 € bezahlt. Wie lange hat sie telefoniert?
c) Welchen Tarif sollte man wählen, wenn man ca. 5 h pro Monat telefoniert?

Tarif	Relax	Flatrate
monatl. Grundpreis	4,50 €	25 €
Preis pro min	0,08 €	–

Lösungen ab Seite 194

Lineare Gleichungen mit zwei Variablen

Entdecken

1 Um das Gefühl für Maße zu testen, lassen
Metall verarbeitende Betriebe bei Einstellungs-
tests für Auszubildende manchmal aus einem
Draht ein Rechteck biegen.
Die Aufgabe an einen Bewerber lautet:
„Welche Rechtecke lassen sich aus einem
30 cm langen Draht biegen?"
Gib mögliche Lösungen an.

2 Rätsel mit Münzen
a) Leonie hat 10- und 20-Cent-Münzen im Wert von 2,50 € in der Tasche.
   Wie viele 10-Cent-Münzen und wie viele 20-Cent-Münzen kann sie haben?
   Gib alle Möglichkeiten an.
b) Maria hat zwei verschiedene Sorten Münzen in ihrem Portemonnaie.
   Es sind zehn kleinere Münzen und fünf größere Münzen.
   Welche Münzen könnten das sein, wenn Maria insgesamt 3 € besitzt?
c) Kevin spart 1-€- und 2-€-Münzen in einem Sparschwein. Er wiegt das Sparschwein regelmäßig, um festzustellen, wie viel Geld er bereits gespart hat. Die Waage zeigt 440 g an.
   Wie viel Euro könnte Kevin gespart haben, wenn das Schwein 40 g, eine 1-€-Münze 7,5 g
   und eine 2-€-Münze 8,5 g wiegt?

3 Arbeitet in Vierergruppen.

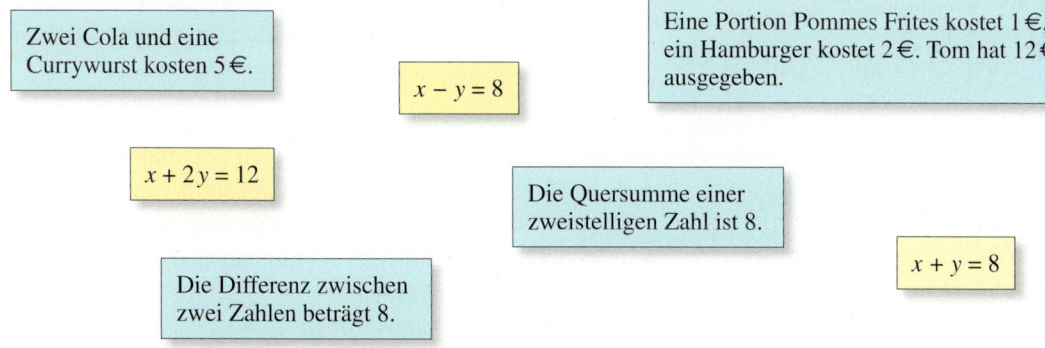

Zwei Cola und eine Currywurst kosten 5 €.

$x - y = 8$

Eine Portion Pommes Frites kostet 1 €,
ein Hamburger kostet 2 €. Tom hat 12 €
ausgegeben.

$x + 2y = 12$

Die Quersumme einer
zweistelligen Zahl ist 8.

Die Differenz zwischen
zwei Zahlen beträgt 8.

$x + y = 8$

a) Ordnet den Gleichungen eine passende Situation zu.
b) Findet für jede Gleichung mindestens drei verschiedene Werte für x und y, die die Gleichung lösen. Erläutert, wie ihr vorgegangen seid.
c) Denkt euch vier verschiedene Situationen mit den dazu passenden Gleichungen mit
   zwei Variablen aus.
   Schreibt die Situation jeweils auf eine rote Karteikarte und die Gleichungen jeweils auf eine
   grüne Karteikarte.
   Mögliche Lösungen werden auf weiße Karteikarten geschrieben.
d) Tauscht eure Karteikarten mit einer anderen Vierergruppe. Ordnet den Situationen die
   Gleichungen und die passenden Lösungen zu. Überprüft anschließend, ob eure Klassen-
   kameraden die Karten richtig einander zugeordnet haben, und stellt eure Karteikarten
   geordnet in der Klasse vor.

Verstehen

Die Jahrgangsklassenfahrt der 9. Klassen führt nach Eutin.
Es fahren insgesamt 40 Jungen und 40 Mädchen mit. Die Unterbringung in der Jugendherberge soll in Doppelzimmern und Vierbettzimmern getrennt nach Jungen und Mädchen erfolgen.
Wie viele Doppelzimmer und Vierbettzimmer müssen die Lehrer jeweils für Jungen und Mädchen buchen?

HINWEIS
Wir erhalten eine lineare Gleichung mit zwei Variablen.

Das Problem lässt sich mithilfe einer Gleichung mit zwei Variablen (x und y) beschreiben. Die Variable x steht für die Anzahl der Doppelzimmer, die Variable y für die Anzahl der Vierbettzimmer. Für die Anzahl der benötigten Zimmer der Mädchen ergibt sich folgende Gleichung:

$$2x + 4y = 40$$

Beispiel

Eine mögliche Lösung der Gleichung $2x + 4y = 40$ ist das Wertepaar $(6\,;7)$.
Die Lehrer können z. B. sechs Doppelzimmer und sieben Vierbettzimmer buchen.
Probe $2 \cdot 6 + 4 \cdot 7 = 40$

Die Lösungen kann man durch Probieren finden. Aber nicht alle Lösungen sind immer sinnvoll wie z. B. $(5\,;7{,}5)$.
Eine lineare Gleichung mit zwei Variablen hat normalerweise viele Lösungen. Sie bestehen jeweils aus einem Wertepaar $(x\,;y)$.

Die Anzahl der benötigten Vierbettzimmer lässt sich berechnen, wenn man die Anzahl x der Doppelzimmer kennt:

$$\begin{aligned}
2x + 4y &= 40 && | -2x \\
4y &= -2x + 40 && | :4 \\
y &= -\tfrac{1}{2}x + 10
\end{aligned}$$

Die Lösungen lassen sich leichter finden, wenn man die Gleichung nach der Variable y auflöst. Ein lineare Gleichung mit zwei Variablen kann in der Form $\boldsymbol{y = mx + b}$ geschrieben werden.

Durch Einsetzen von verschiedenen x-Werten erhält man folgende y-Werte:

x	0	2	3	4	6	8
$y = -\tfrac{1}{2}x + 10$	10	9	8,5	8	7	6

Die Lösungen der linearen Gleichung können in einer Wertetabelle dargestellt werden. Setzt man für x einen Wert ein, so erhält man den zugehörigen y-Wert, für den die Gleichung erfüllt ist.

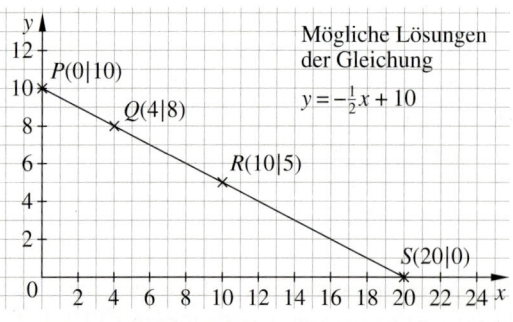

Zeichnet man die Wertepaare in ein Koordinatensystem, so erkennt man, dass alle Punkte auf der Geraden $y = -\tfrac{1}{2}x + 10$ liegen.

> **Merke** Alle Wertepaare $(x\,;y)$, die Lösungen einer linearen Gleichung sind, stellen Punkte $P(x|y)$ im Koordinatensystem dar und liegen auf einer Geraden $y = mx + b$.

Üben und anwenden

1 Welche der folgenden Gleichungen sind keine linearen Gleichungen? Begründe.
a) $y = 4x - 12$
b) $2x + 7y = 14$
c) $x \cdot y + 12 = 21$
d) $x^2 + y = 10$
e) $4x - 10 = 2y$
f) $3y = 12 - 4x$
g) $x + 3 = 4x + 12$
h) $27 = 12$

2 Prüfe, ob die angegebenen Wertepaare Lösungen der linearen Gleichung sind.
a) $3x + 5y = 42;\ (4;6)$
b) $2x - y = 15;\ (12;8)$
c) $-4x + 8y = -28;\ (5;-1)$
d) $5y - 10 = 3x;\ (9;11)$
e) $12x + 6y = 0;\ (0,5;-1)$
f) $20x - 4y = 12;\ (3;12)$

2 Nenne jeweils zwei Wertepaare, die Lösung der Gleichung sind.
a) $10x - 3y = 2$
b) $5x + 4y = 40$
c) $0,5x + 2y = 10$
d) $-4x + 8y = 12$
e) $9x = 6y - 3$
f) $-6y + 5x = -4$

3 Ergänze die Wertetabelle im Heft. Zeichne die Gerade, auf der alle Lösungen der linearen Gleichung liegen, in ein Koordinatensystem.

a)

x	-2	-1	0	1	2
$y = 4x - 2$					

b)

x	-4	-2	0	2	4
$y = 2x + 1$					

3 Ergänze die Wertetabelle und zeichne die Lösungen der linearen Gleichung ins Heft. Woran erkennt man in der Tabelle, an welcher Stelle die Geraden die x-Achse schneiden?

a)

x	-3	-1	0	2	5
$y = 1,5x - 1$					

b)

x	-2	-1	0	1	2
$y = -2x + 6$					

4 Gib eine lineare Gleichung an, die zu der folgenden Situation passt.
a) Sabine kauft Rosen zu je 0,80 € und Anemonen zu je 0,50 €. Sie zahlt 7 €.
b) Drei Kugeln Eis und eine Portion Sahne kosten 2,30 €.
c) Die Summe aus dem Doppelten von x und dem Dreifachen einer anderen Zahl ergibt 48.
d) Der Umfang eines gleichschenkligen Dreiecks ist 20 cm.
e) Auf einer Weide gibt es Hühner und Schafe. Murat zählt insgesamt 60 Beine.
f) Ein 10-€-Schein wird in 1-€- und 2-€-Münzen gewechselt.

5 Löse die lineare Gleichung nach y auf und erstelle eine Wertetabelle mit den x-Werten -2; -1; 0; 1; 2 und 3.
Zeichne die Gerade, auf der alle Lösungen der Gleichung liegen.
a) $-4x + 2y = 2$
b) $-6x + 3y = 9$
c) $4x + 2y = 10$
d) $5x - 10y = 20$

5 Zeichne die Gerade, auf der alle Lösungen der linearen Gleichung liegen, ins Heft. Beschreibe an einer Aufgabe, wie du dabei vorgehst. Gibt es mehrere Lösungswege?
a) $x + y = 10$
b) $2x + 4y = 20$
c) $2x + 2y = 12$
d) $x + 2y = 24$
e) $8x + 4y = 100$

6 Bestimme die fehlende Zahl so, dass das Wertepaar eine Lösung der linearen Gleichung $3x + 4y = 20$ ist.
a) $(\blacksquare;5)$
b) $(\blacksquare;2)$
c) $(8;\blacksquare)$
d) $(\blacksquare;8)$

6 Das Wertepaar $(5;6)$ ist Lösung einer linearen Gleichung.
a) Wie könnte diese Gleichung lauten?
b) Gib eine passende Realsituation zu deiner Gleichung an.

LÖSUNGEN ZU AUFGABE 6
Die gesuchten Lösungen sind hier enthalten: $(8;-1); (-5;5); (-1;8); (0;5); (-4;8); (-4;2); (4;2); (8;-4)$

7 Auf den Geraden liegen die Lösungen der linearen Gleichungen.
Ordne die Gleichung den Geraden zu.

a) $-x + y = 1$

b) $2x + y = -1$

c) $-2x - 4y = -8$

d) $2x - y = 1$

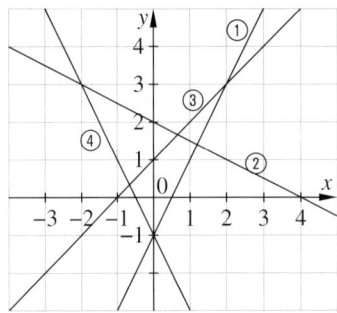

7 Tim hat drei Lösungen einer linearen Gleichung bestimmt: $(1 ; 2), (3 ; 3)$ und $(4 ; 5)$
Marvin überlegt kurz, macht sich eine Skizze und behauptet dann, dass Tim einen Fehler gemacht hat.

a) Erkläre, woran Marvin erkannt hat, dass eine Lösung falsch sein muss.

b) Gib jeweils eine lineare Gleichung an, die zwei der oben genannten Wertepaare als Lösungen hat.

c) Sind die Wertepaare $(-1 ; 9)$, $(2 ; 4,5)$ und $(-3 ; 12)$ Lösung einer linearen Gleichung?

8 Kai hat für seine Geburtstagsparty für 20 € Saft und Limonade eingekauft.
Eine Flasche Saft kostet 1,20 €.
Für jede Flasche Limonade hat er 1 € bezahlt.

a) Wie viele Flaschen hat Kai von jeder Sorte gekauft?

b) Begründe, warum die zugehörige lineare Gleichung nur drei sinnvolle Lösungen hat.

ZU AUFGABE 8
Bei welcher Lösung erhält Kai die größte Anzahl an Flaschen?

9 Frau Haibach möchte ihren Garten umgestalten. Die Umrandung ihres rechteckigen Blumenbeets ist 5 m lang und 3 m breit. Sie möchte die Umrandung für ein neues, achteckiges Blumenbeet benutzen.

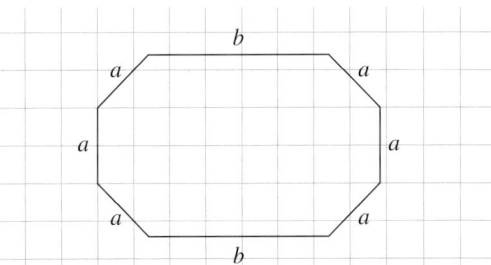

a) Ergänze die Längen für a und b im Heft.

a	1,5 m	2 m			2,5 m
b			5 m	4,4 m	

b) Gib eine lineare Gleichung für den Umfang des achteckigen Beets an.

c) Herr Haibach schlägt vor, $a = 2,75$ m zu wählen. Was meinst du dazu?

d) Wie groß darf a höchstens sein? Vergleicht eure Ergebnisse untereinander.

8 Carina hat fünf Lösungen der Gleichung $2x - 5y = -10$ durch eine Zeichnung bestimmt.

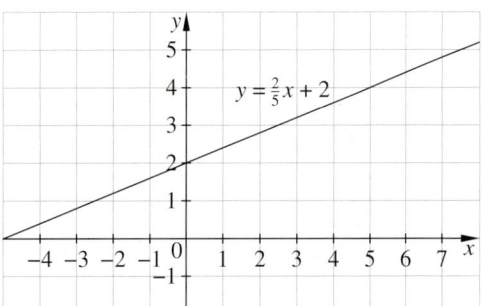

Überprüfe, ob ihre Lösungen richtig sind.
$A(0|2), B(1|2,5), C(2|2,8), D(4|3,5), E(5|4)$
Beschreibe, wie du dabei vorgehst.

---

9 Dana hat 20 m Maschendrahtzaun für einen rechteckigen Kaninchenauslauf zur Verfügung. Bestimme nur ganzzahlige Lösungen.

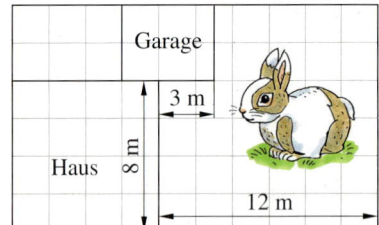

a) Bestimme mit einer Gleichung, welche Maße der Auslauf haben kann, wenn er …
① frei auf dem Rasen steht?
② nur an die Hauswand grenzt?
③ an die Hauswand und an die Garage angrenzen kann?

b) Welchen Flächeninhalt hat der größtmögliche Auslauf?

Lineare Gleichungssysteme grafisch lösen

Entdecken

1 Jette und Marvin verkaufen ihre alten Spielsachen auf verschiedenen Flohmärkten. Jette zahlt 4 € Standgebühr und verkauft jedes Spielzeug für 1 €. Marvin zahlt 8 € Standgebühr und verkauft jedes Spielzeug für 1,50 €.

a) Ordne Jette und Marvin jeweils eine der Funktionsgleichungen zu, die die Einnahmen je nach Anzahl der verkauften Spielsachen bestimmen.

b) Beschreibe das Diagramm und interpretiere den Schnittpunkt der beiden Graphen.

c) Wer hat mehr Geld eingenommen, wenn er zehn Spielzeuge verkauft?

d) Was bedeuten die Schnittpunkte der Graphen mit der x-Achse?

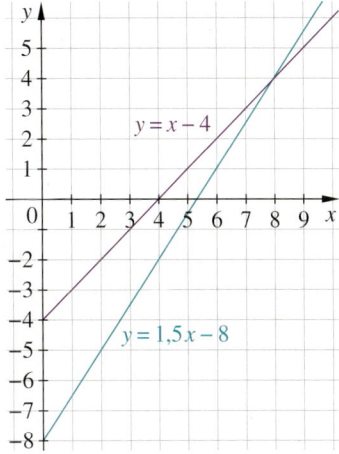

$y = x - 4$

$y = 1,5x - 8$

HINWEIS ZU AUFGABE 1–3
Ihr könnt alle Aufgaben in Gruppen zu viert bearbeiten.

2 Frau Arndt geht mit ihren vier Kindern ins Kino und bezahlt 44 €. Familie Berndt, dazu gehören drei Erwachsene und ein Kind, geht in denselben Film und bezahlt auch 44 €. Wie viel kostet eine Kinokarte für Erwachsene bzw. für Kinder?

Annika möchte die Aufgabe grafisch lösen und plant ihr Vorgehen.

a) Im ersten Schritt stellt sie für jede Familie eine Gleichung auf. Dazu legt sie die Variablen fest: x ist der Kartenpreis für Erwachsene und y ist der Kartenpreis für Kinder.
Wie lauten die Gleichungen für Familie Arndt und Familie Berndt?

b) Im zweiten Schritt stellt sie die Zusammenhänge grafisch dar. Dazu löst sie die Gleichungen nach y auf und zeichnet die Graphen in ein Koordinatensystem.
Führe Annikas Lösung fort.

c) Bestimme die gesuchten Preise. Wie gehst du dabei vor?

3 Ben möchte sich im Winterurlaub einen Helm zum Snowboardfahren leihen.

① Helmverleih „Be Prepared"
Leihgebühr pro Tag: 2 €
Versicherung einmalig: 12 €

② Helmverleih „Helmet"
Leihgebühr pro Tag: 3 €
Versicherung einmalig: 7 €

a) Vergleiche die beiden Angebote. Wie gehst du vor?

b) Stelle die Kosten beider Helmverleihe in einer Grafik dar.

c) Bei welcher Leihdauer spielt es keine Rolle, welchen Anbieter Ben wählt?

d) Für welchen Anbieter sollte sich Ben entscheiden? Notiert mehrere Einflussmöglichkeiten, von denen die Entscheidung abhängig sein kann.

Verstehen

Anne benötigt häufig 1-€- und 2-€-Münzen. Sie wechselt am Postschalter einen 10-€-Schein und erhält insgesamt acht Münzen. Wie viele Münzen von jeder Sorte erhält sie?

Zur Lösung dieser Aufgabe sind zwei Gleichungen erforderlich. Dabei gilt:
x ist die Anzahl der 1-€-Münzen,
y ist die Anzahl der 2-€-Münzen.

Die Gleichungen lauten:

I $x + y = 8$,   da sie acht Münzen erhält und
II $1x + 2y = 10$, da 10 € in eine unbekannte Zahl jeder Münzsorte gewechselt wird.
Wir erhalten zwei Gleichungen mit zwei Variablen.

BEACHTE
Die Gleichungen eines Gleichungssystems werden mit römischen Ziffern bezeichnet.

> **Merke** Wenn mehrere lineare Gleichungen zum Lösen einer Aufgabe erforderlich sind, spricht man von einem **linearen Gleichungssystem (LGS)**.
> Die Lösung des linearen Gleichungssystems ist das Wertepaar, das **beide** Gleichungen erfüllt.

Das lineare Gleichungssystem kann man grafisch lösen. Damit das System im Koordinatensystem dargestellt werden kann, werden beide Gleichungen in die Koordinatengleichung umgeformt, d. h. sie werden nach y aufgelöst:

I $y = -x + 8$ und II $y = -\frac{1}{2}x + 5$

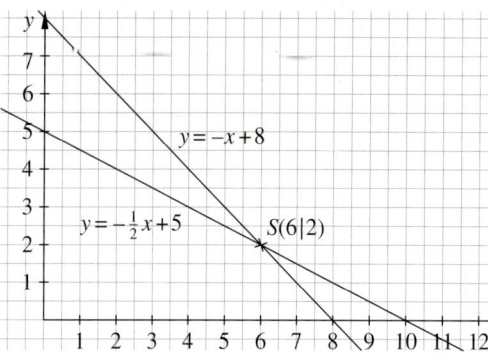

TIPP
Überprüfe deine Lösung mit einer Probe:
$2 = -6 + 8$ und
$2 = -3 + 5$

Im Diagramm ergeben sich zwei Geraden.

Die Geraden schneiden sich in einem Punkt. Die Koordinaten dieses Schnittpunkts stellen das Wertepaar dar, das die gemeinsame Lösung beider Gleichungen ist.

Das lineare Gleichungssystem hat die Lösung $x = 6$ und $y = 2$.
Anne hat sechs 1-€-Münzen und zwei 2-€-Münzen erhalten.

> **Merke** Bei der **grafischen Lösung** eines Gleichungssystems mit zwei Variablen zeichnet man die Graphen der Gleichungen in dasselbe Koordinatensystem. Die Koordinaten des Schnittpunktes beider Graphen sind die **Lösungen des Gleichungssystems**.

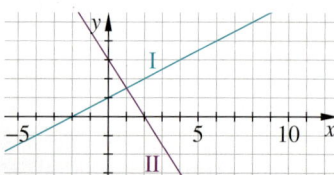

Schneiden sich die Graphen in einem Punkt, hat das LGS **eine Lösung** $S(x|y)$.

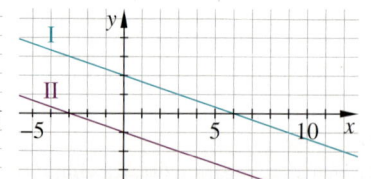

Verlaufen die Graphen parallel, hat das LGS **keine Lösung**.

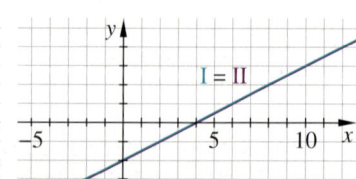

Sind die Graphen identisch, hat das LGS **unendlich viele Lösungen**.

Üben und anwenden

1 Gegeben sind zwei Gleichungssysteme.

① **I** $y = -x + 2$; **II** $2y = -2x + 6$

② **I** $2x + y = 4$; **II** $3x + 1,5y = 6$

a) Versuche, die Gleichungssysteme grafisch zu lösen. Was stellst du fest?

b) Erkläre, warum die Gleichungssysteme nicht genau eine Lösung haben.

2 Stelle zur Lösung der Aufgabe jeweils ein lineares Gleichungssystem auf.

a) Leon sagt: „Zusammen haben wir 117 Aufkleber." Marie sagt: „Ich habe doppelt so viele Aufkleber wie du."
Wie viele Aufkleber hat jeder?

b) Bei einem Basketballspiel sind insgesamt 47 Körbe geworfen worden.
Mannschaft A hat sieben Körbe weniger geworfen als Mannschaft B.
Wie viele Körbe haben die Mannschaften jeweils geworfen?

3 Zwei Kerzen werden zugleich angezündet. Die rote Kerze ist 8 cm hoch und brennt pro Stunde 1 cm herunter. Die blaue Kerze ist 5 cm hoch und brennt pro Stunde 0,5 cm ab.

a) Ordne die Gleichungen **I** $y = -\frac{1}{2}x + 5$ und **II** $y = -x + 8$ den Kerzen zu.

b) Nach welcher Zeit sind beide Kerzen gleich hoch? Bestimme die Höhe.

c) Welche Kerze ist zuerst abgebrannt?

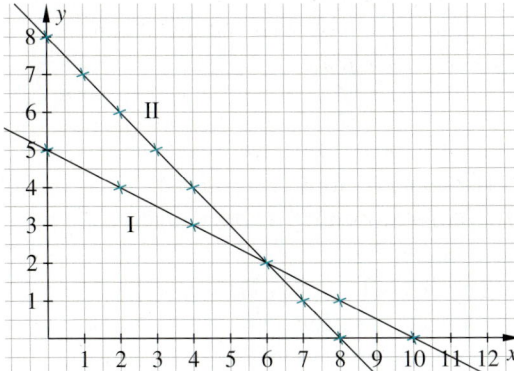

4 Erkläre deinem Nachbarn an den Beispielen, wie du ein LGS grafisch löst.

a) **I** $y = 10 - x$; **II** $y = 2x + 1$

b) **I** $y = x + 3$; **II** $y = 3x + 1$

c) **I** $y = x + 7$; **II** $y = -\frac{1}{2}x - 2$

1 Gegeben ist folgendes Gleichungssystem:

I $y = -2x + 1$;

II $y = -2x + 4$

a) Löse das Gleichungssystem grafisch.

b) Was stellst du fest? Begründe.

c) Suche weitere Gleichungssysteme mit der gleichen Eigenschaft.

2 Löse die Aufgabe mithilfe eines LGS.

a) Zwei Bauern treffen sich. Der erste sagt: „Zusammen haben wir 84 Kühe."
Der andere sagt: „Wenn du mir zwei Kühe abgeben würdest, hätten wir gleich viele."
Wie viele Kühe hat jeder der beiden?

b) Tom meint zu seiner Schwester: „Insgesamt waren wir im letzten Jahr 23-mal im Kino. Wenn du noch 7-mal gegangen wärst, wären wir gleich oft gewesen."
Wie oft waren Tom und seine Schwester jeweils im Kino?

3 In dem Koordinatensystem ist der Graph der Funktion zur Gleichung $y = 0,25x + 3$ dargestellt. Übertrage ihn in dein Heft.

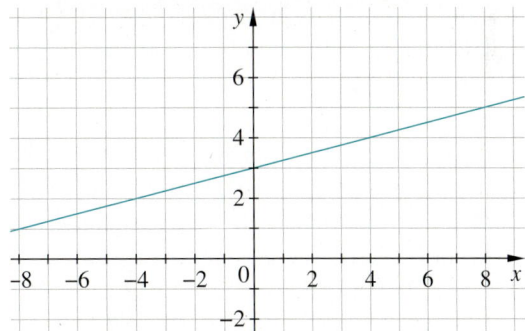

a) Zeichne den Graphen folgender Funktionen in dasselbe Koordinatensystem.

① $y = x$ ② $y = 4x + 3$ ③ $y = \frac{5}{4}x - 3$

b) Bestimme die Lösung des jeweiligen Gleichungssystems. Erkläre, wie du vorgehst.

4 Vervollständige im Heft:

Man kann die Lösungen von einem linearen Gleichungssystem finden, indem man zwei Geraden zeichnet. Dabei können drei Fälle auftreten:

1. Die Geraden schneiden sich, dann hat das LGS...

2. Die Geraden ...

RÜCKBLICK
Zeichne ein Glücksrad mit 12 Feldern. Teile die Felder wie folgt ein:
– Hauptpreis $\frac{1}{12}$
– Trostpreis 25 %
– Rest: Nieten

TIPP
Ob deine Lösung stimmt, kannst du auch mithilfe eines Funktionenplotters überprüfen.

5 Löse das lineare Gleichungssystem, indem du die Geraden in ein Koordinatensystem einzeichnest und ihren Schnittpunkt abliest. Führe anschließend die Probe durch.
a) I $y = 7 - x$; II $y = 2x + 1$
b) I $y = -2x - 5$; II $y = x + 4$
c) I $y = 3x + 1$; II $y = x - 3$
d) I $y = 2x - 2$; II $y = -2x + 2$
e) I $y = x - 3$; II $y = 2x - 5$

5 Löse die Gleichungssysteme grafisch. Überprüfe dein Ergebnis. Beschreibe, wie du bei der Probe vorgehst. Gibt es mehrere Möglichkeiten?
a) I $y = 2x$; II $y = -x + 3$
b) I $y = 2x - 4$; II $y = x + 1$
c) I $y = -3x - 1$; II $y = 0,5x + 6$
d) I $y = -0,75x + 1$; II $y = -0,25x + 3$
e) I $y = 2x - 3$; II $y = -3x + 7$

LÖSUNGEN ZU AUFGABE 6
Die gesuchten Lösungen sind hier enthalten:
$(-1|-2)$; $(-2|1)$;
$(-1|3)$; $(2|-2)$;
$(-5|-1)$; $(-5|1)$;
$(-2|-1)$; $(6|2)$

6 Bringe die Gleichungen zuerst auf die Form $y = mx + b$.
Löse dann das Gleichungssystem grafisch. Überprüfe durch eine Probe.
a) I $x + 2y = 10$; II $x + y = 8$
b) I $2x - y = -5$; II $5x + y = -2$
c) I $6x + 3y = -9$; II $2x - 4y = -8$
d) I $-4y - 1 = x$; II $2y = x + 7$
e) I $3x + y = 4$; II $2,5x - y = 7$

6 Forme zunächst die Gleichungen so um, dass y allein steht.
Löse das Gleichungssystem dann grafisch. Führe anschließend die Probe durch.
a) I $2y - x = 4$; II $2y + 3x = 12$
b) I $-x + 2y = 10$; II $-1,5x + y = 5$
c) I $6x + 3y = -6$; II $-4y + 2x = 8$
d) I $2y = 4x - 10$; II $x + y = 1$
e) I $3y = 6x - 21$; II $2x + y = 5$

7 Gegeben sind zwei Gleichungssysteme.
① I $x + y = 2$; II $2y = -2x + 6$
② I $2x + y = 4$; II $3x + 1,5y = 6$
a) Versuche, die Gleichungssysteme grafisch zu lösen. Was stellst du fest?
b) Erkläre, woran es liegt, dass diese Gleichungssysteme nicht genau eine Lösung haben.

7 Begründe, warum das Gleichungssystem keine oder unendlich viele Lösungen hat.
a) I $2x + 2y = 2$; II $x = 1 - y$
b) I $x - y = 3$; II $15 + 5y = 5x$
c) I $y = 2x + 4$; II $y - 2x = 3,4$
d) I $y = -x + 4$; II $\frac{1}{3}y + \frac{1}{3}x = \frac{4}{3}$
e) I $4y = 10x + 12$; II $4y - 10x = -8$
f) I $x + 2y = 2$; II $0,2x + 0,4y = 4$

8 Ergänze die Platzhalter so, dass das Gleichungssystem I $y = 4x + 2$ und II $y = $ ■ $x + $ ▲ folgende Eigenschaften hat. Begründe deine Wahl.
a) Das LGS hat unendlich viele Lösungen.
b) Das LGS hat keine Lösung.
c) Das LGS hat genau eine Lösung.

9 Eine Firma möchte Werbegeschenke bestellen. Sie hat zwei Anbieter in die engere Wahl genommen:

Werbehaus
0,70 € pro Geschenk, Versandkosten inklusive

Kundenzieher
0,50 € pro Geschenk, 10 € Versandkosten

a) Stelle pro Anbieter eine Gleichung auf.
b) Zeichne die zugehörigen Funktionsgraphen in ein Koordinatensystem.
c) Welchen Anbieter sollte die Firma wählen? Wovon kann die Wahl abhängen?

9 Arbeitet zu zweit.
Herr Wendt möchte für einen Tagesausflug ein Auto mieten.
Er kann zwischen zwei Tarifen wählen:
① Citycar: pro Tag 33 €, 1,60 € pro km
② Eurocar: pro Tag 26 €, 1,80 € pro km
Ab welcher geplanten Fahrstrecke wird er sich für den Tarif „Citycar" („Eurocar") entscheiden?

Lineare Gleichungssysteme rechnerisch lösen

Entdecken

1 Im Sommer war Nora in einem Zeltlager. Dort gab es Zelte für zwei Personen und Zelte für drei Personen. Insgesamt waren 30 Jugendliche im Ferienlager und es gab 13 Zelte. Wie viele Zelte für zwei Personen und wie viele Zelte für drei Personen gab es? Sprecht zu zweit über mögliche Lösungswege und vergleicht eure Ideen. Einigt euch auf einen Lösungsweg, den ihr gemeinsam der Klasse vorstellt. Gestaltet dazu ein Plakat oder eine Folie und präsentiert eure Vorgehensweise zur Lösung der Aufgabe.

2 Arbeitet in Gruppen.
Auf einem Bauernhof gibt es Hühner und Kühe. Es sind doppelt so viele Kühe wie Hühner. Sie haben alle zusammen 30 Beine.
Wie viele Hühner und wie viele Kühe gibt es auf dem Bauernhof?
Zwei Schülerinnen haben diese Aufgabe unterschiedlich bearbeitet und gelöst.

Marietta:

	Anzahl Hühner	Anzahl Kühe	Anzahl Hühner mal zwei gleich Anzahl Kühe	Anzahl Hühner mal zwei plus Anzahl Kühe mal vier (soll 30 sein)
1. Versuch	1	2	$1 \cdot 2 = 2$	$1 \cdot 2 + 2 \cdot 4 < 30$
2. Versuch	2	…	…	…

Özlem:

> x: Anzahl der Hühner,
> y: Anzahl der Kühe
> **I** $y = 2x$; **II** $2x + 4y = 30$

> Term für y aus
> **I** in **II** einsetzen:
> $2x + 4 \cdot 2x = 30$

> Wert für x in
> **I** einsetzen:
> $y = 2 \cdot 3$

a) Wie muss die Antwort lauten?
b) Begründet die Rechenschritte, die Marietta und Özlem durchgeführt haben.
c) Wie wurde der Wert für y berechnet?
d) Welcher Lösungsweg gefällt euch besonders gut? Begründet.
e) Ermittelt das Ergebnis grafisch und erklärt den Zusammenhang mit der rechnerischen Lösung.

3 Das Gleichungssystem **I** $y = 100x + 57$; **II** $y - 70x = 147$ soll gelöst werden.
a) Welche Möglichkeiten sind dir zur Lösung des Gleichungssystems bekannt?
b) Weil $y = 100x + 57$ ist, darf man statt y auch $100x + 57$ schreiben. Setze in Gleichung **II** anstelle von y den Term $100x + 57$ ein und löse die Gleichung.
Wie könnte man den Wert von y finden?
c) Warum ist die grafische Lösung der Aufgabe nicht sinnvoll? Überlegt zwei Gründe.

Verstehen

Frau Jähring und Herr Klein bepflanzen ihre Balkone.
Frau Jähring kauft drei Geranien und einen Blumenkasten.
Sie zahlt dafür 9 €. Herr Klein kauft acht Geranien und zwei
Blumenkästen und bezahlt 22 €.
Wie viel kostet eine Geranie und wie viel ein Blumenkasten?

Zu dieser Aufgabe kann man zwei Gleichungen aufstellen. Dabei ist x der Preis für eine
Geranie und y der Preis für einen Blumenkasten (jeweils in Euro).

I Frau Jährings Einkauf: $3x + y = 9$ II Herr Kleins Einkauf: $8x + 2y = 22$

Gleichungssysteme kann man grafisch lösen, aber das Zeichnen der beiden Graphen ist oft aufwändig und kann ungenau sein. Daher gibt es weitere Lösungsverfahren.

Beispiel 1

	Preis einer Geranie x	Preis eines Blumenkastens $y = 9 - 3x$	Gesamtpreis für Herrn Klein $8x + 2y = 22$
1. Versuch	1	$9 - 3 \cdot 1 = 6$	$8 \cdot 1 + 2 \cdot 6 = 20$

HINWEIS
Die Probe mit
$x = 2$, $y = 3$
ergibt:
I $6 + 3 = 9$; w
II $16 + 6 = 22$ w
Beide Aussagen
sind wahr.

Der Preis für eine Geranie ist zu niedrig angesetzt. Im nächsten Versuch wird ein höherer Preis
x für eine Geranie angenommen.

2. Versuch	3	$9 - 3 \cdot 3 = 0$	$8 \cdot 3 + 2 \cdot 0 = 24$

Der Preis für eine Geranie x ist zu hoch angesetzt. Im nächsten Versuch wird ein niedrigerer
Preis x für eine Geranie genommen.

3. Versuch	2	$9 - 3 \cdot 2 = 3$	$8 \cdot 2 + 2 \cdot 3 = 22$

$x = 2$ und $y = 3$ sind Lösungen beider Gleichungen. Damit ist das Gleichungssystem gelöst.

> **Merke** Lineare Gleichungssysteme können durch **systematisches Probieren** mithilfe einer
> Tabelle gelöst werden.

Gleichungssysteme kann man auch durch Umformen der Gleichungen und Einsetzen lösen.
Dieses Lösungsverfahren heißt Einsetzungsverfahren.

Beispiel 2

I $3x + y = 9$;
II $8x + 2y = 22$

1. Gleichung I wird nach y aufgelöst:
   I′ $y = 9 - 3x$
2. $9 - 3x$ wird in Gleichung II für y eingesetzt,
   die neue Gleichung wird gelöst:
   $8x + 2(9 - 3x) = 22$
   $2x + 18 = 22$, also $x = 2$
3. Für x wird in Gleichung I der Wert 2 eingesetzt und y bestimmt:
   $3 \cdot 2 + y = 9$, also $y = 3$
4. Die Lösung wird geprüft:
   I $3 \cdot 2 + 3 = 9$ w; II $8 \cdot 2 + 2 \cdot 3 = 22$ w
5. Eine Geranie kostet 2 €, ein Kasten 3 €.

> **Merke** Lineare Gleichungssysteme mit zwei
> Gleichungen und zwei Variablen kann man
> mithilfe des **Einsetzungsverfahrens** lösen:
> 1. Man löst eine der Gleichungen nach einer
>   Variable auf.
> 2. Der erhaltene Term wird in die andere
>   Gleichung eingesetzt, um eine Gleichung
>   mit nur einer Variable zu erhalten. Diese
>   Gleichung wird wie gewohnt gelöst.
> 3. Der Wert der zweiten Variable wird durch
>   Einsetzen der Lösung in eine der Ausgangsgleichungen gefunden.
> 4. Die Lösung wird geprüft.
> 5. Die Antwort wird formuliert.

Üben und anwenden

1 Lea möchte das Gleichungssystem
I $y = 2x$; II $x + y = 15$ durch systematisches Probieren mit einer Tabelle lösen.
Wie könnte sie fortfahren?
Übertrage die Tabelle in dein Heft.

x	$y = 2x$	$x + y = 15$
1	$y = 2$	$1 + 2 = 3$

1 Das Gleichungssystem
I $3x + 1 = y$;   II $y - x = 7$ wird durch Probieren gelöst.
Führe die Tabelle in deinem Heft fort.

x	$y = 3x + 1$	$y - x = 7$
1	$y = 4$	$4 - 1 = 3$
2	$y = 7$	…

2 Löse die Gleichungssysteme durch systematisches Probieren mit einer Tabelle.
a) I $x + y = 19$; II $2x = y + 5$

x	y	$x + y = 19$	$2x = y + 5$
1	18	$1 + 18 = 19$	$2 \cdot 1 < 18 + 5$

b) I $3x + y = 15$; II $8x + 2y = 38$

2 Löse die Gleichungssysteme durch systematisches Probieren.
Eine Tabelle kann dabei helfen.
a) I $2x + y = 23$; II $3x + 3y = 39$
b) I $3x - y = 11$; II $2x + y = 14$
c) I $5x + 2y = 24$; II $3x - y = 10$
d) I $2{,}2x + y = 4{,}6$; II $x + y = 1$

3 Arbeitet zu zweit.
Stellt für die Aufgabe ein Gleichungssystem auf und löst es durch systematisches Probieren.

Frau Blüte ist Klassenlehrerin der Klasse 9a. Sie stellt ihrer neuen Kollegin von der Klasse 9b eine Aufgabe:
„Zusammen haben wir in unseren beiden Klassen 52 Schülerinnen und Schüler. In der Klasse 9a sind zwei Schüler mehr als in der Klasse 9b.
Wie viele Schüler sind jeweils in den Klassen 9a und 9b?"

4 Dominik löst das Gleichungssystem
I $4x + y = 21$; II $9x + 2y = 46$
mit dem Einsetzungsverfahren. Bringe seine Rechenschritte in die richtige Reihenfolge.
① $4 \cdot 4 + y = 21$
  $16 + y = 21$ $| -16$
    $y = 5$
② $4x + y = 21$ $| -4x$
    $y = 21 - 4x$
③ $9x + 2(21 - 4x) = 46$
    $9x + 42 - 8x = 46$ $| -42$
        $x = 4$

4 Vervollständige die Lösung des linearen Gleichungssystems in deinem Heft.
I $2x + y = 8$; II $6x + 2y = 22$
① $2x + y = 8$ $| -2x$
      $y = 8 - 2x$
② $6x + 2(8 - 2x) = 22$
    $6x + 16 - 4x = 22$ $| -16$
        $2x = 6$ $| :2$
        $x = 3$

5 Löse die linearen Gleichungssysteme mithilfe des Einsetzungsverfahrens. Rechne jeweils die Probe.
a) I $y = 20 - 2x$; II $8x + 2y = 68$
b) I $y = 17 - 3x$; II $14x + 3y = 76$
c) I $2x + y = 21$; II $5x + 2y = 48$
d) I $4a + b = 33$; II $9a + 2b = 73$
e) I $x + 3y = 26$; II $2x + 7y = 60$
f) I $r + 2s = 39$; II $2r + 5s = 93$

5 Löse mithilfe des Einsetzungsverfahrens. Rechne jeweils die Probe.
a) I $4{,}5x + 4y = 110$;
      II $1{,}5x - 4y = 10$
b) I $2{,}5x + 0{,}4y = 9{,}5$;
      II $0{,}5x = 0{,}4y - 0{,}5$
c) I $0{,}2x + 0{,}3y = 6{,}5$;
      II $0{,}1x - 0{,}6y = -8$
d) I $2y = 1{,}5x + 4{,}25$
      II $3{,}5y = 29{,}4x - 5{,}95$
e) I $a + 8b = 20$;
      II $5a + 2b = 24$

RÜCKBLICK
Veranschauliche für die Übernachtungen in einer Pension die relativen Häufigkeiten pro Wintermonat in % in einem Kreisdiagramm.
Dez 102
Jan 131
Feb 145
Mär 118

6 Arbeitet zu zweit. Verwendet bei der Lösung das Einsetzungsverfahren. Stellt jeweils ein Gleichungssystem auf und löst es.

a) Jonas ist zwei Jahre älter als seine Schwester. Zusammen sind sie 30 Jahre alt.

b) Herr Berger hat bisher insgesamt 21 Dienstreisen nach Hannover oder Osnabrück gemacht. Davon war er doppelt so oft in Osnabrück wie in Hannover.

c) Frau Yilmaz kauft Kartoffeln und Äpfel. Die Kartoffeln wiegen dreimal so viel wie die Äpfel. Insgesamt sind es 6 kg.

ZU AUFGABE 7
Deute die Lösungen grafisch.

7 Berechne die Lösungen der linearen Gleichungssysteme. Rechne die Probe.

a) $\text{I } 3x + y = 24; \quad \text{II } 10x + 2y = 68$

b) $\text{I } 2s + t = 19; \quad \text{II } 5s + 2t = 45$

c) $\text{I } a + 4b = 26; \quad \text{II } 3a + 15b = 93$

d) $\text{I } 15c + 5d = 120; \quad \text{II } 2c + d = 17$

7 Löse die linearen Gleichungssysteme mithilfe des Einsetzungsverfahrens.

a) $\text{I } 4a - 2b = -6; \quad \text{II } 2a + b = 9$

b) $\text{I } 0{,}5x - 3y = -3; \quad \text{II } -x + 4y = -4$

c) $\text{I } -2{,}5k + 3y = 6; \quad \text{II } 5k - 6y = -12$

d) $\text{I } 2{,}4x + 3y = 0; \quad \text{II } 3{,}6x + 5y = 0{,}8$

8 Familie Schneider, das sind zwei Erwachsene und ein Kind, zahlt im Freibad 11,50 € Eintritt. Familie Lehmann zahlt 14 € Eintritt. Zur Familie Lehmann gehören zwei Erwachsene und zwei Kinder. Wie viel kostet der Eintritt für einen Erwachsenen, wie viel für ein Kind?

8 Lena hat beim Einsetzungsverfahren einen Fehler gemacht. Finde und berichtige ihn.

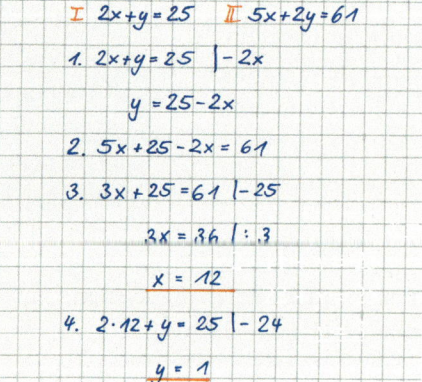

9 Anna kauft drei Rosen und eine Nelke und bezahlt dafür 7 €. Jonas kauft neun Rosen und zwei Nelken und bezahlt 20 €.

① Stelle zu der Aufgabe zwei Gleichungen auf. Bezeichne den Preis für eine Rose mit r, für eine Nelke mit n.

② Forme die Gleichung zu Annas Einkauf so um, dass n allein steht.

③ Setze den Term, der gleichwertig zu n ist, in die andere Gleichung ein.

9 Stelle eine Frage, löse die Gleichungssysteme und schreibe einen Antwortsatz.

a) Herr Wolff kauft zwölf Flaschen Mineralwasser und eine Flasche Saft und bezahlt insgesamt 12,06 €. Frau Fuchs kauft zehn Flaschen Mineralwasser und fünf Flaschen Saft und bezahlt dafür 18,30 €.

b) Jana und Erik sind in einer Eisdiele. Jana zahlt für drei Kugeln Eis und eine Portion Sahne 2,30 €, Erik zahlt für zwei Kugeln Eis und zwei Portionen Sahne 2,20 €.

10 Judith kauft für ihre Inlineskates vier Ersatzrollen und für sich ein Paar Gelenkschützer. Sie zahlt dafür 31 €. Jan kauft zwei Ersatzrollen und zwei Paar Gelenkschützer, er bezahlt 38 €. Berechne die Preise für ein Paar Gelenkschützer und eine Ersatzrolle. Berechne mithilfe des Einsetzungsverfahrens.

10 Eine Oberschule besuchen 50 Jungen mehr als Mädchen. 20 % der Jungen und 30 % der Mädchen nehmen an einer AG teil. Es sind insgesamt 295 AG-Teilnehmer. Wie viele Schülerinnen und Schüler gehen auf die Schule?

Gleichsetzungsverfahren und Additionsverfahren

Entdecken

1 Betrachte die Abbildung. Wie viel wiegen drei Hasen und drei Meerschweinchen zusammen? Erkläre, wie du zu einer Lösung kommst.

2 Arbeitet zu zweit.
Wie viel wiegt ein Hase und wie viel ein Meerschweinchen?
a) Zum Lösen der Aufgabe benötigt ihr das Bild dieser Aufgabe sowie ein Bild aus Aufgabe 1.
Welches Bild könnte das sein?
b) Wie könnt ihr die beiden Waagen in Verbindung bringen, um das Gewicht des Hasen bzw. des Meerschweinchens zu ermitteln?
c) Schreibt zu jeder Waage eine Gleichung auf. Wählt h für das Gewicht des Hasen und m für das Gewicht des Meerschweinchens (jeweils in kg). Überlegt anhand eurer Gleichungen, wie ihr das Gewicht berechnen könnt.

3 Arbeitet zu zweit.
a) Löst das folgende Gleichungssystem mit einer Methode eurer Wahl.
I $2x + y = 10$;
II $5x - y = 11$
b) Schaut euch rechts die Lösung des Gleichungssystems an.
Erklärt euch gegenseitig die Vorgehensweise.
Findet ihr dieses Verfahren einfacher als eure Methode? Begründet.

I		$2x + y = 10$	
II		$5x - y = 11$	
I + II		$7x = 21$	$\mid :7$
		$x = 3$	

$x = 3$ einsetzen:

$$2 \cdot 3 + y = 10 \qquad \mid -6$$
$$y = 4$$

4 Zeichne den Graphen zum Gleichungssystem I $y = x + 2$; II $y = 2x - 1$.
a) Bestimme den Schnittpunkt.
b) Merlin findet das Zeichnen von Koordinatensystemen zu aufwändig. Er berechnet lieber den Schnittpunkt der beiden Geraden. Da die linken Seiten beider Gleichungen gleich sind, verbindet er die beiden rechten Terme durch ein Gleichheitszeichen: $x + 2 = 2x - 1$.
Löse die Gleichung.
Berechne y durch Einsetzen von x in Gleichung I.
c) Erkläre, wie die Gleichsetzung der beiden Terme für y und der Schnittpunkt der beiden Geraden zusammenhängen.
d) Löse das Gleichungssystem I $x = 2 + 2y$; II $x = 30 - 12y$ wie in Teil b).
Erkläre, warum man dieses Verfahren Gleichsetzungsverfahren nennt.

Verstehen

Nele ist Lukas' ältere Schwester. Zusammen sind die Geschwister 30 Jahre alt. Die Differenz zwischen dem Alter von Nele und Lukas beträgt vier Jahre. Wie alt sind die beiden jeweils?
Zu der Frage lassen sich zwei Gleichungen aufstellen. Das Alter von Nele wird mit x bezeichnet, das Alter von Lukas mit y: I $x + y = 30$; II $x - y = 4$

Die Aufgabe lässt sich mithilfe von zwei **verschiedenen Verfahren** lösen.

Beispiel 1

I $x + y = 30$;
II $x - y = 4$

1. I′ $y = 30 - x$;
   II′ $y = x - 4$

2. $30 - x = x - 4$, also $x = 17$

3. $17 + y = 30$, also $y = 13$

4. I $17 + 13 = 30$ w;
   II $17 - 13 = 4$ w

5. Nele ist 17 und Lukas ist 13 Jahre alt.

HINWEIS
Die Gleichungen I und II können auch nach x aufgelöst werden.

Merke Beim **Gleichsetzungsverfahren** werden zwei Gleichungen nach derselben Variable aufgelöst. Die jeweils zugehörigen Terme haben den gleichen Wert und können deshalb gleichgesetzt werden. Die neue Gleichung hat nur noch eine Variable.
1. Beide Gleichungen werden nach derselben Variable aufgelöst.
2. Die Terme werden gleichgesetzt. Die Gleichung mit nur einer Variable wird gelöst.
3. Der Wert der zweiten Variable wird durch Einsetzen der Lösung in eine der Ausgangsgleichungen bestimmt.
4. Die Lösung wird geprüft.
5. Die Antwort wird formuliert.

Beispiel 2

I $x + y = 30$ und II $x - y = 4$
1. I und II werden addiert:
   I $x + y = 30$
   II $x - y = 4$
   ─────────────────
   I + II $2x = 34$, also $x = 17$
2. Für x wird in Gleichung I der Wert 17 eingesetzt und y bestimmt:
   $17 + y = 30$, also $y = 13$
3. I $17 + 13 = 30$ w; II $17 - 13 = 4$ w
4. Nele ist 17 und Lukas ist 13 Jahre alt.

HINWEIS
Oft müssen eine oder sogar beide Gleichungen vor dem Addieren zunächst umgeformt werden.

Merke Beim **Additionsverfahren** werden die Gleichungen umgeformt und addiert, sodass eine Variable wegfällt.
1. Beide Gleichungen werden addiert, sodass eine Variable wegfällt. Die Gleichung mit nur einer Variable wird gelöst.
2. Der Wert der zweiten Variable wird durch Einsetzen der Lösung in eine der Ausgangsgleichungen gefunden.
3. Die Lösung wird geprüft.
4. Die Antwort wird formuliert.

Beispiel 3

I $6x + 6y = 18$ und II $3x - y = 13$
1. II wird mit (-2) multipliziert: II′ $-6x + 2y = -26$
   I und II′ werden addiert: I $6x + 6y = 18$
                          II′ $-6x + 2y = -26$
   ────────────────────
   I + II′ $8y = -8$, also $y = -1$
2. Für y wird in Gleichung II der Wert -1 eingesetzt und x bestimmt: $3x - (-1) = 13$, also $x = 4$
3. I $24 - 6 = 18$ w; II $12 - (-1) = 13$ w
4. $(4; -1)$ ist Lösung des linearen Gleichungssystems.

Üben und anwenden

1 Das folgende Gleichungssystem wurde mit dem Additionsverfahren gelöst:

$$\text{I} \qquad 2x + 4y = 14$$
$$\text{II} \qquad 5x - 4y = 7$$
$$\overline{\text{I} + \text{II} \qquad 7x = 21}$$
$$x = 3$$

in I einsetzen: $2 \cdot 3 + 4y = 14 \quad | -6$
$$4y = 8 \quad | : 4$$
$$y = 2$$

Lösung: $x = 3$ und $y = 2$

a) Erläutere die einzelnen Schritte.
b) Warum ist das Verfahren hier geeignet?
c) Bestätige die Lösung durch eine Probe.

2 Antonia hat noch Probleme mit dem Additonsverfahren. Was hat sie falsch gemacht? Gib die richtige Lösung an.

$$\text{I} \qquad x + 4y = 9$$
$$\text{II} \qquad 3x - 4y = 1$$
$$\overline{\text{I} + \text{II} \qquad 4x = 9 \quad | : 4}$$
$$x = 2{,}25$$

3 Löse mithilfe des Additionsverfahrens.
a) I $5x + y = 22$; II $2x + y = 10$
b) I $9x + 7y = 23$; II $4x + 7y = 11$
c) I $3x + 2y = 25$; II $x + 2y = 10$
d) I $2x + 4y = 22$; II $2x + 2y = 16$
e) I $x + 7y = 50$; II $x + 3y = 26$

4 Stelle selbst Gleichungssysteme auf.
a) Denke dir drei verschiedene lineare Gleichungssysteme aus, die sich einfach mit dem Additionsverfahren lösen lassen.
b) Löse deine Gleichungssysteme und tausche sie mit deinem Nachbarn aus.

5 Johanna löst das Gleichungssystem
I $y = 5x - 2$; II $y + x = 16$ mit dem Gleichsetzungsverfahren. Bringe ihre Rechenschritte in die richtige Reihenfolge.

① $y = 5 \cdot 3 - 2$
$\quad y = 13$
② I $y = 5x - 2$; II $y = 16 - x$
③ $5x - 2 = 16 - x \quad | +x$
$\quad 6x - 2 = 16 \quad\quad | +2$
$\quad\quad 6x = 18 \quad\quad | : 6$
$\quad\quad\quad x = 3$

1 Was genau bedeutet es, zwei Gleichungen zu addieren?
a) Erkläre die Vorgehensweise anhand des Gleichungssystems.

$$\text{I} \qquad 6x + 5y = 34$$
$$\text{II} \qquad 8x - 10y = 12 \quad | : 2$$
$$\overline{\text{II}' \qquad 4x - 5y = 6}$$
$$\overline{\text{I} + \text{II}' \qquad 10x = 40}$$

b) Löse das Gleichungssystem. Gib die Lösung als geordnetes Paar an.
c) Bestätige die Lösung anschließend durch eine Probe.

2 Mit welcher Methode könnte man die linearen Gleichungssysteme am einfachsten lösen? Diskutiert darüber in kleinen Gruppen. Gebt die Lösung an und überprüft anschließend eure Lösung.
a) I $5x + 2y = 26$; II $2x + 2y = 14$
b) I $3x + 2y = 30$; II $x + 2y = 2$

3 Löse mithilfe des Additionsverfahrens.
a) I $6x + 4y = 4$; II $9x - 4y = 1$
b) I $2x - 3y = 1$; II $-3x + 3y = 3$
c) I $3x + 4y = 32$; II $x + 4y = 16$
d) I $5x + y = 19$; II $3x + y = 15$
e) I $4x + 6y = 16$; II $4x + 2y = 8$

4 Das Gleichungssystem I $5x + 6y = 37$; II $3x - 2y = 11$ ist gegeben.
a) Mit welcher Zahl müsste man die Gleichung II multiplizieren, damit beim Additionsverfahren die Variable y wegfällt?
b) Löse das Gleichungssystem.

5 Das Gleichungssystem I $y = 2x - 5$; II $x + y = 1$ soll mit dem Gleichsetzungsverfahren gelöst werden.
Vervollständige die Lösung und überprüfe dein Ergebnis mit der Probe.
1. Gleichung I ist schon nach y aufgelöst, Gleichung II wird umgeformt zu $y = 1 - x$.
2. Die beiden Terme, die gleichwertig zu y sind, werden gleichgesetzt und die Gleichung wird nach x aufgelöst.

6 Löse die Gleichungssysteme mit dem Gleichsetzungsverfahren.
a) I $y = 4x - 2$; II $y = 2x$
b) I $y = 3x - 5$; II $y = 2x - 3$
c) I $y = 7x - 21$; II $y = 4x - 12$
d) I $y = 8x - 11$; II $y = 5x - 5$
e) I $y = 6x + 4$; II $y = -x - 3$

7 Löse die linearen Gleichungssysteme mit dem Gleichsetzungsverfahren.
a) I $12x + y = 40$; II $y = 3x - 5$
b) I $x + 4y = 11$; II $2y - 1 = x$
c) I $y = x + 1$; II $2 = x - y$
d) I $y = -8x + 7$; II $7x = 8 - y$
e) I $x = -y + 8$; II $-6y = 57 - x$

8 Löse die Gleichungssysteme nach einem Verfahren deiner Wahl.
Begründe, warum dein gewähltes Verfahren sich dafür besonders eignet.
a) I $4x + y = 27$; II $3x + 4y = 43$
b) I $3x + y = 20$; II $5x + 3y = 36$
c) I $2a - b = 2$; II $6a + 5b = 38$
d) I $x + 3y = 13$; II $3x - 2y = 6$
e) I $5x + 6y = 37$; II $3x - 2y = 11$
f) I $4x = y$; II $4 - x = y$

9 Simon und Tim machen zusammen Hausaufgaben. Sie sollen das Gleichungssystem
I $2x + 4y = 30$; II $-6x - 2y = -50$ lösen.
a) Simon multipliziert die Gleichung I mit 3, damit bei der Addition der beiden Gleichungen x wegfällt. Löse das Gleichungssystem wie Simon.
b) Tim multipliziert Gleichung II mit 2, damit bei der Addition der beiden Gleichungen y wegfällt. Löse das Gleichungssystem wie Tim.
c) Wie erreicht man, dass x oder y im Gleichungssystem wegfällt? Beschreibe.

10 Auf einem Bauernhof gibt es dreimal so viele Schweine wie Gänse. Beide Tierarten haben zusammen 420 Beine.
Wie viele Schweine und wie viele Gänse leben auf dem Bauernhof?
Tipp: Beachte die Anzahl der Beine der jeweiligen Tiere.

6 Sind die angegebenen Werte Lösungen des Gleichungssystems?
Erkläre, wie du das überprüfen kannst.
a) I $3x + 2y = 19$; II $4x = y + 7$
Lösungen: $x = 3$ und $y = 5$
b) I $2x + y = 12$; II $x + 2y = 11,5$
Lösungen: $x = 4,5$ und $y = 3$

7 Löse die linearen Gleichungssysteme mit dem Gleichsetzungsverfahren.
a) I $4x = -4y + 8$; II $2x = 6y + 20$
b) I $5x = 4y - 3$; II $x = 1,2y - 16,6$
c) I $5x = -4y - 9$; II $10x = 2y - 58$
d) I $-y = 3x - 5$; II $-2y = 10x - 14$
e) I $-3y = 2x - 10$; II $-6y = -2x - 26$

8 Stelle jeweils ein Gleichungssystem auf und löse es mit einem Verfahren deiner Wahl.
Begründe die Wahl des Verfahrens.
a) Ein Kaninchen und ein Käfig kosten zusammen 43,50 €. Der Käfig kostet doppelt so viel wie das Kaninchen.
b) Ein Stempel und ein Stempelkissen kosten zusammen 7,80 €.
Das Stempelkissen kostet dreimal so viel wie der Stempel.

9 Zum Renovieren kaufen Herr und Frau Reuss Tapete und Kleber. Herr Reuss kauft vier Rollen Tapete und zwei Päckchen Kleber, er zahlt 103,70 €. Frau Reuss kauft im gleichen Geschäft einen Tag später noch zwei Rollen Tapete und zwei Päckchen Kleber für 57,80 €.
Wie viel kosten jeweils eine Rolle Tapete und ein Päckchen Kleber?

10 Lisa zahlt für ihren Einkauf von zehn Dosen Cola und vier Packungen Pizza 20,50 €. Jan kauft im gleichen Geschäft ein:

Wie viel kosten die Produkte einzeln?

RÜCKBLICK
Berechne die fehlenden Winkelgrößen im Viereck.
a) Parallelogramm mit
$\beta = 126°$
b) Trapez mit
$a \parallel c$ und
$\alpha = 35°$,
$\gamma = 112°$

Thema: Schülerzeitung

Die Redaktion der Schülerzeitung „Stachelschwein" an der Goethe-Schule trifft sich einmal in der Woche. Thorsten aus der 9b ist als Chefredakteur zuständig für die Organisation.

Die Redakteure schreiben Artikel, Reportagen und Kommentare zu interessanten Themen. Danach entscheiden sie gemeinsam über die Reihenfolge der Artikel.

Die Zeitung wird für 1 € pro Exemplar verkauft. An der Goethe-Schule gibt es 340 Schülerinnen und Schüler sowie 20 Lehrkräfte.

Holger kümmert sich um Werbekunden für die Schülerzeitung. Eine Bank, eine Versicherungs-filiale und ein Café aus der Stadt werden in der nächsten „Stachelschwein"-Ausgabe werben. Für jede Werbeanzeige verlangt die Redaktion 35 €.

Michelle hat mit zwei Druckereien telefoniert und Preise eingeholt:

ABC-Druck
Grundpreis: 55 €
Zusätzliche Material- und
Druckkosten pro Heft: 0,80 €

Druckfix
Grundpreis: 60 €
Zusätzliche Material- und
Druckkosten pro Heft: 0,75 €

1 Um die Angebote der Druckereien vergleichen zu können, stellen die Redakteure jeweils eine Funktionsgleichung auf.

a) Wie lauten die Funktionsgleichungen? Bezeichne die Anzahl der Zeitungen mit x.

b) Raphael erstellt eine Wertetabelle für beide Druckereien. Ergänze im Heft.

	Anzahl	0	50	100	150	250	300	360
Druckkosten (in €)	ABC-Druck							
	Druckfix							

c) Lea rechnet mit einem Tabellenkalkulations-programm. Sie benutzt für Zelle G2 die Formel =$B$2+$C$2*G1.
Wie füllt sie die Tabelle weiter aus?

d) Zeichne die Graphen zu den Angeboten der beiden Druckereien in ein Koordinatensystem. Wo liegt der Schnittpunkt? Ab wie vielen Zeitungen ist die Druckerei „Druckfix" günstiger?

2 Ein Copyshop bietet ein weiteres Angebot für den Druck der Schülerzeitung. Stelle eine Funktionsgleichung für das Angebot auf. Notiere dann die Funktionsgleichung für die Einnahmen der Redaktion, wobei die Anzahl der Exemplare mit x bezeichnet wird.

COPYSHOP
Material- und Druckkosten:
nur 1,25 € pro Heft
!Kein Grundpreis!

Beachte dabei die Einnahmen durch Werbekunden und durch den Verkauf der Schülerzeitung. Bis zu wie vielen Heften ist das Angebot des Copyshops sinnvoll, ohne dass die Redaktion Verluste macht?

3 Die Redaktion muss entscheiden, wie viele Hefte sie drucken lassen will. Welche Faktoren spielen dabei eine Rolle? Denke über die Kosten nach und finde eine begründete Lösung, wie viele Hefte in welcher Druckerei gedruckt werden sollten.

Klar so weit?

→ Seite 38

Lineare Gleichungen mit zwei Variablen

1 Welche der folgenden Gleichungen sind keine linearen Gleichungen? Begründe.
a) $4x + 14y = 28$
b) $y = 8x - 24$
c) $x \cdot y = 24 + 42$
d) $x^2 + y = 20$
e) $8x - 20 = 4y$
f) $6y = 24 - 8x$

1 Das Wertepaar $(10 ; 12)$ ist die Lösung einer linearen Gleichung.
Wie könnte diese Gleichung lauten?
Überlege dir eine passende Realsituation zu dieser Gleichung.

2 Zeichne eine Gerade durch je zwei Punkte und finde die zu der Geraden passende lineare Gleichung. Überprüfe durch Einsetzen der Lösungen, ob deine Gleichung richtig ist.
a) $P(2|1)$ und $Q(8|4)$
b) $R(2|6)$ und $S(8|3)$
c) $T(1|3)$ und $U(5|5)$

→ Seite 42

Lineare Gleichungssysteme grafisch lösen

3 Erstelle jeweils eine Wertetabelle im Bereich von -4 bis $+4$ und zeichne die zugehörigen Geraden in ein Koordinatensystem. Lies aus der Zeichnung die Schnittpunkte ab.
a) **I** $y = 1 - x$; **II** $y = 2x + 1$
b) **I** $y = x - 3$; **II** $y = 2x - 8$

3 Zeichne die Graphen in ein Koordinatensystem. Bestimme die Koordinaten des jeweiligen Schnittpunkts. Wie gehst du dabei vor?
a) **I** $y = 2x - 1$; **II** $y = x + 1,5$
b) **I** $y = 1,5x + 3$; **II** $y = -0,5x - 1$
c) **I** $y = -3x - 2,5$; **II** $y = 2x - 1,5$

4 Das Diagramm zeigt die Graphen von zwei verschiedenen Handytarifen.

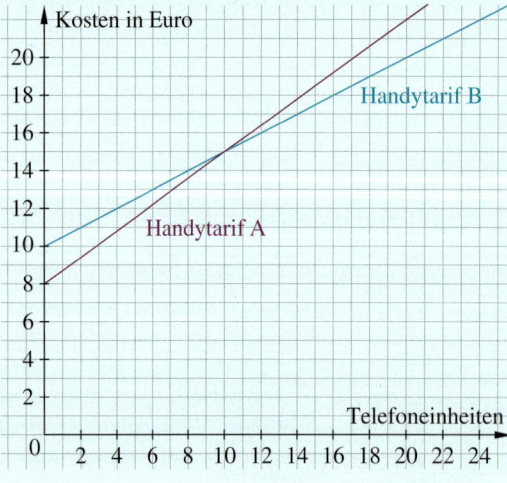

a) Beschreibe und vergleiche die Tarife.
b) Formuliere zu den Aussagen geeignete Fragen und beantworte sie.
① Lisa hat Tarif A. Letzten Monat telefonierte sie 14 Einheiten lang.
② Stephan will nur 20 € monatlich für seinen neuen Handyvertrag ausgeben.
③ Ein anderer Handyanbieter hat eine Flatrate für 19 € im Programm.

4 Ein Rollerfahrer fährt um 11:00 Uhr los, seine Geschwindigkeit beträgt $40 \frac{\text{km}}{\text{h}}$.
Um 12:30 Uhr fährt ein Motorradfahrer den gleichen Weg mit $60 \frac{\text{km}}{\text{h}}$.

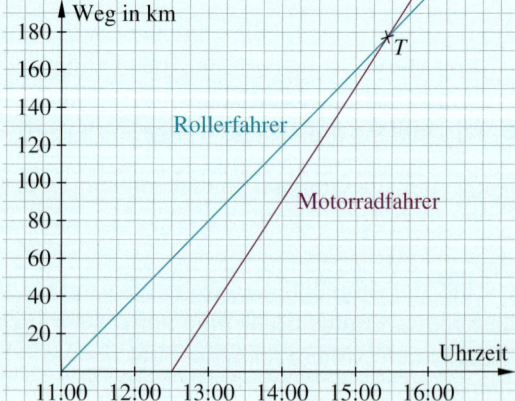

a) Wann holt das Motorrad den Roller ein?
b) Wie viele Kilometer haben die Fahrer am Treffpunkt T jeweils zurückgelegt?
c) Wie viele Kilometer hat der Motorradfahrer um 14:30 Uhr zurückgelegt?
d) Wie weit sind der Rollerfahrer und der Motorradfahrer um 14:30 Uhr voneinander entfernt?

Lineare Gleichungssysteme rechnerisch lösen
→ Seite 46

5 Löse das Gleichungssystem mit dem Einsetzungsverfahren.

a) $\text{I}\ 2x + 2y = 8$; $\text{II}\ y = 4x + 24$

b) $\text{I}\ 2a + 8b = 48$; $\text{II}\ 3a - 2b = 30$

c) $\text{I}\ -4k - 5y = -18$; $\text{II}\ 2k - 3y = -2$

d) $\text{I}\ 3x - 7y = -15$; $\text{II}\ x + 14y = 44$

5 Löse das Gleichungssystem mit dem Einsetzungsverfahren.

a) $\text{I}\ 7x + 4 = 8y$; $\text{II}\ 3x - 4 = 2y$

b) $\text{I}\ -4x + 5y = 22$; $\text{II}\ 2x + 3y = 22$

c) $\text{I}\ 3c + d = -1$; $\text{II}\ 4c + 3d = 2$

d) $\text{I}\ 2s + 5t = 33$; $\text{II}\ 6s + 3t = 63$

6 Max und Maria benötigen zum Streichen ihrer Wohnung Farbe und Farbrollen. Max kauft zwei Eimer Farbe und drei Malerrollen und bezahlt 67,75 €.
Weil sie mit der Farbe und den Rollen nicht ausgekommen sind, fährt Maria zum Geschäft zurück. Sie kauft zwei Eimer Farbe und zwei Farbrollen für 64,80 €.
Wie viel kosten Farbeimer und Farbrolle einzeln? Löse mit dem Einsetzungsverfahren.

6 Bei einem Multiple-Choice-Test stehen zu einer Frage immer mehrere vorformulierte Antworten zur Wahl. Ein solcher Test hat nun insgesamt 30 Fragen. Für eine richtig beantwortete Aufgabe werden entweder drei oder vier Punkte vergeben. In dem Test kann man maximal 96 Punkte erreichen.
Wie viele Drei- und Vierpunktefragen gibt es jeweils?
Löse mit dem Einsetzungsverfahren.

7 Antonia ist die ältere Schwester von Lea. Zusammen sind Antonia und Lea 26 Jahre alt. Die Differenz zwischen Antonias und Leas Alter beträgt 2 Jahre.
Wie alt sind die beiden? Bestimme das Alter mit dem Einsetzungsverfahren.

7 Ein Kunde kauft beim Bäcker vier Brötchen und drei Croissants für 3,70 €.
Ein anderer Kunde zahlt für sechs Brötchen und vier Croissants 5,10 €.
Wie viel kostet ein Brötchen und wie viel ein Croissant?

Gleichsetzungsverfahren und Additionsverfahren
→ Seite 50

8 Löse das Gleichungssystem mit dem Additionsverfahren. Forme dazu die Gleichungen zunächst um.

a) $\text{I}\ 2x + 5y = 6$; $\text{II}\ 3x - 2y = -10$

b) $\text{I}\ 8a + 2b = 58$; $\text{II}\ 3a + b = 24$

c) $\text{I}\ 2x + 10y = 122$; $\text{II}\ x + 4y = 50$

8 Forme die Gleichungen geschickt um und löse das Gleichungssystem mit dem Additionsverfahren.

a) $\text{I}\ 2c + d = 18$; $\text{II}\ 11c + 2d = 85$

b) $\text{I}\ -7k - 2y = -25$; $\text{II}\ -2k + 5y = 4$

c) $\text{I}\ -3x - 5y = -8$; $\text{II}\ -4x - 2y = -20$

9 Löse das Gleichungssystem mit dem Gleichsetzungsverfahren. Löse zunächst nach einer Variable auf.

a) $\text{I}\ 2x + 3y = 12$; $\text{II}\ 3x - 2y = 5$

b) $\text{I}\ 4x + 6y = 54$; $\text{II}\ -8x - 2y = -38$

c) $\text{I}\ 3x + y = 7$; $\text{II}\ 4x - 2y = 6$

9 Löse das Gleichungssystem mit dem Gleichsetzungsverfahren.

a) $\text{I}\ 2x + 3y = 37$; $\text{II}\ -5x - 5y = -80$

b) $\text{I}\ 5x - 3y = 6$; $\text{II}\ 2x + 4y = -8$

c) $\text{I}\ 4x + 12y = 10$; $\text{II}\ 3x - 8y = -26,5$

10 Löse die Zahlenrätsel. Wähle ein Lösungsverfahren.

a) Die Summe zweier Zahlen ist 40, ihre Differenz ist 6.

b) Die Summe zweier Zahlen ist 28, ihre Differenz ist 2.

Vermischte Übungen

1 Sarah besitzt einige DVDs. Zum Geburtstag bekommt sie von ihren Freunden 6 DVDs geschenkt. Nun hat sie dreimal so viele DVDs wie vorher. Wie viele DVDs hatte sie vorher?

2 Die Summe von zwei aufeinanderfolgenden Zahlen ist 75. Löse das Zahlenrätsel.

3 Bestimme die Lösung zeichnerisch.
a) I $y = -3x - 5$; II $y = x + 5$
b) I $y = 3x + 1$; II $y = 3x - 4$
c) I $y = 0,25x + 1,5$; II $y = 2x + 5$
d) I $y = 1,5x - 3$; II $y = \frac{2}{3}x + 2$

4 Löse drei Gleichungssysteme mithilfe des Einsetzungsverfahrens. Prüfe dein Ergebnis.
a) I $3x + y = 20$; II $5x + 3y = 36$
b) I $2a - b = 2$; II $6a + 5b = 38$
c) I $x + 3y = 13$; II $3x - 2y = 6$
d) I $5x + 6y = 37$; II $3x - 2y = 11$
e) I $4x = y$; II $4 - x = y$
f) I $x = 2y - 1$; II $x - \frac{2}{3}y = 3$

5 Löse mit dem Gleichsetzungsverfahren.
a) I $y = -3x - 11$; II $y = x - 3$
b) I $x = -2y + 4$; II $x = 2y$

6 Entscheide, mit welchem Verfahren du das Gleichungssystem löst.
a) I $y = \frac{1}{2}x - 1$; II $y = -2,5x + 2$
b) I $-2x + 2y = -3$; II $2x + 12y = 24$
c) I $y = -0,5x + 2,5$; II $1,5x - y = 1,5$
d) I $3x + 3 = -12y$; II $2x = 5y - 15$

7 Betrachte das Diagramm und beschreibe, was dargestellt ist.

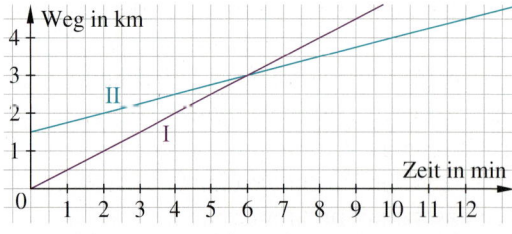

a) Erfinde zu dem Diagramm eine „Verfolgungsgeschichte".
b) Welche Geschwindigkeit müsste der „Verfolger I" haben, um II bereits nach vier Minuten einzuholen?
c) Löse die Verfolgungsaufgabe, wenn der Verfolgte nur 1 km Vorsprung hat, aber gleich schnell ist.

1 Aus einem 30 cm langem Draht wird ein Rechteck so gebogen, dass die längere Seite 5-mal so lang ist, wie die kürzere Seite. Welchen Flächeninhalt hat das Rechteck?

2 Welche drei einanderfolgenden ungeraden Zahlen haben die Summe 39?

3 Löse erst zeichnerisch und dann rechnerisch. Vergleiche die Ergebnisse.
a) I $y = -4x - 5$; II $y = 2x + 1$
b) I $y = 6x - 3$; II $y = 3x + 1,5$
c) I $y = 7,5x + 3$; II $y = 2,5x - 4$

5 Löse mit dem Gleichsetzungsverfahren.
a) I $y = \frac{1}{2}x$; II $y = \frac{1}{2}x + 4$
b) I $y = -3x - 2,5$; II $2x - y = -1,5$

6 Entscheide, mit welchem Verfahren du das Gleichungssystem löst. Begründe deine Wahl.
a) I $-4x + 3y = 29$; II $3x - 3y = -27$
b) I $-3 = 1,5x - y$; II $y = \frac{1}{4}x - 2$
c) I $3x + 6y = 12$; II $2x = -4y + 8$
d) I $4x - 2y = 6$; II $4y - 8x = 10$

7 Zwei Kühlschränke und zwei Lampen wurden miteinander verglichen.

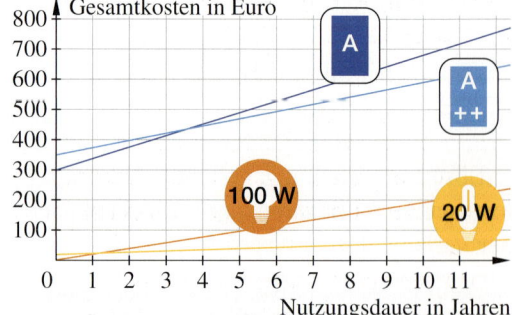

a) Nach wie vielen Jahren hat sich die Anschaffung des stromsparenden Kühlschranks gelohnt?
b) Stelle selbst mindestens drei Fragen zu der Grafik und beantworte sie.

LÖSUNGEN ZU 3

$(6|6)$
$(-2,5|2,5)$
$(-2|1)$
keine Lösung

ERINNERE DICH
Geschwindigkeiten werden als Weg pro Zeit angegeben, z. B. als $\frac{km}{h}$.

8 Auf einem Parkplatz stehen Pkw und Motorräder. Zusammen sind es 55 Fahrzeuge mit 190 Rädern. Wie viele Fahrzeuge von jeder Sorte stehen auf dem Parkplatz?
Tipp: Beachte die Anzahl der Räder.

8 Zwei Schwestern kaufen sich je ein Fahrrad. Dafür bezahlen beide zusammen 990 €. Die ältere Schwester zahlt 20 % mehr als die jüngere.
Wie viel bezahlt jede Schwester?

9 Arbeitet zu zweit.
Stellt gemeinsam drei verschiedene lineare Gleichungssysteme auf, die ihr mit den euch bekannten Verfahren gut lösen könnt.
Jeder löst dann die Gleichungssysteme zunächst selbstständig. Vergleicht danach die Ergebnisse mit den Ergebnissen eures Nachbarn oder eurer Nachbarin.

10 Ein Ruderboot legt flussabwärts pro Sekunde 2,8 m und flussaufwärts 0,6 m zurück. Wie groß ist die Geschwindigkeit des Bootes x und die Strömungsgeschwindigkeit des Flusses y?
I $x + y = 2{,}8$; **II** $x - y = 0{,}6$
a) Beurteile und erkläre den Lösungsansatz.
b) Berechne die Lösungen.

10 Erfinde zu der folgenden Darstellung eine Aufgabe, in der es um ein Treffen geht, und löse sie.
Präsentiere die Aufgabe in deiner Klasse.

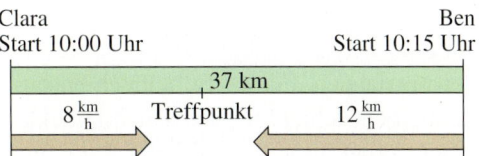

Clara
Start 10:00 Uhr

Ben
Start 10:15 Uhr

37 km

$8 \frac{km}{h}$ Treffpunkt $12 \frac{km}{h}$

11 Katharina hat für ihren Urlaub eine bestimmte Summe Geld gespart.
Gibt sie täglich 12 € aus, reicht ihr Geld neun Tage länger als geplant. Gibt sie aber täglich 17 € aus, muss sie ihren Urlaub um einen Tag verkürzen.
Wie lange sollte ihre Urlaubsreise dauern und wie viel Geld hatte Katharina gespart?
Löse mithilfe des Einsetzungsverfahrens.

11 Ein Busunternehmer kaufte einen Reisebus mit 60 Sitzplätzen für 375 000 €.
Der Unternehmer rechnet pro Kilometer mit 2,27 € Betriebskosten. Im Durchschnitt befördert er 40 Fahrgäste und berechnet ihnen für jeden gefahrenen Kilometer 0,20 €.
Bei welcher Fahrtstrecke sind Kosten und Einnahmen ausgeglichen?
Welche Kosten sind bis dahin entstanden?

12 Für ein Schulkonzert wurden 350 Karten für insgesamt 1 380 € verkauft.
Der Eintritt betrug für Schüler 3 € und für Erwachsene 5 €.
a) Wie viele Karten jeder Sorte wurden verkauft?
b) Um welchen Betrag hätten sich die Einnahmen erhöht, wenn man den Preis für Erwachsene um 20 % angehoben hätte?

12 Eine Bank bietet zwei verschiedene Girokonten an. Ein Konto ohne Grundpreis, dafür aber mit Kosten von 0,50 € pro Buchung und ein Konto mit 3,50 € monatlichem Grundpreis und 0,15 € pro Buchung.
Ab wie vielen Buchungen im Monat lohnt sich das Konto mit Grundpreis?

13 Die Eheleute Glomp planen ihren Urlaub. Sie können fünf Nächte im Hotel und sieben Nächte in einer Pension für 930 € bleiben. Für zwei Nächte im Hotel und zwölf Nächte in der Pension würden sie 970 € bezahlen. Wie viel kostet jeweils eine Übernachtung?

13 Ein Rechteck hat einen Umfang von 60 dm. Verkürzt man eine Seite um 2 dm und verlängert die andere Seite um 1,5 dm, dann entsteht ein Rechteck mit einem genau so großen Flächeninhalt. Berechne die Seitenlängen der beiden Rechtecke.

LOGISTIKER/IN
Die Ausbildung dauert 3 Jahre. Suche nach weiteren Informationen über den Beruf z.B. im Internet oder im BIZ.

Beruf Fachkraft für Lagerlogistik

Fachkräfte für Lagerlogistik sorgen dafür, dass die Waren im Lager immer zur rechten Zeit, am rechten Ort und in der richtigen Menge zur Verfügung stehen.

Sie planen und organisieren das möglichst effiziente Be- und Entladen der Lieferfahrzeuge und das Einsortieren der Waren. Dabei packen sie selbst mit an und überlegen, wie man das System im Lager noch verbessern könnte. Spezielle Computerprogramme helfen ihnen bei ihren Aufgaben.

Arbeit finden Fachkräfte für Lagerlogist z. B. bei Speditionen und im Versandhandel, aber auch bei Industrieunternehmen aller Branchen.

14 Kosten und Erlös

Bevor ein Buch gedruckt wird und verkauft werden kann, sind bei einem Verlag hohe Anfangskosten entstanden. Für ein Schulbuch betragen sie ungefähr 150 000 €.

Zusätzlich entstehen für jedes Buch Druckkosten von ca. 5 €. Mit dem Verkauf der Bücher erzielt der Verlag für jedes verkaufte Buch einen Erlös von ca. 15 €.

a) Erkläre den Verlauf beider Linien.

b) Bestimme jeweils die Funktionsgleichung.

c) Bei welcher Anzahl verkaufter Bücher sind Kosten und Erlös gleich?

d) Wie hoch ist der Verlust, wenn nur 6 000 Bücher verkauft werden?

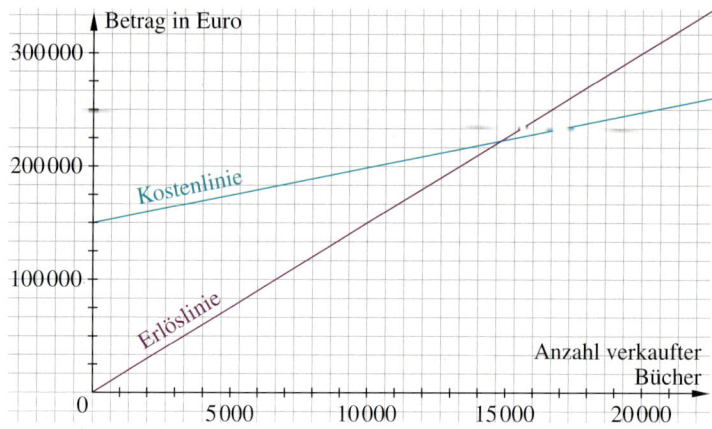

15 Transport von Gütern

Ein Lkw der Speditionsfirma Engelmayer fährt von Köln über Hannover nach Berlin.

Die Strecke beträgt 576 km. Der Lkw startet um 8:00 Uhr in Köln und fährt mit einer Durchschnittsgeschwindigkeit von $80 \frac{km}{h}$.

Um 9:00 Uhr, nach der Abfahrt des Lkw, werden fünf schwere Pakete verspätet abgegeben, die für den Lkw bestimmt waren.

Herr Engelmayer schickt einen Transporter mit einem anderen Fahrer hinterher, um die Pakete zum Lkw zu bringen. Der Transporter fährt mit einer Durchschnittsgeschwindigkeit von $120 \frac{km}{h}$.

a) Wann wird der Lkw eingeholt?

b) Wie viele Kilometer sind beide Fahrzeuge bis zum Treffpunkt gefahren?

c) Wie weit sind die Fahrzeuge von Berlin entfernt?

d) Welche Zusatzkosten entstehen für die Firma, wenn der Dieselverbrauch für den Transporter $\frac{8 l}{100 km}$ beträgt und die Arbeitszeit des Fahrers mit 38 € pro Stunde berechnet wird?

HINWEIS
Rechne mit einem Dieselpreis von 1,43 € pro Liter. Vergiss den Rückweg nicht.

Zusammenfassung

Lineare Gleichungen mit zwei Variablen

→ Seite 38

Sachprobleme, bei denen zwei voneinander abhängige Größen gesucht werden, können mithilfe einer linearen Gleichung $y = mx + b$ mit zwei Variablen gelöst werden.

Lineare Gleichungssysteme grafisch lösen

→ Seite 42

Zwei lineare Gleichungen zu einem Problem bilden ein **lineares Gleichungssystem (LGS)**.

Bei der **grafischen Lösung** eines LGS zeichnet man die Graphen der Gleichungen in ein gemeinsames Koordinatensystem.
Die **Lösung** kann abgelesen werden.

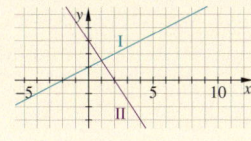

Die Graphen schneiden sich in einem Punkt. Das LGS hat genau **eine Lösung** $S(x\,|\,y)$.

Sind die Geraden **parallel**, hat das LGS **keine** Lösung. Sind die Geraden **identisch**, hat das LGS **unendlich viele** Lösungen.

Lineare Gleichungssysteme rechnerisch lösen

→ Seite 46

Lineare Gleichungssysteme können durch **systematisches Probieren** gelöst werden. Dabei wird ein Wert für x angenommen und der Wert für y berechnet. Beide Werte werden anschließend in die 2. Gleichung eingesetzt.

x	$3x + y = 9$	$8x + 2y = 22$
1	$3 \cdot 1 + y = 9$, also $y = 6$	$8 \cdot 1 + 2 \cdot 6 = 20$ f

$x = 1$ und $y = 6$ ist keine Lösung, da nicht beide Gleichungen erfüllt sind.

Einsetzungsverfahren:
Ein LGS kann rechnerisch mit dem Einsetzungsverfahren gelöst werden:
Eine Gleichung wird nach einer Variable aufgelöst und dieser Term wird in die andere Gleichung eingesetzt.

I $\quad 3x + y = 9$
II $\quad 8x + 2y = 22$
I′ $\quad y = 9 - 3x$
I′ in II: $8x + 2(9 - 3x) = 22$, also $x = 2$
x in I: $3 \cdot 2 + y = 9$, also $y = 3$

Gleichsetzungsverfahren und Additionsverfahren

→ Seite 50

Gleichsetzungsverfahren:
Beim Gleichsetzungsverfahren werden beide Gleichungen nach derselben Variable aufgelöst. Die jeweils zugehörigen Terme werden gleichgesetzt. Die daraus entstandene Gleichung hat nur noch eine Variable.

I $\quad 3x + y = 9$
II $\quad 8x + 2y = 22$
I′ $\quad y = 9 - 3x$
II′ $\quad y = 11 - 4x$
$9 - 3x = 11 - 4x$, also $x = 2$
x in I: $3 \cdot 2 + y = 9$, also $y = 3$

Additionsverfahren:
Beim Additionsverfahren werden beide Gleichungen mithilfe von Äquivalenzumformungen so verändert, dass eine Variable beim Addieren der beiden Gleichungen wegfällt.

I $\quad 3x + y = 9$
II $\quad 8x + 2y = 22$
I $\cdot (-2)$: $\quad -6x - 2y = -18$
II $\qquad\quad 8x + 2y = 22$
I′ + II $\qquad\quad 2x = 4$, also $x = 2$
x in I: $3 \cdot 2 + y = 9$, also $y = 3$

Teste dich!

3 Punkte

1 Wie alt sind die Personen?
Löse durch systematisches Probieren.
a) Thomas ist halb so alt wie seine Mutter. Zusammen sind sie 75 Jahre alt.
b) Jürgen ist zwei Jahre älter als Monika. Zusammen sind sie 100 Jahre alt.
c) Sabine ist 16 Jahre älter als Tim. Zusammen sind beide 38 Jahre alt.

3 Punkte

2 Stelle zur Lösung der Aufgaben jeweils ein lineares Gleichungssystem auf.
a) Eine Jugendherberge hat insgesamt 80 Vierbettzimmer und Sechsbettzimmer. Den Gästen stehen damit 390 Betten zur Verfügung.
Wie viele Vierbettzimmer, wie viele Sechsbettzimmer gibt es?
b) Ein 200-€-Schein wird in 10-€-Scheine und in 20-€-Scheine gewechselt. Man bekommt zwei 10-€-Scheine mehr als 20-€-Scheine. Wie viele 10-€-Scheine und wie viele 20-€-Scheine bekommt man?
c) In einer Werkstatt arbeitet der Meister mit einem Gesellen. Zusammen sind der Meister und der Geselle 76 Jahre alt. Der Meister ist dreimal so alt wie der Geselle.
Wie alt ist der Meister, wie alt ist sein Geselle?

4 Punkte

3 Bestimme grafisch die Lösung des Gleichungssystems.
a) I $y = -2x - 5$; II $y = 3x + 5$ b) I $y = 3x + 1$; II $y = 3x - 4$
c) I $y = 0{,}25x + 1{,}5$; II $y = 2x + 5$ d) I $y = 1{,}5x - 3$; II $y = \frac{2}{3}x + 2$

4 Punkte

4 Bestimme rechnerisch die Lösung des Gleichungssystems.
a) I $y = \frac{1}{2}x - 1$; II $y = -2{,}5x + 2$
b) I $-2x + 2y = -3$; II $2x + 12y = 24$
c) I $y = -0{,}5x + 2{,}5$; II $1{,}5x - y = 1{,}5$
d) I $3x + 3 = -12y$; II $2x = 5y - 15$

2 Punkte

5 Franziska vergleicht zwei verschiedene Angebote für Handytarife.
Berechne, ab welcher Anzahl an Gesprächsminuten das Angebot B günstiger ist als das Angebot A.

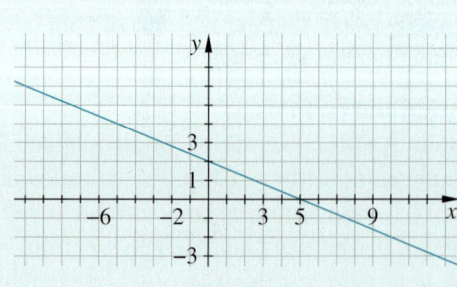

Angebot A
Grundgebühr: 6,80 €
Minutenpreis: 14 ct

Angebot B
Grundgebühr: 8,90 €
Minutenpreis: 6 ct

2 Punkte

6 Die Quersumme einer zweistelligen, natürlichen Zahl ist acht. Die zweite Ziffer ist das Dreifache der ersten. Wie heißt diese Zahl?

2 Punkte

7 Vor sieben Jahren war ein Großvater dreimal so alt wie seine Enkelin damals. In 18 Jahren ergibt sich beim Großvater das doppelte Alter seiner Enkelin. Wie alt sind beide heute?

3 Punkte

8 In dem Koordinatensystem ist der Graph der Funktion $y = -0{,}4x + 2$ dargestellt.
a) Übertrage den Graphen ins Heft.
b) Zeichne den Graphen der Funktion $y = 3x + 2$ in dasselbe Koordinatensystem.
c) Bestimme die Lösung des Gleichungssystems aus den beiden Gleichungen.
Wie gehst du dabei vor?

Gold: 22–23 Punkte, Silber: 18–21 Punkte, Bronze: 14–17 Punkte   Lösungen ab Seite 194

Ähnlichkeit

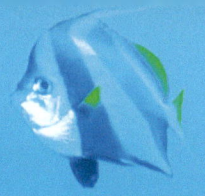

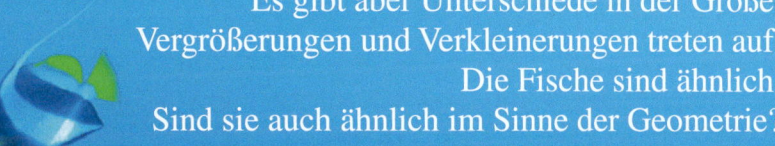

Fische einer Art haben alle die gleiche Form und die gleiche Färbung.
Es gibt aber Unterschiede in der Größe.
Vergrößerungen und Verkleinerungen treten auf.
Die Fische sind ähnlich.
Sind sie auch ähnlich im Sinne der Geometrie?

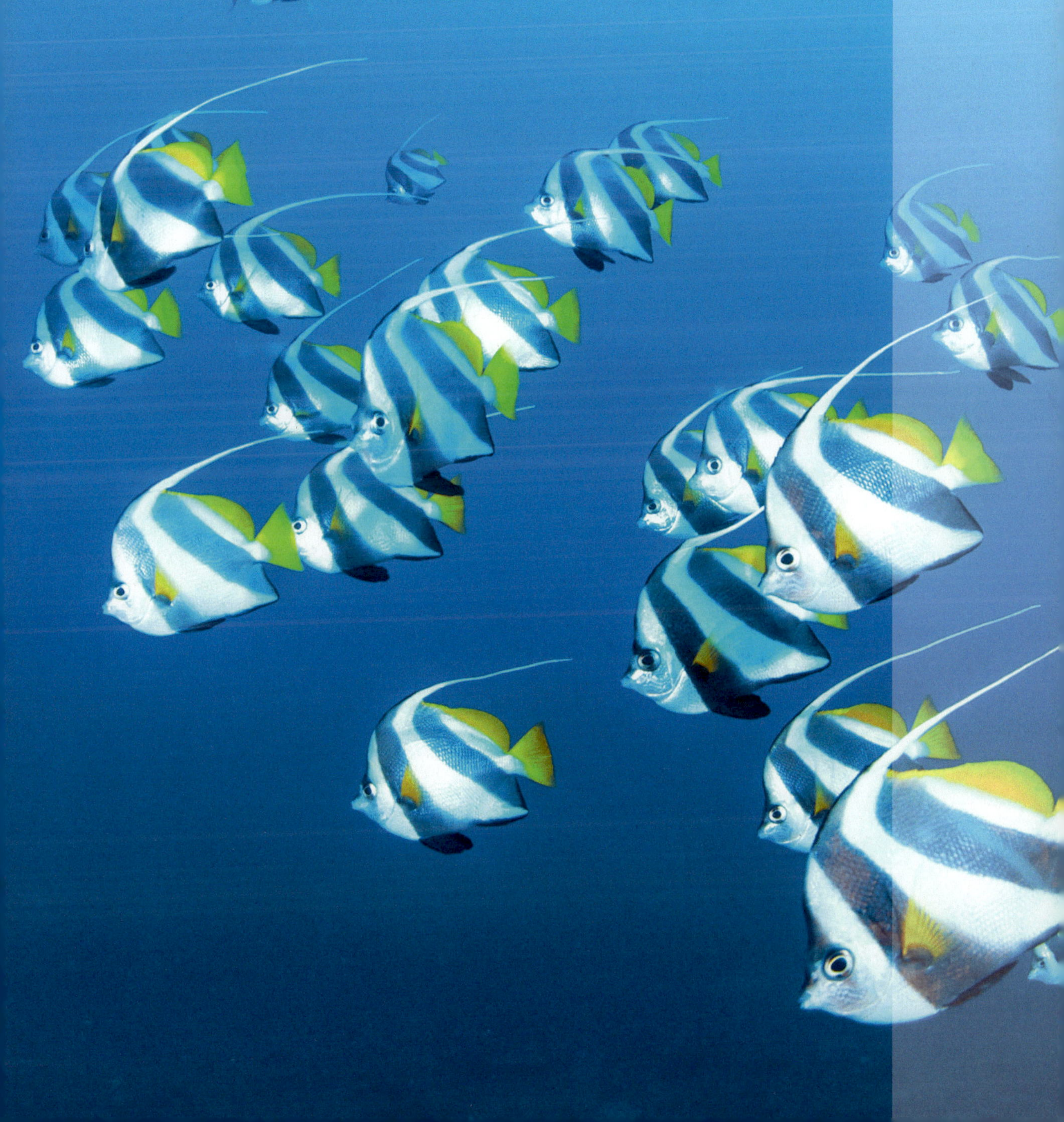

Noch fit?

Einstieg

1 Maßangaben umwandeln
Wandle die Maßangaben um.

a) $120\,cm = \blacksquare\,m$ b) $70\,mm = \blacksquare\,cm$
c) $20,5\,km = \blacksquare\,m$ d) $4,5\,m = \blacksquare\,mm$
e) $400\,cm^2 = \blacksquare\,dm^2$ f) $0,3\,m^2 = \blacksquare\,cm^2$
g) $6500\,dm^3 = \blacksquare\,m^3$ h) $1,4\,m^3 = \blacksquare\,cm^3$

2 Streckenlängen bestimmen
Ergänze die Tabelle in deinem Heft.

	Maßstab	Karte	Wirklichkeit
a)	1 : 1000	7,5 cm	$\blacksquare$ cm
b)	1 : 2000	12 cm	$\blacksquare$ cm
c)	1 : 450000	$\blacksquare$ cm	900000 cm
d)	1 : 250	$\blacksquare$ cm	22,5 dm

ERINNERE DICH
Maßstab 1:1000, d.h. 1 cm auf der Karte entspricht 1000 cm in Wirklichkeit.

3 Im Maßstab zeichnen
Zeichne folgende Quadrate bzw. Rechtecke im geeigneten Maßstab.
Gib den Maßstab an.

a) $a = 300\,m$
b) $a = 4,5\,km$
c) $a = 5\,m; b = 13\,m$
d) $a = 2\,mm; h = 1,5\,mm$

4 Sätze vervollständigen
Ergänze die Sätze. In welchem Bereich wird jeweils mit diesem Maßstab gearbeitet?

a) Bei einem Maßstab von 1 : 100000 entsprechen 2 cm auf dem Papier …
b) Bei einem Maßstab von 1 : 20 entsprechen 55,4 cm auf dem Papier …

5 Konstruktion von Dreiecken
Konstruiere die folgenden Dreiecke.

a) $a = 3\,cm; b = 4,5\,cm; c = 7,3\,cm$
b) $c = 6,5\,cm; \alpha = 32°; \gamma = 68°$
c) $c = 4,8\,cm; \alpha = 70°; \beta = 45°$

Aufstieg

1 Maßangaben umwandeln
Wandle in die angegebene Einheit um.

a) $1350\,m\ (km)$ b) $3,07\,dm\ (mm)$
c) $56\,cm\ (m)$ d) $45\,cm^2\ (m^2)$
e) $1,25\,km^2\ (m^2)$ f) $3\,dm^3\ (cm^3)$
g) $0,035\,m^2\ (cm^2)$ h) $25000\,cm^3\ (m^3)$

2 Streckenlängen bestimmen
Ergänze die Tabelle in deinem Heft.

	Maßstab	Karte	Wirklichkeit
a)	1 : 100	3,25 cm	$\blacksquare$
b)	1 : 25000	$\blacksquare$	7,5 km
c)	1 : 7500	6 cm	$\blacksquare$
d)	1 : 40000	$\blacksquare$	0,68 km

3 Quadrate zeichnen
Zeichne die Quadrate mit folgenden Flächeninhalten im geeigneten Maßstab.
Gib den Maßstab an.

a) $A = 36\,m^2$
b) $A = 144\,ha$
c) $A = 400\,km^2$
d) $A = 1024\,m^2$

4 Sätze vervollständigen
Ergänze die Sätze. In welchem Bereich wird jeweils mit diesem Maßstab gearbeitet?

a) Bei einem Maßstab von 1 : 250000 entsprechen 50 km in Wirklichkeit …
b) Bei einem Maßstab von 18 : 1 entsprechen 11,5 cm im Modell …

5 Konstruktion von Dreiecken
Konstruiere die folgenden Dreiecke.

a) $a = 4,3\,cm; b = 4,8\,cm; \gamma = 84°$
b) $\alpha = 40°; \beta = 15°; \gamma = 125°$
c) $a = 5,8\,cm; b = 4,3\,cm; \beta = 50°$

6 Kurz und knapp
a) Ergänze die Folge der Quadratzahlen 1, 4, 9, $\blacksquare$, $\blacksquare$, $\blacksquare$, $\blacksquare$, $\blacksquare$, $\blacksquare$, 100.
b) Was sind keine Längeneinheiten? Kilometer, Kubikmeter, Meile, Milliliter, Dezimeter
c) Wie viele Kanten hat ein Quader?
d) Rechne 1 000 000 000 mm in km um.
e) $\frac{1}{100000}$ von einem Kilometer ist 1 …

Ähnlichkeit im geometrischen Sinn

Entdecken

1 Das links abgebildete Originalfoto hat das Format 4 cm × 6 cm. Alle anderen Fotos sind ihm in gewisser Weise ähnlich.
Aber nur eines davon stellt eine maßstabsgetreue Vergrößerung oder Verkleinerung dar.

Original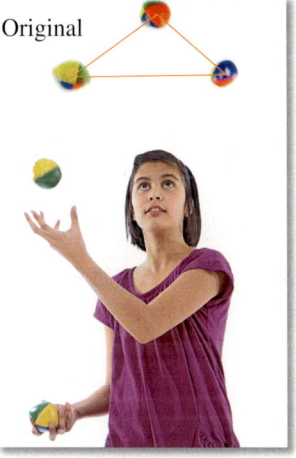

①

②

③

Welches Foto ist eine maßstabsgetreue Vergrößerung oder Verkleinerung?
Begründe.

2 Konstruiere die angegebenen fünf Dreiecke auf einem extra Blatt Papier so, dass sie sich nicht überschneiden.
Nummeriere sie und schneide sie aus.

① $a = 3\,\text{cm}$ ② $a = 5\,\text{cm}$ ③ $a = 1,5\,\text{cm}$ ④ $a = 6\,\text{cm}$ ⑤ $a = 3\,\text{cm}$
  $c = 5\,\text{cm}$ $b = 3\,\text{cm}$ $c = 2\,\text{cm}$ $c = 10\,\text{cm}$ $b = 5\,\text{cm}$
  $\beta = 70°$ $c = 4\,\text{cm}$ $\beta = 90°$ $\beta = 70°$ $c = 4\,\text{cm}$

a) Welche Dreiecke sind ähnlich.
Vergleiche dein Ergebnis in der Klasse.

b) Worin besteht ihre Ähnlichkeit? Was ist gleich, was ist verschieden?
Beschreibe die einzelnen Merkmale.

c) Zeichne Dreiecke, die zu den ausgeschnittenen Dreiecken ähnlich sind.
Wie bist du vorgegangen?

d) Du möchtest ein Dreieck maßstäblich vergrößern. Welche Werte musst du verändern und welche Angaben bleiben gleich?

ERINNERE DICH
Die Standard-beschriftung beim Dreieck sieht so aus:

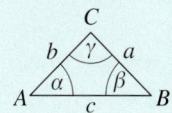

3 Versuche die Eiswaffeln größer zu zeichnen, ohne dass ein verzerrtes Bild entsteht.
Wie gehst du dabei vor?

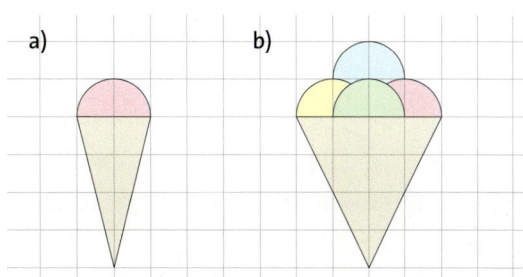

Verstehen

Lisas Hausaufgabe ist es, zu Hause geometrisch ähnliche Figuren zu suchen und sie in die Schule mitzubringen.

Lisa muss lange suchen. Sie findet erst nur Dinge, die nur im allgemeinen Sprachgebrauch ähnlich sind, wie z. B. Schlüssel oder Schuhe.

Bei ihrem kleinen Bruder im Zimmer entdeckt sie schließlich das Holzpuzzle rechts, das im geometrischen Sinn ähnlich ist und bringt es mit zur Schule.

ERINNERE DICH
Zwei Figuren heißen zueinander kongruent oder deckungsgleich, wenn es eine Bewegung (Drehung, Spiegelung, Verschiebung) gibt, bei der die eine Figur in die andere Figur überführt wird.

Merke Zwei Figuren heißen **zueinander ähnlich**, wenn sie durch maßstäbliches Vergrößern oder Verkleinern auseinander hervorgehen.

Beispiel 1
Ähnliche Trapeze:

Beim maßstäblichen Vergrößern oder Verkleinern bleibt die Form erhalten. Für die Ähnlichkeit ohne Bedeutung sind Farbe, Lage und auch Größe.

Merke Im mathematischen Sinn sind Figuren **ähnlich zueinander**, wenn diese beiden Bedingungen erfüllt sind:
Alle sich entsprechenden …
– Winkel sind gleich groß.
– Strecken sind im gleichen Maßstab vergrößert oder verkleinert.

Beispiel 2
Ähnliche Dreiecke:

$\alpha = \beta = 60°$

Üben und anwenden

1 Erklärt euch gegenseitig anhand der Bilder, was man unter Ähnlichkeit im allgemeinen Sprachgebrauch und unter Ähnlichkeit im mathematischen Sinn versteht.
Findet weitere Beispiele.

2 Finde zueinander ähnliche Einsen.

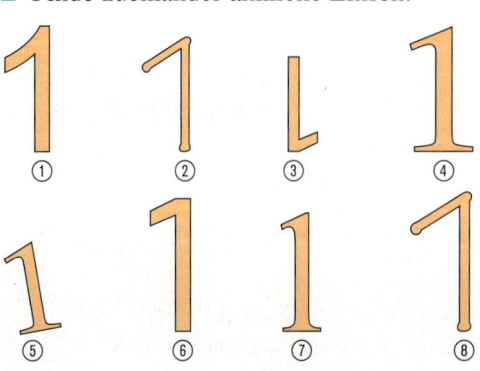

2 Vergleiche die Großbuchstaben des Alphabets in Druckschrift mit ihren Kleinbuchstaben.
Welche sind ähnlich?
Begründe.

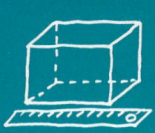

3 Finde die beiden zueinander ähnlichen Figuren.
Welcher Spezialfall ist es?

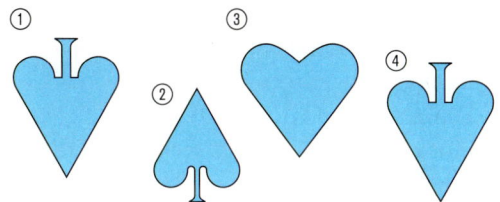

3 Welche Dreiecke sind zueinander ähnlich? Begründe.

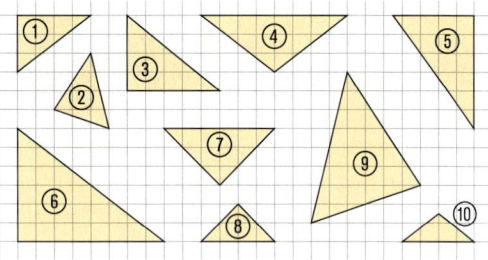

4 Finde zueinander ähnliche Figuren und übertrage sie nebeneinander in dein Heft.

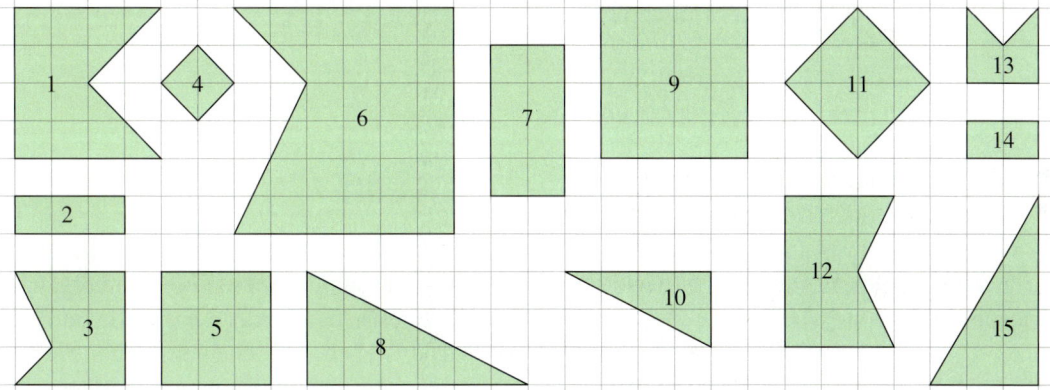

RÜCKBLICK
Die Kante eines Würfels hat die Länge a. Diese wird verdreifacht, sodass ein größerer Würfel entsteht.
Gib einen vereinfachten Term zur Berechnung der Gesamtlänge aller neuen Würfelkanten an.

5 Suche dir einen der drei Buchstaben aus. Vergrößere ihn mithilfe der Kästchen. Zeichne ihn dann noch einmal verzerrt.

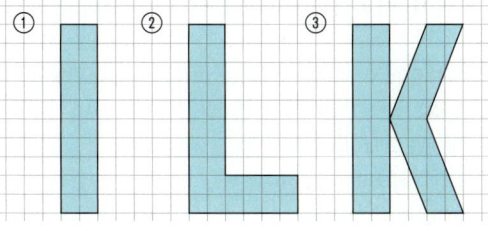

5 Zeichne den Anfangsbuchstaben deines Namens in ein Koordinatensystem und vergrößere ihn mithilfe der Kästchen.
a) Notiere die Koordinaten einiger markanter Punkte.
b) Lass von deinem Nachbarn kontrollieren, ob deine Buchstaben wirklich ähnlich zueinander sind oder ob du verzerrt gezeichnet hast.

6 Eine Landkarte eines Gebiets und eine Luftaufnahme des dargestellten Gebiets sind nicht zueinander ähnlich im geometrischen Sinn.
a) Diskutiert darüber in eurer Klasse.
b) Informiere dich darüber, wie Landkarten entstehen.
c) Suche eine Luftaufnahme und eine Karte, die dein Wohngebiet oder das Gebiet um deine Schule zeigen.

7 Wahr oder falsch?
Begründe, immer zueinander ähnlich sind zwei …
a) Rechtecke.   **b)** Quadrate.
c) gleichschenklige Dreiecke.   **d)** Rauten.

7 Wahr oder falsch?
Begründe, immer zueinander ähnlich sind zwei …
a) Parallelogramme.   **b)** Trapeze.
c) gleichseitige Dreiecke.   **d)** Würfel.

TIPP
Solltest du kein Geobrett zur Hand haben, kannst du die Zeichnungen auch gleich in deinem Heft vornehmen.

8 Nimm dir ein Geobrett und spann ein beliebiges Rechteck. Zeichne es in dein Heft (1 LE soll 1 cm betragen und entspricht dem Abstand von Nagel zu Nagel).

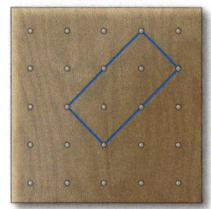

a) Vergrößere das Rechteck am Geobrett einige Male, sodass die Bilder dem ersten Rechteck (Original) ähnlich sind. Zeichne deine jeweiligen Vergrößerungen in dein Heft.

b) Verkleinere das Rechteck ebenfalls mehrmals maßstabsgerecht. Zeichne die verkleinerten Rechtecke in dein Heft.

c) Worauf muss man beim Vergrößern und Verkleinern achten?

d) Paula behauptet, dass alle Rechtecke zueinander ähnlich sind, da sie in vier Winkeln übereinstimmen. Kannst du das mithilfe der Tabelle belegen bzw. widerlegen?

	a	b
Original	4 cm	6 cm
1. Bild	6 cm	
2. Bild		
3. Bild		
…		

8 Informiere dich über die DIN-Formate für Papier.

a) Welche Formate der Reihe A gibt es?

b) Welches ist das ursprüngliche Format, aus dem die anderen entstehen?

c) Miss die jeweiligen Seitenlängen eines Papiers in den Größen DIN A3 (Zeichenblock), DIN A4 (großes Heft) und DIN A5 (kleines Heft).
Trage sie in eine Tabelle im Heft ein.

	lange Seite	kurze Seite
DIN A0		
DIN A1		
DIN A2		
DIN A3		
DIN A4		
DIN A5		
DIN A6		

d) Untersuche die Gesetzmäßigkeit, die den DIN-Formaten zugrunde liegt und ergänze so die restlichen Felder der Tabelle im Heft.

e) Wie entstehen die einzelnen Formate? Beschreibe in deinen eigenen Worten.

f) Ein Kopierer verkleinert mit dem Faktor 0,707, wenn ein DIN-A3-Blatt auf DIN-A4-Größe gebracht werden soll. Warum ist der Faktor nicht 0,5, obwohl das Blatt nur noch halb so groß ist?

9 Tom behauptet: „Wenn ich bei einem Rechteck die Länge und die Breite um die gleiche Streckenlänge verkürze oder verlängere, dann entsteht ein ähnliches Rechteck."

a) Überprüfe an mehreren Beispielen, ob Toms Behauptung richtig ist.

b) Bei welchen geometrischen Figuren würde Toms Behauptung stimmen?
Überprüfe deine Vermutungen mithilfe von Zeichnungen.
Begründe anschließend, warum die Behauptung hier stimmt.

ERINNERE DICH
Die Summe der Innenwinkel im Dreieck ergibt 180°.

10 Von zwei Dreiecken ist jeweils die Größe von zwei Innenwinkeln bekannt. Sind die beiden Dreiecke zueinander ähnlich?

a) Dreieck ①: 50°; 70°; Dreieck ②: 60°; 50°

b) Dreieck ①: 35°; 80°; Dreieck ②: 80°; 75°

c) Dreieck ①: 27°; 55°; Dreieck ②: 98°; 55°

10 Von sechs Dreiecken ist jeweils die Größe von zwei Innenwinkeln bekannt. Welche der sechs Dreiecke sind zueinander ähnlich?

① 36°; 61°   ② 50°; 36°

③ 72°; 58°   ④ 72°; 50°

⑤ 50°; 94°   ⑥ 94°; 36°

11 „Wenn man in einem Dreieck alle Seitenlängen verdoppelt, dann werden auch die Winkel doppelt so groß."
Nimm Stellung zu dieser Aussage.

11 „Wenn man bei einem Dreieck ABC alle Seiten um 1 cm verlängert, so entsteht ein zum Dreieck ABC ähnliches Dreieck."
Nimm Stellung zu dieser Aussage.

Vergrößern und verkleinern

Entdecken

1 Auf Karopapier lassen sich Figuren schnell vergrößern oder verkleinern.
Beim Verkleinern kann ein Quadrat aus mehreren Kästchen zu einem Kästchen zusammengefasst werden.
Beim Vergrößern kann ein Kästchen zu einem Quadrat mit mehreren Kästchen ausgedehnt werden.

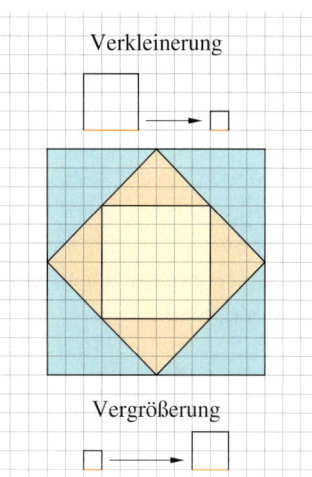

a) Zeichne die Figur in dein Heft.
   Ein Kästchen entspricht einem Kästchen im Heft und hat eine Seitenlänge von 5 mm.
b) Vergrößere die Figur auf eine Größe deiner Wahl. Vergleicht untereinander eure vergrößerten Figuren.
c) Verkleinere die Figur auf eine Größe deiner Wahl. Vergleicht untereinander eure verkleinerten Figuren.
d) Bestimme die Seitenlänge der Figur im Original sowie im vergrößerten und verkleinerten Bild.
   Welchen Maßstab hast du jeweils verwendet?

2 Zeichne ein schlichtes Haus auf Pappe und schneide es aus. Halte das Haus zwischen eine Lichtquelle (am besten eignet sich ein Halogenstrahler) und eine Wand und experimentiere mit dem Schatten des Hauses.

a) Wie verändert sich der Schatten, wenn das Haus näher an der Lichtquelle bzw. weiter von ihr entfernt ist?
b) Was passiert mit dem Schatten, wenn du die Lichtquelle auf die Wand zu- bzw. von ihr wegbewegst?
c) Versuche deine Anordnung so zu stellen, dass die Seitenlängen deines Schattenhauses genau doppelt (drei-fach, vierfach, …) so groß sind wie dein Originalhaus.
d) Skizziere den Versuchsaufbau von der Seite und versuche den Weg der Lichtstrahlen zu zeichnen. Es soll erkennbar sein, wie der Schatten entsteht und wie es zu der Veränderung der Größe kommt.

3 Zeichne einen Punkt Z in dein Heft. Zeichne von Z aus-gehend fünf Strahlen in unterschiedliche Richtungen.
Markiere auf jedem Strahl hintereinander mehrere Punkte im Abstand von 0,5 cm. Verbinde jeweils die fünf Punkte, die den gleichen Abstand zu Z haben.

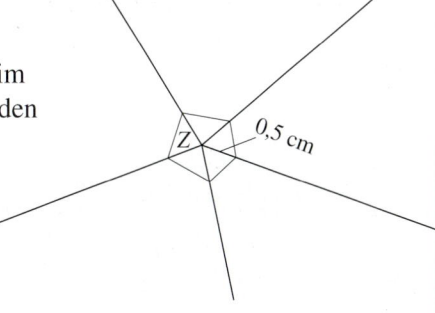

a) Beschreibe, was entsteht.
b) Was kannst du über die entstandenen Fünfecke sagen?

Verstehen

Marie möchte auf einem Kindergeburtstag ihrer kleinen
Schwester mit den Kindern Drachen basteln.
Die Drachen sollen unterschiedlich groß sein.
Sie hat eine Drachenschablone aus Papier, deren Form sie als
Vorlage nimmt.
Sie möchte die Drachenvorlage vergrößern und verkleinern
und so verschieden große Drachen herstellen.

Die ursprüngliche Figur wird als **Original** bezeichnet.
Die bei einer Vergrößerung oder Verkleinerung entstehende
Figur ist das **Bild**.

Marie vergrößert und verkleinert ihre Drachenschablone maßstäblich, indem sie die
Seitenlängen mit dem **Streckungsfaktor k**
multipliziert.
Sie zeichnet das Bild nun mit den neu entstandenen Werten.
Sie stellt fest, dass sich die Winkelgrößen
nicht verändern.

Beispiel 1

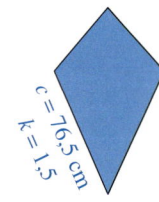

$c = 51\,\text{cm} \cdot \frac{1}{3}$ $c = 51\,\text{cm} \cdot 1{,}5$
$c = 17\,\text{cm}$ $c = 76{,}5\,\text{cm}$

HINWEIS
*k kann auch
negativ sein.
Das Original
wird dann an Z
gespiegelt sowie
für k < −1 maß-
stäblich ver-
größert und für
0 < k < −1 maß-
stäblich ver-
kleinert.*

BEACHTE
*Im Bild wird der
Originalpunkt A
mit A', A'' usw.
bezeichnet.*

> **Merke** Eine maßstäbliche Vergrößerung oder Verkleinerung einer Figur kann man mithilfe
> einer **zentrischen Streckung** durchführen.
>
> Der **Streckungsfaktor** wird hierbei mit k bezeichnet, das **Streckungszentrum** mit Z.
>
> Ist $k > 1$, spricht man von einer maßstäblichen Vergrößerung.
> Ist $k = 1$, sind Original und Bild identisch.
> Ist $0 < k < 1$, handelt es sich um eine maßstäbliche Verkleinerung.

Beispiel 2   **Beispiel 3**

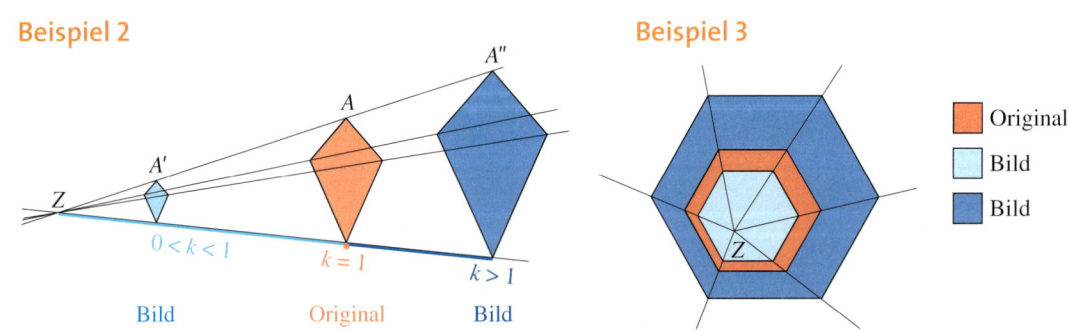

Bei jeder zentrischen Streckung sind Original- und Bildfigur zueinander ähnlich.
Beide Figuren befinden sich in diesem Fall außerdem in einer speziellen Lage:
Original- und Bildstrecke verlaufen immer parallel zueinander. Deshalb haben zueinander
parallele Geraden im Original auch immer zueinander parallele Bildgeraden.

Es gilt $k = \frac{\text{Bildlänge}}{\text{Originallänge}}$.

Üben und anwenden

1 Zeichne ein Quadrat mit der Seitenlänge $a = 3\,\text{cm}$. Vergrößere bzw. verkleinere.
a) Vergrößere das Quadrat mit $k = 2$.
b) Vergrößere das Quadrat mit $k = 3$.
c) Verkleinere das Quadrat mit $k = \frac{1}{2}$.
d) Verkleinere das Quadrat mit $k = \frac{1}{3}$.

2 Zeichne ein gleichseitiges Dreieck mit der Seitenlänge $a = 6\,\text{cm}$.
Vergrößere bzw. verkleinere es und gib die neuen Seitenlängen an.
a) $k = 3$ b) $k = 1{,}5$
c) $k = 0{,}8$ d) $k = \frac{1}{2}$
e) $k = \frac{1}{3}$ f) $k = 2$

3 Ergänze die Tabelle im Heft.

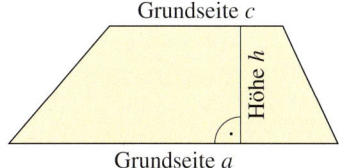

Grundseite c
Höhe h
Grundseite a

	a	c	h
	15 cm	9 cm	5 cm
$k = 6$			
$k = 0{,}7$			

4 Übertrage die Figur und vergrößere bzw. verkleinere sie, wie es die orange Strecke vorgibt. Gib den Streckungsfaktor an.

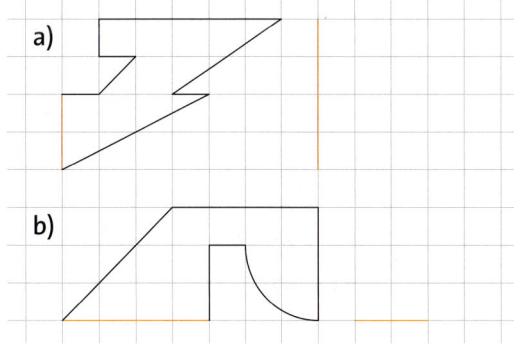

a)

b)

1 Zeichne ein Rechteck mit den Seitenlängen $a = 2\,\text{cm}$ und $b = 3\,\text{cm}$.
Vergrößere bzw. verkleinere es und gib die neuen Seitenlängen an.
a) $k = 2$ b) $k = 3$ c) $k = 1{,}5$
d) $k = \frac{1}{2}$ e) $k = \frac{1}{4}$ f) $k = 0{,}6$

2 Zeichne ein Dreieck mit $a = 3\,\text{cm}$, $c = 5\,\text{cm}$ und $\beta = 80°$.
a) Vergrößere das Dreieck mit $k = 2$.
b) Vergrößere das Dreieck mit $k = 1{,}5$.
c) Verkleinere das Dreieck mit $k = \frac{1}{2}$.
d) Vergrößere das Dreieck so, dass $a' = 5{,}1\,\text{cm}$ lang ist. Wie groß ist dann k?

3 Ergänze die Tabelle im Heft.

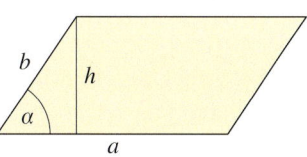

b h α a

	a	b	h	α
	12 cm	5 cm	4 cm	53,1°
$k = 6$				
$k = 0{,}7$				

4 Bestimme den Faktor k. Wähle einmal die blaue Figur als Bild und einmal die rote.
a) b)

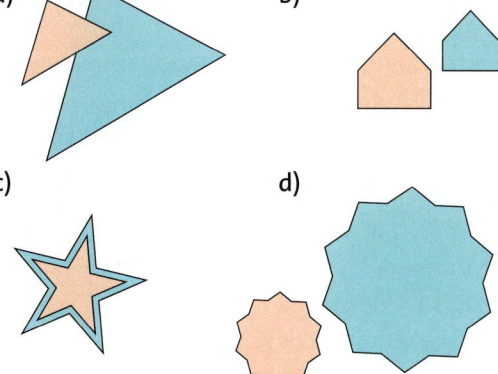

c) d)

RÜCKBLICK
In einer Surfstation wurden die Windgeschwindigkeiten in $\frac{km}{h}$ alle 5 Minuten aktualisiert: 13; 17; 21; 28; 28; 30; 34; 29; 37; 40; 36. Bestimme die Spannweite und zeichne ein Diagramm.

5 Die Firma Loewe stellt eine Fahne mit den Maßen $56\,\text{cm} \times 40\,\text{cm}$ her. Welche Maße hat eine verkleinerte (vergrößerte) Fahne, wenn der Maßstab $1:4$ $(3:2)$ beträgt?

5 Ein Dia ist $36\,\text{mm}$ lang und $24\,\text{mm}$ hoch. Sind Fotoabzüge in den üblichen Formaten 9×13, 10×15, 13×18, 30×45 und 50×75 wirklich maßstabsgerecht?

Methode: Zentrische Streckung mit einer DGS

Mithilfe eines Computerprogramms kann man ebenso wie auf Papier geometrische Konstruktionen ausführen. Das dazu benötigte Programm ist eine dynamische Geometrie-Software, entsprechend der Anfangsbuchstaben abgekürzt DGS.

Die Arbeit mit einer dynamischen Geometrie-Software bietet viele Vorteile:
Figuren können schnell und genau konstruiert, aber auch bewegt und dynamisch verändert werden. Die Software kann Berechnungen ausführen, um z. B. Längen, Flächen und Winkel anzugeben. Die fertigen Zeichnungen können gespeichert und ausgedruckt werden.

1 Figuren zentrisch strecken und dynamisch verändern

Öffne das Programm und führe mithilfe der nun folgenden Anleitung an einem Dreieck eine zentrische Streckung aus.

1. Erstelle auf der Zeichenfläche ein Dreieck.
2. Setze einen Punkt als Streckungszentrum auf die Zeichenfläche.
   Nenne den Punkt Z.
3. Aktiviere das Werkzeug **Strecke Objekt zentrisch von Punkt aus**.
   Klicke dann zuerst auf dein Dreieck und danach auf das Streckungszentrum.
   Es öffnet sich ein Fenster, trage dort den Streckungsfaktor ein.
4. Ergänze in Z drei Strahlen, die jeweils durch einen Eckpunkt des Dreiecks verlaufen.

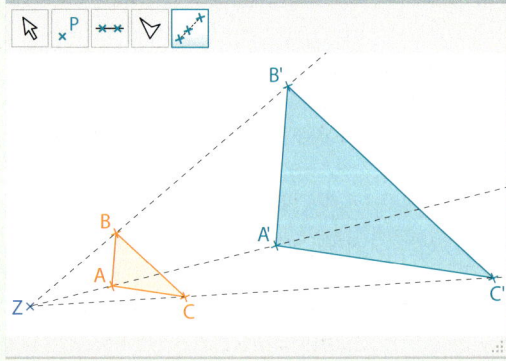

ERINNERE DICH
Verwende bei Dezimalzahlen statt des Kommas einen Punkt.

a) Verändere deine Konstruktion dynamisch. Wähle dazu das Werkzeug **Bewege**.
   Klicke auf einen Punkt und ziehe ihn bei gedrückter Maustaste über die Zeichenfläche.
   – Welche Punkte kannst du bewegen?
   – Wie verändert sich die Konstruktion? Beschreibe.
b) Führe an verschiedenen anderen Figuren, wie z. B. Fünfecken oder Halbkreisen, eine zentrische Streckung aus.
   Wähle auch unterschiedliche Werte für den Streckungsfaktor.

2 Die Lage des Streckungszentrums untersuchen

Verwende die Konstruktion von Aufgabe 1 oder erstelle eine neue Figur und führe eine zentrische Streckung aus.

a) Bewege das Streckungszentrum Z über die Zeichenfläche und beobachte, wie sich die Bildfigur und Bildlage verändert.
   Bewege Z so, dass ...
   – Z außerhalb der Figur liegt.
   – Z innerhalb der Figur liegt.
   – Z auf einer der Seiten der Figur liegt.
   – Z auf einem Eckpunkt der Figur liegt.
b) Formuliere eine allgemeine Regel zu deinen Beobachtungen aus Teilaufgabe a).
   Vergleicht eure Ergebnisse untereinander.

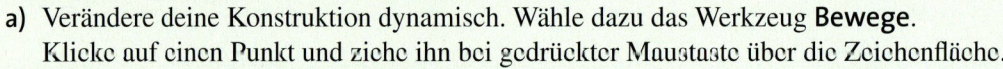

3 Mit einem Schieberegler arbeiten

Mit einem Schieberegler kann man z. B. den Streckungsfaktor dynamisch verändern. Erstelle nach der folgenden Anleitung einen Schieberegler und führe eine zentrische Streckung aus.

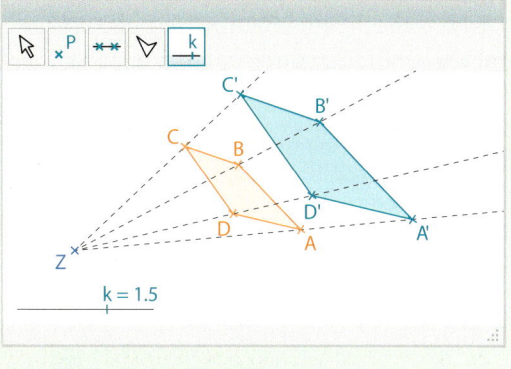

1. Erstelle eine Figur auf der Zeichenfläche und ergänze das Streckungszentrum.
2. Wähle das Werkzeug **Schieberegler**. Klicke auf eine Stelle am Rand der Zeichenfläche.
3. Es öffnet sich ein Fenster. Nimm die rechts angegebenen Eintragungen vor.
   Bei diesen Einstellungen verändert der Schieberegler eine Zahl k, die Werte zwischen -10 und 10 in $0{,}1$-großen Schritten annehmen kann.

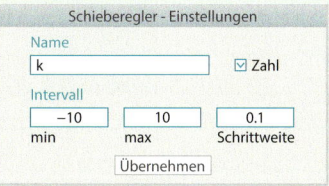

4. Aktiviere das Werkzeug **Strecke Objekt zentrisch von Punkt aus**. Trage statt einer Zahl den Kleinbuchstaben k als Wert für den Streckungsfaktor ein.
5. Aktiviere das Werkzeug **Bewege** und betätige den Schieberegler bei gedrückter Maustaste.

a) Beschreibe die Bildfigur und Bildlage, wenn für den Streckungsfaktor Folgendes gilt:
   ① k ist größer als 1   ② k ist gleich 1   ③ k liegt zwischen 0 und 1
   ④ $k = 0$ ⑤ $k < 0$ ⑥ k liegt zwischen 0 und -1

b) In der Abbildung beträgt der Streckungsfaktor $k = 1{,}5$.
   Wie kannst du zeigen, dass der angegebene Wert richtig ist? Beschreibe.

4 Flächeninhalt ähnlicher Figuren

Das Rechteck $ABCD$ wurde mit $k = 1{,}8$ zentrisch gestreckt. Mithilfe des Werkzeugs Flächeninhalt wurde die Größe der Fläche $ABCD$ angezeigt.

a) Schätze den Flächeninhalt der Bildfigur $A'B'C'D'$.
   Beschreibe, wie du dabei vorgehst.

b) Überprüfe deine Schätzung mithilfe einer Konstruktion. Formuliere eine allgemeine Regel für das Verhältnis der Flächeninhalte zwischen einer Originalfigur und der zugehörigen Bildfigur.

c) Gilt die Regel aus b) nur für Rechtecke oder auch für andere Figuren? Begründe.

HINWEIS ZU 5
„Pantograph" (griech.) bedeutet wörtlich übersetzt „Allesschreiber". Ein Pantograph wird häufig auch „Storchenschnabel" genannt.

5 Zum Knobeln: Der Pantograph

Mit einem Pantographen kann man Zeichnungen im gleichen, größeren oder kleineren Maßstab übertragen. Informiere dich über die Funktionsweise eines Pantographen und erstelle einen Pantographen mithilfe einer DGS.

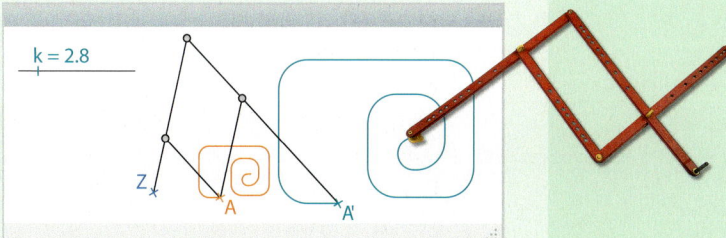

6 Übertrage die Figuren ins Heft und führe anschließend die zentrische Streckung aus.

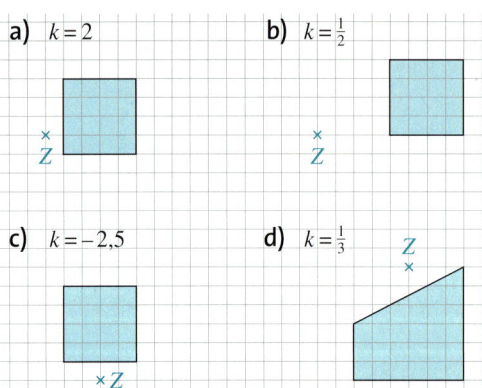

a) $k = 2$ b) $k = \frac{1}{2}$

c) $k = -2,5$ d) $k = \frac{1}{3}$

6 Übertrage die folgenden Figuren und das Streckungszentrum Z in dein Heft und vergrößere die Zeichnungen mit $k = 2$ ($k = -2$).

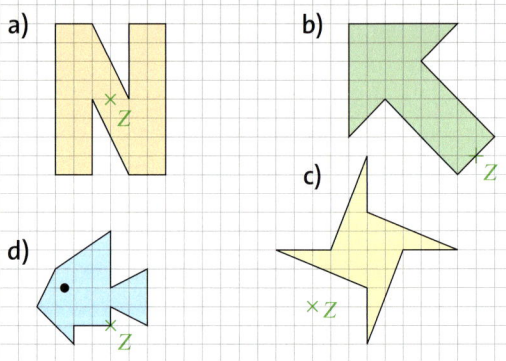

a)   b)

c)

d)

7 Zeichne das Dreieck ABC mit $A(-2|3)$; $B(1|2)$; $C(4|5)$ und das Streckungszentrum Z $(1|-1)$ in ein Koordinatensystem.
a) Zeichne das Dreieck $A'B'C'$ mithilfe einer zentrischen Streckung mit $k = 1,5$.
b) Zeichne das Dreieck $A''B''C''$ mithilfe einer zentrischen Streckung mit $k = 0,5$.

7 Vervollständige das Parallelogramm ABCD mit $A(-3|-2)$; $B(2|3)$; $C(0|7)$ in deinem Heft. Wähle als Streckungszentrum $Z(-2|1)$. Führe eine zentrische Streckung aus und gib die Koordinaten der neuen Eckpunkte an.
a) Vergrößere mit $k = 1,5$.
b) Verkleinere mit $k = 0,5$.

8 Zeichne die Rechtecke ABCD und $A'B'C'D'$ in ein Koordinatensystem: $A(-2|-1)$; $B(3|-1)$; $C(3|2)$; $D(-2|2)$ und $A'(-4|-2)$; $B'(6|-2)$; $C'(6|4)$; $D'(-4|4)$.
Verbinde entsprechende Eckpunkte und finde so das Streckungszentrum Z. Wie groß ist k?

8 Zeichne die Dreiecke ABC und $A'B'C'$ ins Heft:
$A(-2|4)$; $B(3|5)$; $C(0|8)$; $A'(-9,5|-1)$; $B'(8|2,5)$; $C'(-2,5|13)$
Bestimme das Streckungszentrum Z und den Streckungsfaktor k zeichnerisch.

9 Die blaue Figur ist das Ergebnis einer zentrischen Streckung der lilafarbenen Figur. Übertrage ins Heft und bestimme das Streckungszentrum Z und den Streckungsfaktor k.

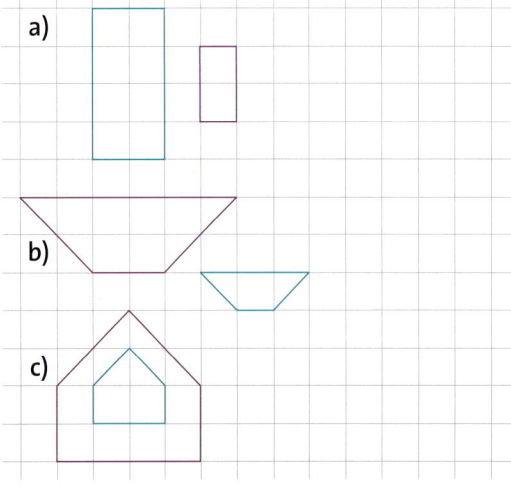

a)

b)

c)

9 Übertrage die Figurenpaare in dein Heft. Achte auf die Lage zueinander. Finde jeweils das Streckungszentrum Z und bestimme den Streckungsfaktor k. Wähle einmal die grüne Figur als Original und einmal die blaue.

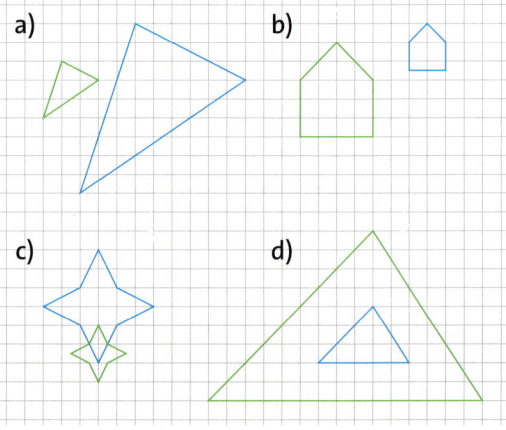

a)   b)

c)   d)

Der Strahlensatz

Entdecken

1 Diese zwei Dreiecke sind ähnlich zueinander.

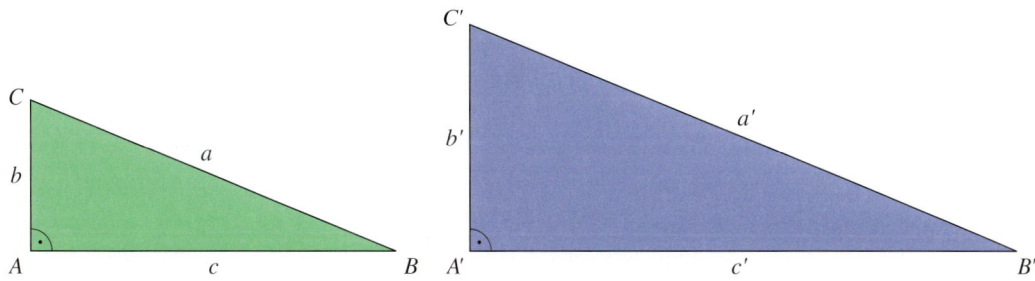

a) Ermittle den Streckungsfaktor k. Entnimm die Maße der Zeichnung.
Notiere alle Möglichkeiten, k zu ermitteln.
Wie bist du dabei vorgegangen?

b) Teile a durch b und anschließend a' durch b'. Bilde weitere Streckenverhältnisse aus
Original- und Bildstrecken.
Was fällt dir auf?

2 Schaut euch die Zeichnung genau an.
Überlegt gemeinsam.
Wie wird die Höhe des Baums bestimmt?
Worauf muss geachtet werden?

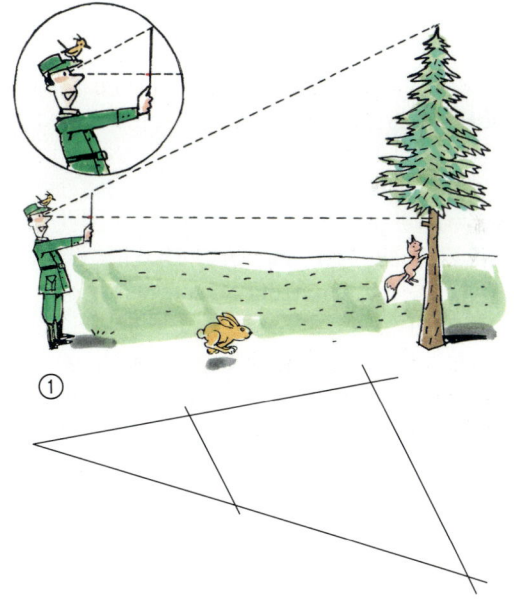

3 Zeichne zwei zueinander ähnliche Dreiecke
ABC und $A'B'C'$ auf Papier und schneide sie aus.
Lege sie so aufeinander, dass A auf A', b auf b'
und c auf c' liegt.

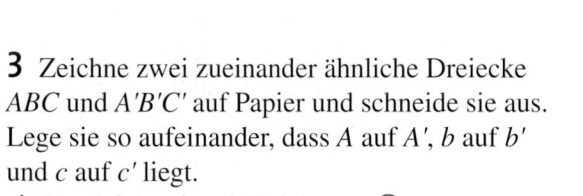

a) Vergleiche sie mit Zeichnung ①.
Was findest du wieder?
Welche Seiten entsprechen sich jeweils?

b) Drehe nun dein kleines Dreieck um 180°
um A, sodass A' wieder auf A liegt und
die Seiten vom kleinen und vom großen
Dreieck eine gerade Linie bilden.
Vergleiche mit Zeichnung ②.
Welche Seiten entsprechen sich nun?

c) Notiere jeweils alle Kombinationen, die
du in Aufgabe 1 gefunden hast (z. B. $\frac{a}{b} = \frac{a'}{b'}$),
sodass sie für diese beiden Zeichnungen gültig sind.

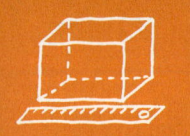

Verstehen

In der Umwelt lassen sich viele Strecken nicht messen. Vielfach ist das Gelände schwer zugänglich, zum Beispiel bei Flüssen und Schluchten, oder die Gebäude sind zu hoch.

Die Breite einer Bucht kann ermittelt werden, indem man eine Vergleichsstrecke misst und damit die Breite der Bucht berechnet.

Dabei hilft der Strahlensatz.

Werden zwei sich schneidende Geraden von zwei parallelen Geraden geschnitten, so entstehen zwei Dreiecke. Diese sind zueinander ähnlich, da sie in zwei Winkeln übereinstimmen. Man nennt die sich bildende Figur **Strahlensatzfigur**.

HINWEIS

Da die Dreiecke ZAB und ZA'B' ähnlich zueinander sind, unterscheiden sich die entsprechenden Seiten um den Streckungsfaktor k und es gilt:
$\overline{ZA'} = k \cdot \overline{ZA}$
$\overline{ZB'} = k \cdot \overline{ZB}$
$\overline{A'B'} = k \cdot \overline{AB}$

Merke Der Strahlensatz

Werden zwei sich schneidende Geraden von zwei Parallelen geschnitten, entstehen zueinander ähnliche Dreiecke ZAB und $ZA'B'$.

Ihre entsprechenden Seitenlängen stehen im gleichen Verhältnis zueinander, das heißt, sie haben den gleichen Streckungsfaktor k.

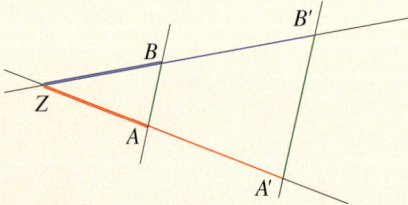

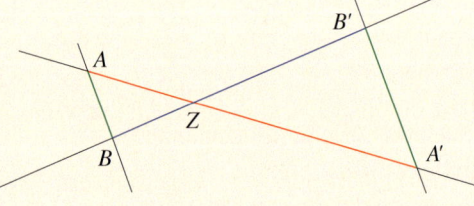

Es gilt: $\frac{\overline{ZA'}}{\overline{ZA}} = \frac{\overline{ZB'}}{\overline{ZB}} = \frac{\overline{A'B'}}{\overline{AB}} = k$, ebenfalls gilt: $\frac{\overline{ZA}}{\overline{AA'}} = \frac{\overline{ZB}}{\overline{BB'}}$ und $\frac{\overline{ZA'}}{\overline{AA'}} = \frac{\overline{ZB'}}{\overline{BB'}}$

Beispiel 1

Die Dreiecke ZAB und $ZA'B'$ sind ähnlich. Berechne die Länge der Strecke x. (Maße in cm)

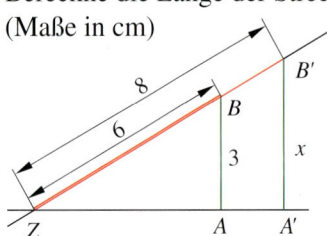

$\frac{\overline{ZB'}}{\overline{ZB}} = \frac{\overline{A'B'}}{\overline{AB}}$

$\frac{8}{6} = \frac{x}{3}$

$\frac{24}{6} = x$

$x = 4$

Die Strecke $\overline{A'B'}$ ist 4 cm lang.

Beispiel 2

Die Dreiecke ZAB und $ZA'B'$ sind ähnlich. Berechne die Länge der Strecke x. (Maße in cm)

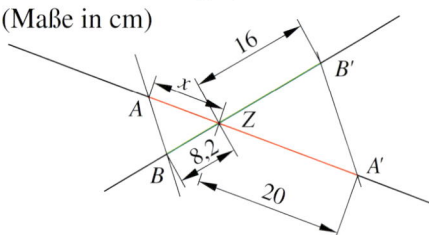

$\frac{\overline{ZA}}{\overline{ZA'}} = \frac{\overline{ZB}}{\overline{ZB'}}$

$\frac{x}{20} = \frac{8,2}{16}$

$x = \frac{164}{16} = 10,25$

Die Strecke $\overline{ZA}$ ist 10,25 cm lang.

Alle weiteren Beziehungen, die du auf der vorherigen Seite herausgefunden hast, bleiben gültig und können ebenfalls zur Berechnung von fehlenden Strecken genutzt werden

(z. B. $\frac{\overline{ZA}}{\overline{AB}} = \frac{\overline{ZA'}}{\overline{A'B'}}$).

Sie gehen durch Umformung aus den oben genannten Verhältnissen hervor.

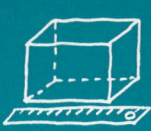

Üben und anwenden

1 Berechne die Breite x der Bucht. Alle Längen sind in m angegeben.

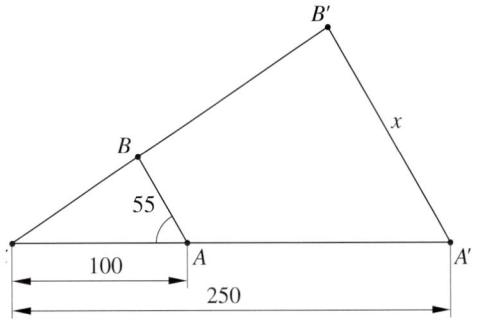

2 Berechne die Länge der Strecke x. (Maße in cm)

a)

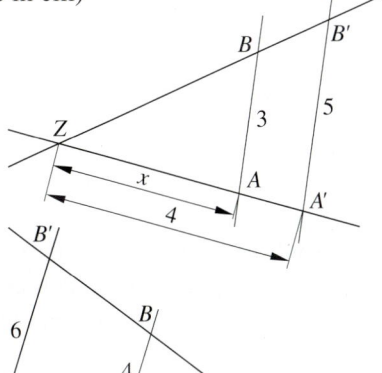

b)

3 Berechne die Länge der Strecke x. (Maße in cm)

a)

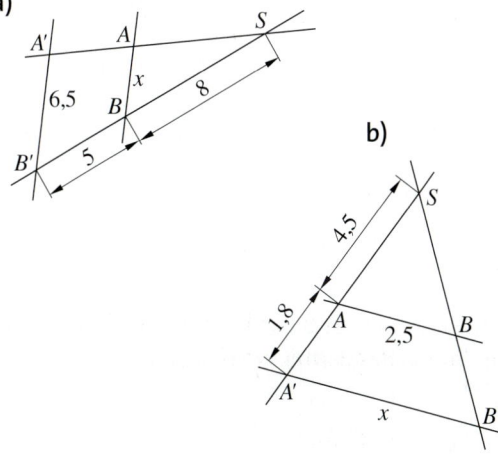

b)

1 Die Baumhöhe lässt sich mithilfe der Schattenlängen bestimmen.
a) Welche Streckenlängen wurden dazu gemessen?
b) Stelle eine Verhältnisgleichung auf und berechne die Höhe des Baumes.

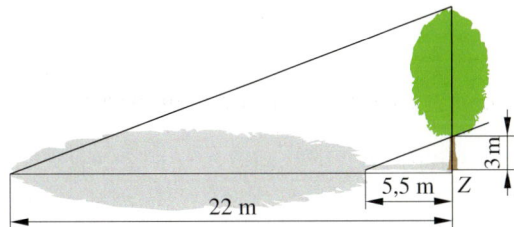

2 Finde zwei zueinander ähnliche Dreiecke. Berechne die fehlenden Streckenlängen.

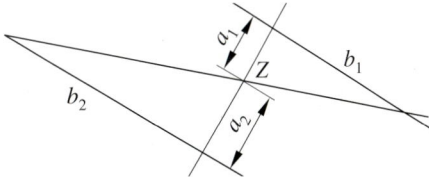

	a_1	a_2	b_1	b_2
a)	1,5 cm	2 cm		7 cm
b)		2 cm	2,5 cm	4 cm
c)	2 cm	3 cm	4 m	
d)	32 mm		5 cm	96 mm

3 Betrachte noch einmal die folgende Figur aus zwei ähnlichen Dreiecken.

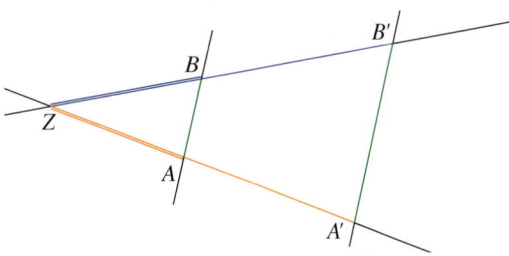

a) Zeige durch Umformen der Gleichungen

$$\frac{\overline{ZA'}}{\overline{ZA}} = \frac{\overline{ZB'}}{\overline{ZB}} = \frac{\overline{A'B'}}{\overline{AB}}$$ das auch folgende

Beziehungen gelten:

① $\frac{\overline{ZA}}{\overline{AB}} = \frac{\overline{ZA'}}{\overline{A'B'}}$ ② $\frac{\overline{ZA}}{\overline{ZB}} = \frac{\overline{ZA'}}{\overline{ZB'}}$

③ $\frac{\overline{ZA}}{\overline{ZA'}} = \frac{\overline{ZB}}{\overline{ZB'}} = \frac{\overline{AB}}{\overline{A'B'}}$

b) Gib verschiedene Wege an, die Länge der Strecke $\overline{AB}$ ($\overline{ZA'}$; $\overline{ZB'}$) zu berechnen.

4 Bestimme die Länge der Strecke $\overline{QT}$ kurz vor der Mündung des Flusses.
Die Maße sind in Meter gegeben.

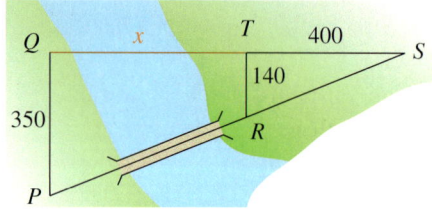

4 Man kann die Flussbreite auch bestimmen, wenn die drei Strecken a, b und c bekannt sind. c ist parallel zum Ufer.

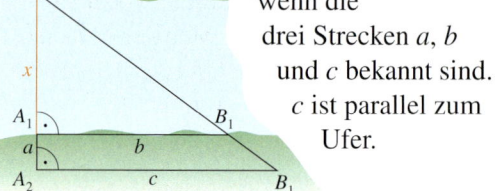

Berechne die Flussbreite x für $a = 17\,\text{m}$; $b = 75\,\text{m}$ und $c = 100\,\text{m}$.

5 Ein Gebäude wurde mit einem Stab angepeilt und die Höhe mithilfe des Strahlensatzes berechnet. Die Höhe betrug nach den Berechnungen 10,80 m.
Die tatsächliche Höhe betrug 12,30 m.
Erkläre den möglichen Fehler.

6 Ein Viereck $ABCD$ mit den Seitenlängen $\overline{AB} = 9\,\text{cm}$; $\overline{BC} = \overline{CD} = 7,6\,\text{cm}$ und $\overline{AD} = 4,2\,\text{cm}$ wurde zentrisch gestreckt. Die längste Seite im Bildviereck misst 13,5 cm. Berechne die fehlenden Seitenlängen, indem du Verhältnisgleichungen aufstellst.

6 Ein Drachenviereck $ABCD$ mit den Seitenlängen $\overline{AB} = 10,8\,\text{cm}$ und $\overline{BC} = 6,4\,\text{cm}$ wurde zentrisch gestreckt.
Die längere Seite in der Bildfigur misst 8,64 cm.
Gib alle fehlenden Seitenlängen an.

7 Wie lang ist der Schatten eines 35,80 m hohen Windrades, wenn ein Stab von 1,60 m Länge der gleich daneben senkrecht aufgestellt ist, einen Schatten von 2,15 m Länge wirft?

7 Ein Mädchen von 1,65 m Körpergröße wirft an einem Sonnentag einen Schatten von 65 cm. Ein in unmittelbarer Nähe befindlicher Fernsehturm wirft gleichzeitig einen 12,80 m langen Schatten.
Zeichne eine Skizze für diese Situation und berechne die Höhe des Fernsehturms.

8 Beim Ausbau eines Dachgeschosses soll der Raum unter einer Dachschräge genutzt werden. Der Bauherr will dazu durch einen Schreiner ein Regal einbauen lassen.
Dieser macht an der Baustelle eine Skizze, nach der der Auszubildende des Betriebs die vier Regalbretter zuschneiden soll.
Wie lang muss jedes Brett an der Unterkante sein? Die Maße sind in Zentimeter gegeben.

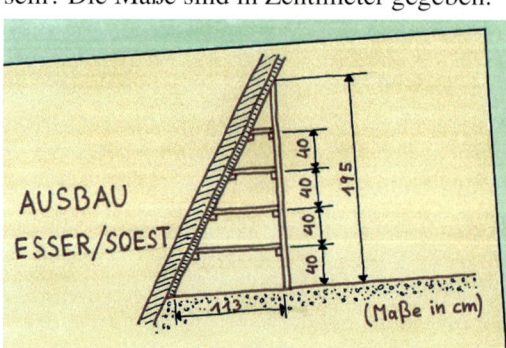

8 Das Wahrzeichen eines Vergnügungsparks in Virginia (USA) ist das Modell des Eiffelturms in Paris. Das Modell ist im Maßstab 1:3 gebaut.

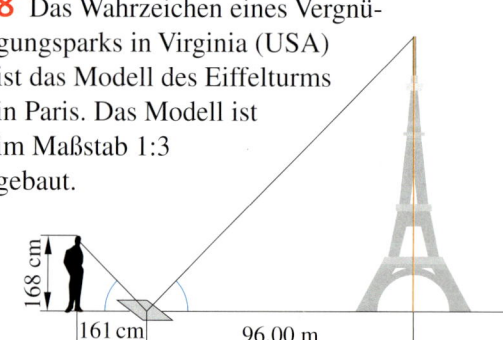

Man kann die Höhe des Modells mithilfe eines Spiegels bestimmen. Dazu legt man diesen auf den Boden und stellt sich so, dass man die Spitze des Turms sehen kann.
a) Wie hoch ist das Modell?
b) Wie hoch ist der Eiffelturm in Wirklichkeit?

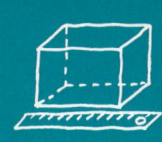

9 Die Höhe eines Strommastes lässt sich bei Sonnenschein einfach ermitteln. Dazu wird direkt neben den Mast ein Stab gesteckt, der wie der Strommast einen Schatten wirft. Berechne die Höhe des Strommastes.

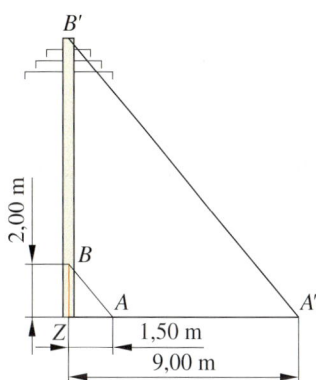

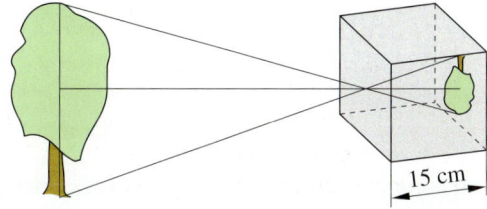

9 Mithilfe von zwei unterschiedlichen langen Stäben kann man Höhen ermitteln. Um die Höhe des Kirchturms (siehe Skizze) zu bestimmen, stellt man einen Stab ($\overline{AP}$) so auf, dass man seine Spitze in Augenhöhe hat. Den zweiten Stab ($\overline{BD}$) richtet man so aus, dass über ihn die Spitze des Kirchturms angepeilt werden kann.

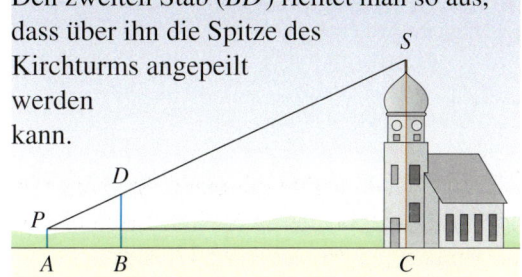

Wie hoch ist der Kirchturm, wenn $\overline{AP} = 1{,}60\,\text{m}$; $\overline{BD} = 2{,}10\,\text{m}$; $\overline{AB} = 1{,}75\,\text{m}$; $\overline{AC} = 245{,}00\,\text{m}$? Runde auf Meter.

10 In einer Lochkamera erscheinen die Bilder verkehrt herum.

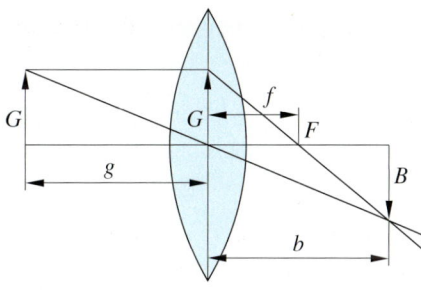

a) Bei einer Lochkamera ist die Mattscheibe 15 cm vom Loch entfernt. Auf der Mattscheibe sieht man ein 10 cm großes Bild eines Baums, der 25 m von der Lochblende entfernt ist.
Wie hoch ist der Baum?

b) Wie weit muss ein 9 m hoher Baum mindestens vom Loch entfernt sein, damit du ihn auf der Mattscheibe der würfelförmigen Lochkamera ganz sehen kannst?

c) Wie groß wird das Bild eines 7 m hohen Hauses auf der Mattscheibe, wenn es aus 20 m Entfernung von der Lochblende aufgenommen wird?

10 Aus der Physik weißt du, dass Sammellinsen Bilder B von Gegenständen G erzeugen. Die Skizze zeigt die Versuchsanordnung mit den verschiedenen Strahlenverläufen und Längen.
Suche zunächst zwei zueinander ähnliche Dreiecke.

a) Stelle eine Gleichung auf, aus der du die Bildgröße B berechnen kannst, wenn $G = 5\,\text{cm}$, $g = 20\,\text{cm}$, $b = 15\,\text{cm}$ sind.

b) Wie weit ist das Bild des gleichen Gegenstands von der Linse entfernt, wenn es 4 cm groß ist?

c) Erkläre die Gleichung $\frac{G}{B} = \frac{f}{b-f}$.

ZUR
INFORMATION
Der italienische Erfinder und Maler Leonardo da Vinci lebte von 1452 bis 1519.

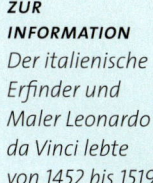

11 Um Breiten zu messen stellte Leonardo da Vinci eine Messlatte an das Ufer eines Flusses. Aus 1 m Entfernung peilte er einen Punkt am anderen Ufer an und markierte die Peilmarke auf der Messlatte. Die Höhe, in der sich seine Augen befanden, markierte er ebenfalls auf der Latte.
Wie breit ist der Fluss, wenn $\overline{AB} = 25\,\text{cm}$ und $\overline{AD} = 1{,}40\,\text{m}$?

Klar so weit?

→ Seite 64

Ähnlichkeit im geometrischen Sinn

1 Welche der Drachenvierecke sind zueinander ähnlich?

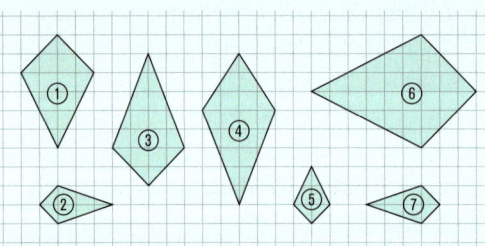

2 Zeichne ein Rechteck mit den Seitenlängen $a = 4\,cm$ und $b = 9\,cm$ in dein Heft.
Zeichne drei dazu ähnliche Rechtecke und gib jeweils die Seitenverhältnisse an.

3 Sind die beiden Dreiecke zueinander ähnlich? Begründe deine Antworten.
a) $\alpha = 86°$; $\beta = 30°$ und $\alpha = 86°$; $\gamma = 64°$
b) $\alpha = 55°$; $\gamma = 78°$ und $\beta = 47°$; $\gamma = 55°$
c) $\beta = 32°$; $\gamma = 54°$ und $\alpha = 54°$; $\beta = 84°$

1 Finde zueinander ähnliche Rechtecke.

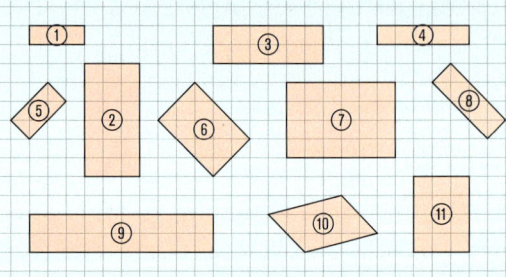

2 Konstruiere ein Dreieck mit den Seitenlängen $a = 8\,cm$, $b = 10\,cm$ und $c = 6\,cm$.
Zeichne drei dazu ähnliche Dreiecke und gib jeweils die Seitenverhältnisse an.

3 Welche Dreiecke sind zueinander ähnlich? Sind sie sogar zueinander kongruent?
① $a = 64\,cm$; $\beta = 52°$; $\gamma = 80°$; $c = 85\,cm$
② $\alpha = 52°$; $b = 5,7\,cm$; $\gamma = 68°$; $c = 61\,cm$
③ $\alpha = 52°$; $a = 34\,cm$; $c = 32\,cm$; $\gamma = 48°$

→ Seite 68

Vergrößern und verkleinern

4 Vergrößere bzw. verkleinere das jeweilige Rechteck zeichnerisch.
Gib die neuen Seitenlängen an.
a) $a = 2\,cm$; $b = 3\,cm$; $k = 2$
b) $a = 4,5\,cm$; $b = 3\,cm$; $k = \frac{1}{3}$

5 Übertrage die Figur in dein Heft.
a) Vergrößere sie auf das Dreifache.
b) Verkleinere sie auf die Hälfte.
Gib jeweils den Streckungsfaktor k an.

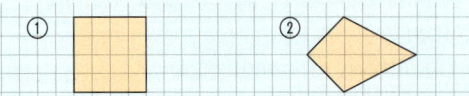

6 Zeichne das Schrägbild eines Würfels mit der Kantenlänge $a = 3\,cm$.
a) Vergrößere den Würfel mit $k = 3,5\,cm$.
b) Verkleinere den Würfel mit $k = 0,5\,cm$.

4 Vergrößere bzw. verkleinere das jeweilige Rechteck zeichnerisch.
Gib die neuen Seitenlängen an.
a) $a = 4\,cm$; $b = 3\,cm$; $k = 1,5$
b) $a = 9,6\,cm$; $b = 6,4\,cm$; $k = \frac{1}{3}$

5 Übertrage die Figur in dein Heft.
a) Vergrößere sie auf das Dreifache.
b) Verkleinere sie auf die Hälfte.
Gib jeweils den Streckungsfaktor k an.

6 Zeichne das Schrägbild eines Quaders mit $a = 4\,cm$, $b = 2,8\,cm$ und $c = 3\,cm$.
a) Vergrößere den Quader mit $k = 3,5\,cm$.
b) Verkleinere den Quader mit $k = 0,5\,cm$.

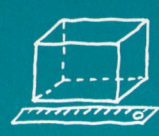

7 Zeichne ein Quadrat *ABCD* mit der Seitenlänge *a* = 2,5 cm. Vergrößere es mit einer zentrischen Streckung mit *k* = 3. Das Streckzentrum *Z* soll …
a) im Inneren des Quadrats liegen.
b) außerhalb des Quadrats liegen.
c) im Eckpunkt *A* liegen.
d) im Mittelpunkt des Quadrats liegen.

7 Zeichne ein beliebiges Dreieck *ABC*. Vergrößere und verkleinere es mithilfe einer zentrischen Streckung.
Bestimme selbst einen Streckungsfaktor *k*.
Für das Streckzentrum *Z* soll gelten:
a) *Z* liegt innerhalb des Dreiecks.
b) *Z* liegt außerhalb des Dreiecks.
c) *Z* liegt auf dem Eckpunkt *A* des Dreiecks.

8 Übertrage die Figurenpaare ins Heft. Prüfe, bei welchen Paaren sich die eine Figur durch eine zentrische Streckung aus der jeweils anderen erzeugen lässt.
Bestimme, wenn möglich, das Streckzentrum *Z* und den Streckungsfaktor *k*.

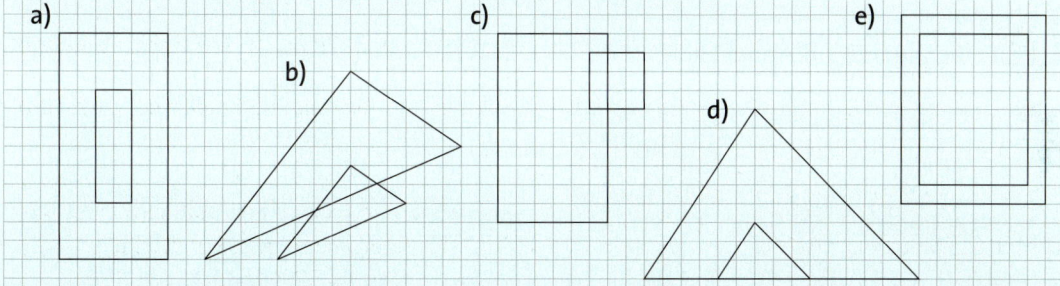

Der Strahlensatz

→ *Seite 74*

9 Die Dreiecke *ZAB* und *ZA'B'* sind zueinander ähnlich.
Wie lang ist die Strecke $\overline{A'B'}$?

Maße in cm

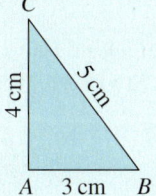

9 Die Dreiecke *ZAB* und *ZA'B'* sind zueinander ähnlich.
Wie lang ist die Strecke $\overline{A'B'}$?

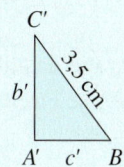

10 Der Boden einer Vitrine ist mit einer Glasscheibe ausgelegt und im Abstand von je 33 cm sind vier weitere Einlegeböden aus Glas angebracht.
a) Berechne die Länge von jedem der vier Einlegeböden an der Unterkante.
b) Wie viel m² Glas wurden mindestens für die Einlegescheiben insgesamt verwendet?
c) Wie viel m² Glas wurden für die beiden Glastüren der Vitrine verwendet?

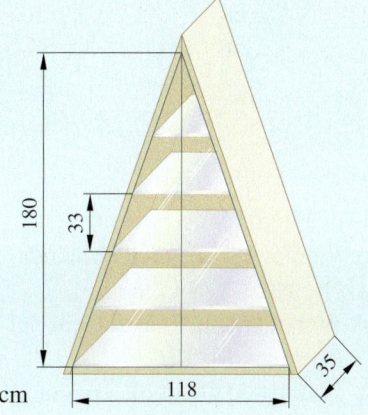

Maße in cm

Vermischte Übungen

1 Zwei amerikanischen Forschern zufolge sind sich Hund und Besitzer tatsächlich ähnlich. Jedoch werden sich Mensch und Hund nicht immer ähnlicher, sondern der Mensch sucht sich einen ihm ähnlichen Hund aus.

a) Beschreibe die Ähnlichkeiten, die du jeweils feststellen kannst.
b) Nenne die Kriterien, die für die Ähnlichkeit im geometrischen Sinn gelten.

2 Prüfe die Figuren auf Ähnlichkeit.

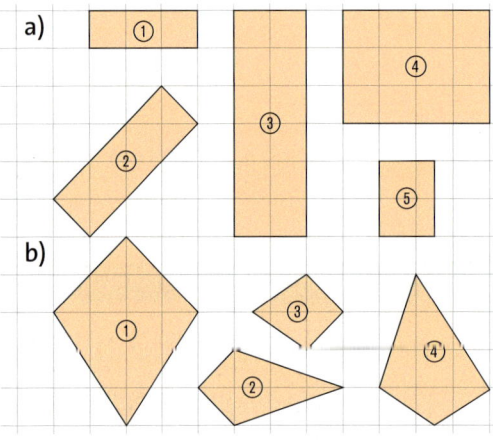

2 Welche Vierecke sind zueinander ähnlich? Begründe deine Entscheidungen.

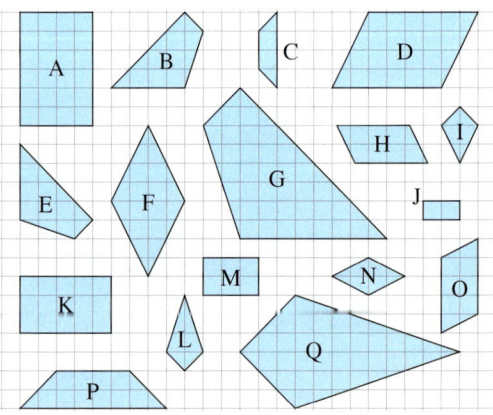

3 Übertrage das blaue Dreieck und alle dazu ähnlichen Dreiecke in dein Heft. Gib für diese Dreiecke das Streckenverhältnis der Katheten an.

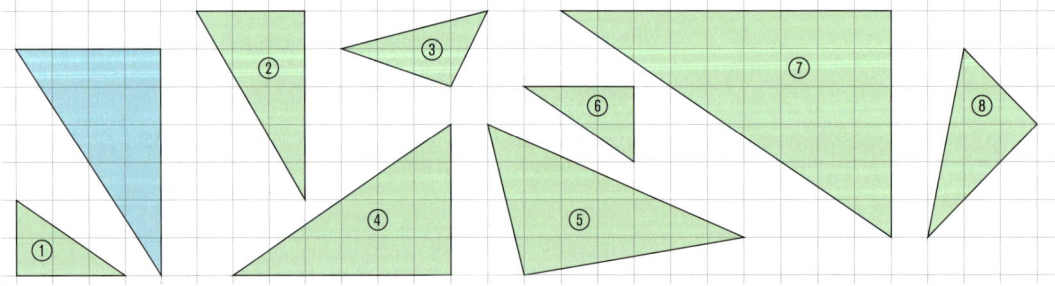

4 Beantworte die Fragen.
a) Woran erkennst du zueinander ähnliche Dreiecke?
b) Woran erkennst du zueinander ähnliche Rechtecke?
c) Wann sind Quadrate zueinander ähnlich?

4 Wahr oder falsch? Begründe.
Immer zueinander ähnlich sind zwei …
a) Rechtecke.
b) gleichschenklige Dreiecke.
c) Rauten.
d) gleichseitige Dreiecke.

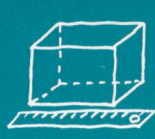

5 Begründe, dass die beiden Dreiecke zueinander ähnlich sind, wenn $\alpha' = 36°$ und $\beta' = 53°$ ist.

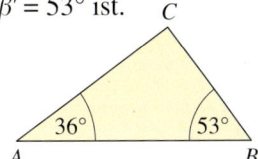
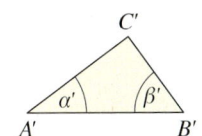

5 Sind die Dreiecke zueinander ähnlich? Begründe und bestimme k, wenn möglich.

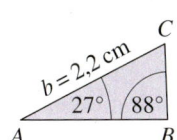
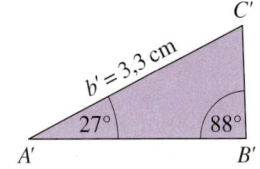

6 Zeichne ein beliebiges, nicht zu großes Dreieck ABC mittig auf ein blanko Blatt. Führe zentrische Streckungen mit dem jeweils angegebenen Zentrum Z und $k = 2$ aus. Vergleiche jeweils die Seitenlängen von Original und Bild sowie die Lage der Dreiecke zueinander.
a) Z liegt innerhalb des Dreiecks.
b) Z liegt außerhalb des Dreiecks.
c) Z liegt im Eckpunkt A.
d) Z liegt auf $\overline{AB}$ und nicht in einem Eckpunkt.

6 Zeichne in ein Koordinatensystem das Dreieck $A'B'C'$ mit $A'(4\,|\,7)$; $B'(11\,|\,1)$; $C'(14\,|\,8)$ und den Punkt $Z(4\,|\,3)$. Kontrolliere zeichnerisch, ob die Dreiecke ABC sich aus dem Dreieck $A'B'C'$ durch zentrische Streckung mit dem Streckungszentrum Z erzeugen lassen.
a) $A(4|5)$; $B(7,5|2)$; $C(9|5,5)$
b) $A(8|7)$; $B(11,5|4)$; $C(13|7,5)$
c) $A(4|-1)$; $B(11|-7)$; $C(14|0)$
d) $A(4|9)$; $B(14,5|0)$; $C(19|10,5)$
e) $A(4|1)$; $B(14|-2)$; $C(11|5)$

7 Die beiden Dreiecke sind zueinander ähnlich. Berechne die beiden fehlenden Seitenlängen.
Gib auch den Streckungsfaktor k an.

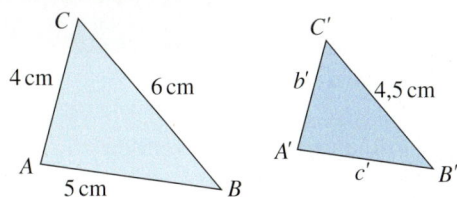

7 Die Dreiecke sind zueinander ähnlich. Wie lang sind a' und b'? Wie groß ist k?

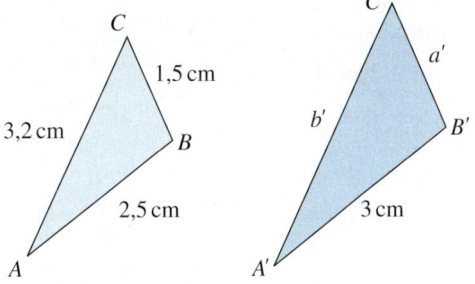

8 Ergänze die Seitenlängen, sodass Original- und Bilddreieck zueinander ähnlich sind.

	Originaldreieck ABC	Bilddreieck $A'B'C'$
a)	$a = 4\,cm$ $b = 7\,cm$ $c = 6\,cm$	$a' = 24\,cm$ $b' = \blacksquare$ $c' = \blacksquare$
b)	$a = 5\,cm$ $b = 18\,cm$ $c = 8\,cm$	$a' = \blacksquare$ $b' = 9\,cm$ $c' = \blacksquare$
c)	$a = 1,6\,m$ $b = 2,5\,m$ $c = 3\,m$	$a' = \blacksquare$ $b' = \blacksquare$ $c' = 3,75\,m$
d)	$a = \blacksquare$ $b = 12\,cm$ $c = 21\,cm$	$a' = 5\,cm$ $b' = 4\,cm$ $c' = \blacksquare$

8 Berechne jeweils die fehlenden Seitenlängen und bestimme den Faktor k.
a) Das Dreieck ABC mit $a = 2\,cm$; $b = 3\,cm$; $c = 2,5\,cm$ und das Dreieck $A'B'C'$ mit $a' = 3,5\,cm$ sind zueinander ähnlich.
b) Ein Dreieck ABC hat die Seitenlängen $a = 6\,dm$; $b = 3,9\,dm$; $c = 8,1\,dm$. Bei einem dazu ähnlichen Dreieck ist $c' = 2,7\,m$.
c) Ein Dreieck ABC hat die Seitenlängen $a = 3\,cm$; $b = 4\,cm$ und $c = 5\,cm$. Ein dazu ähnliches Dreieck hat den Umfang $36\,cm$.
d) Ein Dreieck mit $A = 150\,cm^2$ soll ähnlich sein zu einem Dreieck ABC mit $a = 3\,cm$; $b = 4\,cm$; $\gamma = 90°$.

RAUMAUSSTAT-
TER/IN
Die Ausbildung
dauert 3 Jahre
Suche nach wei-
teren Informati-
onen über den
Beruf z.B. im
Internet oder im
BIZ.

Beruf Raumausstatter/in

Raumausstatter und Raumausstatterinnen gestalten Räume und Polstermöbel nach Kun-
denwünschen und -anforderungen.
Sie bekleiden Wände und Decken, gestalten,
fertigen und montieren Raumdekorationen
sowie Licht-, Sicht- und Sonnenschutz.
Außerdem verlegen sie textile und elastische
Bodenbeläge und beziehen Polstermöbel.
Arbeit finden sie hauptsächlich in Fachbetrieben des Raumausstatterhandwerks, in Polster-
werkstätten oder Ateliers.
Darüber hinaus kommen auch Dekorations-
abteilungen von Einrichtungshäusern, Schau-
spielhäusern oder Fernsehanstalten als weitere
Arbeitgeber infrage.

9 Einlegearbeiten aus Holz entwerfen

Raumausstatter arbeiten oft kreativ: Sie entwerfen auf Kundenwunsch
Einlegearbeiten aus Holz, sogenannte Intarsien.

a) Entwirf eine Intarsie nach deinem Geschmack.
   Verwende dafür Verkleinerungen und Vergrößerungen beliebiger
   Figuren. Die Intarsie soll eine Bodenfläche von 3,5 m Länge und
   4 m Breite verschönern.
   Wähle dazu einen geeigneten Maßstab und zeichne den Entwurf
   in dein Heft oder auf Folie.

b) Präsentiere dein Ergebnis vor der Klasse.

ZU AUFGABE 10
Damit sich
Fenster problem-
los öffnen lassen,
werden Gardinen
15 cm oberhalb
des Fensterrah-
mens ange-
bracht.

10 Materialverbrauch bestimmen

Für die Gestaltung eines Zimmers müssen Tapeten und Gardinenstoff bestellt werden.

a) Berechne den Materialverbrauch für die
   Tapezierarbeiten: Wie viele Tapetenrollen
   benötigt man?
   Eine Rolle ist 10,05 m lang und 0,53 m breit.

b) Wie viel Gardinenstoff muss man kaufen?
   Überlege dir verschiedene Möglichkeiten,
   eine Gardine aufzuhängen (z. B. in Falten
   oder bodenlang) und berücksichtige das bei
   deiner Berechnung.

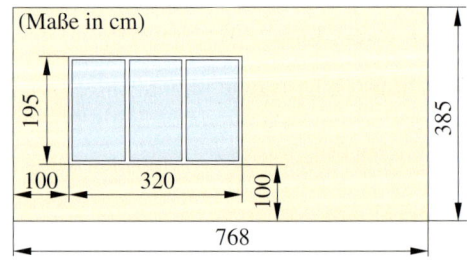

(Maße in cm)
195   385   100   320   100   768

11 Ein Bühnenbild entwerfen

Für das Bühnenbild des Theaterstückes „Hänsel und Gretel" soll die Front des Knusperhäus-
chens gebaut werden. Die Theaterbühne ist 2,50 m breit und 3,50 m hoch.
Arbeitet in der Gruppe.

a) Entwerft ein Modell in einem geeigneten Maßstab. Denkt an die Details und baut das
   Modell nach.

b) Überlegt, welche Materialien verwendet werden sollen und recherchiert mögliche Preise.

Zusammenfassung

Ähnlichkeit im geometrischen Sinn

→ Seite 64

Zwei Figuren sind zueinander **ähnlich**, wenn diese beiden Bedingungen erfüllt sind:
– Entsprechende Winkel sind gleich groß.
– Entsprechende Strecken sind im gleichen Maßstab vergrößert oder verkleinert.

ähnliche Trapeze:

In einer Maßstabszeichnung wird jede Strecke der Originalfigur im gleichen Maß vergrößert oder verkleinert.
Streckenlängen in der Vergrößerung oder Verkleinerung sind proportional zu den entsprechenden Längen im Original.

Maßstab $1 : 25\,000$ $\left(\text{Verkleinerung auf } \frac{1}{25\,000}\right)$

Maßstab $5 : 1$ (fünffache Vergrößerung)

Vergrößern und verkleinern

→ Seite 68

Um geometrische Figuren maßstäblich zu vergrößern oder zu verkleinern, multipliziert man die Seitenlängen mit dem **Streckungsfaktor** k und zeichnet das **Bild** mit den neuen Werten. Es entstehen ähnliche Figuren. Die ursrüngliche Figur wird **Original** genannt.

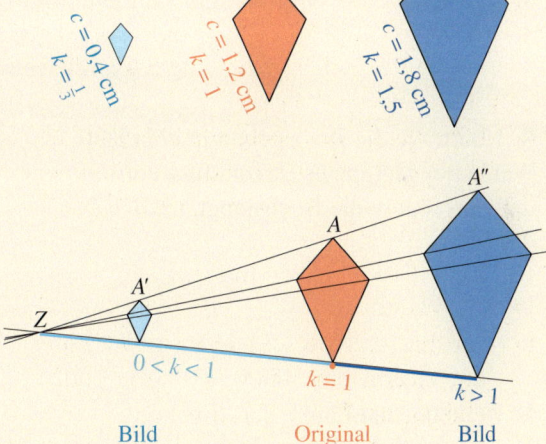

Bei einer Vergrößerung oder Verkleinerung mithilfe einer **zentrischen Streckung** mit dem **Streckungszentrum Z** gilt:

$k > 1$: maßstäbliche Vergrößerung
$k = 1$: Original und Bild sind identisch.
$k < 1$: maßstäbliche Verkleinerung

Original- und Bildstrecke verlaufen immer parallel zueinander. Es gilt $k = \frac{\text{Bildlänge}}{\text{Originallänge}}$.

Der Strahlensatz

→ Seite 74

In zueinander ähnlichen Figuren sind die Verhältnisse (Quotienten) entsprechender Seitenlängen gleich.

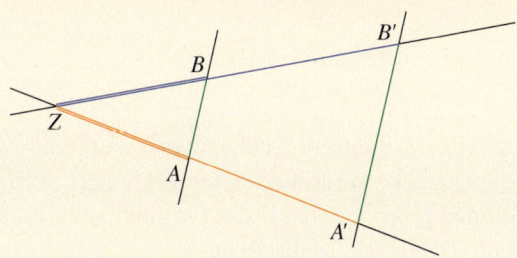

In ähnlichen Dreiecken ABZ und $A'B'Z$ gilt:

$\dfrac{\overline{ZA'}}{\overline{ZA}} = \dfrac{\overline{ZB'}}{\overline{ZB}} = \dfrac{\overline{A'B'}}{\overline{AB}} = k$ $\qquad \dfrac{\overline{ZA}}{\overline{AA'}} = \dfrac{\overline{ZB}}{\overline{BB'}}$ und $\dfrac{\overline{ZA'}}{\overline{AA'}} = \dfrac{\overline{ZB'}}{\overline{BB'}}$

Teste dich!

5 Punkte **1** Gib alle zueinander ähnlichen Figuren an.

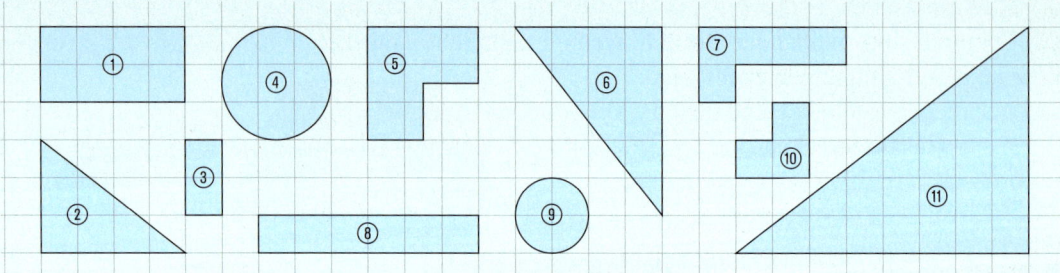

3 Punkte **2** Ergänze die Sätze.
a) Zwei Figuren heißen zueinander ähnlich, wenn …
b) Zwei Rechtecke sind zueinander ähnlich, wenn …
c) Zwei Dreiecke sind zueinander ähnlich, wenn …

2 Punkte **3** Zeichne die Figur in wahrer Größe auf ein blanko Blatt Papier.
a) Vergrößere sie dann mit dem Streckungsfaktor $k = 1{,}5$.
   Wie wirkt sich die Vergrößerung auf die Winkelgrößen aus?
   Begründe.
b) Verkleinere die Originalfigur mit dem Streckungsfaktor $k = 0{,}5$.

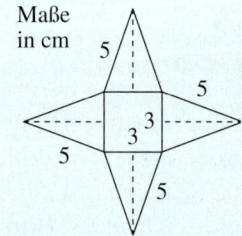

Maße in cm

3 Punkte **4** Übertrage die Buchstaben in dein Heft.
Wähle ein geeignetes Streckungszentrum
und vergrößere die Buchstaben mit $k = 2$.

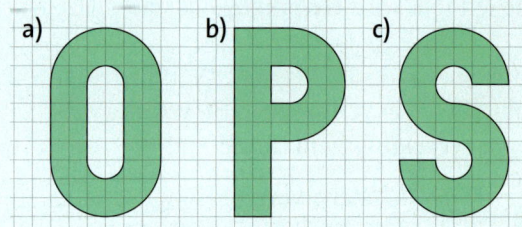

2 Punkte **5** Berechne die Länge der Strecke x.

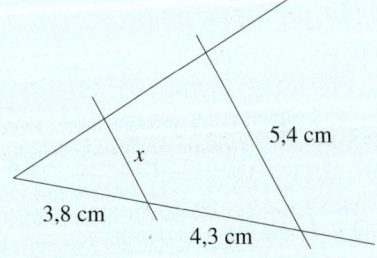

a)

b)

4 Punkte **6** Mit welchem Streckungsfaktor wurden
die Dreiecke vergrößert bzw. verkleinert, wenn
einmal I bzw. einmal II das Original ist?
Gib jeweils den Maßstab an.

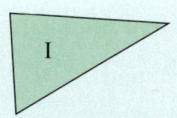

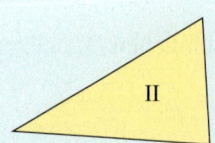

Gold: 18–19 Punkte, Silber: 15–17 Punkte, Bronze: 12–14 Punkte   Lösungen ab Seite 194

Wurzeln und Dreiecke

Dieser Baum wächst nach dem Satz des Pythagoras. Die Skulptur könnte man immer weiter fortführen, wodurch die Äste des Baums immer kleiner würden. Solche Muster nennt man Fraktale.

Noch fit?

Einstieg

1 Einheiten umrechnen
Berechne in der angegebenen Einheit.
a) $3\,cm + 7\,mm$ (mm)
b) $2\,m + 4\,dm + 5\,cm$ (cm)
c) $2,3\,dm + 40\,mm$ (cm)
d) $0,03\,km - 30\,dm$ (m)
e) $20\,cm^2 + 34\,mm^2$ (mm²)

Aufstieg

1 Einheiten umrechnen
Berechne in der angegebenen Einheit.
a) $32\,cm + 17\,mm$ (dm)
b) $5,6\,dm - 67\,mm$ (m)
c) $7,3\,cm^2 + 2,7\,mm^2$ (mm²)
d) $6\,m^2 - 6\,dm^2 - 6\,cm^2$ (dm²)
e) $2\,300\,mm^2 + 930\,cm^2 - 0,7\,dm^2$ (cm²)

2 Dreieckstypen
Unterscheide folgende Dreiecke einmal nach ihren Seiten und einmal nach ihren Winkeln.

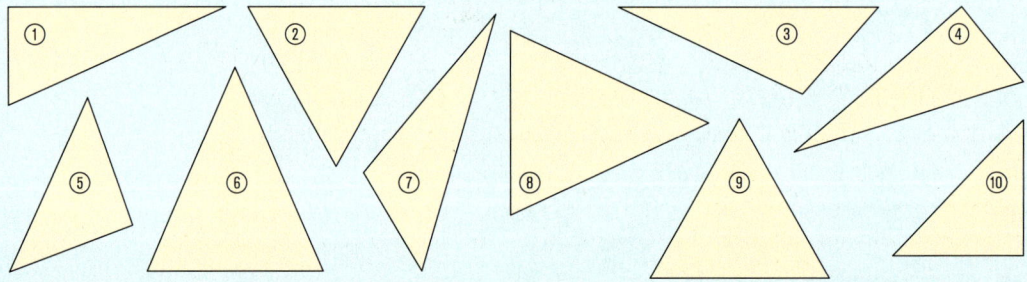

3 Abstände
Übertrage die Zeichnung ins Heft. Bestimme jeweils, wo der Fußball liegt.
Beachte den Maßstab.
a) 3 m von Spieler B entfernt, im Mittelkreis und auf der Mittellinie
b) 5 m von Spieler A entfernt, auf dem direkten Weg zu Spieler C

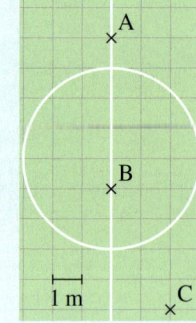

3 Abstände
Bestimme zeichnerisch im Heft, wo der Fußball liegt.
a) 4 m von Spieler C und 2 m von Spieler B entfernt
b) gleich weit entfernt von Spieler A und Spieler B
c) 3 m von Spieler B entfernt, auf dem Mittelkreis

4 Dreiecke konstruieren
Konstruiere die Dreiecke. Gib die fehlenden Größen und die Dreiecksart an.
a) gegeben: $a = 4\,cm$; $b = 7,5\,cm$; $c = 8,5\,cm$
b) gegeben: $a = 7,3\,cm$; $\beta = 45°$; $\gamma = 62°$
c) gegeben: $h_c = 3,9\,cm$; $c = 8,9\,cm$; $\beta = 47°$

5 Wurzeln ziehen
Gib die Seitenlänge des Quadrats mit dem vorgegebenen Flächeninhalt an.
a) $A = 64\,m^2$
b) $A = 25\,km^2$
c) $A = 625\,cm^2$
d) $A = 225\,mm^2$

5 Wurzeln ziehen
Gib die Seitenlänge des Quadrats mit dem vorgegebenen Flächeninhalt an.
a) $A = 10\,000\,m^2$
b) $A = 0,16\,km^2$
c) $A = 2,56\,cm^2$
d) $A = 3,61\,mm^2$

6 Gleichungen lösen
Welche Zahl führt zu einer wahren Aussage?
a) $2\,(a + 27) = 60$
b) $5\,(7 - b) = 25$
c) $5\,c^2 = 45$
d) $6\,d - 9\,d = -33$

6 Gleichungen lösen
Welche Zahl führt zu einer wahren Aussage?
a) $7\,(2\,a + 24) = 140$
b) $6\,b^2 = 54$
c) $(5 + c)^2 = 121$
d) $(10 - d)^2 = 0,64$

Lösungen ab Seite 194

Quadratzahlen und Quadratwurzeln

Entdecken

1 Quadrate aus Quadraten

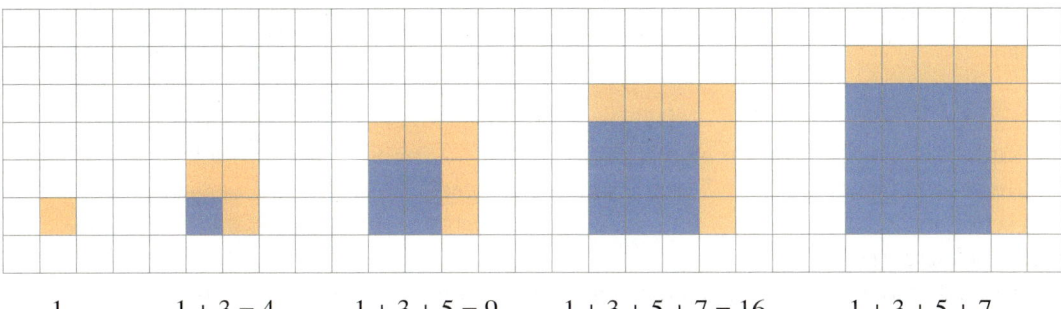

| 1 | 1 + 3 = 4 | 1 + 3 + 5 = 9 | 1 + 3 + 5 + 7 = 16 | 1 + 3 + 5 + 7 … |

a) Übertrage die Zeichnung in dein Heft und führe die Reihe für weitere fünf Quadrate fort.

b) Wie viele kleine Quadrate wird die 12. Zeichnung der Folge enthalten?

c) Bestimme die Seitenlänge und den Flächeninhalt der einzelnen Quadrate, wenn das erste Quadrat die Seitenlänge $a = 1$ cm hat.

d) Überprüfe die Aussage am Beispiel der Zahl 144:
„Jede Quadratzahl n^2 lässt sich als Summe der ersten n ungeraden Zahlen darstellen."

2 Die Zahlen in der Tabelle wurden immer nach der gleichen Vorschrift gebildet.

a) Formuliere mit eigenen Worten, durch welche Rechenvorschrift die Zahlen in der Tabelle entstehen.

b) Die Zahlen wurden bewusst so dargestellt. Was fällt dir in den Spalten auf? Beschreibe.

c) Annina behauptet: „Aus der Tabelle kann man den Flächeninhalt von 100 Quadraten zu einer gegebenen Seitenlänge ablesen." Überprüfe ihre Behauptung.

1	4	9	16	25	36	49	64	81	100
121	144	169	196	225	256	289	324	361	400
441	484	529	576	625	676	729	784	841	900
961	1024	1089	1156	1225	1296	1369	1444	1521	1600
1681	1764	1849	1936	2025	2116	2209	2304	2401	2500
2601	2704	2809	2916	3025	3136	3249	3364	3481	3600
3721	3844	3969	4096	4225	4356	4489	4624	4761	4900
5041	5184	5329	5476	5625	5776	5929	6084	6241	6400
6561	6724	6889	7056	7225	7396	7569	7744	7921	8100
8281	8464	8649	8836	9025	9216	9409	9604	9801	10000

3 Arbeitet zu viert. Schaut euch die Quadrate genau an. Ihr Flächeninhalt ist angegeben.

a) Gebt jeweils die Seitenlänge der Quadrate an.

b) Es sei $c = a_1 + a_2$ und $A_c = A_1 + A_2$.
Gehört dann auch zum Quadrat mit dem Flächeninhalt A_c die Seitenlänge c? Begründe dies oder erläutere, warum es nicht so sein kann.

c) Gib zu Aufgabenteil b) zum Quadrat mit der Seitenlänge c den zugehörigen Flächeninhalt sowie zum Quadrat mit dem Flächeninhalt A_c die zugehörige Seitenlänge an. Stelle beide Lösungen zeichnerisch dar. Nimm dazu das blaue und das gelbe Quadrat zu Hilfe.

d) Nils fragt sich: „$(-3) \cdot (-3)$ ist ja auch 9 und $(-4) \cdot (-4)$ ist auch 16. Gibt es dann auch Quadrate mit einer Seitenlänge von (-3) cm oder (-4) cm?" Begründe deine Antwort.

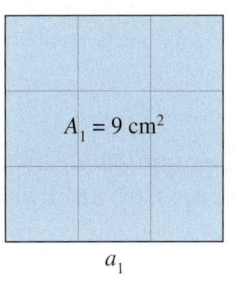

$A_1 = 9$ cm^2

a_1

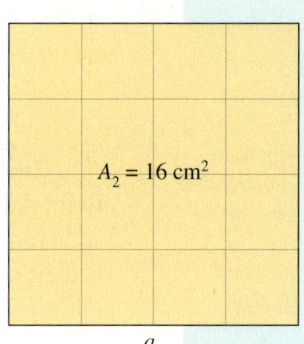

$A_2 = 16$ cm^2

a_2

Verstehen

Die Schülerinnen und Schüler wollen ihre Aula verschönern. In Anlehnung an Gerhard Richters Werk „Farbfelder" haben sie verschiedenfarbige, quadratische Felder erstellt: Diese Felder wollen sie zu einem Riesenquadrat zusammenlegen.

Beispiel 1

Die Kunst-AG hat 49 quadratische Platten gefertigt.
Sie können ein Quadrat aus $7 \cdot 7 = 49$ Farbfeldern legen.
Man schreibt: $7^2 = 49$
Man liest: 7 hoch 2 gleich 49
Im Taschenrechner tippt man z. B.: 7 x^2 =

Beispiel 2

Als Abschlussarbeit haben alle 72 Schülerinnen und Schüler der 10. Klassen 72 quadratische Platten fertiggestellt. Zusammen mit den Platten der Kunst-AG legen sie ein Quadrat.
Wie viele Farbfelder liegen in einer Reihe?

Man schreibt: $x = \sqrt{121}$
Man rechnet: $\sqrt{121} = 11$
Man liest: Wurzel aus 121 ist 11
Probe: $11 \cdot 11 = 121$
Im Taschenrechner tippt man z. B.: √ 1 2 1 =

Quadratwurzel
$\sqrt{121} = 11$ ◄— Wert der Quadratwurzel
Radikand

> **Merke** Multipliziert man eine Zahl a mit sich selbst, erhält man das Produkt $a \cdot a = a^2$.
> Es ist a^2 die **Quadratzahl** von a.
> Erfüllen zwei positive Zahlen a und x die Gleichung: $a = x \cdot x = x^2$, so nennt man x die **Quadratwurzel** von a.
> Für die Quadratwurzel x von a schreibt man auch $\sqrt{a}$. Es gilt: $x = \sqrt{a}$
> Den Term unter der Wurzel nennt man **Radikand**, er darf nicht negativ sein.

Beispiel 3

$\sqrt{64} + \sqrt{36} = 8 + 6 = 14$ aber
$\sqrt{64 + 36} = \sqrt{100} = 10$

Beispiel 4

$\sqrt{64} \cdot \sqrt{36} = 8 \cdot 6 = 48$
$\sqrt{64 \cdot 36} = \sqrt{2\,304} = 48$
$\sqrt{64} \cdot \sqrt{36} = \sqrt{2\,304} = 48$
Quadriert man beide Seiten der Gleichung, so erhält man: $64 \cdot 36 = 2\,304$

> **Merke** **Rechnen mit Quadratwurzeln**
> – Beim **Addieren** bzw. **Subtrahieren** von Quadratwurzeln darf man die Radikanden nicht addieren bzw. subtrahieren. Es können nur Quadratwurzeln **mit gleichen Radikanden** addiert oder subtrahiert werden.
> Für nicht negative reelle Zahlen x gilt: $a\sqrt{x} + b\sqrt{x} = (a + b)\sqrt{x}$ bzw.
> $a\sqrt{x} - b\sqrt{x} = (a - b)\sqrt{x}$
> – Bei der **Multiplikation** bzw. **Division** von Quadratwurzeln gilt für nicht negative, relle Zahlen a und b: $\sqrt{a} \cdot \sqrt{b} = \sqrt{a \cdot b}$ bzw.
> $\sqrt{a} : \sqrt{b} = \sqrt{\frac{a}{b}}$

HINWEIS
$\sqrt{-9}$ = ERROR
Hier liefert der Taschenrechner eine Fehlermeldung, denn weder 3^2 noch $(-3)^2$ ergibt -9.
Es gibt keine negativen Quadratwurzeln.

HINWEIS
Eine Zahl mit sich selbst zu multiplizieren nennt man auch „quadrieren". Die Umkehrung des Quadrierens nennt man Quadratwurzelziehen bzw. Wurzelziehen.

Üben und anwenden

1 Berechne die Quadratwurzeln.
Beispiel $\sqrt{4} = 2$, denn $2 \cdot 2 = 4$
a) $\sqrt{4}$ b) $\sqrt{9}$ c) $\sqrt{16}$ d) $\sqrt{25}$
e) $\sqrt{81}$ f) $\sqrt{49}$ g) $\sqrt{1}$ h) $\sqrt{121}$
i) $\sqrt{144}$ j) $\sqrt{169}$ k) $\sqrt{6,25}$ l) $\sqrt{\frac{4}{25}}$

2 Ergänze im Heft. Überschlage zunächst.
Überprüfe dann mit dem Taschenrechner.

a)
Quadratzahl	64	81	324	529	625
Quadratwurzel	8				

b)
Quadratzahl					
Quadratwurzel	11	17	21	32	40

3 Berechne mit dem Taschenrechner.
a) $\sqrt{729}$ b) $\sqrt{1296}$ c) $\sqrt{1936}$
d) $\sqrt{1764}$ e) $\sqrt{1369}$ f) $\sqrt{6561}$
g) $\sqrt{10\,201}$ h) $\sqrt{650,25}$ i) $\sqrt{153,76}$

4 Berechne und runde auf Hundertstel.
a) $2\sqrt{5} + 3\sqrt{5}$ b) $8\sqrt{8} - 5\sqrt{8}$
c) $3\sqrt{4} - 4\sqrt{4}$ d) $7\sqrt{10} + 5\sqrt{10}$
e) $8\sqrt{6} - 10\sqrt{6}$ f) $6\sqrt{5} + 9\sqrt{5}$

5 Rechne vorteilhaft. Beachte das Beispiel in
der Randspalte.
a) $\sqrt{5} \cdot \sqrt{20}$ b) $\sqrt{6} \cdot \sqrt{24}$
c) $\sqrt{7} \cdot \sqrt{28}$ d) $\sqrt{75} : \sqrt{3}$
e) $\sqrt{80} : \sqrt{5}$ f) $\sqrt{108} : \sqrt{3}$

1 Berechne die Quadratwurzeln und begründe
mithilfe der Umkehrrechnung.
a) $\sqrt{64}$ b) $\sqrt{256}$ c) $\sqrt{100}$
d) $\sqrt{225}$ e) $\sqrt{324}$ f) $\sqrt{400}$
g) $\sqrt{361}$ h) $\sqrt{0,25}$ i) $\sqrt{\frac{12}{75}}$

2 Ergänze im Heft. Überschlage zunächst.
Überprüfe dann mit dem Taschenrechner.

a)
Quadratzahl	169		196		1024
Quadratwurzel		55		110	

b)
Quadratzahl	144		484		361
Quadratwurzel		26		50	

3 Berechne mit dem Taschenrechner.
Runde auf zwei Stellen nach dem Komma.
a) $\sqrt{111}$ b) $\sqrt{2222}$ c) $\sqrt{3333}$
d) $\sqrt{582}$ e) $\sqrt{970}$ f) $\sqrt{78\,512}$

4 Berechne und runde auf Hundertstel.
a) $5\sqrt{21} + 2,5\sqrt{21}$ b) $7\sqrt{9} - 11\sqrt{9}$
c) $0,8\sqrt{15} - 1,6\sqrt{15}$ d) $12\sqrt{31} - 1,4\sqrt{31}$
e) $6,3\sqrt{27} + 12,9\sqrt{27}$ f) $21,1\sqrt{7} + 13,9\sqrt{7}$

5 Rechne vorteilhaft wie in der Randspalte.
Kontrolliere dein Ergebnis.
a) $\sqrt{9} \cdot \sqrt{49}$ b) $\sqrt{8} \cdot \sqrt{98}$
c) $\sqrt{12} \cdot \sqrt{75}$ d) $\sqrt{68} : \sqrt{17}$
e) $\sqrt{14,4} : \sqrt{0,9}$ f) $\sqrt{0,045} : \sqrt{0,5}$

ZUR
INFORMATION
Das Wurzelzeichen ist aus einem kleinen „r" entstanden. Das war die Abkürzung für „radix" (lateinisch für Wurzel). Früher schrieb man noch ein Zeichen, in dem ein großes „R" und ein „x" erkennbar sind.

BEISPIEL
Fasse unter einer Wurzel zusammen und zerlege den Radikanden geschickt in ein Produkt:
$\sqrt{3} \cdot \sqrt{48} = \sqrt{3 \cdot 48}$
$= \sqrt{3 \cdot 3 \cdot 4 \cdot 4}$
$= 3 \cdot 4 = 12$

6 Ein Quadrat mit der Seitenlänge c wurde in zwei Quadrate und
zwei Rechtecke zerlegt. Berechne jeweils die fehlenden Flächeninhalte
und Seitenlängen der Teilflächen.
a) Es gilt $c^2 = 121\,\text{cm}^2$ und $a^2 = 16\,\text{cm}^2$.
b) Es gilt $a^2 = 16\,\text{cm}^2$ und $b^2 = 121\,\text{cm}^2$.
c) Es gilt $b^2 = 25\,\text{cm}^2$ und $c^2 = 225\,\text{cm}^2$.

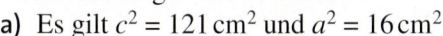

7 Das Rechteck mit der gegebenen Länge
und Breite soll in ein flächengleiches Quadrat
umgewandelt werden.
Welche Seitenlänge hat das Quadrat?
a) $a = 24\,\text{m}$; $b = 6\,\text{m}$
b) $a = 7\,\text{m}$; $b = 28\,\text{m}$
c) $a = 18\,\text{m}$; $b = 0,5\,\text{m}$
d) $a = 0,27\,\text{m}$; $b = 3\,\text{m}$

7 Das Rechteck mit der gegebenen Länge
und Breite soll in ein flächengleiches Quadrat
umgewandelt werden.
Welche Seitenlänge hat das Quadrat?
a) $a = 1,25\,\text{m}$; $b = 5\,\text{m}$
b) $a = 10\,\text{m}$; $b = 4,225\,\text{m}$
c) $a = 0,005\,\text{m}$; $b = 0,5\,\text{m}$
d) $a = 25\,\text{m}$; $b = 5,29\,\text{m}$

ZU AUFGABE 8
*Ist der Radikand einer Quadratwurzel so in ein Produkt zerlegbar, dass mindestens ein Faktor eine Quadratzahl ist, kann die **Wurzel teilweise (partiell)** gezogen werden.*

8 Übertrage ins Heft und ergänze die fehlende Zahl. Begründe.

a) $\sqrt{\frac{1}{4}} = \frac{1}{\blacksquare}$ b) $\sqrt{\frac{\blacksquare}{49}} = \frac{3}{7}$

c) $\sqrt{\frac{25}{36}} = \blacksquare$ d) $\sqrt{\blacksquare} = \frac{4}{9}$

e) $\sqrt{\frac{48}{3}} = \blacksquare$ f) $\sqrt{\frac{8}{18}} = \frac{\blacksquare}{3}$

8 Berechne die Quadratwurzel.

a) $\sqrt{\frac{1}{9}}$ b) $\sqrt{\frac{1}{25}}$

c) $\sqrt{\frac{1}{121}}$ d) $\sqrt{\frac{81}{100}}$

e) $\sqrt{\frac{49}{144}}$ f) $\sqrt{\frac{361}{900}}$

g) $\sqrt{\frac{98}{128}}$ h) $\sqrt{\frac{99}{275}}$

9 Stelle mit den Kärtchen alle möglichen Gleichungen auf.
Wie viele Lösungen gibt es?

$\sqrt{16 \cdot 3}$ $\sqrt{4 \cdot 5}$

$4\sqrt{3}$

$2\sqrt{5}$ $5\sqrt{7}$ $\sqrt{175}$

$\sqrt{20}$ $\sqrt{25 \cdot 7}$ $\sqrt{48}$

10 Ziehe teilweise die Wurzel.

a) $\sqrt{12}$ b) $\sqrt{18}$

c) $\sqrt{45}$ d) $\sqrt{150}$

e) $\sqrt{60\,a^2}$ f) $\sqrt{50\,b}$

g) $\sqrt{300\,x^2\,y}$ h) $\sqrt{147\,a\,b^2}$

10 Ziehe teilweise die Wurzel.

a) $\sqrt{75}$ b) $\sqrt{98}$

c) $\sqrt{500\,a^2}$ d) $\sqrt{6\,300\,x}$

e) $\sqrt{216\,a^2\,b}$ f) $\sqrt{891\,x\,y^2\,z}$

g) $\sqrt{720\,a^2\,b^2\,z}$ h) $\sqrt{96\,x\,y\,z^2}$

BEISPIEL ZU 11
$\sqrt{160} + \sqrt{90}$
$= \sqrt{10} \cdot (\sqrt{16} + \sqrt{9})$
$= \sqrt{10} \cdot (4 + 3)$
$= 7 \cdot \sqrt{10}$

11 Ziehe teilweise die Wurzel und fasse zusammen.

a) $\sqrt{40} - \sqrt{90} + \sqrt{250} + \sqrt{360}$
b) $\sqrt{18} + \sqrt{8} + \sqrt{32} - \sqrt{50}$
c) $\sqrt{63} + \sqrt{175} - \sqrt{28} - \sqrt{252}$

11 Ziehe teilweise die Wurzel und fasse zusammen.

a) $\sqrt{12} - \sqrt{27} - \sqrt{48} + \sqrt{75} + \sqrt{108}$
b) $\sqrt{8x} + \sqrt{18x} + \sqrt{32x} - \sqrt{50x}$
c) $\sqrt{27\,a^2\,b} - \sqrt{75\,a^2\,b} - \sqrt{12\,a^2\,b} + \sqrt{48\,a^2\,b}$

12 Berechne ohne Taschenrechner.

a) $\sqrt{12{,}5\sqrt{4}}$ b) $2\sqrt{\sqrt{81}}$

c) $\sqrt{64\sqrt{256}}$ d) $(\sqrt{64})^2$

e) $\sqrt{8{,}5^2}$ f) $2\sqrt{7^2}$

12 Berechne ohne Taschenrechner.

a) $\sqrt{4\sqrt{625}}$ b) $\sqrt{0{,}25\sqrt{16}}$

c) $\sqrt{0{,}5\sqrt{0{,}25}}$ d) $(-\sqrt{37})^2$

e) $(\sqrt{0{,}00125})^2$ f) $4\sqrt{0{,}5^2}$

13 Überprüfe. Korrigiere alle fehlerhaften Rechnungen.

a) $\sqrt{81} + \sqrt{144} = \sqrt{225} = 15$
b) $\sqrt{16} + \sqrt{9} = 4 + 3 = 7$
c) $\sqrt{169} - \sqrt{25} = 14 - 5 = 9$
d) $\sqrt{100} - \sqrt{64} = 6$
e) $\sqrt{16 + 9} = 4 + 3 = 7$

13 Begründe oder widerlege die Aussagen.

a) Die Summe des Quadrats zweier Zahlen ergibt den gleichen Wert wie das Quadrat der Summe dieser beiden Zahlen.
b) Das Produkt des Quadrats zweier Zahlen ergibt den gleichen Wert wie das Quadrat des Produkts dieser beiden Zahlen.

14 Rechne ohne Taschenrechner.

a) $\sqrt{4 \cdot 100 \cdot 25}$
b) $\sqrt{4} \cdot \sqrt{100} \cdot \sqrt{25}$
c) $\sqrt{90\,000}$
d) $\sqrt{5} \cdot \sqrt{?} = \sqrt{10}$
e) $\sqrt{25} \cdot \sqrt{?} = 20$

14 Schreibe als Produkt aus einer Zahl und einer Wurzel.

BEISPIEL $\sqrt{20} = \sqrt{4 \cdot 5} = 2\sqrt{5}$

a) $\sqrt{12}$ b) $\sqrt{18}$ c) $\sqrt{45}$

d) $\sqrt{150}$ e) $\sqrt{60\,a}$ f) $\sqrt{50\,b}$

g) $\sqrt{300\,x\,y}$ h) $\sqrt{147\,a\,b^2}$ i) $\sqrt{108\,x^2\,y}$

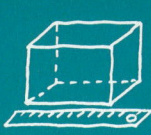

15 Zahlenmauern
a) Überprüfe, ob die Zahlenmauern richtig
   ausgefüllt sind. Korrigiere, wenn nötig,
   und vervollständige sie im Heft.

① Additionsmauer ② Multiplikationsmauer

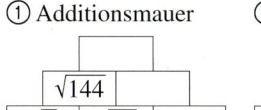

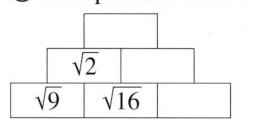
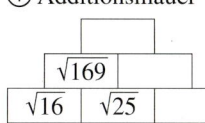

b) Erstelle zu ① und zu ② jeweils zwei weitere Zahlenmauern mit Wurzelzeichen.

15 Zahlenmauern
a) Überprüfe, ob die Zahlenmauern richtig
   ausgefüllt sind. Korrigiere, wenn nötig,
   und vervollständige sie im Heft.

① Additionsmauer ② Multiplikationsmauer

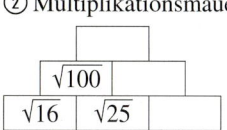

b) Erstelle zu ① und zu ② jeweils zwei weitere Zahlenmauern mit Wurzelzeichen.

16 Fasse zusammen und vereinfache.
a) $\sqrt{2a} \cdot \sqrt{18a}$ b) $\sqrt{20x} \cdot \sqrt{5y}$ c) $\sqrt{28m} \cdot \sqrt{7mn}$ d) $\sqrt{5a} \cdot \sqrt{15b} \cdot \sqrt{27ab}$

17 Gib den an der Tausendstelstelle gerundeten Näherungswert für $\sqrt{3}$ an.
Welche der folgenden Werte lassen sich mit
diesem gerundeten Wert berechnen?
a) $\sqrt{30}$ b) $\sqrt{300}$
c) $\sqrt{3\,000}$ d) $\sqrt{30\,000}$
e) $\sqrt{300\,000}$ f) $\sqrt{3\,000\,000}$
g) $\sqrt{0{,}3}$ h) $\sqrt{0{,}03}$

17 Gib den an der Tausendstelstelle gerundeten Näherungswert für $\sqrt{5}$ an.
Welche der folgenden Werte lassen sich mit
diesem gerundeten Wert berechnen?
a) $\sqrt{50}$ b) $\sqrt{500}$
c) $\sqrt{5\,000}$ d) $\sqrt{50\,000}$
e) $\sqrt{500\,000}$ f) $\sqrt{5\,000\,000}$
g) $\sqrt{0{,}5}$ h) $\sqrt{0{,}05}$

18 Ein $1\,m^2$ großes Quadrat wird vollständig
mit 2500 quadratischen Steinen ausgelegt.
a) Welche Kantenlänge hat ein Stein?
b) Wie viele Steine benötigt man für eine
   Fläche von $72{,}75\,m^2$?

18 Der Thronsaal eines Schlosses ist mit
quadratischen Steinchen geschmückt.
Wie viele Steinchen mit $1{,}2\,cm$ Kantenlänge
werden für einen $20\,m$ breiten und $23\,m$ langen Saal mindestens benötigt?

19 Wende das Distributivgesetz an.
a) $(3 + \sqrt{2}) \cdot 3$
b) $(\sqrt{2} + \sqrt{3}) \cdot \sqrt{3}$
c) $(\sqrt{12} - \sqrt{16}) : \sqrt{2}$
d) $(8\sqrt{15} - 3\sqrt{15}) : \sqrt{5}$
e) $(2\sqrt{27} + \sqrt{27}) \cdot \sqrt{3}$
f) $(9\sqrt{48} - 5\sqrt{48}) : \sqrt{8}$

19 Wende das Distributivgesetz an.
a) $(\sqrt{3} - \sqrt{2}) \cdot (\sqrt{2} - \sqrt{3})$
b) $(3 + \sqrt{3}) \cdot (3 - \sqrt{3})$
c) $(5\sqrt{2x} + 3\sqrt{5x}) : \sqrt{x}$
d) $(\sqrt{3a} - \sqrt{9a}) : \sqrt{6a}$
e) $(4\sqrt{15} - 5\sqrt{15}) \cdot \sqrt{2}$
f) $(3\sqrt{8} + 12\sqrt{8}) : \sqrt{16}$

20 Die Abbildung zeigt, wie man seine Reaktionszeit
testen kann. Aus dem Weg s (in m), den das Lineal
durch die Finger der Testperson zurücklegt, lässt sich
die Reaktionszeit t (in s) mit der Faustformel $t = \sqrt{\frac{s}{5}}$
berechnen.
a) Berechne die Reaktionszeiten bei $18\,cm$,
   $11\,cm$ und $20\,cm$. Welche Wertung für die
   Reaktion wird jeweils gegeben?
b) Gib für die angegebenen Reaktionszeiten jeweils
   den Weg in Millimeter an.

0,204 s	mehr als genügend
0,191 s	gut
0,177 s	sehr gut
0,161 s	ausreichend
0,144 s	rasend schnell
0,125 s	Sie lesen Gedanken!

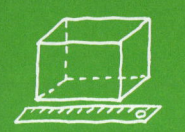

Thema: Aufbau des Zahlensystems

Der Aufbau unseres heutigen Zahlensystems durch die Mathematik hat einige hundert Jahre gedauert.

Im Bereich der *natürlichen Zahlen* sind zwar Gleichungen der Form $x + 4 = 7$ lösbar, nicht aber solche der Form $x + 8 = 5$.
Dies führt auf die *negativen Zahlen*.

Im Bereich der *ganzen Zahlen* sind Gleichungen der Form $5x = 2$ nicht lösbar.
Dies führt auf die *rationalen Zahlen*.

Im Bereich der *rationalen Zahlen* sind Gleichungen der Form $x^2 = 2$ nicht lösbar.
Dies macht die Erweiterung des Zahlensystems auf die *irrationalen Zahlen* nötig.

Die rationalen Zahlen ergeben zusammen mit den irrationalen Zahlen die *reellen Zahlen*.
Im Bereich der reellen Zahlen ist jedoch die Gleichung $x^2 = -1$ nicht lösbar.
Dies macht die Erweiterung des Zahlensystems auf die *imaginären Zahlen* nötig.
Die reellen Zahlen ergeben zusammen mit den imaginären Zahlen die *komplexen Zahlen*.

Komplexe Zahlen $\mathbb{C}$				
Reelle Zahlen $\mathbb{R}$				Imaginäre Zahlen
Rationale Zahlen $\mathbb{Q}$			Irrationale Zahlen $\mathbb{I}$ (unendliche, nicht periodische Dezimalbrüche)	
Ganze Zahlen $\mathbb{Z}$		Bruchzahlen $\mathbb{B}$ (abbrechende oder periodische Dezimalbrüche)		
Natürliche Zahlen $\mathbb{N}$	Negative Zahlen			

1 Erläutere die Darstellung des Zahlensystems. Notiere Aussagen wie z. B.: „Ganze Zahlen sind immer auch reelle Zahlen, aber nicht jede reelle Zahl ist ein ganze Zahl."
Vergleicht und überprüft eure Aussagen untereinander.

2 Schreibe bis zu den reellen Zahlen zu jedem Zahlbereich Zahlenbeispiele auf.

3 Finde weitere Beispiele für Gleichungen, die man in dem jeweiligen Zahlbereich nicht lösen konnte. Vergleicht und überprüft eure Gleichungen gegenseitig.

4 Welche der Aussagen sind wahr, welche sind falsch? Begründe.
a) Jede rationale Zahl ist auch eine reelle Zahl.
b) Reelle Zahlen sind irrationale Zahlen.
c) Es gibt rationale Zahlen, die keine reellen Zahlen sind.
d) Es gibt keine irrationale Zahl, die eine natürliche Zahl ist.
e) Einige reelle Zahlen sind auch natürliche Zahlen.

5 Begründe, warum eine Zahlbereichserweiterung auf **imaginäre Zahlen** nötig wurde.
Was sind komplexe Zahlen?

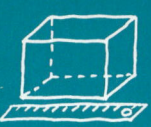

Der Satz des Thales

Entdecken

1 Zeichnet man in einen Kreis zwei beliebige
Durchmesser ein, so bilden die Durchmesser
mit der Kreislinie vier Schnittpunkte.
Übertrage die Zeichnung ins Heft. Verbinde
die vier Schnittpunkte miteinander.
Was stellst du fest?

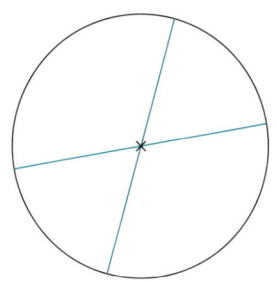

2 Arbeitet in Gruppen.
Die Lehrerin hat das Tafel-Geodreieck an zwei Wandhaken aufgehängt.
Man kann es dort auf verschiedene Art so aufhängen, dass die Ecke
mit dem rechten Winkel nach unten zeigt.

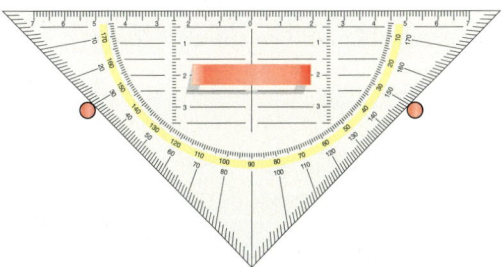
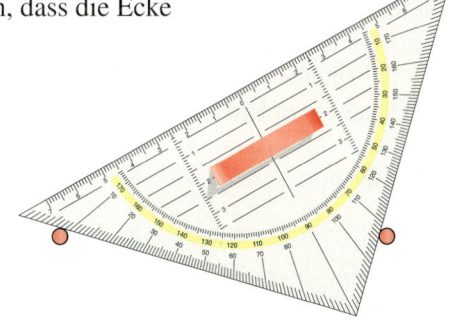

Probiert weitere Möglichkeiten aus, das Geodreieck aufzuhängen. In welchen Positionen befindet sich die Ecke mit dem rechten Winkel?
Hier ein paar Ideen, wie ihr dabei vorgehen könnt:
– Verwendet ein Geodreieck, ein Blatt Papier auf einer Korkplatte und zwei Pinnwandstecker.
– Arbeitet zu dritt: Einer bewegt das Geodreieck, einer hält das Dreieck mit zwei Fingern fest,
  einer markiert die Punkte, an denen die Ecke mit dem rechten Winkel liegen kann.

3 Arbeitet in Gruppen.
Aus jedem Halbkreis kann man mit zwei geraden Schnitten
ein Dreieck herstellen.

Material: Ihr benötigt Papier, einen Zirkel und eine Schere.
Zeichnet einen Halbkreis auf ein Blatt Papier. Führt jeweils
zwei Schnitte mit einer Schere aus. Vergleicht die Dreiecke
untereinander. Was fällt euch auf?

4 Lege eine Transparentfolie so auf einen Kreis, dass eine
Ecke genau auf der Kreislinie liegt.
a) Die Transparentfolie schneidet die Kreislinie an zwei
  Stellen. Markiere beide Schnittpunkte und verbinde die
  Schnittpunkte durch eine Linie.
  Was fällt dir auf? Beschreibe.
b) Verschiebe die Transparentfolie. Verbinde die Schnittpunkte wie in Teilaufgabe a) beschrieben.
  Untersuche den Schnittpunkt der beiden Verbindungslinien.
  Was fällt dir auf?

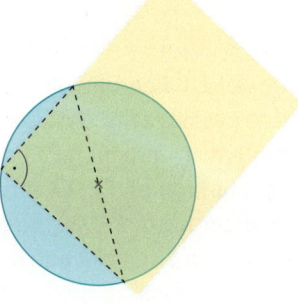

Verstehen

Die Theater-AG probt in der Aula für die Auf-
führung „Romeo und Julia". Jakob und Jose-
phine spielen die Hauptrollen. Die übrigen
Schülerinnen und Schüler der Theater-AG
sitzen im Halbkreis um die Bühne.
Von welchem Platz aus hat man den besten
Blickwinkel auf die Bühne?

SCHON GEWUSST?
*Thales von Milet
lebte vor ca.
2 500 Jahren auf
dem Gebiet der
heutigen Türkei.*

Mithilfe einer Zeichnung lassen sich die Blickwinkel bestimmen.
Dafür wurde über der Bühne $\overline{AB}$ ein Halbkreis gezeichnet. Auf dem
Kreis wurden die Positionen einiger Zuschauer eingezeichnet. Messen
ergibt, dass jeder Winkel über der Strecke $\overline{AB}$ ein rechter Winkel ist.

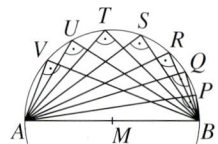

> **Merke** Liegt der dritte Eckpunkt eines
> Dreiecks auf dem **Halbkreis** über seiner
> Grundseite, dann ist dieses Dreieck
> **rechtwinklig**.
>
> Diese Erkenntnis nennt man den **Satz des
> Thales**. Der Halbkreis über der Grundseite
> wird deshalb auch **Thaleskreis** genannt.

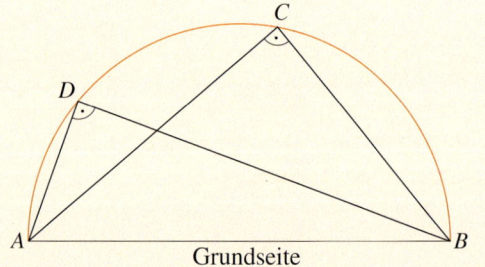

Mithilfe des Thaleskreises kann man zu einer gegebenen Grundseite alle Dreiecke zeichnen,
die im gegenüberliegenden Eckpunkt einen rechten Winkel haben.

Beispiel 1

HINWEIS
*Der Thaleskreis
kann auch un-
terhalb der
Grundseite ge-
zeichnet werden.*

Konstruktion eines rechtwinkligen Dreiecks mit $c = 3\,\text{cm}$ und $b = 2{,}5\,\text{cm}$

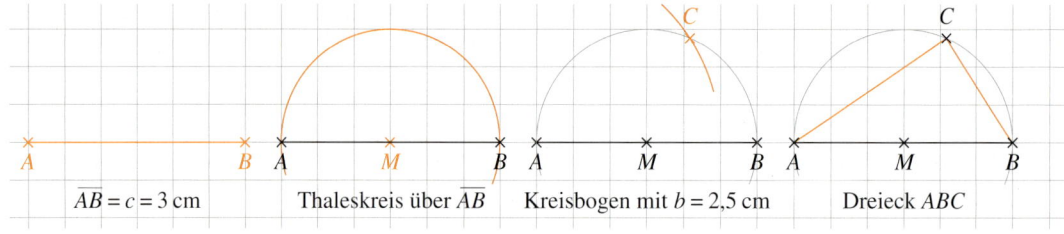

| $\overline{AB} = c = 3$ cm | Thaleskreis über $\overline{AB}$ | Kreisbogen mit $b = 2{,}5$ cm | Dreieck ABC |

Auch die Umkehrung des Satzes von Thales gilt.

> **Merke** Bei jedem **rechtwinkligen Dreieck** liegt der Eckpunkt mit dem rechten Winkel auf
> dem **Thaleskreis** über der Grundseite des Dreiecks.

Beispiel 2

HINWEIS
*Die **Hypotenuse**
ist die längste
Seite in einem
rechtwinkligen
Dreieck und liegt
dem rechten
Winkel immer
gegenüber.*

Mithilfe der Umkehrung des Satzes kann man
den Durchmesser eines Kreises bestimmen:
Auf dem Kreis werden zwei beliebige Punkte
P und Q markiert und in Q wird ein rechter
Winkel angetragen. $\overline{PR}$ ist die Hypotenuse des
rechtwinkligen Dreiecks und somit der Durchmesser des Kreises.

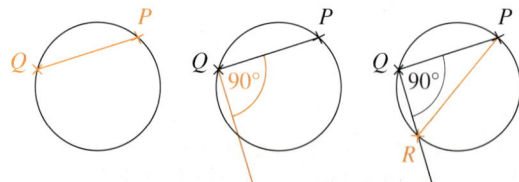

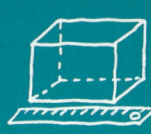

Üben und anwenden

1 Ist das Dreieck nach dem Satz des Thales rechtwinklig? Begründe.

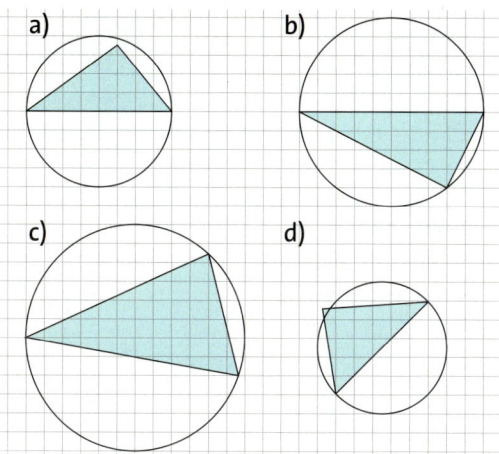

a)
b)
c)
d)

2 Berechne die fehlende Winkelgröße des rechtwinkligen Dreiecks.

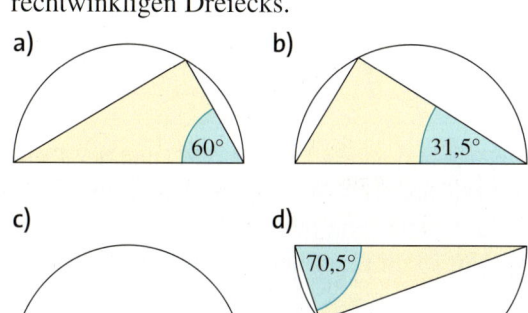

a) 60°
b) 31,5°
c) 9,2°
d) 70,5°

1 Übertrage die Zeichnung in dein Heft.

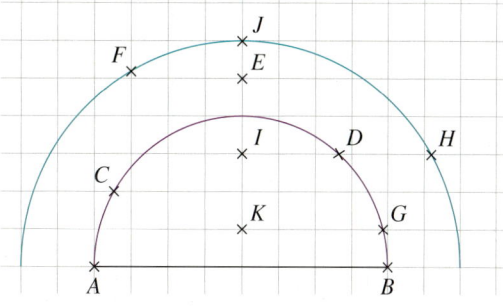

a) Dreieck ABC ist rechtwinklig. Begründe.
b) Welche Punkte bilden zusammen mit der Strecke $\overline{AB}$ ein rechtwinkliges Dreieck?
c) Vergleiche die Dreiecke ABI und ABE. Was stellst du fest?

2 Berechne alle fehlenden Winkelgrößen der Figur.

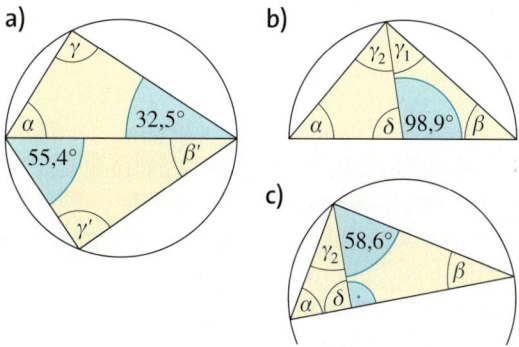

a)
b)
c)

3 Konstruiere mithilfe des Thaleskreises die rechtwinkligen Dreiecke ABC mit $\gamma = 90°$. Wie viele Dreiecke kannst du jeweils zeichnen? Kontrolliert eure Ergebnisse gegenseitig.

a) $c = 6\,cm$; $h_c = 3\,cm$
b) $c = 5\,cm$; $h_c = 2\,cm$
c) $c = 4\,cm$; $h_c = 5\,cm$
d) $c = 7\,cm$; $h_c = 3\,cm$

3 Konstruiere die rechten Winkel der Figuren mithilfe des Thaleskreises. Kontrolliert eure Ergebnisse gegenseitig.

a) ein gleichschenklig-rechtwinkliges Dreieck mit der Basis $c = 5,5\,cm$
b) ein Quadrat mit der Diagonale $e = 7,8\,cm$
c) ein Drachenviereck mit genau einem rechten Winkel, $e = 6\,cm$ und $f = 2,5\,cm$

HINWEIS ZU 3
Eine Planskizze hilft beim Lösen der Aufgabe.

4 Konstruiere mithilfe des Satzes von Thales die rechtwinkligen Dreiecke. Übertrage die Tabelle ins Heft und ergänze die fehlenden Größen.

	Seite c	Seite a	Seite b	α	β	γ
a)	6 cm	2 cm				90°
b)	8 cm		4 cm			90°
c)	7,5 cm	6,5 cm				90°
d)	9,3 cm	2,8 cm				90°
e)	5,8 cm		4,2 cm			90°

5 Das Haus hat im Dachgiebel einen rechten Winkel.

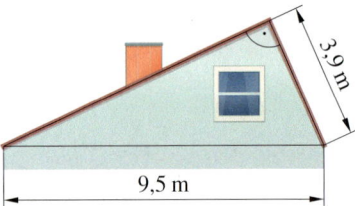

3,9 m

9,5 m

a) Zeichne das Giebeldreieck im Maßstab 1 : 100 in dein Heft.

b) Miss die Länge der fehlenden Dachseite.

RÜCKBLICK
Nenne für ein Kartenspiel deiner Wahl ein unmögliches und ein sicheres Ereignis.

6 Lukas arbeitet an einem Projekt für den Kunstunterricht. Dazu zeichnet er den Umriss einer Schüssel auf ein Blatt Papier. Exakt um den Mittelpunkt möchte er einen kleineren Kreis ausschneiden.
Beschreibe, wie er zeichnerisch den Mittelpunkt bestimmt.

5 Wenn man den Fußballplatz diagonal überquert, läuft man genau 125 m.

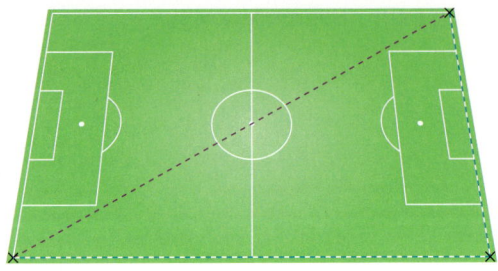

Wie weit läuft man am Spielfeldrand entlang, wenn die Spielfeldbreite genau 68 m beträgt?

1. Schritt   2. Schritt

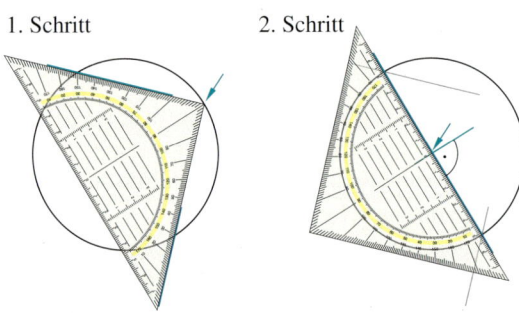

7 Gegeben ist ein Dreieck ABC und der Thaleskreis über $\overline{AB}$. Welche der Aussagen sind wahr, welche sind falsch? Begründe.

a) Liegt der Punkt C auf dem Thaleskreis, dann ist γ ein rechter Winkel.

b) Liegt C auf dem Thaleskreis, dann ist das Dreieck gleichschenklig.

c) Liegt der Eckpunkt C *nicht* auf dem Thaleskreis, dann gilt $\gamma \neq 90°$.

d) Gilt $\alpha + \beta = 90°$, dann liegt C auf dem Thaleskreis.

7 Gegeben ist ein Dreieck ABC und der Thaleskreis über $\overline{AB}$. Welche der Aussagen sind wahr, welche sind falsch? Begründe.

a) Nur wenn C auf dem Thaleskreis liegt, dann gilt $\alpha + \beta = 90°$.

b) Liegt C auf dem Thaleskreis, so beträgt der Abstand zum Mittelpunkt der Seite $\overline{AB}$ genau die Hälfte von $\overline{AB}$.

c) Liegt C innerhalb des Thaleskreises, so ist γ größer als $90°$.
Liegt C außerhalb, so gilt stets $\gamma < 90°$.

8 Arbeitet zu zweit.
Bringt die einzelnen Teile zum Beweis des Satzes von Thales in die richtige Reihenfolge.
Findet für jeden Schritt eine Begründung.

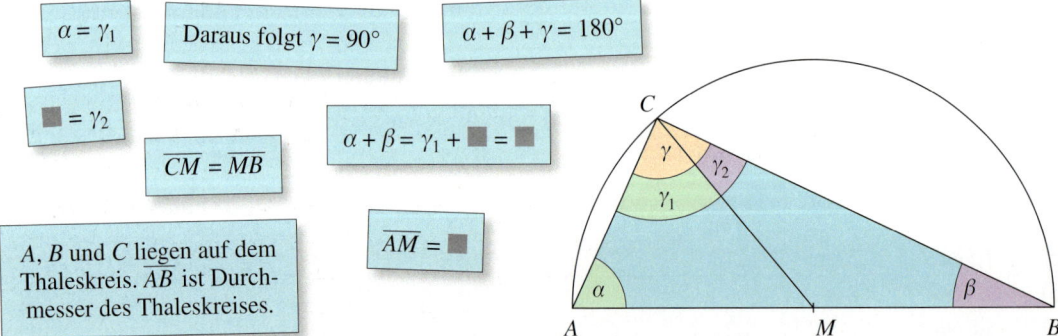

$\alpha = \gamma_1$ Daraus folgt $\gamma = 90°$ $\alpha + \beta + \gamma = 180°$

$\blacksquare = \gamma_2$

$\overline{CM} = \overline{MB}$ $\alpha + \beta = \gamma_1 + \blacksquare = \blacksquare$

A, B und C liegen auf dem Thaleskreis. $\overline{AB}$ ist Durchmesser des Thaleskreises. $\overline{AM} = \blacksquare$

fd

Wurzeln und Dreiecke Der Satz des Pythagoras

Der Satz des Pythagoras

Entdecken

1 Familie Dietrich hat einen Kleingarten übernommen. Die Aufteilung in Grünfläche und Terrasse soll ganz neu gestaltet werden. Herr Dietrich möchte eine große quadratische Terrasse anlegen. Frau Dietrich hätte gern zwei kleinere quadratische Terrassen, die zusammen so groß sind wie die große Terrasse. Herr und Frau Dietrich möchten die Seitenlängen für beide Varianten vergleichen. Dazu legen sie eine Tabelle an.

kleine Terrasse A		kleine Terrasse B		große Terrasse C	
Länge	Fläche	Länge	Fläche	Fläche	Länge
3 m	$9\,m^2$	4 m	$16\,m^2$	$25\,m^2$	5 m
2 m		3 m			
3 m		5 m			
4,5 m		6,8 m			

a) Beschreibe für die markierten Tabellenzellen, wie die Dietrichs gerechnet haben.
b) Übertrage die Tabelle ins Heft und fülle sie aus.
c) Finde einen allgemeinen Term für die Berechnung der großen Terrasse C für vorgegebene Seitenlängen der kleinen Terrassen A und B.

2 Betrachte das Fliesenmosaik.
a) Wie viele unterschiedliche Fliesen sind in dem Muster erkennbar?
   Um welche mathematischen Figuren handelt es sich dabei?
b) Wie viele Fliesen mit derselben Größe sind jeweils vorhanden?
c) Gaby meint: „Die Fläche der blauen Fliesen ist so groß wie die Fläche der roten und grünen zusammen!"
   Was meinst du dazu?
d) Versuche, ein ähnliches Muster ins Heft zu zeichnen. Fange mit einem Dreieck an. Beschreibe, um welchen Dreieckstyp es sich handeln muss, damit ein ähnliches Muster entsteht?

3 Zeichne ein beliebiges rechtwinkliges Dreieck und miss alle Seitenlängen.
a) Trage die Seitenlängen in eine Tabelle ein.
b) Quadriere alle Seitenlängen.
   Was stellst du fest? Du kannst die Aufgabe auch mit einer Tabellenkalkulation lösen.
c) Vergleicht eure Ergebnisse in der Klasse.

	A	B	C	D	E	F
1	Seite a	Seite b	Seite c	a^2	b^2	c^2
2						

D2 | f_x =A2*A2

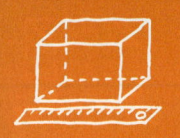

Verstehen

Der Schulhof der Paulsen-Schule soll neu gestaltet werden. Für die Aufteilung in Spielflächen und Grünflächen gibt es zwei verschiedene Vorschläge.
Die Grünflächen haben bei beiden Varianten den gleichen Flächeninhalt. Deshalb müssen auch die Spielflächen gleich groß sein.
Zwischen den Spielflächen in den beiden Vorschlägen gibt es einen Zusammenhang:
Man kann die Spielflächen so anordnen, dass sie alle an einem rechtwinkligen Dreieck anliegen.
Die Seitenlänge der blauen Spielfläche entspricht der **Hypotenuse**, die Seitenlängen der beiden kleineren Spielflächen den **Katheten** eines rechtwinkligen Dreiecks.

ERINNERE DICH
Die längste Seite in einem rechtwinkligen Dreieck nennt man Hypotenuse. Sie liegt dem rechten Winkel gegenüber. Die beiden anderen Seiten nennt man Katheten.

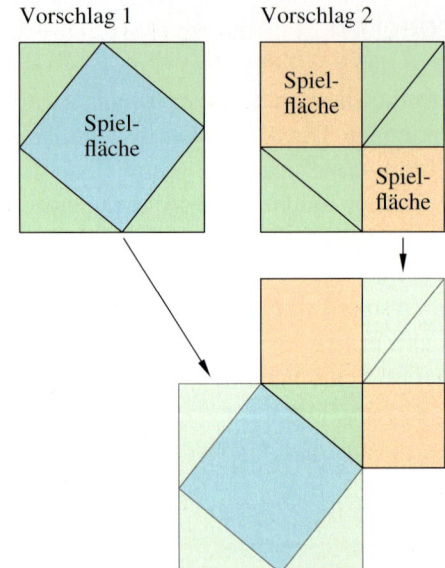

> **Merke** Der Flächeninhalt der Quadrate über den Katheten jedes rechtwinkligen Dreiecks ist zusammen genauso groß wie der Flächeninhalt des Quadrates über der Hypotenuse. Diesen Zusammenhang nennt man den **Satz des Pythagoras**.
>
> Für ein rechtwinkliges Dreieck ABC mit rechtem Winkel γ lautet der Satz des Pythagoras:
> $a^2 + b^2 = c^2$

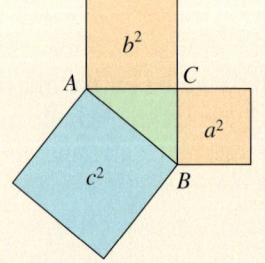

Die wichtigste Anwendung des Satzes von Pythagoras besteht jedoch nicht im Vergleich oder in der Berechnung von Flächen. Man kann ihn nämlich dazu nutzen, die fehlende Seite in rechtwinkligen Dreiecken zu berechnen, wenn zwei Seiten bekannt sind.

> **Merke** In jedem rechtwinkligen Dreieck kann die fehlende Länge einer Seite aus den anderen beiden Längen berechnet werden.
> Dabei geht man wie folgt vor:
> – Die Gleichung zum Satz des Pythagoras wird nach der gesuchten Größe umgeformt.
> – Die gegebenen Größen werden in die Gleichung eingesetzt.

Beispiel 1

Welche Seitenlänge hat die große Spielfäche?
gegeben: $a = 10,5\,\text{m}$; $b = 14\,\text{m}$
gesucht: c

$a^2 + b^2 = c^2 \qquad | \sqrt{\ }$

$\sqrt{a^2 + b^2} = c \qquad$ | Werte einsetzen

$\sqrt{(10,5\,\text{m})^2 + (14\,\text{m})^2} = c$

$17,5\,\text{m} = c$

Beispiel 2

Wie lang ist Seite a?
gegeben: $b = 14\,\text{m}$; $c = 17,5\,\text{m}$
gesucht: a

$a^2 + b^2 = c^2 \qquad | - b^2$

$a^2 = c^2 - b^2 \qquad | \sqrt{\ }$

$a = \sqrt{c^2 - b^2} \qquad$ | Werte einsetzen

$a = \sqrt{(17,5\,\text{m})^2 - (14\,\text{m})^2}$

$a = 10,5\,\text{m}$

Üben und anwenden

1 Gib die Katheten und die Hypotenuse an. Notiere die Gleichung, die sich nach dem Satz des Pythagoras ergibt.

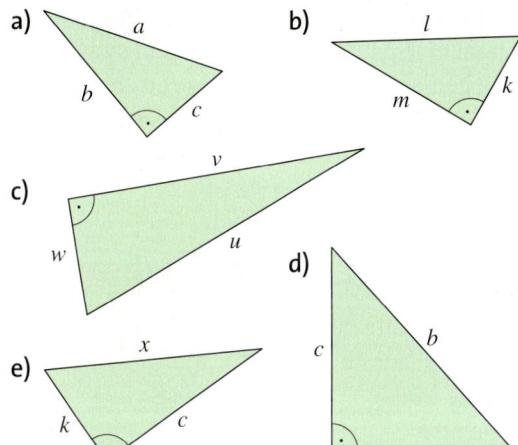

a)

b)

c)

d)

e)

1 Gib die Katheten und die Hypotenuse an. Berechne die fehlende Seitenlänge des rechtwinkligen Dreiecks.

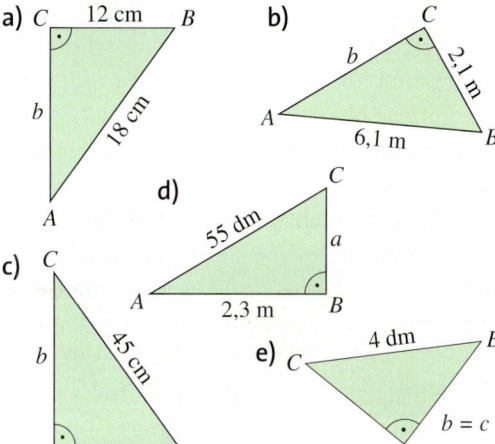

a)

b)

c)

d)

e)

2 Schreibe alle Gleichungen auf, die sich nach dem Satz des Pythagoras ergeben.

a)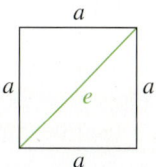

b)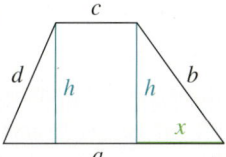

2 Suche rechtwinklige Dreiecke. Schreibe alle Gleichungen auf, die sich nach dem Satz des Pythagoras ergeben.

a)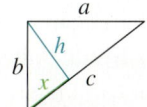

b)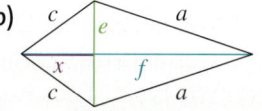

3 Berechne im Dreieck ABC mit $\gamma = 90°$ …

a) die fehlende Hypotenuse c.

① $a = 1{,}5\,cm$, $b = 2\,cm$

② $a = 1{,}5\,cm$, $b = 3{,}6\,cm$

③ $a = 2{,}5\,cm$, $b = 6\,cm$

b) die fehlende Kathete.

① $a = 1{,}2\,cm$, $c = 2\,cm$

② $b = 12\,cm$, $c = 37\,cm$

③ $a = 8\,cm$, $c = 17\,cm$

3 Übertrage die Tabelle und berechne die fehlenden Größen des Dreiecks.

	90° bei	Seite a	Seite b	Seite c
a)	A		3 cm	4 cm
b)	B	8 cm		18 cm
c)	C		4,5 cm	8,5 cm
d)	A	1 dm	6 cm	
e)	B		15 cm	128 mm

4 Ein Baum ist beim Sturm umgeknickt.

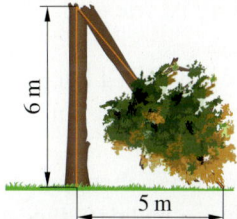

6 m

5 m

a) Wie lang ist das abgeknickte Stück?

b) Wie hoch war der Baum ursprünglich?

4 Bei einem Herbststurm wurde ein Baum abgeknickt. Die Höhe des noch stehenden Stamms beträgt 4,8 m. Die Baumkrone berührt in 5,5 m Entfernung zum Fuß des Baumes den Boden. Wie hoch war der Baum? Beschreibe deinen Lösungsweg.

5 Eine 5 m lange Leiter wird an eine Hauswand angelegt.
a) In welcher Höhe erreicht das obere Ende der Leiter die Hauswand, wenn man sie 1 m von der Wand entfernt aufstellt?
b) In welchem Abstand zur Hauswand muss die Leiter am Boden aufgestellt werden, damit das obere Ende die Wand in 4,70 m Höhe erreicht?

6 Ein Einfamilienhaus hat ein Satteldach.

a) Wie lang sind die Dachsparren s, wenn die Dachhöhe $h = 6$ m und die Dachbreite $b = 11$ m betragen?
b) Wie hoch ist ein Dach mit der Dachsparrenlänge 7,50 m und der Breite 9,40 m?
c) Wie breit ist das Haus, wenn 6 m lange Sparren eine Höhe von 4,80 m ergeben?

7 Ist das Dreieck rechtwinklig?
Berechne.
a) $a = 3,2$ cm; $b = 2,4$ cm; $c = 4$ cm
b) $a = 2,5$ cm; $b = 6,5$ cm; $c = 6$ cm
c) $a = 4$ cm; $b = 7,5$ cm; $c = 8,5$ cm
d) $a = 3,6$ cm; $b = 4,8$ cm; $c = 6$ cm
e) $a = 9,4$ cm; $b = 4,6$ cm; $c = 8,1$ cm

8 Welche der folgenden Aussagen trifft für rechtwinklige Dreiecke zu?
Finde Beispiele oder Gegenbeispiele.
a) Beide Katheten und die Hypotenuse sind gleich lang.
b) Die Summe der Längen der beiden Katheten kann nicht genauso groß sein wie die Länge der Hypotenuse.
c) Die Hypotenuse ist immer die längste Seite in einem rechtwinkligen Dreieck.
d) Es gibt keine rechtwinkligen Dreiecke, bei denen beide Katheten gleich lang sind.

5 An einer Hauswand sollen Ausbesserungsarbeiten ausgeführt werden. Die beschädigten Fassadenteile befinden sich in 5,40 m Höhe über dem Boden. Ein sicheres Arbeiten ist bis 80 cm oberhalb der Leiter gewährleistet. Reicht eine 5 m lange Leiter für ein sicheres Arbeiten an der Fassade aus, wenn sie am Boden in einem Abstand von mindestens 90 cm zur Wand aufgestellt werden muss?

6 Bestimme für diesen „Pythagorasbaum" die Maßzahlen für die Flächeninhalte der grünen Quadrate und die Maßzahlen der Längen der blauen Strecken.

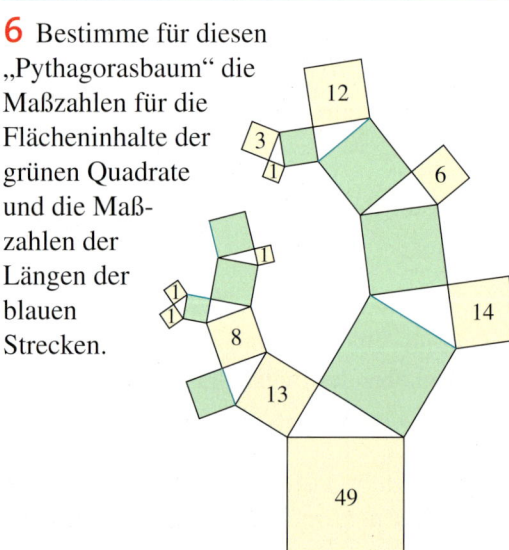

7 Ein Schrank wird liegend zusammengebaut und soll aufgerichtet werden. Berechne die mindestens benötigte Deckenhöhe des Zimmers, wenn der Schrank 225 cm hoch und 60 cm lang und breit ist.
Erstelle eine Skizze, beschrifte gegebene und gesuchte Maße und berechne.

8 Welche der folgenden Aussagen trifft zu?
Begründe deine Antwort.
a) Es gibt rechtwinklige Dreiecke, bei denen eine Kathete genauso lang ist wie die Hypotenuse.
b) Die Summe der Kathetenlängen ist bei gleicher Hypotenuse am größten, wenn zwei Winkel 45° groß sind.
c) Je kleiner der Unterschied zwischen der Summe der Kathetenlängen und der Hypotenuse, desto größer ist der Längenunterschied der Katheten.

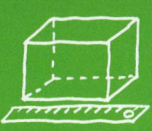

Methode: Dynamische Konstruktionen erstellen

Mithilfe einer dynamischen Geometrie-Software können Konstruktionen sehr genau ausgeführt und dynamisch verändert werden.

1 Flächeninhalt berechnen lassen

Konstruiere ein rechtwinkliges Dreieck und überprüfe, ob der Satz des Pythagoras gilt.

1. Konstruiere mithilfe des Thaleskreises ein rechtwinkliges Dreieck.
   – Zeichne einen **Halbkreis durch zwei Punkte**.
   – Markiere einen **Punkt** auf dem Halbkreis.
   – Zeichne mit dem Werkzeug **Vieleck** das Dreieck *ABC*.
2. Konstruiere die Quadrate über den Katheten und über der Hypotenuse.
   – Wähle das Werkzeug **regelmäßiges Vieleck** und klicke nacheinander auf je zwei Eckpunkte des Dreiecks. Gib für ein Quadrat den Wert 4 als Anzahl für die Ecken ein.
3. Lies den Flächeninhalt der Quadrate ab.

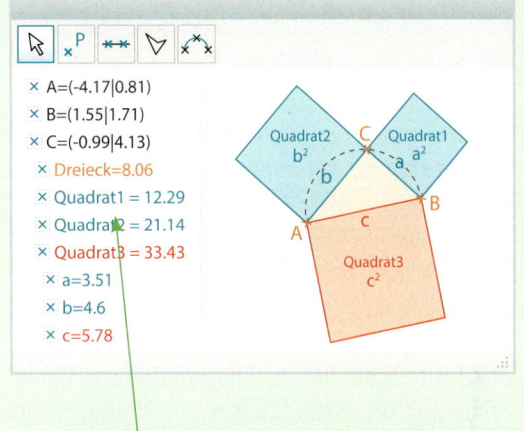

Der Flächeninhalt wird angezeigt

HINWEIS
Markiere beim Werkzeug regelmäßiges Vieleck die Eckpunkte gegen den Uhrzeigersinn.

2 Mit Variablen arbeiten

Um z. B. eine Summe zu berechnen, muss zunächst eine Variable über die Eingabezeile definiert werden.

1. Erstelle die Konstruktion aus Aufgabe 1.
2. Definiere eine Variable für die Summe der Flächeninhalte der beiden Kathetenquadrate.
   – Denk dir einen passenden Namen für die Variable aus, z. B. Summe.
   – Stelle einen Term für die Variable auf. Verwende dazu die Namen der Objekte im Algebrafenster wie z. B. Quadrat1 + Quadrat2.
   – Notiere den Variablennamen, ein Gleichheitszeichen und den Term in der Eingabezeile.
   – Im Algebrafenster erscheint „Summe" als neues Objekt.

Eingabe: Summe=Quadrat1+Quadrat2

× Quadrat1 = 28.86
× Quadrat2 = 5.11
× Quadrat3 = 33.97
   Summe = 33.97

a) Definiere die Variable Summe. Wähle das Werkzeug **Bewege** und verschiebe die Punkte des Dreiecks im Grafikfenster. Vergleiche den Wert der Variable Summe und den Flächeninhalt des Hypotenusenquadrats.
b) Erstelle eine Variable für die Summe der Seitenlängen des rechtwinkligen Dreiecks.
c) Erfinde weitere Variablen. Welche Objekte kannst du dafür verwenden?

3 Weitere Pythagoras-Figuren

Überprüfe, ob der Satz des Pythagoras auch auf andere Figuren über der Hypotenuse und den Katheten eines rechtwinkigen Dreiecks übertragen werden kann.

Konstruiere dazu zunächst ein rechtwinkliges Dreieck wie in Aufgabe 1 beschrieben. Anschließend konstruiere die folgende Pythagoras-Figur und vergleiche die Flächeninhalte.

a) Konstruiere mindestens drei verschiedene Pythagoras-Figuren mit regelmäßigen *n*-Ecken über der Hypotenuse und den Katheten.
b) Konstruiere Halbkreise über den Seiten des rechtwinkligen Dreiecks.
c) Druckt die schönsten Pythagoras-Figuren aus und hängt sie auf.

Klar so weit?

→ Seite 88

Quadratzahlen und Quadratwurzeln

1 Fasse, soweit wie möglich, zusammen.
a) $3{,}5\sqrt{32} - \sqrt{32}$　　b) $11\frac{2}{3}\sqrt{3} + 9\sqrt{3}$
c) $6\sqrt{5} - 5\sqrt{6}$　　d) $6{,}4\sqrt{13} + 7{,}2\sqrt{31}$
e) $0{,}5\sqrt{20} + 0{,}5\sqrt{2}$　　f) $13{,}2\sqrt{28} - \frac{9}{10}\sqrt{28}$

1 Fasse, soweit wie möglich, zusammen.
a) $3\sqrt{a} - 5\sqrt{a}$　　b) $3n\sqrt{a} + 4n\sqrt{a}$
c) $a\sqrt{ax} + ab\sqrt{x}$　　d) $1{,}8\sqrt{x} - 2{,}9\sqrt{x}$
e) $4\frac{1}{2}\sqrt{ab} + \frac{1}{3}\sqrt{ab}$　　f) $2a\sqrt{b} - \frac{1}{4}\sqrt{ab}$

2 Berechne vorteilhaft.
a) $\sqrt{8} \cdot \sqrt{32}$　　b) $\sqrt{5} \cdot \sqrt{45}$
c) $\sqrt{6} \cdot \sqrt{54}$　　d) $\sqrt{24} : \sqrt{6}$
e) $\sqrt{128} : \sqrt{2}$　　f) $\sqrt{3{,}2} \cdot \sqrt{0{,}2}$

2 Berechne vorteilhaft.
a) $\sqrt{2a} \cdot \sqrt{18a}$　　b) $\sqrt{20x} \cdot \sqrt{5y}$
c) $\sqrt{28m} \cdot \sqrt{7mn}$　　d) $\sqrt{50a} : \sqrt{2a}$
e) $\sqrt{1000x} : \sqrt{10x}$　　f) $\sqrt{32n^2} \cdot \sqrt{2n}$

3 Berechne. Vereinfache, wenn möglich.
a) $(4 + \sqrt{3}) \cdot 2$　　b) $\sqrt{5} \cdot (\sqrt{5} - \sqrt{2})$
c) $(\sqrt{1} - \sqrt{2}) \cdot \sqrt{3}$　　d) $(7 + \sqrt{2}) \cdot 7$

3 Berechne. Vereinfache, wenn möglich.
a) $(7 + \sqrt{2})^2$　　b) $(\sqrt{4} + \sqrt{12})^2$
c) $(\sqrt{5} - 2)^2$　　d) $(\sqrt{25} - \sqrt{16})^2$

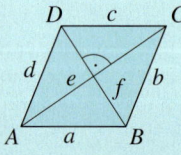

4 Eine Raute hat die Diagonalen $e = 10\,\text{cm}$ und $f = 45\,\text{cm}$. Sie soll in ein flächengleiches Quadrat umgewandelt werden. Welche Seitenlänge hat das Quadrat?
Beschreibe, wie du bei der Lösung vorgehst.

→ Seite 94

Der Satz des Thales

5 Berechne, falls möglich, die fehlenden Winkelgrößen in den Figuren.

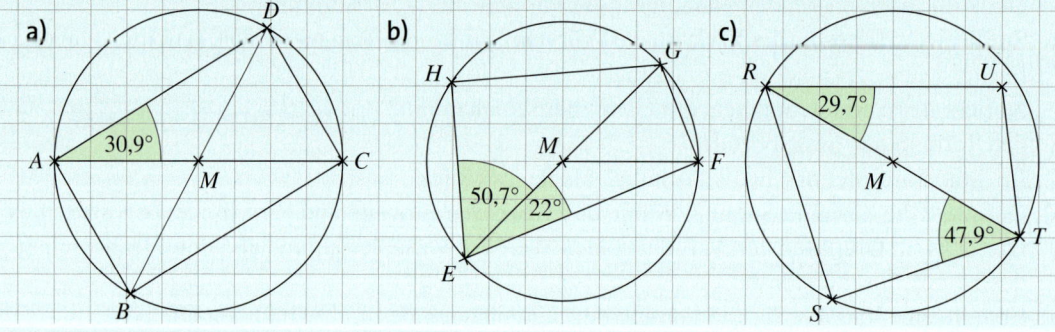

6 Zeichne die Dreiecke in ein Koordinatensystem. Prüfe mithilfe des Thaleskreises, ob es sich um rechtwinklige Dreiecke handelt.
a) $A(1|7)$; $B(6|4)$; $C(6|7)$
b) $D(2|4)$; $E(7|1)$; $F(8|4)$
c) $G(0|0)$; $H(4|2)$; $I(0|6)$

6 Ergänze die fehlenden Koordinaten der rechtwinkligen Dreiecke mithilfe des Thaleskreises.
a) $A(-1|1)$; $B(7|1)$; $C(3|\blacksquare)$
b) $D(2{,}5|5{,}5)$; $E(0|0)$; $F(\blacksquare|0)$
c) $G(0|-2)$; $H(8|-2)$; $I(6|\blacksquare)$

7 Der Quader ist 8 cm hoch und 12 cm breit. Er rutscht genau bis zur Hälfte durch einen 10 cm breiten Spalt im Boden.
Zeichne die Situation mihilfe des Thaleskreises maßstabsgerecht in dein Heft.

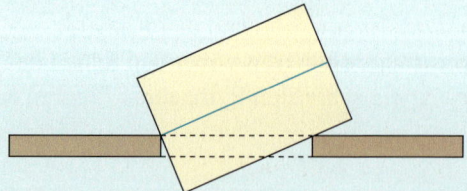

Der Satz des Pythagoras

→ Seite 98

8 Welche Seite des rechtwinkligen Dreiecks ist die Hypotenuse? Schreibe die Gleichung auf, die sich nach dem Satz des Pythagoras ergibt.

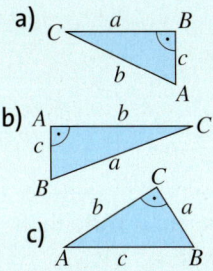

8 Welche Seite des rechtwinkligen Dreiecks ist die Hypotenuse? Schreibe die Gleichung auf, die sich nach dem Satz des Pythagoras ergibt.

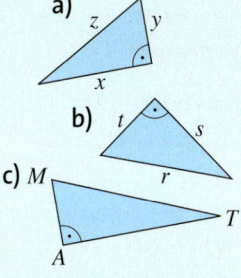

9 Gegeben ist ein rechtwinkliges Dreieck ABC. Ergänze die fehlenden Angaben im Heft.

	Katheten	Hypotenuse	Gleichung nach dem Satz des Pythagoras	1. Katheten-quadrat	2. Katheten-quadrat	Hypotenusenquadrat
a)	a und b	c	$a^2 + b^2 = c^2$	$a^2 = 16\,cm^2$	$b^2 = 9\,cm^2$	
b)	b und c			$b^2 = 25\,cm^2$	$c^2 = 25\,cm^2$	
c)		b		$a^2 = 70\,cm^2$		$b^2 = 120\,cm^2$
d)		c			$b^2 = 9,5\,cm^2$	$c^2 = 22\,cm^2$

10 Gib an, welche Seite des rechtwinkligen Dreiecks Kathete bzw. Hypotenuse ist. Berechne die fehlende Seitenlänge.

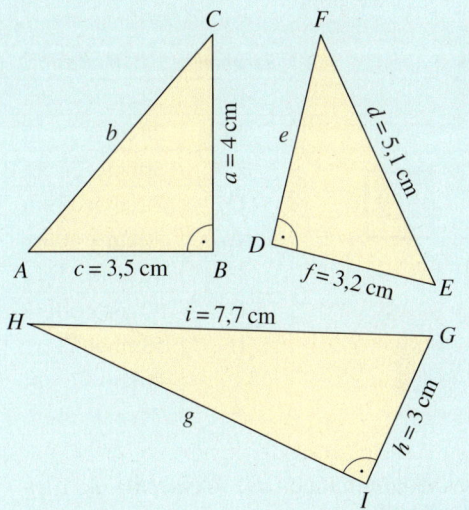

10 Berechne die fehlenden Seitenlängen der Figur. Entnimm alle nötigen Längen aus der Zeichnung.

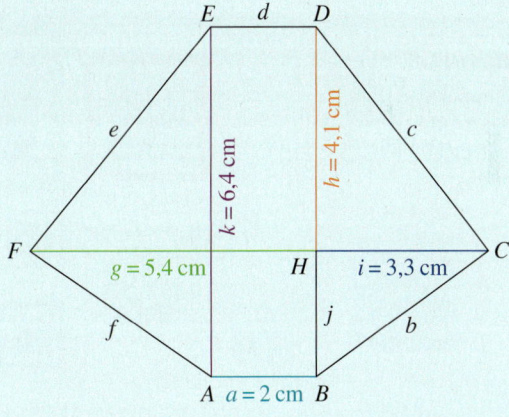

11 Paul und Lea lassen einen Lenkdrachen steigen. Lea hält die 100 m lange Leine 1 m über dem Boden. Die Leine ist straff gespannt. Paul stellt sich 60 m von Lea entfernt unter den Drachen. Wie hoch steht der Drachen?

11 Ein 24 m hoher Sendemast soll mit Stahlseilen abgespannt werden. Die Stahlseile sind 30 m lang und werden 4 m unterhalb der Spitze des Sendemasts befestigt. In welcher Entfernung zum Mast werden die Stahlseile am Boden befestigt?

Vermischte Übungen

1 Ergänze im Heft die Quadratwurzel $\left(\sqrt{a}\right)$ bzw. die Quadratzahl $\left(a^2\right)$.

Quadratzahl	64	81	324	529	625
Quadratwurzel					

Quadratzahl					
Quadratwurzel	11	17	21	32	40

1 Ergänze die Tabelle im Heft. Schätze zunächst, überprüfe dein Ergebnis rechnerisch.

x	2,25	10,24	20,25		
$\sqrt{x}$				5,2	6,7

x		0,0625		2,9584	
$\sqrt{x}$	0,625		2,9584		5,7600

2 Rechne vorteilhaft.
a) $\sqrt{11} \cdot \sqrt{44}$
b) $\sqrt{3,2} \cdot \sqrt{0,8}$
c) $\sqrt{64 : 25}$
d) $\sqrt{48} : \sqrt{3}$

2 Rechne vorteilhaft.
a) $\sqrt{96\,a} : \sqrt{6\,a}$
b) $\sqrt{121\,a^2 \cdot 169\,b^2}$
c) $\sqrt{3,24\,x^2 \cdot 0,01}$
d) $\sqrt{625 : (900\,y^2)}$

3 Fasse zusammen, runde das Ergebnis auf zwei Nachkommastellen.
a) $\sqrt{2} - 5\sqrt{2} + 12\sqrt{2} - 3\sqrt{2}$
b) $7\sqrt{11} - 8\sqrt{15} - 4\sqrt{11} + 7\sqrt{15}$

3 Fasse zusammen, runde das Ergebnis auf zwei Nachkommastellen.
a) $-3,2\sqrt{26} - (0,2\sqrt{7} - 1,4\sqrt{26}) - 0,5\sqrt{7}$
b) $\left(4,5\sqrt{5} - 5\sqrt{4,5}\right) - \left(4,5\sqrt{5} - 5\sqrt{4,5}\right)$

4 Vereinfache die Wurzelausdrücke.
a) $\left(\sqrt{6}\right)^2$
b) $\sqrt{8^2}$
c) $\sqrt{13^2}$
d) $\left(\sqrt{17}\right)^2$

4 Welche Zahlen darf man für a einsetzen?
a) $\sqrt{a^2}$
b) $\left(\sqrt{a}\right)^2$
c) $\left(\sqrt{5+a}\right)^2$
d) $\sqrt{a-2}$

5 Die Firma Foto-Flink bietet zehn quadratische Bilderrahmen mit unterschiedlicher Seitenlänge an. Die Preise sollen proportional zur Fläche festgelegt werden.

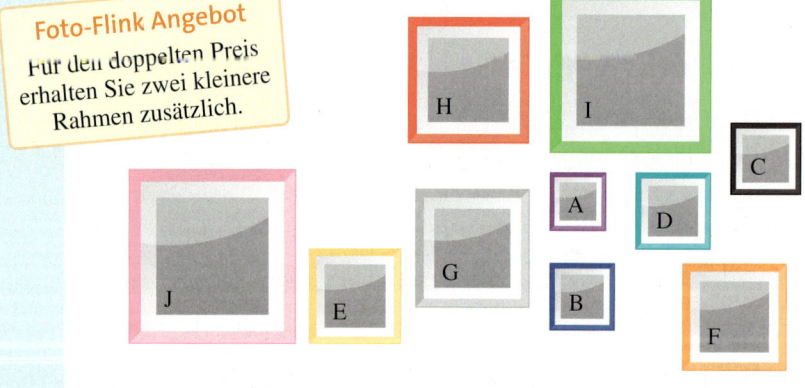

Foto-Flink Angebot
Für den doppelten Preis erhalten Sie zwei kleinere Rahmen zusätzlich.

Rahmen	Maße
A	24 cm × 24 cm
B	28 cm × 28 cm
C	30 cm × 30 cm
D	32 cm × 32 cm
E	40 cm × 40 cm
F	45 cm × 45 cm
G	50 cm × 50 cm
H	53 cm × 53 cm
I	70 cm × 70 cm
J	74 cm × 74 cm

a) Berechne den Flächeninhalt jedes Fotorahmens.
b) Wie würdest du die Preise für die Rahmen festlegen? Wovon hängen die Preise ab?
c) Finde je drei Rahmen, für die das Angebot gerecht ist.

6 Zeichne eine Strecke $\overline{AB}$ mit einer Länge von 8 cm ins Heft.
a) Konstruiere mithilfe des Thalessatzes ein rechtwinkliges Dreieck ABC mit $a = 5$ cm.
b) Konstruiere unterhalb von $\overline{AB}$ ein rechtwinkliges Dreieck ADB mit $\overline{AD} = 5$ cm. Was für eine Figur entsteht zusammen mit dem Dreieck ABC?

6 Führe die Konstruktionen mithilfe des Thalessatzes aus.
a) Konstruiere ein gleichschenklig-rechtwinkliges Dreieck ABC mit der Basis $\overline{AB} = 8$ cm.
b) Konstruiere ein Quadrat mit einer Diagonalenlänge von 6,5 cm. Welche Seitenlänge hat das Quadrat?

7 Ein Rechteck hat die Seitenlängen $a = 7\,cm$ und $b = 4\,cm$. Berechne die Länge der Diagonale e.

7 Ein Quadrat hat eine Diagonale der Länge $\sqrt{450}\,cm$. Berechne seine Seitenlänge und seinen Flächeninhalt.

8 Ein Funkmast wird durch drei 75 m lange Spannseile gesichert, die 15 m vom Fußpunkt des Mastes entfernt im Erdboden verankert sind. In welcher Höhe wurden die Seile am Mast befestigt? Fertige eine Skizze an.

8 Betrachte die Skizze. Miriam steht auf einem 11 m hohen Pier und schaut auf das Meer, ihre Augenhöhe beträgt 1,70 m. Wie weit kann sie sehen? Der Erdradius beträgt 6 371 km.

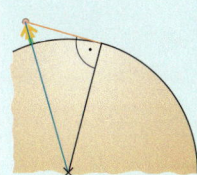

9 Ein Fesselballon ist an einem Seil befestigt. Durch starken Wind wird er 18 m weit abgetrieben und hat dann nur noch eine Höhe senkrecht über dem Boden von 80 m. Wie lang ist das Seil? Fertige eine Skizze an.

9 Ein Fesselballon ist an einem Seil befestigt. Durch starken Wind wird er 32 m weit abgetrieben und verliert dadurch 5 m an Höhe. Wie lang ist das Seil, das bei Windstille lotrecht über dem Erdboden steht?

10 Bestimme mithilfe der Zeichnung die Tiefe des Grabens.

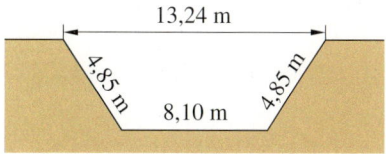

10 Bei einem Segelboot bricht der Mast so, dass die Mastspitze in 2,20 m Entfernung vom Mastfuß auf dem Deck auftrifft. In welcher Höhe ist die Bruchstelle?

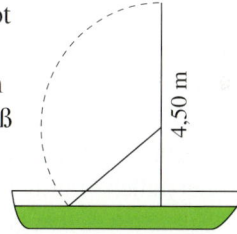

11 Die Kantenlänge des Würfels beträgt $a = 9\,cm$.
a) Berechne die Länge der Flächendiagonale e.
b) Berechne die Länge der Raumdiagonale d.

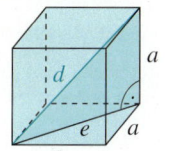

11 Die Raumdiagonale des Würfels beträgt $d = 22,5\,cm$.
a) Berechne die Länge der Kante a.
b) Zeige, dass für die Länge der Raumdiagonale im Würfel stets gilt: $d = a\sqrt{3}$.

12 Bei Computerbildschirmen und Fernsehgeräten wird die Bildschirmdiagonale als Größenangabe verwendet.
Beide Geräte haben eine Bildschirmbreite von 80 cm, aber unterschiedliche Bildformate. Finde durch Zeichnen oder Rechnen heraus, welche Bildschirmdiagonale die beiden Geräte haben. Erkläre, wie du vorgegangen bist.

13 Der Kaffeelöffel einer Fluggesellschaft ragt genau bis zum Rand einer Tasse. Die Tasse hat einen Durchmesser von 7,3 cm und ist 4,3 cm hoch. Wie lang ist der Löffel?

13 Passt ein 23 cm langer Stift in die Verpackung?
Die Verpackung hat folgende Kantenlängen: $a = 18\,cm$, $b = 14\,cm$ und $c = 6\,cm$.
Tipp: Gesucht ist d. Zur Berechnung von d fehlt die Länge von e.

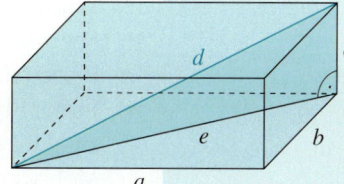

ZIMMERER/
ZIMMERIN
*Die Ausbildung
dauert 3 Jahre.
Suche nach wei-
teren Informati-
onen über den
Beruf z.B. im In-
ternet oder im
BIZ.*

Beruf Zimmerer/Zimmerin

Der Beruf umfasst Holzbauten aller Art. Fach-
werk-Konstruktionen werden errichtet, vorge-
fertigte Fenster, Türen, Treppen und Holzde-
cken werden eingepasst. Auch das Anfertigen
von Betonschalungen aus Holz, Wandverklei-
dungen und Trennwänden oder ganzen Fertig-
häusern gehört dazu. Gearbeitet wird in Ab-
stimmung mit der Bauleitung nach Bauplänen
und sonstigen technischen Vorgaben. Arbeits-
plätze zu diesem Beruf gibt es in Zimmereibe-
trieben oder in Ingenieurholzbaubetrieben.

14 Mit einem Anlegewinkel arbeiten

Mit einem Anlegewinkel kann man prüfen, ob die
Konstruktionselemente eines Dachstuhls rechtwinklig
verbaut wurden. Solche Winkel können aus Dachlatten
vor Ort selbst hergestellt werden.

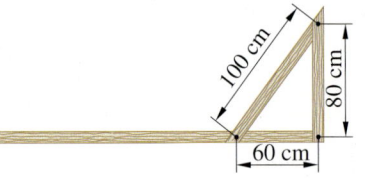

a) Welchen Abstand muss man auf der langen Dachlatte wählen, wenn die beiden kürzeren
Dachlatten 90 cm und 50 cm lang sind?

b) Kann man einen Anlegewinkel aus Resthölzern mit den Längen 1,80 m, 0,75 m und 0,55 m
herstellen? Fertige eine maßstäbliche Skizze an.

c) Silvia hat den abgebildeten Anlegewinkel
hergestellt. Löse zeichnerisch:
① Wie lang ist die kürzeste Latte?
② Wie viel Prozent der 13,8 dm langen
Dachlatte braucht sie für die längere
Kathete des rechtwinkligen Dreiecks?

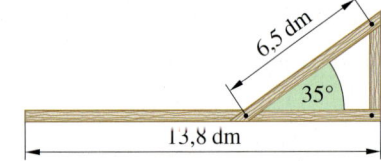

15 Auftrag für einen Dachstuhl

Der Zimmereibetrieb Finker hat einen Auftrag
für einen Pfettendachstuhl erhalten.

a) Berechne die Länge eines Kehlbalkens und
die Länge eines Pfostens.

b) Wie viele Meter Balken werden insgesamt
für alle Pfosten und Kehlbalken benötigt?
Rechne ohne Verschnitt.

c) Die Sparren sind 80 mm breit und haben
einen Abstand von 60 cm zueinander.
Berechne die Länge einer Pfette.

d) Berechne die Länge eines Sparrens.
Beachte den Überstand von 40 cm.

e) Wie viele Meter Kantholz werden für die
Sparren insgesamt benötigt?
Plane mit 15 % für Verschnitt.

f) Firma Finker berechnet für den neuen Dach-
stuhl 62 € pro m² Dachfläche zuzüglich
Mehrwertsteuer. Wie hoch ist die Rechnung?

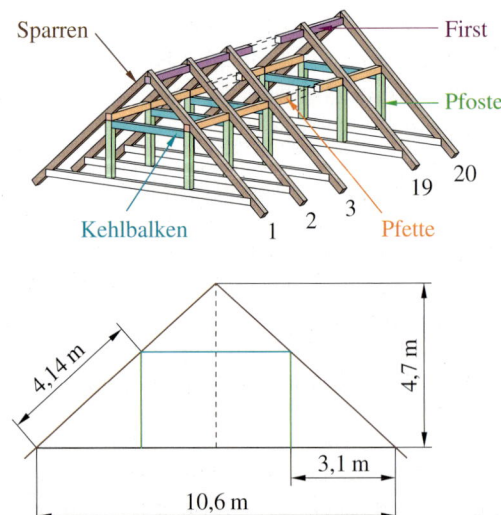

Zusammenfassung

Quadratzahlen und Quadratwurzeln

→ *Seite 88*

$x = \sqrt{a}$ Die positive Zahl x nennt man **Quadratwurzel**, a nennt man **Radikand**.

Für nicht negative, reelle Radikanden gilt:
Es können nur Quadratwurzeln mit gleichen Radikanden **addiert** oder **subtrahiert** werden.
Mithilfe des Distributivgesetzes werden sie zusammengefasst.

$5\sqrt{x} + 3\sqrt{x} = (5+3)\sqrt{x} = 8\sqrt{x}$ $\qquad$ $5\sqrt{x} - 3\sqrt{x} = (5-3)\sqrt{x} = 2\sqrt{x}$

Bei der **Multiplikation** und **Division** von Quadratwurzeln ist das Ergebnis die Quadratwurzel
aus dem Produkt bzw. aus dem Quotienten der Radikanden:

$5\sqrt{a} \cdot 3\sqrt{b} = 15\sqrt{ab}$ $\qquad$ $5\sqrt{a} : \left(3\sqrt{b}\right) = \frac{5}{3}\sqrt{\frac{a}{b}}$, für $b \neq 0$

Der Satz des Thales

→ *Seite 94*

Liegt der dritte Eckpunkt eines Dreiecks auf dem **Halbkreis** über seiner Grundseite, dann ist dieses Dreieck **rechtwinklig**.

Diese Erkenntnis nennt man den **Satz des Thales**. Der Halbkreis über der Grundseite wird deshalb auch **Thaleskreis** genannt.

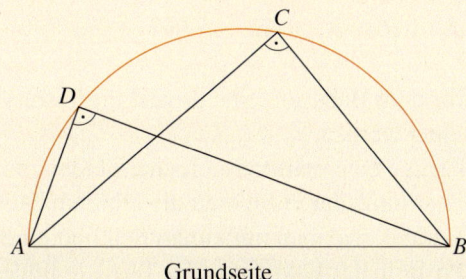

Der Satz des Pythagoras

→ *Seite 98*

In einem rechtwinkligen Dreieck liegt die längste Seite, die **Hypotenuse**, dem rechten Winkel gegenüber. Die beiden **Katheten** schließen den rechten Winkel ein.

Der Flächeninhalt der Quadrate über den Katheten jedes rechtwinkligen Dreiecks ist zusammen genauso groß wie der Flächeninhalt des Quadrates über der Hypotenuse. Diesen Zusammenhang nennt man den **Satz des Pythagoras**.
Für ein rechtwinkliges Dreieck ABC mit $\gamma = 90°$ lautet der Satz des Pythagoras: $a^2 + b^2 = c^2$.

Durch Umformen der Gleichung kann man in jedem rechtwinkligen Dreieck die fehlende Seitenlänge aus zwei gegebenen Längen berechnen.

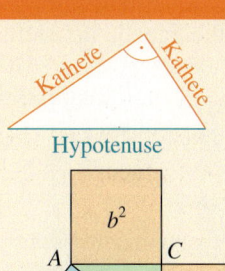

In einem rechtwinkligen Dreieck ABC mit $\gamma = 90°$ sind $a = 9\,\text{cm}$ und $c = 5\,\text{cm}$ gegeben.

$$(9\,\text{cm})^2 + b^2 = (15\,\text{cm})^2 \qquad |-(9\,\text{cm})^2$$
$$b^2 = (15\,\text{cm})^2 - (9\,\text{cm})^2 \qquad |\sqrt{\ }$$
$$\sqrt{b^2} = \sqrt{225\,\text{cm}^2 - 81\,\text{cm}^2}$$
$$b = \sqrt{144\,\text{cm}^2}$$
$$b = 12\,\text{cm}$$

Teste dich!

4 Punkte

1 Für welche Zahl steht x?

a) $x + \sqrt{36} = 9$ b) $\sqrt{x} - 5 = 12$ c) $7 - \sqrt{x} = -18$ d) $\sqrt{x + 7} = 7$

4 Punkte

2 Forme um. Vereinfache, wenn möglich.

a) $(\sqrt{a} + \sqrt{b}) : \sqrt{b}$ b) $(\sqrt{a} - \sqrt{b}) \cdot \sqrt{a}$ c) $\sqrt{4a - 4b}$ d) $\sqrt{9x + 27y}$

11 Punkte

3 Zeichne ein Quadrat mit $a = 2\,\text{cm}$ ins Heft.

a) Zeichne die Diagonalen ein und benenne sie mit e. Zeichne durch die Eckpunkte des Quadrates die Parallelen zu den Diagonalen.

b) Begründe, weshalb ein doppelt so großes Quadrat mit dem Flächeninhalt e^2 und einer Seitenlänge $e = \sqrt{e^2}$ entsteht.

c) Ergänze die Tabelle im Heft.

a	a^2	e^2	e
1	1	2	$\sqrt{2}$
2			
3			
4			

4 Punkte

4 Zeichne die rechtwinkligen Dreiecke mithilfe des Thaleskreises.

a) $a = 5\,\text{cm}$; $c = 9\,\text{cm}$; $\gamma = 90°$ b) $b = 4,5\,\text{cm}$; $c = 7\,\text{cm}$; $\gamma = 90°$

c) $a = 10\,\text{cm}$; $b = 6\,\text{cm}$; $\alpha = 90°$ d) $b = 12\,\text{cm}$; $c = 3\,\text{cm}$; $\beta = 90°$

2 Punkte

5 Vor dem Haus soll eine dreieckige Terrasse angelegt werden.

a) Fertige eine maßstabsgerechte Zeichnung der Terrasse an. Bestimme durch Messen die fehlende Seitenlänge.

b) Erkläre, wie man mit einem Seil und einem Maßband die Position des Eckpunkts der Terrasse finden könnte.

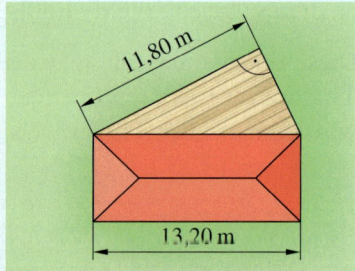

6 Punkte

6 Übertrage die Tabelle ins Heft. Berechne die Seitenlängen in den rechtwinkligen Dreiecken.

	a)	b)	c)	d)	e)	f)
Seite a	30 cm	2,3 m		4,7 cm		
Seite b	16 cm		54 mm	50 mm	3,540 km	1 200 mm
Seite c		6,4 m	86 mm		1 200 m	3 dm
rechter Winkel	γ	β	α	γ	α	β

2 Punkte

7 Die Drehleiter eines Feuerwehrwagens wurde entsprechend der Zeichnung ausgefahren.

a) In welche Höhe reicht die Leiter? Runde sinnvoll.

b) Welche Länge müsste die Leiter mindestens haben, um ein Fenster in einer Höhe von 40 m zu erreichen? Der Abstand des Drehleiterwagens zum Haus soll unverändert bleiben. Überschlage zunächst das Ergebnis und überprüfe durch eine Rechnung.

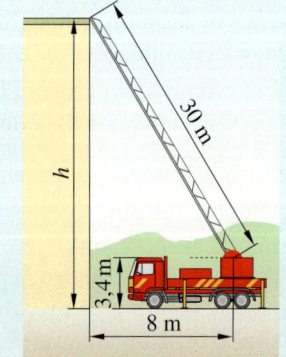

Gold: 30–32 Punkte, Silber: 29–27 Punkte, Bronze: 19–26 Punkte   Lösungen ab Seite 194

Zweistufige Zufallsexperimente

Die gelben Kaugummis schmecken am besten. Aber es gibt auch blaue, grüne, braune, weiße, orange und rote Kaugummis. Wie kann man die Wahrscheinlichkeit dafür berechnen, bei zweimaligem Ziehen zwei gelbe Kaugummis zu erhalten?

Noch fit?

Einstieg

1 Häufigkeiten

In einer Klassenarbeit wurden die folgenden Noten erteilt:

Note	1	2	3	4	5	6
Anzahl	1	8	6	5	3	2

a) Wie viele Schüler haben mitgeschrieben?
b) Gib die relative Häufigkeit für jede Note an.
c) Welche Note gibt den Median an?

2 Wahrscheinlichkeiten bestimmen

Bestimme die Wahrscheinlichkeit für die Ereignisse beim Glücksrad.

a) Es wird die 3 gedreht.
b) Es wird eine ungerade Zahl gedreht.
c) Der Pfeil bleibt auf einem gelben Feld stehen.
d) Es wird eine in einem grünen Feld stehende gerade Zahl gedreht.
e) Der Pfeil bleibt auf einem grünen Feld oder einer geraden Zahl stehen.

3 Mit Brüchen rechnen

Berechne.

a) $\frac{2}{3} \cdot \frac{5}{8}$ b) $\frac{5}{12} + \frac{1}{12}$
c) $\frac{2}{5} + \frac{3}{7}$ d) $\frac{4}{5} \cdot \frac{1}{4} + \frac{3}{5} \cdot \frac{1}{4}$

Aufstieg

1 Häufigkeiten

Bei einer Klassenarbeit wurden folgende Noten vergeben: 3; 5; 1; 4; 2; 2; 5; 3; 2; 3; 3; 1; 2; 2; 4; 3; 4; 2; 3; 4; 2; 5; 4; 4

a) Berechne die relative Häufigkeit jeder Note, das arithmetische Mittel und gib den Median an.
b) Ergibt die Summe der relativen Häufigkeiten 1? Begründe.

2 Wahrscheinlichkeiten bestimmen

Das links abgebildete Glücksrad wird gedreht. Es interessiert die gedrehte Zahl.

a) Warum handelt es sich um ein Laplace-Experiment?
b) Bestimme die Wahrscheinlichkeit für das Ereignis „Eine 7 wird gedreht".
c) Bestimme die Wahrscheinlichkeit für „Eine ungerade Zahl wird gedreht".
d) Wie lautet das Gegenereignis zu „Eine Zahl größer als 5 wird gedreht"?
e) Gib ein sicheres und ein unmögliches Ereignis an.

3 Mit Brüchen rechnen

Berechne.

a) $\frac{13}{14} \cdot \frac{7}{26}$ b) $\frac{7}{24} + \frac{1}{3}$
c) $\frac{3}{4} + \frac{2}{9}$ d) $\frac{4}{5} + \frac{1}{2} \cdot \frac{1}{5}$

4 Brüche in verschiedener Schreibweise darstellen

Übertrage die Tabelle in dein Heft und fülle sie aus.

Bruch	$\frac{37}{100}$			$\frac{7}{25}$				$\frac{43}{125}$	$\frac{1}{3}$
Dezimalzahl		0,07			0,625				
Prozent			25 %				5 %		

ZU AUFGABE 5

ZU AUFGABE 5

5 Wahrscheinlichkeiten bestimmen

Aus einem Skatspiel (32 Karten) wird eine Karte gezogen. Wie groß ist die Wahrscheinlichkeit, dass folgendes Ereignis eintritt?

a) Herz-Bube
b) eine rote Dame
c) eine „7" oder eine „8"
d) eine Herz-Karte
e) ein König

5 Wahrscheinlichkeiten bestimmen

Betrachte den „Würfel" in der Randspalte.

a) Handelt es sich beim Werfen des Würfels um ein Laplace-Experiment?
b) Ist es beim Wurf mit diesem Würfel wahrscheinlicher, eine „5" oder eine „1" zu werfen? Begründe deine Meinung.
c) Wie lässt sich die Wahrscheinlichkeit, eine „5" zu werfen, näherungsweise bestimmen?

Lösungen ab Seite 194

Zweistufige Zufallsexperimente beschreiben

Entdecken

1 Zum Mittagessen gibt es in einer Kantine mehrere Haupt- und Nachspeisen zur Auswahl. Damit die Köchin planen kann, muss man am Vortag in einer Tabelle ankreuzen, welches Gericht man essen möchte.
Wie viele unterschiedliche Menüs können bestellt werden?

Hauptspeise \ Nachtisch	Apfel	Joghurt
Spaghetti		
Currywurst mit Pommes		
Salatteller		

2 An einem anderen Tag gibt es in der Kantine Tomatensuppe oder Salat als Vorspeise und Lasagne oder Fischstäbchen als Hauptspeise. Als Nachtisch gibt es Quarkspeise, Banane oder Eis. Die Auswahlmöglichkeiten will eine Auszubildenden als Diagramm darstellen.

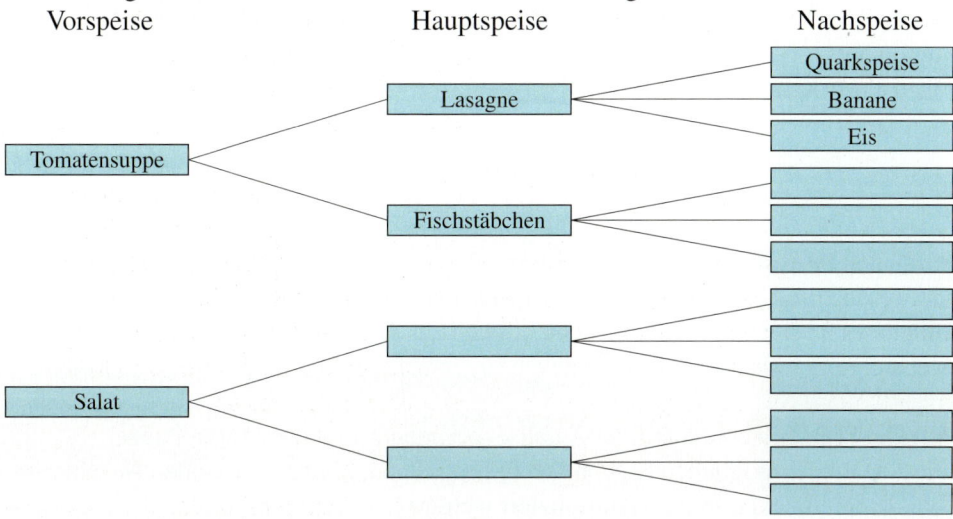

a) Übertrage das Schema in dein Heft und fülle die Felder aus.
b) Wie viele unterschiedliche Menüs können bestellt werden?

3 Die Schulmensa bietet Brötchen und Mehrkornbrötchen an. Sie sind mit Käse, Schinken oder Salami belegt.
a) Gülden meint, dass die Mensa sechs Varianten belegter Brötchen anbietet.
   Bist du dergleichen Ansicht? Begründe und schreibe alle möglichen Kombinationen zwischen Brötchenart und Belag auf, z.B. (Brötchen | Käse) oder (Mehrkorn | Schinken).
b) Neben den Brötchen und den Mehrkornbrötchen sollen noch Roggenbrötchen angeboten werden. Als Belag kommen Leberwurst und Frischkäse dazu.
   Wie viele Kombinationen gibt es nun? Lässt sich die Anzahl berechnen, ohne alle Möglichkeiten aufzuschreiben?

4 Bei den Tennismeisterschaften der Stadt haben bei den Mädchen Marie, Sarah, Dilara und Johanna das Halbfinale erreicht, d.h. sie gehören zu den letzten vier Spielern.
Nun wird ausgelost, wer gegen wen um den Einzug ins Finale spielen soll.
a) Kannst du die Auslosung als Tabelle darstellen?
b) Zeige deinen Mitschülern und Mitschülerinnen die möglichen Spielpaarungen in einem Diagramm (vergleiche Aufgabe 2).
c) Wie viele Spielpaarungen sind tatsächlich möglich?

Verstehen

HINWEIS
*Die Darstellung wird **Baumdia-gramm** genannt, weil die Verzweigungen den Ästen und Zweigen eines Baumes ähneln.*

Schülerinnen und Schüler haben einen kleinen Shop eingerichtet, in dem sie auch T-Shirts mit dem Logo ihrer Schule verkaufen. Zur Auswahl stehen T-Shirts in den Größen S, M und L jeweils in den Farben Weiß und Grau. Bei der Auswahl eines T-Shirts sind zwei Entscheidungen nötig – die Größen- und die Farbauswahl.

Der Auswahlvorgang kann als **zweistufiges Zufallsexperiment** verstanden werden. Alle Möglichkeiten der Auswahl lassen sich übersichtlich in einem **Baumdiagramm** darstellen.

Beispiel 1

1. Stufe	2. Stufe	Ergebnisse
Größe	Farbe	geordnete Paare

T-Shirt

- S
  - Weiß → (S│Weiß)
  - Grau → (S│Grau)
- M
  - Weiß → (M│Weiß)
  - Grau → (M│Grau)
- L
  - Weiß → (L│Weiß)
  - Grau → (L│Grau)

Die geordneten Paare kann man oben am Baumdiagramm ablesen. Es sind genau 6.

Im Shop werden drei Größen (1. Teilexperiment) und zwei Farben (2. Teilexperiment) verkauft. Deshalb gibt es $3 \cdot 2 = 6$ mögliche Kombinationen aus Größe und Farbe.

Das zweistufige Zufallsexperiment hat also 6 Ergebnisse.

> **Merke** Die Ergebnisse zweistufiger Zufallsexperimente sind **geordnete Paare**.
> Um die Anzahl der möglichen Ergebnisse zu bestimmen, können die beiden Anzahlen der Ergebnisse der Teilexperimente multipliziert werden.

Man kann die Wahrscheinlichkeit für ein bestimmtes Ergebnis (geordnetes Paar) bestimmen.

> **Merke** Handelt es sich bei beiden Teilen eines zweistufigen Zufallsversuchs um Laplace-Experimente, gilt die bisher bekannte Formel $P(E) = \dfrac{\text{Anzahl der günstigen Ergebnisse}}{\text{Anzahl der möglichen Ergebnisse}}$.

Beispiel 2

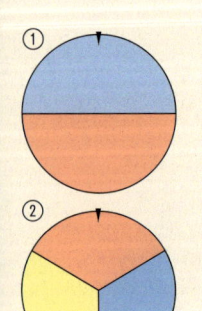

Ein zweistufiger Zufallsversuch besteht aus den Teilexperimenten „Drehen von Glücksrad ①" und „Drehen von Glücksrad ②". Beide stellen Laplace-Experimente dar.

Zeigen beide Glücksräder auf „Rot", erhält man den Hauptpreis. Einen Trostpreis gibt es für einmal „Rot" *und* einmal „Blau", egal in welcher Reihenfolge.

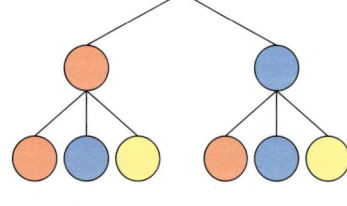

Der zweistufige Zufallsversuch hat $2 \cdot 3 = 6$ verschiedene Versuchsausgänge:
(Rot│Rot); (Rot│Blau); (Rot│Gelb); (Blau│Rot); (Blau│Blau); (Blau│Gelb).

Die Wahrscheinlichkeit für den Hauptpreis (Rot│Rot) ist $P(E) = \frac{1}{6}$.

Die Wahrscheinlichkeit den Trostpreis mit (Rot│Blau) oder (Blau│Rot) zu gewinnen ist:

$$P(E) = \frac{\text{Anzahl der günstigen Ergebnisse}}{\text{Anzahl der möglichen Ergebnisse}} = \frac{2}{6} = \frac{1}{3}$$

Üben und anwenden

1 Familie Messerschmidt isst im Restaurant. Es gibt drei verschiedene Hauptspeisen: Steak, Pizza oder Auflauf. Es gibt zwei verschiedene Nachspeisen: Pudding oder Eis.
a) Wie viele Möglichkeiten gibt es, ein Essen zusammenzustellen?
b) Zeichne ein Baumdiagramm.

2 Wie viele Kombinationen könnte man anziehen?
a) Bernd hat fünf Hosen und drei Pullover.
b) Robert hat vier Hosen und vier Pullover.
c) Susanne hat elf Hosen und neun Pullover.
d) Bea hat sieben Hosen und acht Oberteile.
e) Steffi hat fünf Hosen und acht Oberteile.
f) Conny hat zwei Röcke, zwei Hosen und sechs Oberteile.

3 Eine Münze wird zweimal geworfen. Sie landet auf Wappen (W) oder auf Zahl (Z).
a) Zeichne ein Baumdiagramm.
b) Wie viele mögliche Ergebnisse gibt es?

4 Mit dem Würfel, dessen Netz abgebildet ist, wird zweimal hintereinander geworfen. Wie viele Möglichkeiten von Farbkombinationen gibt es?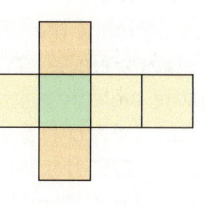

5 In der Führerscheinprüfung müssen die richtigen Antworten aus vorgegebenen Antworten ausgewählt werden.
1. Frage: Sie nähern sich mit dem Auto Kindern, die auf dem Gehweg spielen. Wie müssen Sie sich verhalten?
① Langsamer fahren und bremsbereit sein.
② Unverändert weiterfahren.
③ Kräftig hupen und weiterfahren.
2. Frage: Wer ist für den verkehrssicheren Zustand eines zugelassenen Fahrzeugs verantwortlich?
① Der Fahrer   ② Der Halter
③ Die Haftpflichtversicherung
Josefine weiß die richtigen Antworten nicht und rät bei beiden Fragen. Wie viele Kombinationsmöglichkeiten hat sie?

1 In einem italienischen Restaurant gibt es drei verschiedene Suppen und fünf verschiedene Pizzen zur Auswahl.
Frau Hüller möchte eine Suppe und eine Pizza essen.
a) Zeichne ein Baumdiagramm.
b) Wie viele Möglichkeiten hat sie?

2 Eine Mensa bietet zum Mittagessen vier Hauptgerichte (Nudeln, Salat, Pizza, Fisch) und zwei Nachspeisen (Birne, Quark) an.
a) Zeichne ein zugehöriges Baumdiagramm.
b) Aus wie vielen Kombinationsmöglichkeiten können die Schülerinnen und Schüler das Essen auswählen?
c) Notiere alle Kombinationsmöglichkeiten als geordnete Paare z. B. (Pizza | Birne).

3 Aus einer Urne mit roten, blauen und gelben Kugeln wird zweimal mit Zurücklegen eine Kugel gezogen.
a) Zeichne ein Baumdiagramm.
b) Wie viele mögliche Ergebnisse gibt es?

4 Max möchte einen Cocktail mit zwei unterschiedlichen Säften mixen. Er hat sechs verschiedene Fruchtsäfte im Haus. Max meint, dass er 30 verschiedene Cocktails mixen kann. Sein Vater ist der Ansicht, dass es nur 15 sind. Welcher Meinung bist du? Begründe.

5 Simone wirft einen Würfel, notiert die Augenzahl und wiederholt das noch einmal. Sie zeichnet zu den möglichen Ergebnissen ein Baumdiagramm.

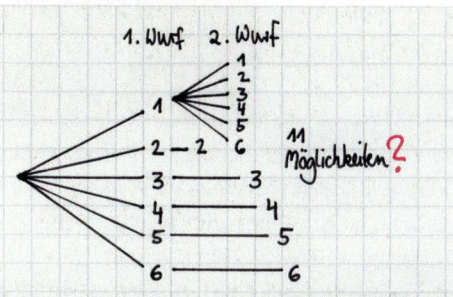

a) Worin liegt der Fehler? Korrigiere das Diagramm.
b) Wie viele mögliche Ergebnisse gibt es?

RÜCKBLICK
Berechne die Oberfläche des Quaders.
a) a = 3 cm;
*   b = 2,8 cm;*
*   c = 4 cm*
b) a = 3,2 cm;
*   b = 17 mm;*
*   c = 2,5 cm*

ZUM WEITERARBEITEN
Jeweils eine Antwort der zwei Fragen in Aufgabe 5 ist richtig. Welche?

6 Eine Münze wird zweimal hintereinander geworfen.

a) Zeichne ein zugehöriges Baumdiagramm.
b) Mit welcher Wahrscheinlichkeit wird zweimal Zahl geworfen?
c) Mit welcher Wahrscheinlichkeit wird mindestens einmal Zahl geworfen?

6 In einem Gefäß befinden sich sechs grüne und zwei weiße Kugeln. Es wird zweimal blind mit Zurücklegen gezogen.

a) Zeichne ein Baumdiagramm.
b) Spielt es eine Rolle, ob in einem Ergebnis mit zwei verschiedenfarbigen Kugeln die weiße zuerst oder zuletzt gezogen wurde? Begründe.
c) Spielt es eine Rolle, ob in einem Ergebnis mit zwei gleichfarbigen Kugeln weiße oder grüne Kugeln gezogen wurden? Begründe.

7 Familie Erlbach erwartet Zwillinge.
a) Welche Geschlechtskombinationen sind möglich?
b) Zeichne ein zugehöriges Baumdiagramm.
c) Sohn Leon von Familie Erlbach meint, dass die Wahrscheinlichkeit für zwei Schwestern bei $\frac{1}{3}$ liegt.
Bist du gleicher Meinung? Begründe.
d) Mit welcher Wahrscheinlichkeit erhält Leon eine Schwester und einen Bruder?

7 Die fünf Schokolinsen liegen in einer undurchsichtigen Tüte.
a) Schreibe alle möglichen Farbkombinationen als geordnete Paare auf.

b) Melissa meint, es gibt 20 unterschiedliche Farbkombinationen.
Bist du gleicher Meinung? Begründe.

ZU AUFGABE 8

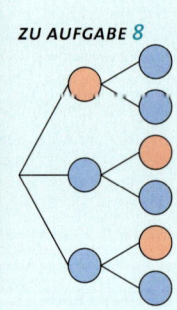

8 Jans Sockenkiste ist fast leer. Es liegen nur noch ein roter und zwei blaue Strümpfe darin. Noch verschlafen nimmt er sich ohne Hinzusehen zwei Strümpfe heraus.
a) Erkläre das Baumdiagramm.
b) Wie groß ist die Wahrscheinlichkeit, dass Jan zufällig zwei blaue Strümpfe erwischt?

8 Zeichne die Lösungen in einem Baumdiagramm ein.
Wie viele zweistellige Zahlen kann man aus den Ziffern 4, 5, 6, 7, 8 und 9 bilden, wenn …
a) jede Ziffer nur einmal vorkommen darf?
b) jede Ziffer auch mehrfach vorkommen kann?

9 Bei einem Schulsportfest haben 3 Schüler den Endlauf über 100 m erreicht.
Die Schülerinnen und Schüler der Klasse 9a schließen Wetten ab, wer als wievielter ins Ziel kommt.
a) Wie viele Möglichkeiten gibt es, die ersten beiden Läufer vorherzusagen?
b) Wie groß ist die Wahrscheinlichkeit die beiden schnellsten vorherzusagen?
c) Wie viele Möglichkeiten gibt es, wenn am Endlauf 4 Läufer teilnehmen?
d) Wie groß ist die Wahrscheinlichkeit nun die beiden schnellsten vorherzusagen?

9 Bei Pferderennen bieten Wettbüros die sogenannte Zweierwette an.
Die Zweierwette gewinnt, wer den Sieger und das zweitplatzierte Pferd eines Rennens in der richtigen Reihenfolge gewettet hat.
a) Wie viele Kombinationsmöglichkeiten für die Zweierwette gibt es, wenn …
  ① fünf,
  ② sechs,
  ③ zehn...
  Pferde teilnehmen?
b) Wie groß ist die Wahrscheinlichkeit die ersten beiden Pferde vorherzusagen, wenn zehn Pferde teilnehmen?

Pfadregeln

Entdecken

1 Die beiden Glücksräder werden nacheinander gedreht.

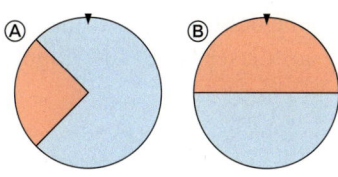

a) Wie groß ist die Wahrscheinlichkeit, mit dem ersten Glücksrad „Rot" zu drehen?
Gib die Wahrscheinlichkeit für „Rot" auch beim zweiten Glücksrad an.

b) Um die möglichen Versuchsausgänge des zweistufigen Zufallsexperiments zu veranschaulichen, hat Caterina das Baumdiagramm ① gezeichnet. Sie meint: „Es gibt vier unterschiedliche Versuchsausgänge. Also liegt die Wahrscheinlichkeit, mit beiden Glücksrädern „Rot" zu drehen, bei $\frac{1}{4}$."
Nimm Stellung zu ihrer Aussage.

c) Mark und Eileen schlagen vor, die rechts abgebildeten Baumdiagramme ② und ③ zur Veranschaulichung des zweistufigen Zufallsexperiments zu verwenden. Begründe warum sie diese Wahl getroffen haben.
Nenne Vorzüge und Nachteile der beiden Baumdiagramme.

d) Bestimme die Wahrscheinlichkeit, beide Male „Rot" zu drehen aus dem Diagramm ②.
Beschreibe wie du vorgehst.

e) Wie lässt sich die Wahrscheinlichkeit für dieses Ereignis aus dem Baumdiagramm ③ berechnen?

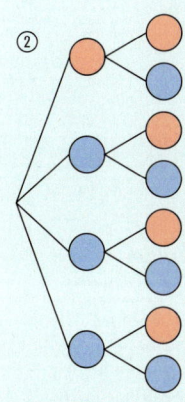

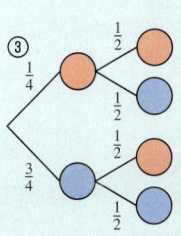

2

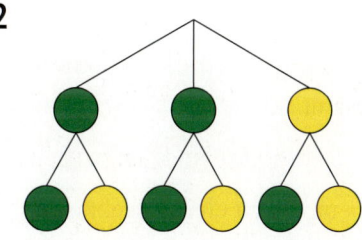

Dieses Baumdiagramm gehört zu einem Zufallsexperiment mit zwei Glücksrädern.

a) Zeichne die beiden Glücksräder als Kreise und färbe sie nach dem Baumdiagramm passend ein.
Erläutere dein Ergebnis.

b) Ist das Ergebnis (Grün|Grün) genauso wahrscheinlich wie das Ergebnis (Gelb|Gelb)?

c) Gib die Wahrscheinlichkeit für (Gelb|Gelb) als Bruch an.

d) Schreibe wie im Baumdiagramm ③ der Randspalte die entsprechenden Brüche an die einzelnen Verbindungen.

e) Jaqueline meint: „Wahrscheinlich bleibt in 5 von 9 Fällen eines der beiden Glücksräder auf grün stehen." Bist du auch der Meinung? Begründe sie.

3 An einer Schule wurden zufällig Beleuchtung und Bremsen von 150 Fahrrädern kontrolliert. Die Tabelle zeigt das Ergebnis der Kontrolle.

	In Ordnung	Nicht in Ordnung
Beleuchtung		60
Bremsen	135	

a) Fülle die Tabelle vollständig in deinem Heft aus.

b) Erkläre, wie du ein Baumdiagramm zu diesem Zufallsversuch zeichnen kannst.

c) Ein beliebiges Fahrrad wird ausgewählt.
① Wie groß ist die Wahrscheinlichkeit, dass nur eine der beiden Prüfungen erfolgreich verläuft?
② Mit welcher Wahrscheinlichkeit werden beide Prüfungen bestanden?
③ Wie viele Fahrräder waren das?

115

Verstehen

In einer Klasse wird ein Zufallsexperiment durchgeführt.
Mit verbundenen Augen wird:
1. eine der drei Urnen ausgewählt.
2. aus dieser Urne eine Kugel gezogen.

 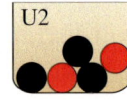 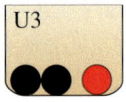

Beispiel 1

Die Schüler wollen wissen, wie groß die Wahrscheinlichkeit ist, bei diesem Experiment überhaupt eine rote Kugel zu ziehen.

Wahrscheinlichkeit für:			
Wahl der Urne	**Wahl der Kugel**	**Kugelfarbe in der Urne**	**rote Kugel**

U1 $\frac{1}{3}$ — $\frac{1}{4}$ (rot), $\frac{3}{4}$ (schwarz)

$\frac{1}{3} \cdot \frac{1}{4} = \frac{1}{12}$ → $\frac{1}{12}$

$\frac{1}{3} \cdot \frac{3}{4} = \frac{1}{4}$ → $+$

U2 $\frac{1}{3}$ — $\frac{2}{5}$ (rot), $\frac{3}{5}$ (schwarz)

$\frac{1}{3} \cdot \frac{2}{5} = \frac{2}{15}$ → $\frac{2}{15}$

$\frac{1}{3} \cdot \frac{3}{5} = \frac{1}{5}$ → $+$

U3 $\frac{1}{3}$ — $\frac{1}{3}$ (rot), $\frac{2}{3}$ (schwarz)

$\frac{1}{3} \cdot \frac{1}{3} = \frac{1}{9}$ → $\frac{1}{9}$

$\frac{1}{3} \cdot \frac{2}{3} = \frac{2}{9}$ → $= \frac{59}{180}$

Produktregel — Summenregel

HINWEIS

*Die Wahrscheinlichkeit für eine zufällige Wahl ist jeweils an den **Pfad** des Baumdiagramms (Ast) geschrieben.*

$P(\text{Rot}) = \frac{1}{12} + \frac{2}{15} + \frac{1}{9} = \frac{59}{180} \approx 32,8\,\%$

Die Wahrscheinlichkeit eine rote Kugel zu ziehen beträgt insgesamt $\approx 32,8\,\%$.

HINWEIS

Die Produkt- und Summenregel werden auch Pfadregeln genannt.

> **Merke Produktregel:**
> Bei zweistufigen Zufallsexperimenten ergibt sich die Wahrscheinlichkeit eines Ergebnisses aus dem Produkt der Wahrscheinlichkeiten der einzelnen Teilergebnisse.
>
> **Summenregel:**
> Die Wahrscheinlichkeit eines Ereignisses ergibt sich durch Addition der Wahrscheinlichkeiten von allen Ergebnissen, die zu diesem Ereignis gehören.

Wahrscheinlichkeiten berechnen mit der Produkt- und Summenregel
1. Zerlege die Situation in Teilversuche und zeichne ein Baumdiagramm.
2. Notiere die Wahrscheinlichkeiten der Versuchsausgänge an den Ästen.
3. Markiere die Pfade, die zu den gewünschten Ergebnissen führen. Berechne die Wahrscheinlichkeiten mit der Produktregel.
4. Berechne die Wahrscheinlichkeit des Ereignisses mit der Summenregel.

Es gibt Zufallsexperimente, bei denen der Ausgang des ersten Teilversuchs die Wahrscheinlichkeit des zweiten Teilversuchs beeinflusst.

HINWEIS

*Bei diesem Zufallsexperiment handelt es sich um ein Zufallsexperiment ohne **Zurücklegen**.*

Beispiel 2

Aus einer Urne mit drei orangen und zwei blauen Kugeln wird eine Kugel gezogen. Sie wird nicht zurückgelegt, dann wird noch einmal gezogen.
Wie groß sind die Wahrscheinlichkeiten?

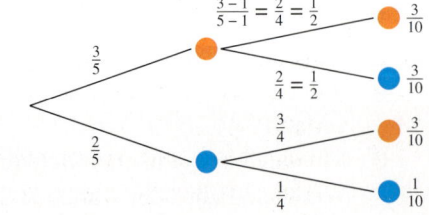

Üben und anwenden

1 An einer Losbude sind $\frac{1}{10}$ aller Lose Gewinne (G) und $\frac{9}{10}$ aller Lose Nieten (N).

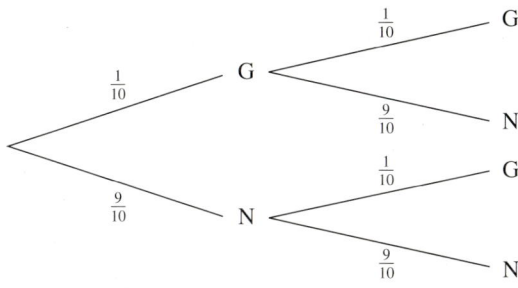

Wie groß ist die Wahrscheinlichkeit, beim Ziehen von zwei Losen …
a) zwei Nieten zu erhalten,
b) mindestens einen Gewinn zu erhalten,
c) mindestens eine Niete zu erhalten,
d) keine Nieten zu erhalten?

2 In einer Urne liegen zwei rote, zwei blaue und zwei gelbe Kugeln.
Erst zieht Arne eine Kugel und legt sie wieder zurück, dann zieht Britta eine Kugel.

a) Zeichne ein Baumdiagramm zu dem Experiment.
b) Wie groß ist die Wahrscheinlichkeit, zwei verschiedenfarbige Kugeln aus der Urne zu ziehen?
c) Was meinst du: werden häufiger verschiedenfarbige oder gleichfarbige Kugeln gezogen?
  Begründe deine Antwort.

3 Erfahrungsgemäß wird in einem Mathekurs der 9 d mit 90 %iger Wahrscheinlichkeit das Buch mitgebracht, ein Geodreieck aber nur mit 70 %iger Wahrscheinlichkeit.
Wie groß ist die Wahrscheinlichkeit, dass im Mathekurs weder das Buch noch das Geodreieck fehlt?

4 Die beiden Glücksräder werden gleichzeitig gedreht.
a) Zeichne ein Baumdiagramm.
b) Bestimme die Wahrscheinlichkeit dafür, dass beide Glücksräder auf „Rot" stehen bleiben.
c) Mit welcher Wahrscheinlichkeit erhält man (Rot | Weiß)?

1 Aus den Urnen 1 und 2 wird je eine Kugel gezogen.

①    ②

a) Zeichne ein zugehöriges Baumdiagramm.
b) Wie groß ist die Wahrscheinlichkeit, dass beide Kugeln die Farbe „Weiß" haben?
c) Mit welcher Wahrscheinlichkeit sind beide Kugeln schwarz?
d) Yasin meint, dass die Wahrscheinlichkeit, zwei weiße Kugeln zu ziehen, ein Viertel beträgt.
  Bist du gleicher Meinung?
  Welchen Fehler könnte Yasin gemacht haben?

2 In einer Urne liegen sechs blaue und vier rote Kugeln. Nacheinander werden zwei Kugeln gezogen und nach jedem Zug wieder in die Urne zurückgelegt.
a) Zeichne ein passendes Baumdiagramm.
b) Wie groß ist die Wahrscheinlichkeit, dass...
  ① zwei blaue Kugeln gezogen werden,
  ② mindestens eine blaue Kugel gezogen wird,
  ③ eine rote und eine blaue Kugel gezogen wird,
  ④ mind. eine rote Kugel gezogen wird?
c) Bei welchem Aufgabenteil von b) musstest du die Summenregel anwenden, bei welchem nicht? Begründe.

3 Beim Freiwurf im Basketball trifft Mike mit einer Wahrscheinlichkeit von 60 %.
Jan hat 38 der letzten 50 Freiwürfe getroffen.
Jeder wirft einmal auf den Korb.
Mit welcher Wahrscheinlichkeit erzielen die beiden Jungs zusammen keinen einzigen Treffer, wenn sie nacheinander werfen?

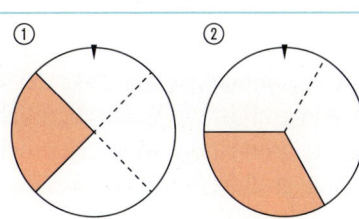

RÜCKBLICK
Zeichne das Trapez ABCD mit a‖c; β = 78°; δ = 111°; a = 5 cm und b = 4 cm.

HINWEIS
Nicht immer braucht man in einem Baumdiagramm alle möglichen Pfade darzustellen. Man kann auch solche Pfade zusammenfassen, die in der Untersuchung nötig oder unnötig sind.

5 Dies ist das Baumdiagramm zu einem Zufallsversuch mit Kugeln.

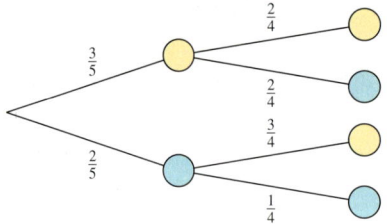

a) Wie viele Kugeln liegen beim Start insgesamt im Gefäß?
b) Wie viele sind beim Start gelb, wie viele sind blau?
c) Gib die Wahrscheinlichkeit für das Ergebnis (Gelb|Gelb) und (Blau|Blau) an.
d) Wie viele Kugeln liegen nach der ersten Ziehung im Gefäß?
e) Wie ist das Experiment abgelaufen?

ZUR INFORMATION
In manchen Tests braucht man „nur" die richtige Lösung anzukreuzen. Man sagt, dass die Lösungsangabe im „Multiple-Choice-Verfahren" erfolgt.

6 Ein Mathematiklehrer führt einen kurzen Multiple-Choice-Test durch.

> 1) Welches Gesetz wurde hier verwendet?
> $3(4a-5) = 12a - 15$
> ❏ Assoziativgesetz
> ❏ Kommutativgesetz
> ❏ Distributivgesetz
> 2) Welchen Wert hat der Term $3(4a-5)$ für $a = 0$?
> ❏ -3
> ❏ -15

a) Löse die Aufgaben des Tests.
b) Ein Schüler muss die Lösungen raten. Mit welcher Wahrscheinlichkeit rät er beide (genau eine, keine) Aufgaben richtig? Zeichne ein Baumdiagramm.
c) Mit welcher Wahrscheinlichkeit rät man beide Aufgaben richtig, wenn bei beiden Fragen eine Antwortmöglichkeit mehr angegeben wird.

5 Beim Spiel „Mensch ärgere dich nicht" muss man zum Start in höchstens drei Würfen eine 6 geworfen haben.

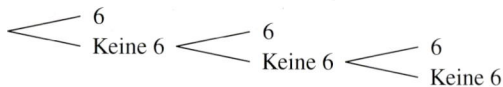

Das Baumdiagramm wurde entsprechend so gezeichnet, dass in den Ergebnissen nur „6 werfen" (6) und „nicht 6 werfen" (Keine 6) betrachtet wird.

a) Übertrage das Baumdiagramm in dein Heft. Vervollständige anschließend die Einzelwahrscheinlichkeiten entlang der Pfade.
b) Wie groß ist jeweils die Wahrscheinlichkeit, mit dem ersten, dem zweiten bzw. dem dritten Wurf eine 6 zu würfeln?

6 Bei einem Berufseignungstest einer Firma gibt es fünf Fragen.
Nur eine Antwort zu jeder Frage ist richtig.

> 1. Welches Gesetz wurde angewandt?
> $3(4+5) = 12+15$ ❏ Assoziativgesetz
> ❏ Kommutativgesetz
> ❏ Distributivgesetz
> 2. Welchen Wert hat der Term?
> $3(a+7b)$ mit $a = 9$ und $b = 11$ ❏ 257
> ❏ 104
> 3. Welches Gebäude ist das höchste?
> ❏ Stuttgarter Fernsehturm
> ❏ Deutsche Bank in Frankfurt   ❏ Kölner Dom
> ❏ Ulmer Münster
> 4. Wer wurde älter?   ❏ Albert Einstein
> ❏ Christian Huygens
> 5. Welche Stadt hat die meisten Einwohner?   ❏ Bern
> ❏ Düsseldorf
> ❏ Lyon

Jens meint, er könne die Aufgaben nur durch zufälliges Tippen erfolgreich lösen.
a) Überprüfe diese Meinung mithilfe eines Baumdiagramms, in dem du die Wahrscheinlichkeiten für richtige und für falsche Antworten untersuchen kannst.
b) Welchen allgemeinen Rat kannst du Jens für Multiple-Choice-Tests geben?

7 Zwei Fußballprofis schießen abwechselnd auf eine Torwand. Der erste Profi trifft mit einer Wahrscheinlichkeit von 25 %, der zweite mit einer Wahrscheinlichkeit von 30 %.
a) Wie groß ist die Wahrscheinlichkeit, dass beide Profis treffen?
b) Wie groß ist die Wahrscheinlichkeit, dass mindestens ein Profi trifft?
c) Wie groß ist die Wahrscheinlichkeit, dass keiner der beiden Profis trifft?

8 Zollbeamte wissen, dass etwa 15 % der Passagiere, die aus dem Urlaub zurückkommen, Zigaretten schmuggeln. 85 % der Passagiere schmuggeln keine Zigaretten.
a) Wie viele Schmuggler sind wahrscheinlich unter 200 zufällig kontrollierten Passagieren?
b) Mit welcher Wahrscheinlichkeit ist unter zwei zufällig kontrollierten Passagieren kein Schmuggler?

8 Der Schulbus von Mesut kommt auf dem Schulweg an zwei Ampeln vorbei. Die Ampeln arbeiten unabhängig voneinander. Ihre Schaltzeiten sind jedoch gleich. In 60 % der Fälle kann der Bus an einer Ampel fahren.
a) In wie viel Prozent der Fahrten muss der Bus vermutlich an keiner Ampel halten?
b) Wie oft kann Mesut bei 200 Fahrten eine „grüne Welle" erwarten?

9 Ein Glücksspielautomat hat zwei Räder. Man gewinnt den Hauptpreis, wenn beide Räder auf dem vierblättrigen Kleeblatt stehen bleiben. Zeigen beide Räder das gleiche Zeichen, aber nicht das Kleeblatt, so gibt es einen Trostpreis.
a) Wie viele Kombinationen gibt es?
b) Wie groß ist die Wahrscheinlichkeit, den Hauptpreis zu gewinnen?
c) Gib die Wahrscheinlichkeit für einen Trostpreis an.
d) Mit welcher Wahrscheinlichkeit gewinnt man weder Hauptpreis noch Trostpreis?

10 In einem Projekt „Schule und Umwelt" wurden in einer Landgemeinde, in einer Kleinstadt und in einer Großstadt Verkehrszählungen durchgeführt. Aus den jeweiligen Häufigkeiten wurden folgende Schätzwerte für Wahrscheinlichkeiten ermittelt:

	PKW	LKW	Motorräder und Mofas	Radfahrer
Land	52 %	23 %	18 %	7 %
Kleinstadt	66 %	12 %	14 %	8 %
Großstadt	73 %	8 %	13 %	6 %

Berechne für jeden Ort die Wahrscheinlichkeit, dass zwei zufällig ausgewählte aufeinander folgende Fahrzeuge...
a) zwei LKW,
b) zwei PKW,
c) ein LKW und ein PKW,
d) ein PKW und ein Radfahrer sind.

10 Führt eine Verkehrszählung durch.
Durchführung:
Beobachtet an einer Straße die vorbeikommenden PKW. Notiert in einer Strichliste die Anzahl der Personen im Wagen.
Auswertung:
Fasst eure Beobachtungsergebnisse an der Tafel zusammen.
a) Wie groß ist die Wahrscheinlichkeit, dass in einem zufällig ausgewählten Wagen nur der Fahrer sitzt?
b) Wie groß ist die Wahrscheinlichkeit, dass in zwei zufällig ausgewählten Wagen nur der Fahrer sitzt?
c) Wie groß ist die Wahrscheinlichkeit, dass sich in beiden angehaltenen Wagen mehr als zwei Personen befinden?
d) Stelle weitere Fragen und beantworte sie mithilfe eines Baumdiagramms.

11 Leas kleiner Bruder Tim lernt gerade das Einmaleins. Er meint, dass er genau 100 Aufgaben auswendig lernen muss. Lea sagt ihm, dass er die Tauschaufgaben wie 2 · 9 = 9 · 2 ja nur einmal lernen muss. Wie viele Aufgaben muss Tim wirklich auswendig lernen?

11 Smileys gibt es in gelb, grün, rot und violett. Sie lachen, sind traurig oder haben ein neutrales Gesicht.
a) Wie viele verschiedene Smileys gibt es?
b) Wie viele Smileys gibt es, wenn es auch noch blaue und orange geben soll?

Methode: Mehrstufige Zufallsexperimente

Die Pfadregeln für zweistufige Zufallsexperimente kennst du bereits.
Diese lassen sich auch auf mehrstufige Zufallsexperimente erweitern.

Produktregel:
Bei mehrstufigen Zufallsexperimenten ergibt sich die Wahrscheinlichkeit eines Ergebnisses aus dem Produkt der Wahrscheinlichkeiten der einzelnen Teilergebnisse.

Summenregel:
Die Wahrscheinlichkeit eines Ereignisses ergibt sich durch Addition der Wahrscheinlichkeiten von Ergebnissen, die zu diesem Ereignis gehören.

1 In einer Urne liegen 20 Kugeln, davon sind 4 rot und 16 schwarz.
Dreimal wird mit Zurücklegen je eine Kugel gezogen.
Berechne die Wahrscheinlichkeit, dass…
a) mindestens zwei Kugeln rot sind,
b) höchstens eine Kugel schwarz ist.
c) Vergleiche die Teilaufgabe a) mit b).

2 Eine Münze wird dreimal hintereinander geworfen.
a) Kannst du ohne ein Baumdiagramm zu zeichnen, bereits sagen, wie viele verschiedene Ergebnisse möglich sind?
   Überprüfe, indem du ein Baumdiagramm zeichnest.
b) Mit welcher Wahrscheinlichkeit wird dreimal hintereinander Zahl geworfen?
c) Musst du neu rechnen, um die Wahrscheinlichkeit für das Ergebnis (Wappen|Zahl|Wappen) anzugeben?
   Begründe.

3 Sieben Spielkarten werden verdeckt auf den Tisch gelegt und zwar vier Buben, zwei Damen und ein Ass.
Wie groß ist die Wahrscheinlichketit mit drei Versuchen (mit Zurücklegen)…
a) genau zwei Buben,
b) mindestens ein Ass,
c) mindestens eine Dame,
d) genau drei Damen zu ziehen?

4 Bei einem Galton-Brett wird oben eine Kugel eingeworfen und durch Hindernisse mehrmals nach rechts oder links abgelenkt.
a) Eine rote Kugel fällt am ersten Hindernis nach rechts (r), am zweiten und dritten nach links (l).
   In welchem Kasten landet sie?
b) Gib für jeden der vier Kästen einen Weg an, den die Kugel dorthin nehmen könnte.
c) An jedem der drei Hindernisse (Stufen) gibt es zwei Möglichkeiten (r oder l). Wie viele mögliche Wege gibt es?
d) Wie groß ist die Wahrscheinlichkeit, dass die Kugel in Kasten D fällt?

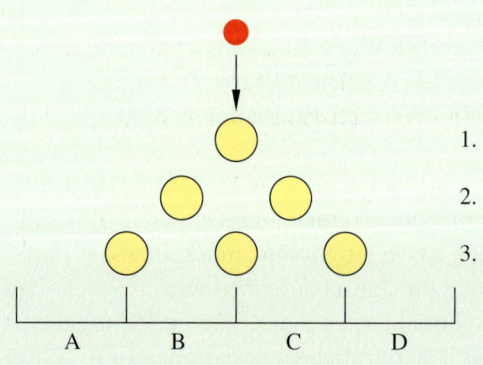

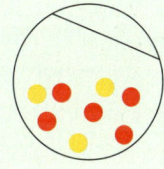

5 Nach Angaben des Herstellers befinden sich in einer Tüte Gummibärchen durchschnittlich $\frac{1}{3}$ rote und je $\frac{1}{6}$ gelbe, weiße, grüne und orangefarbene Gummibärchen.

a) Zeichne ein „verkürztes" Baumdiagramm wie in der Randspalte beschrieben. Berechne dann die Wahrscheinlichkeit dafür, dass unter drei zufällig gezogenen Gummibärchen kein grünes ist.

b) Zeichne ein „verkürztes" Baumdiagramm und berechne die Wahrscheinlichkeit dafür, dass alle drei zufällig gezogenen Gummibärchen rot sind.

6 Mit welcher Wahrscheinlichkeit erreicht man bei drei Würfen mit einem normalen Spielwürfel wenigstens einmal die 1.

7 Viele stochastische Problemstellungen können mit dem Zufallsversuch „Ziehen aus einer Urne" verständlich gemacht werden.
Es werden drei verschiedene Zufallsversuche durchgeführt.

① 3-maliges Ziehen je einer Kugel mit Zurücklegen

② 3-maliges Ziehen von je einer Kugel ohne Zurücklegen

③ Ziehen von drei Kugeln mit einem Griff

a) Erkläre mithilfe der Abbildung die Zufallsversuche ①, ② und ③, wenn die Farbe der gezogenen Kugel interessiert.

b) Gib für ③ die möglichen Ergebnisse an.

c) Berechne für die Zufallsversuche ① und ② die Wahrscheinlichkeit, dass die gezogenen Kugeln die gleiche Farbe haben.

d) Berechne für den Zufallsversuch ③ die Wahrscheinlichkeit des Ereignisses, dass drei gleichfarbige Kugeln gezogen werden.

8 Die drei unterschiedlich großen Räder des Spielautomaten können nacheinander gestoppt werden.
Berechne die Wahrscheinlichkeit für…

a) dreimal gleiches Symbol.

b) mindestens einmal Banane.

c) genau zweimal Kirsche.

d) höchstens zweimal Apfel.

9 In einem Säckchen liegen vier Kugeln. Sie unterscheiden sich nur durch die unten angegebenen Buchstaben.
Es wird viermal nacheinander ohne Zurücklegen eine Kugel gezogen.
Die Buchstaben werden dann in der Reihenfolge ihrer Ziehung zu einem Wort zusammengefügt.
Wie groß ist die Wahrscheinlichkeit, dass sich ein sinnvolles Wort ergibt?

a) Die vier Buchstaben sind B, I, L und E.

b) Die vier Buchstaben sind A, B, T und U.

10 Ein Radiosender führt täglich ein Quiz durch. Um 5 000 € zu gewinnen, müssen vier Fragen richtig beantwortet werden. Für jede Frage gibt es vier Antworten, von denen eine richtig ist. Bei einer richtigen Antwort erhält man 20 €, bei zwei richtigen Antworten 500 € und bei drei richtigen Antworten 2 000 €.
Wie groß ist die Wahrscheinlichkeit, durch zufälliges Tippen die Gewinne 20 €, 500 €, 2 000 €, und 5 000 € zu erhalten?

HINWEIS
Man muss in einem Baumdiagramm nicht immer alle möglichen Pfade darstellen. Es dürfen Pfade zusammengefasst werden, sofern dies für die Lösung der Aufgabe sinnvoll ist.

Klar so weit?

→ Seite 112

Zweistufige Zufallsexperimente beschreiben

1 Aus dem abgebildeten Würfelnetz wird ein Würfel gebaut.
Er wird zweimal geworfen.

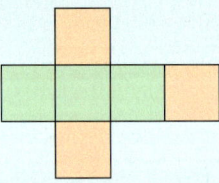

a) Zeichne für diesen Zufallsversuch ein passendes Baumdiagramm und gib die Ergebnisse als geordnete Paare an.
b) Gib alle Ergebnisse an, die zum Ereignis „zwei gleiche Farben" gehören und markiere die passenden Pfade im Baumdiagramm.

2 Dennis möchte sich ein neues Handy kaufen.
Es gibt vier bezahlbare Modelle und fünf verschiedene Oberschalen.
Zwischen wie vielen verschiedenen Kombinationsmöglichkeiten für sein Handy kann er wählen?

3 Wie viele zweistellige Zahlen kann man aus den Ziffern bilden, wenn jede Ziffer …
a) nur einmal,
b) mehrfach vorkommen darf?

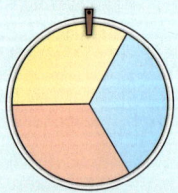

4 Das Glückrad wird zweimal gedreht.
Für einen Hauptgewinn braucht man (Rot|Rot), bei zwei anderen gleichen Farben erhält man einen Trostpreis.
a) Zeichne ein passendes Baumdiagramm zum abgebildeten Glücksrad.
b) Bestimme die Wahrscheinlichkeit für einen Hauptgewinn.
c) Wie hoch ist die Wahrscheinlichkeit für einen Trostpreis?

1 Aus den abgebildeten Würfelnetzen werden zwei Würfel gebaut und diese nacheinander geworfen.

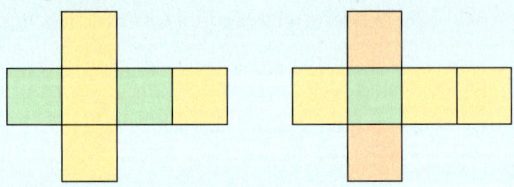

a) Zeichne ein passendes Baumdiagramm und gib die Ergebnisse als geordnete Paare an.
b) Gib die folgenden Ereignisse an und markiere sie im Baumdiagramm:
A: „zwei gleiche Farben"
B: „zwei verschiedene Farben"

2 Ein Mountainbike hat vorne drei Zahnkränze und hinten sieben.
Jeder Gang entspricht einer Kombination aus einem bestimmten Zahnkranz vorne und einem Zahnkranz hinten.
Wie viele Gänge hat das Mountainbike demnach?

3 Wie viele zweistellige Zahlen kann man aus den Ziffern 1, 3, 7, 8, 9 bilden, wenn …
a) jede Ziffer nur einmal vorkommen darf?
b) jede Ziffer mehrfach vorkommen darf?
c) Wie viele dreistellige Zahlen gibt es, wenn jede Ziffer mehrfach vorkommen darf?

4 Das Glücksrad wird zweimal gedreht.
Aus den beiden „erdrehten" Ziffern, wird eine zweistellige Zahl gebildet.
z. B. (1|3) → 13
Wie groß ist die Wahrscheinlichkeit für…

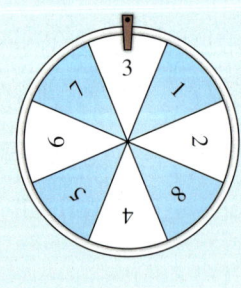

a) eine 11,
b) eine Zahl mit zwei gleichen Ziffern,
c) eine ungerade Zahl,
d) eine Zahl, die durch 5 teilbar ist?

Pfadregeln

→ *Seite 116*

5 In einer neunten Klasse sind 14 Jungen und 12 Mädchen. Die Klassenlehrerin wählt zufällig eine Person und dann noch eine Person für den Tafeldienst aus. Erkläre das Baumdiagramm.

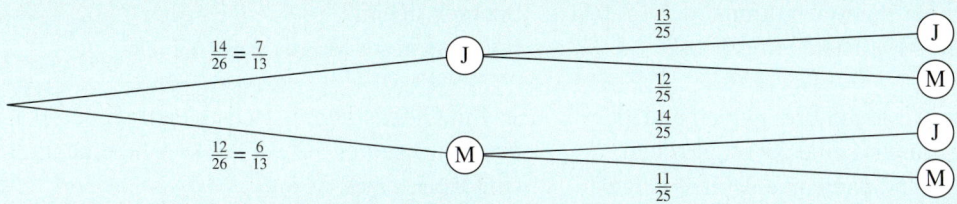

a) Warum verändern sich die Wahrscheinlichkeiten nach der Auswahl der ersten Person?
b) Wie groß ist die Wahrscheinlichkeit dafür, dass zwei Mädchen ausgewählt werden?
c) Bestimme die Wahrscheinlichkeit dafür, dass ein Junge und ein Mädchen zusammen Tafeldienst machen.

---

6 Auf der Kirmes gibt es eine Losbude. Die Wahrscheinlichkeit für einen Gewinn liegt bei 5 %.
Rosalie kauft zwei Lose.
a) Zeichne ein passendes Baumdiagramm. Trage auch die Wahrscheinlichkeiten ein.
b) Wie hoch ist die Wahrscheinlichkeit, dass Rosalie zwei Nieten zieht?
c) Berechne die Wahrscheinlichkeit für mindestens einen Gewinn.

6 In einer Lostrommel befinden sich 80 % Nieten, 15 % Kleingewinne und 5 % Hauptgewinne. Carlo kauft zwei Lose.
a) Zeichne ein passendes Baumdiagramm.
b) Gib die Wahrscheinlichkeit für zwei Hauptgewinne an.
c) Wie hoch ist die Wahrscheinlichkeit für zwei Nieten?
d) Berechne die Wahrscheinlichkeit für mindestens einen Gewinn.

---

7 Aus dieser Urne sollen nacheinander zwei Kugeln mit Zurücklegen gezogen werden.
Bestimme die Wahrscheinlichkeit für folgende Ereignisse:

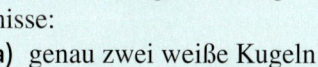

a) genau zwei weiße Kugeln
b) genau eine rote Kugel
c) mindestens eine blaue Kugel
d) keine blaue Kugel
e) eine rote und eine blaue Kugel in beliebiger Reihenfolge

7 In einer Urne befinden sich vier blaue und sechs rote Kugeln.
a) Zeichne ein Baumdiagramm für zweimaliges Ziehen mit Zurücklegen.
b) Bestimme die Wahrscheinlichkeiten für das Ziehen von …
① genau zwei roten Kugeln,
② mindestens einer roten Kugel,
③ einer blauen und einer roten Kugel,
④ mindestens einer blauen Kugel.
c) Wie verändern sich die Wahrscheinlichkeiten, wenn die Kugeln ohne Zurücklegen gezogen werden?

---

8 Zuerst wird mit einer Münze geworfen, dann mit einem gewöhnlichen Spielwürfel.
a) Wie groß ist die Wahrscheinlichkeit für das Ergebnis (Z|5)?
b) Bestimme die Wahrscheinlichkeit für das Ereignis (W|gerade Zahl).

8 Eine Firma verkauft ein Straßennavigationsprogramm auf zwei CDs. Durch einen Produktionsfehler ist in einer Serie jede vierte CD fehlerhaft. Mit welcher Wahrscheinlichkeit sind jeweils in einer Programmpackung keine CD, beide CDs, eine CD defekt?

Vermischte Übungen

1 In einem Kaugummiautomaten befinden sich gelbe, rote und blaue Kaugummis. Nacheinander werden zwei Kaugummis gezogen.
a) Zeichne ein Baumdiagramm.
b) Wie viele Möglichkeiten gibt es?

2 Aus einer Urne mit drei gelben und zwei blauen Kugeln wird eine Kugel gezogen, zurückgelegt und dann eine weitere Kugel gezogen.
Wie groß ist die Wahrscheinlichkeit, dass die beiden gezogenen Kugeln verschiedene Farben haben?

3 Ein Eisverkäufer nimmt zufällig zwei Eiskugeln.
a) Zeichne ein Baumdiagramm für die Unterscheidung zwischen Milch- und Fruchteis.
b) Bestimme die Wahrscheinlichkeit, dass er …
① zwei Kugeln Milcheis wählt.
② einmal Milch- und einmal Fruchteis wählt.

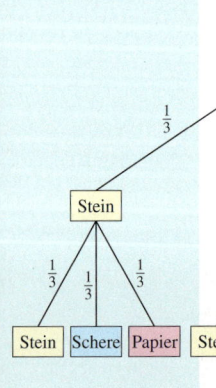

Milcheis	Fruchteis
Nuss	Zitrone
Walnuss	Melone
Vanille	Erdbeer
Pistazie	Heidelbeer
Schoko	Kirsche
	Himbeer
	Limette

4 „Schere, Stein, Papier" spielt man zu zweit. Auf Drei zeigt jeder eine der Figuren.

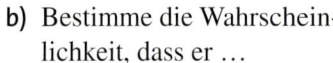

Schere   Stein   Papier

Hier steht, wer gewinnt:
Papier umwickelt Stein; *Stein* stumpft Schere; *Schere* schneidet Papier. Bei zwei gleichen Figuren ist es unentschieden.
a) Spielt fünf Runden. Notiert die Figuren. Schätzt die Gewinnwahrscheinlichkeit.
b) Im Baumdiagramm sind alle Pfade eingezeichnet. Wie wahrscheinlich ist „Unentschieden"?

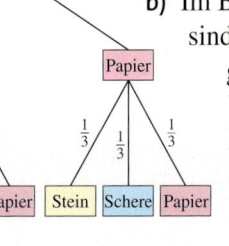

1 In seinem Kleiderschrank findet Thilo genug T-Shirts und Hosen, um daraus 24 verschiedene Kombinationen zu bilden.
Wie viele T-Shirts und Hosen könnten im Schrank liegen?
Finde mehrere Möglichkeiten.

2 Ein Glücksrad mit sechs gleich großen Feldern wird gedreht. Zwei Felder sind blau, drei sind weiß, eines ist rot.
a) Zeichne das Glücksrad in dein Heft.
b) Wie groß ist die Wahrscheinlichkeit, bei zweimaligem Drehen auf unterschiedlich gefärbten Feldern zu landen?

3 Eine der abgebildeten Münzen wird zufällig gezogen, zurückgelegt und es wird erneut eine Münze gezogen.
Wie groß ist die Wahrscheinlichkeit, dass...

a) die 1-€-Münze und die 50-Cent-Münze gezogen wird?
b) der Betrag der beiden Münzen größer als 1 € ist?

4 Von den 30 Schülerinnen und Schülern der Klasse 9a waren sechs in den Ferien in Spanien, fünf in Griechenland, elf in Deutschland und drei in der Türkei.
Die restlichen Schüler besuchten andere Länder.
Zwei Schüler der Klasse werden zufällig ausgewählt.

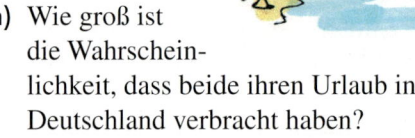

a) Wie groß ist die Wahrscheinlichkeit, dass beide ihren Urlaub in Deutschland verbracht haben?
b) Mit welcher Wahrscheinlichkeit haben beide ihren Urlaub im gleichen Land verbracht?

5 Ein Tresor verfügt über zwei Drehknöpfe, die auf die Zahlen 1 bis 8 eingestellt werden können. Nur bei der richtigen Zahlenkombination öffnet sich der Tresor.

a) Wie viele Kombinationsmöglichkeiten gibt es?
b) Bei einem neuen Tresormodell soll es 96 Kombinationsmöglichkeiten geben. Wie ist das möglich?
Nenne zwei Möglichkeiten für Zahlen auf den Drehknöpfen.

6 Ein Paar wünscht sich zwei Kinder. Mit einer Wahrscheinlichkeit von 51 % wird ein Junge geboren, bei einem Mädchen sind es 49 %.
a) Wie groß ist die Wahrscheinlichkeit, dass beide Kinder Mädchen sind?
b) Bestimme die Wahrscheinlichkeit für zwei Jungen.
c) Wie groß ist die Wahrscheinlichkeit, dass das zweite Kind ein Mädchen ist?

7 Das Glücksrad wird dreimal gedreht.
Mit welcher Wahrscheinlichkeit ergibt sich ein sinnvolles Wort?
Überlege zuerst, welche sinnvollen Wörter man aus den Buchstaben bilden kann und schreibe sie in dein Heft.

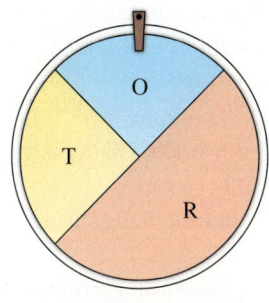

5 Zwei Spielwürfel werden nacheinander geworfen. Die Augenzahl wird notiert.
Zum Beispiel wird zuerst eine Vier und dann eine Fünf geworfen, notiert wird (4|5).

a) Wie viele mögliche Ergebnisse hat dieser Zufallsversuch?
b) Gib folgende Ereignisse als Menge geordneter Paare an:
  A: Beide Augenzahlen sind gerade.
  B: Die zweite Augenzahl ist größer als die erste Augenzahl.
  C: Das Produkt der beiden Augenzahlen ist kleiner als 10.
c) Überlege dir zu diesem Zufallsversuch zwei weitere mögliche Ereignisse, die du jeweils als Menge angibst.

6 Eine Gruppe besteht aus 3 Frauen und 7 Männern. Es werden zufällig zwei Personen ausgewählt.
a) Bestimme die Wahrscheinlichkeit für …
  ① zwei Frauen,
  ② zwei Männer,
  ③ keinen Mann,
  ④ einen Mann und eine Frau.
b) Wie ändern sich die Wahrscheinlichkeiten, wenn die Gruppe aus 6 Frauen und 14 Männern besteht? Begründe.
c) Was verändert sich, wenn man nur weiß, dass die Gruppe aus 30 % Frauen und 70 % Männern besteht?

7 Bei einem Leichtathletik-Sportfest nehmen acht Läuferinnen am 100-m-Finale teil.
Von vier Teilnehmerinnen kann man bereits vor dem Lauf sicher sagen, dass sie für den Sieg nicht infrage kommen.
Bei den restlichen Teilnehmerinnen kann man den Zieleinlauf nicht vorhersagen.
a) Wie viele unterschiedliche Zieleinläufe sind möglich?
b) Wie groß ist die Wahrscheinlichkeit, den Zieleinlauf der ersten drei Läuferinnen richtig vorherzusagen?

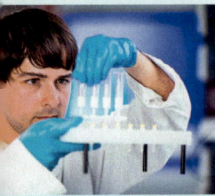

PHARMAKANT/IN
Die Ausbildung dauert $3\frac{1}{2}$ Jahre. Suche nach weiteren Informationen über den Beruf z.B. im Internet oder im BIZ.

Beruf Pharmakant/in

Pharmakanten und Pharmakantinnen stellen Arzneimittel an automatisierten Maschinen und Anlagen her. Das können Salben, Tabletten oder flüssige Produkte sein. Sie mischen die Wirkstoffe, führen im Labor Kontrolluntersuchungen durch und kümmern sich um die Abfüllung und die fachgerechte, hygienische Verpackung. Darüber hinaus verwalten und kontrollieren sie die Rohstoffe.

Arbeit finden Pharmakanten und Pharmakantinnen in der pharmazeutischen Industrie bei Herstellern von Arzneimittelwirkstoffen und Arzneiwaren.

ZUR INFORMATION
USL *(upper specification limit) steht für „oberer erlaubter Wert" und **LSL** (lower specification limit) steht für „unterer erlaubter Wert".*

8 Erfassen von Testdurchläufen

Eine automatisch gesteuerte Anlage soll je 1 ml eines flüssigen Arzneimittels abfüllen. Vor der Produktion wird in Testdurchläufen überprüft, ob die Abfüllanlage die erwartete Menge tatsächlich abgibt.

Das Ergebnis der Testdurchläufe ist in dem Koordinatensystem veranschaulicht. USL und LSL begrenzen den **Toleranzbereich**.
Hier liegen die Befüllungen, die man als Abweichungen vom Erwartungswert erlaubt.

a) Wie viele Messungen wurden insgesamt durchgeführt?

b) Nicht alle Messwerte erreichen genau 1 ml. Sie streuen um diesen Wert.
    Bei wie vielen Messungen wurden genau 1 ml erreicht?

c) Gib Maximum und Minimum der gemessenen Füllungen an. Wie groß ist die Spannweite?

d) Wie viele Messergebnisse liegen außerhalb des Toleranzbereiches?
    Wie viele Messergebnisse liegen im Toleranzbereich (inklusive Rand)?

e) Wenn mehr als 5% der Ergebnisse nicht im Toleranzbereich liegen, muss die Anlage besser eingestellt werden. Ist das nach dem Protokoll nötig? Begründe.

9 Auswertung der Testdurchläufe

Zur Einstellung des Füllautomaten werden die Werte des Protokolls, die im Toleranzbereich liegen, als Schätzwert für die Wahrscheinlichkeit angenommen.

a) Wie viele von 30 000 Abfüllungen würden dann im erlaubten Bereich liegen?

b) Wie viele von 100 000 Abfüllungen würden nicht im Toleranzbereich liegen?

ZUR INFORMATION
Flüssige Medikamente werden häufig in Glasampullen gefüllt.

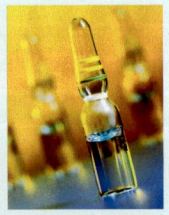

10 Neueinstellung des Füllautomaten

Nach der Neueinstellung des Füllautomaten liegen nur noch 4% der Ampullen außerhalb des Toleranzbereiches. Die anderen sind korrekt abgefüllt.

a) Wie viele von 1 500 000 Füllungen haben wahrscheinlich zugelassene Werte?
    Wie viele nicht?

b) Nach dem korrekten Abfüllen werden die Glasampullen in Kartons verpackt. Dabei gehen 0,6% kaputt. Mit welcher Wahrscheinlichkeit werden die Ampullen in dieser Anlage korrekt abgefüllt und verpackt?
    Wie viele von 1 500 000 Ampullen sind das?

Zusammenfassung

Zweistufige Zufallsexperimente beschreiben

→ Seite 112

Setzt sich ein Zufallsexperiment aus zwei Teilexperimenten zusammen, so nennt man es **zweistufiges Zufallsexperiment**.

Die Ergebnisse zweistufiger Zufallsexperimente sind **geordnete Paare**.
Um die Anzahl aller möglichen Ergebnisse eines zweistufigen Zufallsexperiments zu bestimmen, können die beiden Anzahlen der Ergebnisse der Teilexperimente multipliziert werden.

Baumdiagramme verwendet man zur Veranschaulichung von zweistufigen oder mehrstufigen Zufallsexperimenten.

Auf einem Flug werden als Getränke Kaffee, Tee oder Wasser und als Essen ein Sandwich mit Käse oder eines mit Schinken geboten. Es gibt 3 · 2 = 6 mögliche Kombinationen: (Kaffee | Käse); (Kaffee | Schinken); (Tee | Käse); (Tee | Schinken); (Wasser | Käse); (Wasser | Schinken)

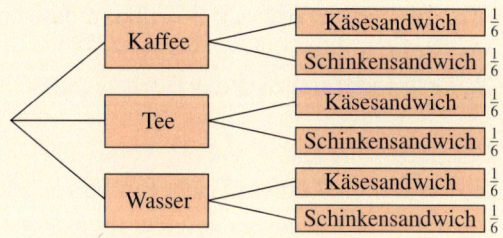

$P(\text{Kaffee} \,|\, \text{Käsesandwich}) = \frac{1}{6}$

$P(\text{Käsesandwich}) = \frac{1}{6} + \frac{1}{6} + \frac{1}{6} = \frac{3}{6} = \frac{1}{2}$

Pfadregeln

→ Seite 116

Viele zufällige Erscheinungen in alltäglichen Situationen lassen sich mithilfe der Pfadregeln (Produkt- und Summenregel) lösen.

Beim Notieren der Wahrscheinlichkeiten ist zu überlegen, ob das Ergebnis des ersten Teilversuchs die Wahrscheinlichkeiten beim zweiten Teilversuch beeinflusst, d. h. ob es sich um ein Experiment mit oder ohne **Zurücklegen** handelt.

Produktregel
Bei zweistufigen Zufallsexperimenten ergibt sich die Wahrscheinlichkeit eines Ergebnisses aus dem Produkt der Wahrscheinlichkeiten der einzelnen Teilergebnisse.

Summenregel
Die Wahrscheinlichkeit eines Ereignisses ergibt sich durch Addition der Wahrscheinlichkeiten von allen Ergebnissen, die zu diesem Ereignis gehören.

Aus einer Urne mit drei gelben und zwei blauen Kugeln wird eine Kugel gezogen. Sie wird zurückgelegt und es wird noch einmal gezogen. Wie groß ist die Wahrscheinlichkeit, eine gelbe Kugel zu ziehen?

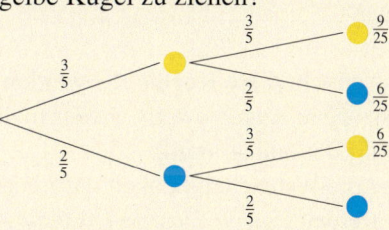

$P(\text{Gelb}) = \frac{9}{25} + \frac{6}{25} + \frac{6}{25} = \frac{21}{25}$

Aus der gleichen Urne wird eine Kugel gezogen und nicht wieder zurückgelegt. Anschließend wird eine zweite Kugel gezogen. Bestimme jetzt die Wahrscheinlichkeit.

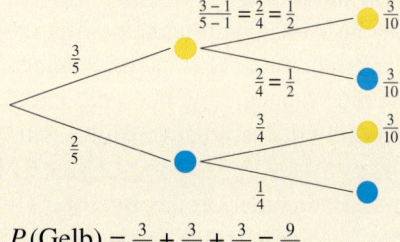

$P(\text{Gelb}) = \frac{3}{10} + \frac{3}{10} + \frac{3}{10} = \frac{9}{10}$

Teste dich!

1 Punkt

1 Ein Imbiss verkauft Würstchen, Schnitzel und Frikadellen. Als Beilage können die Kunden Kartoffelsalat oder Pommes wählen.
Zwischen wie vielen Kombinationen können die Kunden sich entscheiden?

3 Punkte

2 Bei einem Tierklappbuch ist jede Seite in zwei gleich große Teile unterteilt. Der obere Teil der Seite zeigt den Kopf sowie den Rumpf und der untere Teil die Beine sowie die Füße eines Tieres.
a) Das Buch zeigt fünf verschiedene Tiere. Wie viele Kombinationsmöglichkeiten von Kopf und Beinen gibt es?
b) Wie groß ist die Wahrscheinlichkeit, dass bei einer zufällig ausgewählten Kombination Kopf und Beine zum gleichen Tier gehören?
c) Wie viele Tiere müsste das Buch zeigen, damit es mehr als 100 Kombinationen gibt?

4 Punkte

3 Ein Bube, eine Dame und ein König eines Skatspiels liegen verdeckt auf einem Tisch. Ein Spieler zieht eine Karte, notiert das Ergebnis und legt die Karte zurück. Es wird gemischt und noch einmal gezogen.
a) Wie viele Ergebnisse gibt es?
b) Wie groß ist die Wahrscheinlichkeit, zweimal hintereinander eine Dame zu ziehen?
c) Gib die Wahrscheinlichkeit an, dass mindestens einmal eine Dame gezogen wird.
d) Mit welcher Wahrscheinlichkeit wird die Dame weder beim ersten noch beim zweiten Zug gezogen?

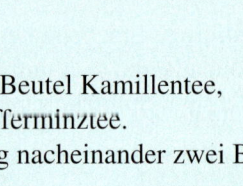

1 Punkt

4 In einer Multibox sind vier verschiedene Teesorten und zwar 50 Beutel Kamillentee, 20 Beutel Fencheltee, 100 Beutel schwarzer Tee und 80 Beutel Pfefferminztee.
Mit welcher Wahrscheinlichkeit zieht man aus der Multibox zufällig nacheinander zwei Beutel Pfefferminztee?

4 Punkte

5 Eine Urne enthält diese Kugeln. Es werden zwei Kugeln gezogen, wobei die gezogene Kugel jeweils wieder in die Urne zurückgelegt wird.
a) Zeichne ein Baumdiagramm.
b) Bestimme die Wahrscheinlichkeit dafür, dass zwei grüne Kugeln gezogen werden.
c) Mit welcher Wahrscheinlichkeit wird genau eine weiße Kugel gezogen?
d) Wie groß ist die Wahrscheinlichkeit dafür, dass mindestens eine weiße Kugel aus der Urne gezogen wird?

4 Punkte

6 Die beiden Glücksräder werden gleichzeitig gedreht.
a) Zeichne ein Baumdiagramm.
b) Bestimme die Wahrscheinlichkeit dafür, dass beide Glücksräder auf „Rot" stehen bleiben.
c) Bestimme die Wahrscheinlichkeit dafür, dass mindestens ein Glücksrad auf „Weiß" stehen bleibt.
d) Die Wahrscheinlichkeit für das Ergebnis (Rot|Rot) soll genau 25 % betragen. Wie groß müsste der Winkel des roten Segments beim zweiten Glücksrad gewählt werden?

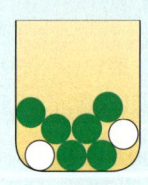

Gold: 16–17 Punkte, Silber: 13–15 Punkte, Bronze: 10–12 Punkte   Lösungen ab Seite 194

Kreise berechnen

Darts ist ein Geschicklichkeitsspiel und Präzisionssport,
stammt aus England und ist auch bei uns populär.
Dabei werden Pfeile auf eine kreisrunde Scheibe geworfen.
Die Dartscheibe ist in Kreisringe, Sektoren
und weitere kleine Flächen unterteilt.
Je kleiner und je zentraler die Teilfläche,
desto höher kann die erzielte
Punktzahl sein.

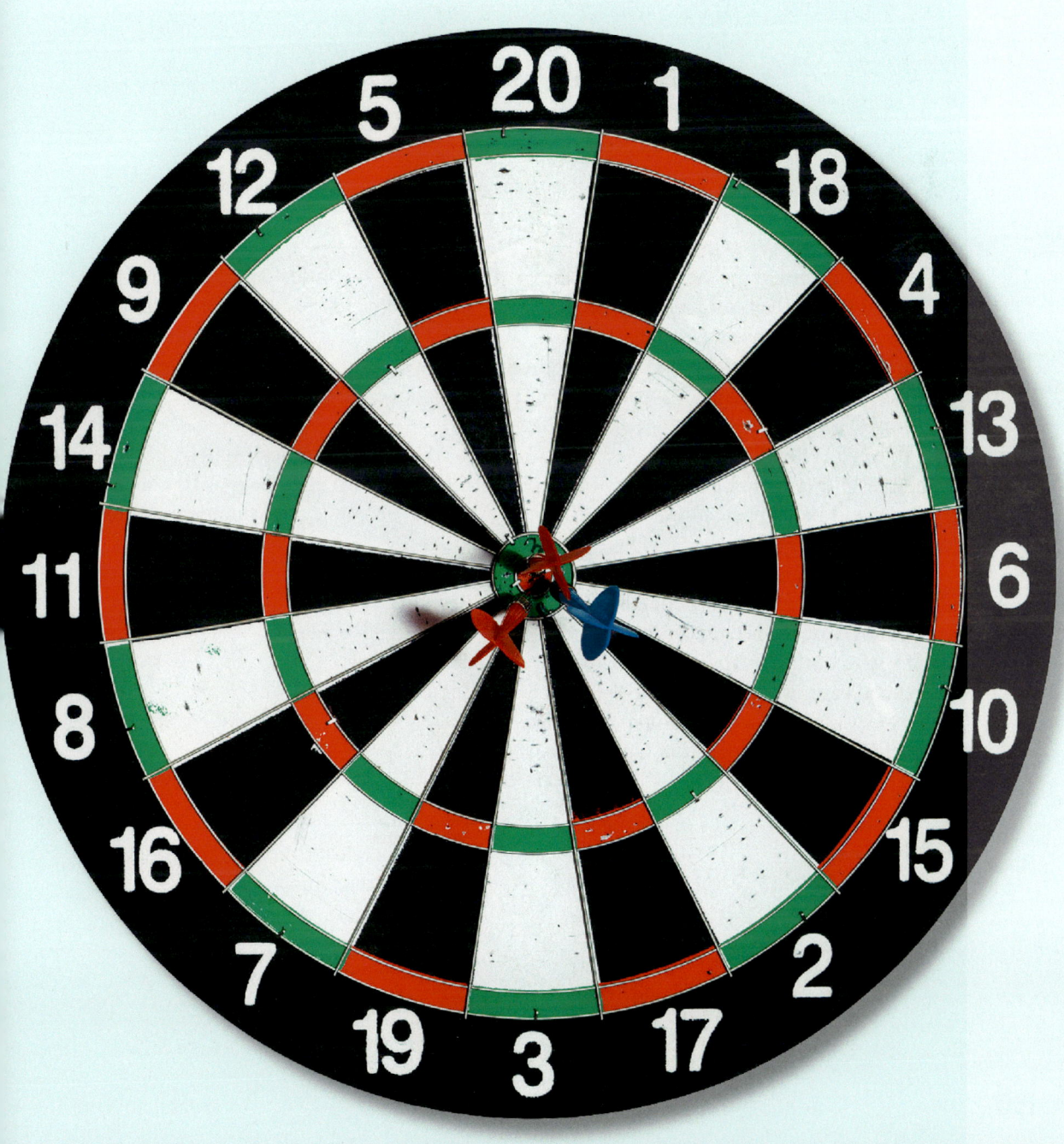

Noch fit?

Einstieg

1 Einheiten umrechnen
Rechne in die angegebene Einheit um.
a) 17 cm (in dm)   b) 5,1 m (in cm)
c) 17 mm^2 (in cm^2)   d) 5,1 m^2 (in cm^2)

Aufstieg

1 Einheiten umrechnen
Rechne in die angegebene Einheit um.
a) 0,99 mm (in cm)   b) 470 m (in km)
c) 0,99 mm^2 (in cm^2)   d) 470 m^2 (in ha)

2 Figuren zeichnen
Zeichne die Figuren ins Heft. Beschreibe, wie du dabei vorgehst.

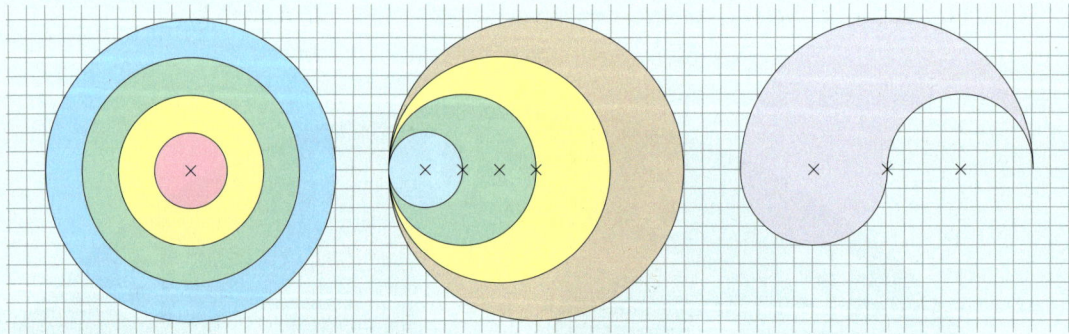

ZU AUFGABE 3

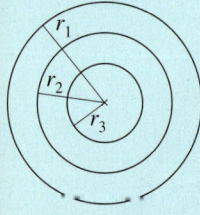

ZU AUFGABE 4

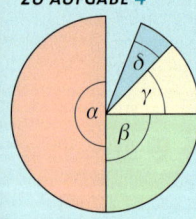

3 Kreise zeichnen
Miss die Radien der drei Kreise in der Randspalte aus und zeichne das Bild ab. Berechne anschließend die drei Kreisdurchmesser.

3 Kreise zeichnen
Zeichne zwei Kreise mit d = 6,5 cm und d = 4,2 cm, die sich außen (innen) berühren. Wie weit sind jeweils die Mittelpunkte voneinander entfernt?

4 Winkelgrößen bestimmen
Im Kreisbild sind die Mittelpunktswinkel von α an jeweils halbiert. Bestimme die Größen.

4 Winkelgrößen bestimmen
Ein Kreis wird in 2, 3, 4, … 10 gleiche Teile geteilt. Berechne die Mittelpunktswinkel.

5 Quadrate und Kreise zeichnen
In ein Quadrat von 10 cm Seitenlänge wird der größtmögliche Kreis eingezeichnet. In diesen Kreis wird das größtmögliche Quadrat eingezeichnet, darin wieder der größtmögliche Kreis usw. Zeichne die Figur und miss oder berechne die Seitenlängen der Quadrate bzw. die Durchmesser der Kreise.

5 Kreisdiagramm
Berechne die Mittelpunktswinkel der einzelnen Sektoren.

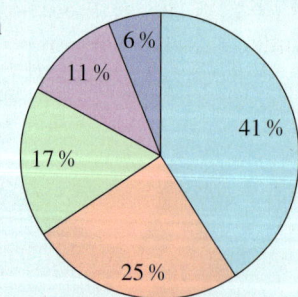

6 Symmetrie
Übertrage das Muster in dein Heft. Trage alle Symmetrieachsen ein.

6 Symmetrie
Übertrage das Muster in dein Heft. Trage alle Symmetrieachsen ein.

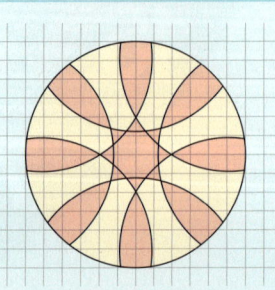

Lösungen ab Seite 194

Kreisumfang

Entdecken

1 Anders als bei Vielecken kann man bei Kreisen die Kreislinie nicht mit einem Lineal ausmessen, weil sie gekrümmt ist.
Zeichne einen Kreis mit einem Radius von 5 cm und versuche, die Länge des Umfangs zu ermitteln.
Vergleiche dein Ergebnis mit dem deines Nachbarn.

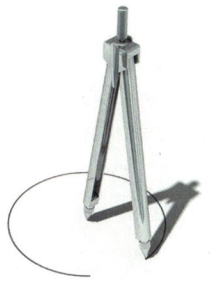

2 Beschreibe, wie man mit den nachfolgenden Messgeräten und Methoden den Durchmesser oder Umfang von kreisförmigen Gegenständen bestimmen kann.

   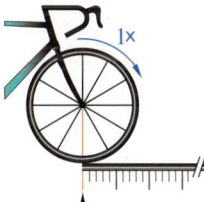 

3 Messt in Partnerarbeit Durchmesser und Umfang von Geldmünzen aus und legt dazu eine Tabelle im Heft an.

	Durchmesser d	Umfang u	Verhältnis $u : d$
1-ct-Münze			
2-ct-Münze			
...			

Betrachtet die Zahlen: Findet ihr einen rechnerischen Zusammenhang zwischen Durchmesser und Umfang?

4 Von Archimedes (282 v. Chr. bis 212 v. Chr.) ist das folgende Verfahren zur Bestimmung des Kreisumfanges bekannt.
Es beruht auf der Betrachtung von regelmäßigen Vielecken, die dem Kreis einbeschrieben und umbeschrieben werden.

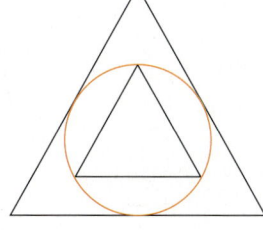 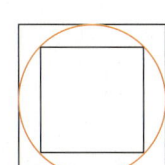 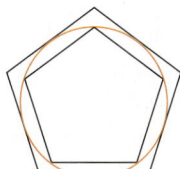 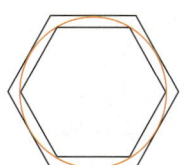 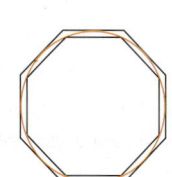

a) Maja meint, dass der Kreisumfang größer als der Umfang des einbeschriebenen Vielecks und kleiner als der Umfang des umbeschriebenen Vielecks ist.
Hat Maja Recht?

b) Zeichne einen Kreis mit $r = 3$ cm. Konstruiere ein umbeschriebenes und ein einbeschriebenes, regelmäßiges Vieleck mit möglichst vielen Ecken.
Miss jeweils eine Seite der beiden Vielecke und bestimme deren Umfänge.
Was bedeutet dies für den Umfang des Kreises?

ZUR INFORMATION
Archimedes von Syrakus (Sizilien) war einer der bedeutendsten Mathematiker und Physiker der Antike. Zahlreiche geometrische Erkenntnisse gehen auf ihn zurück.

131

Verstehen

Für sein Fahrrad möchte Klaus ein neues Tachometer installieren. Dazu muss er den Umfang des Vorderrades eingeben.

In der Anleitung sind zwei Möglichkeiten der Umfangsbestimmung beschrieben.

Möglichkeit 1:

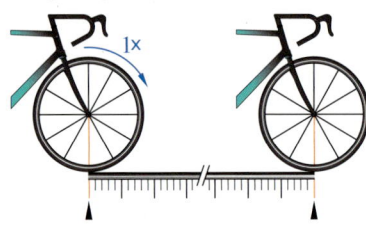

Klaus rollt das Rad einmal ab und misst die abgerollte Strecke aus. Sie ist 207 cm lang.

Möglichkeit 2:

Klaus misst den Reifendurchmesser mit $d = 65{,}9$ cm und rechnet nach Anleitung:
$65{,}9$ cm $\cdot 3{,}14 \approx 206{,}9$ cm

ZUR

INFORMATION

Die Zahl π ist eine nicht abbrechende, nichtperiodische Dezimalzahl. Die meisten Taschenrechner besitzen eine π-Taste mit dem Näherungswert 3,141592654

Für jeden Kreis ist das Verhältnis von Umfang zu Durchmesser gleich (konstant). Diese Konstante heißt **Kreiszahl** und wird mit dem griechischen Buchstaben π („pi") bezeichnet. Es gilt also: $\frac{u}{d} = \pi$. Als Näherungswert rechnet man mit $\pi \approx 3{,}14$. Jeder Kreisumfang ist somit etwa 3,14-mal so lang, wie der Kreisdurchmesser.

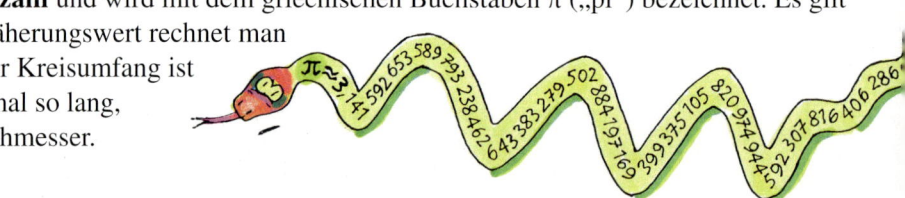

Merke Der **Umfang u** eines Kreises lässt sich mithilfe des Durchmessers d oder des Radius r berechnen.

Es gilt: $\quad u = \pi \cdot d$
$\quad\quad\quad\; u = 2 \cdot \pi \cdot r$

Länge der Kreislinie = Umfang u

Radius r

M

Durchmesser d

Beispiel 1

Traktorreifen sind unterschiedlich groß. Ein Oldtimertraktor hat einen Vorderreifen-Durchmesser von 60 cm, beim Hinterreifen beträgt der Radius 55 cm. Vergleiche die Umfänge.

Vorderreifen: $u = \pi \cdot d \approx 3{,}14 \cdot 60$ cm $\approx 1{,}88$ m.

Hinterreifen: $u = 2 \cdot \pi \cdot r \approx 2 \cdot 3{,}14 \cdot 55$ cm $\approx 3{,}45$ m.

Das Hinterrad dieses Traktors hat mit 3,45 m fast den doppelten Umfang des Vorderrades.

Beispiel 2

Aus einem 1,50 m langen Felgenprofil soll ein Rad hergestellt werden. Welchen Durchmesser bzw. welchen Radius wird das Rad haben?

Umformung der Formel $u = \pi \cdot d$ zu $d = \frac{u}{\pi}$

$d = \frac{u}{\pi} = \frac{1{,}50\,\text{m}}{\pi} \approx 0{,}48$ m; $r = \frac{d}{2} = \frac{0{,}48\,\text{m}}{2} \approx 0{,}24$ m

Das Rad hat einen Radius von etwa 24 cm bzw. einen Durchmesser von etwa 48 cm.

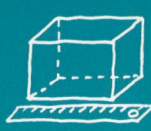

Üben und anwenden

1 Berechne den Umfang des Kreises mit dem Radius bzw. Durchmesser.
a) $r = 5\,cm$
b) $d = 8\,cm$
c) $r = 2,7\,cm$
d) $d = 4,9\,cm$
e) $r = 0,6\,cm$
f) $d = 12,5\,cm$

1 Berechne den Umfang des Kreises, runde das Ergebnis auf eine Kommastelle.
a) $r = 7\,cm$
b) $d = 4,9\,cm$
c) $r = 3,7\,mm$
d) $d = 0,9\,m$
e) $r = 0,8\,km$
f) $d = 35,7\,dm$

2 Ordne Radius und Umfang einander zu.

 $u = 22,62\,cm$ 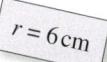 $r = 6\,cm$ $u = 37,70\,cm$

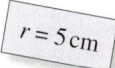 $r = 5\,cm$ $u = 31,42\,cm$ $r = 3,6\,cm$

2 Berechne den Umfang des Kreises. Gib jeweils Radius bzw. Durchmesser an.
a)

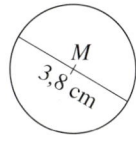

M
3,8 cm

b)

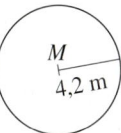

M
4,2 m

3 Fülle die Tabelle im Heft aus.

	r	d	u
a)	4 cm	8 cm	
b)	3 cm		
c)	4,5 cm		
d)	7,5 cm		

3 Ergänze die folgende Tabelle im Heft.

	r	d	u
a)	3 cm		
b)	4,8 dm		
c)		3 m	
d)			175,9 m

4 Luisa reitet im Kreis auf einem Pferd an einer 5 m langen Longe.
a) Wie viele Meter legt das Pferd bei einer Runde zurück?
b) Wie viele Meter ist das Pferd nach 20 Runden gelaufen?

4 Ein Reitpferd wird an einer 8 m langen Longe geführt und läuft 50 Runden.
a) Welche Strecke legt es zurück?
b) Wie viele Runden müsste das Pferd mindestens laufen, um 850 m zurückzulegen?

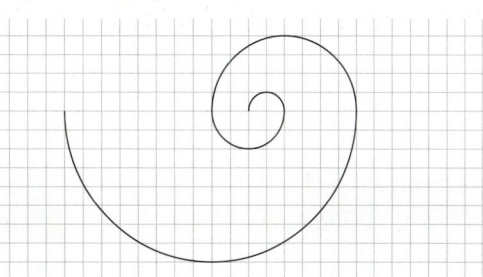

5 Riesenmammutbäume können bis zu 95 m hoch werden, ihr Stamm bis zu 8 m dick. Eine Armspanne entspricht in etwa der Körpergröße eines Menschen. Wird eine komplette Fußballmannschaft benötigt, um einen solchen Baum zu umspannen? Schätze, bevor du rechnest. Annahme: der Stamm ist in etwa kreisrund, die Durchschnittsgröße eines Menschen beträgt etwa 1,75 m.

5 Ein rundes Sprungtuch hat einen Durchmesser von 5 m.

Wie viele Feuerwehrleute sind zum Aufspannen nötig, wenn alle zwei Meter eine Person stehen muss?

ZUR INFORMATION
Riesenmammutbäume können bis zu 3200 Jahre und älter werden.

6 Die Spirale ist durch die Aneinanderreihung von Halbkreisen entstanden, wobei sich der Kreisradius stets verdoppelt hat. Der größte Halbkreis hat einen Radius von 4 cm.
a) Zeichne die Spirale in dein Heft und berechne ihre Länge.
b) Ergänze die Spirale um einen weiteren Halbkreis.

Thema: Die Erforschung der Kreiszahl π

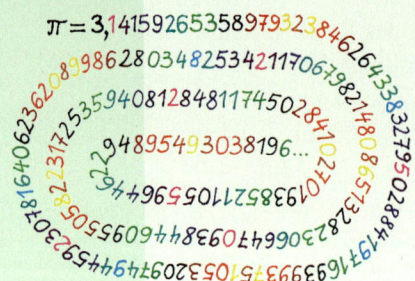

$\pi = 3{,}141592653589793238462643...$

Die Zahl π beschreibt das Verhältnis von Umfang zu Durchmesser eines Kreises. Schon seit vorchristlicher Zeit haben Mathematiker versucht, diese Zahl immer genauer zu bestimmen (siehe Zeitleiste unten). Da π eine irrationale Zahl ist, hat sie unendlich viele nichtperiodische Nachkommastellen, sodass man nie an das Ende dieser Berechnungen gelangen kann. Mit Computern wird π inzwischen auf Milliarden von Nachkommastellen berechnet. Einen praktischen Nutzen beim Aufgabenlösen haben diese Berechnungen nicht mehr.

Die Methode zur annähernden Berechnung von π, die der große Mathematiker, Physiker und Ingenieur Archimedes (282 v. Chr. bis 212 v. Chr.) verwendete, ist besonders eindrucksvoll und hat auch heute noch Anwendungsmöglichkeiten. Archimedes bestimmte π über den Umfang eines Kreises, indem er dem Kreis regelmäßige Vielecke einbeschrieb und umbeschrieb. Deren Umfänge berechnete er und bildete die Differenz. Je mehr Ecken die Vielecke haben, umso geringer wird diese Differenz und umso genauer wird der Umfang des Kreises angenähert.

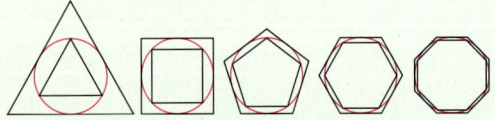

Nach einer ersten Annäherung an π mit dem regelmäßigen Sechseck, verbesserte Archimedes mit dem Prinzip der „Eckenverdopplung" die Näherungswerte bis zum 96-Eck. Zur Vereinfachung der Untersuchung wird von einem Einheitskreis ausgegangen. Man sagt, der Radius beträgt eine Einheit, also 1. Die Ergebnisse sind in der Tabelle zusammengefasst.

Ecken-anzahl	Umfang des einbe-schriebenen Vielecks	Umfang des umbeschriebe-nen Vielecks	Nähe-rungs-wert für π
6	6,0000000...	6,9282032...	3
12	6,2116570...	6,4307806...	3
24	6,2652572...	6,3193198...	3
48	6,2787004...	6,2921724...	3,1
96	6,2854292...	6,2854292...	3,14

Die Geschichte der Kreiszahl und ihrer Berechnung kann bis ca. 2000 vor Christus zurückverfolgt werden.
Hier sind wichtige Daten in einer Zeitleiste zusammengestellt worden.

1500 v. Chr.
Ägypter verwenden für π den Wert $\left(\frac{16}{9}\right)^2 \approx 3{,}16$.

ca. 250 v. Chr.
Archimedes nähert π dem Wert $\frac{22}{7} \approx 3{,}14$ an.

120 n. Chr.
Ptolemäus verbessert π auf $\frac{377}{120} \approx 3{,}1417$.

um 1579
Vieta berechnet π auf zehn Dezimalstellen.

um 1600
van Ceulen berechnet π auf 35 Dezimalstellen.

ca. 1750
Euler verwendet zum ersten Mal den griechischen Buchstaben π und berechnet in einer Stunde 20 Dezimalstellen.

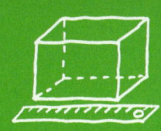

ZUM WEITERARBEITEN
Unter dem Stichwort „pi day" oder „Pi-Tag" findest du über eine Suchmaschine im Internet weitere interessante Hinweise.

Bis heute gilt π als interessante und geheimnisvolle Zahl.
Ausgehend von den USA wird seit 1988 ein „pi-day" gefeiert. Er findet jährlich am 14. März statt. Benutzt man die US-amerikanische Schreibweise 3/14 für dieses Datum, erkennt man den Bezug zur Zahl Pi. Am „pi-day" versammeln sich jedes Jahr weltweit Mathematikfans und Forscher zu Wettbewerben und Partys, um weitere Berechnungen rund um π anzustellen. In Deutschland ist der Pi-Tag bisher wenig populär.

1 Die Länge des Erdäquators berechnet man aus dem Erdradius ($r = 6370$ km). Je nachdem, welche Größe für π eingesetzt wird, kommt es zu kleinen oder auch größeren Differenzen. Welchen Erdumfang errechneten laut der Zeitleiste unten …
a) die Ägypter,　　　　　**b)** Archimedes,　　　　　**c)** Ptolemäus?
d) Welches Ergebnis erzielst du bei Verwendung der π-Taste deines Taschenrechners?

2 Auf eine Buchseite passen 47 Zeilen mit 85 Zeichen. Das Buch hat 240 Seiten mit einer Blattstärke von 0,09 mm. Es ist in einen Umschlag mit 1,5 mm dicken Buchdeckel gebunden. Wie viele Bücher könnte man vollständig füllen und wie hoch würde der Bücherstapel sein, wenn die von Yasumasa Kanada im Jahr 1999 ermittelten Ziffern der Zahl π fortlaufend gedruckt würden?

3 Manchmal steht kein Rechner zur Verfügung und man möchte den Umfang eines Kreises überschlägig im Kopf berechnen.
Eine Faustregel für Handwerker besagt:
Umfang Kreis ≈ Durchmesser mal 3 + 5 % des Produktes.
a) Berechne nach dieser Faustregel den Umfang für Kreise mit:
　① $d = 2$ m (Schulglobus)
　② $d = 60$ m (Riesenrad auf dem Wiener Prater)
　③ $r = 15$ m (Gasbehälter)
　④ $r = 700000$ km (Radius der Sonne)
b) Rechne die Umfänge von a) exakt mit der π-Taste des Taschenrechners aus und bestimme die Unterschiede.
c) Diskutiert darüber, für welche Berechnungen diese Faustregel genau genug ist und für welche nicht.

$d = 20$ cm
$3 \cdot 20$ cm $= 60$ cm
5% von 60 cm $= 3$ cm
$u \approx 60$ cm $+ 3$ cm ≈ 63 cm

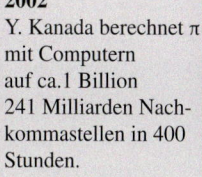

1767
Lambert weist als Erster nach, dass π eine irrationale Zahl ist und nicht als Bruch geschrieben werden kann.

1948
Von π sind 808 Stellen bekannt.

1949
Die erste Maschine (ENIAC) berechnet π auf über 2000 Stellen in 70 Stunden.

1999
Der Japaner Yasumasa Kanada berechnet π mit Computern auf 206 158 430 000 Nachkommastellen in 37 Stunden.

2002
Y. Kanada berechnet π mit Computern auf ca.1 Billion 241 Milliarden Nachkommastellen in 400 Stunden.

**ZUR
INFORMATION**
Reifendurchmesser werden in
Zoll *(") angegeben.*
1" ≙ 2,54 cm

7 Hier seht ihr ein Hochrad. Der Radius des Vorderrads beträgt 70 cm, der Radius des Hinterrads 12 cm.

a) Berechne den Umfang des Vorderrads.
b) Berechne den Umfang des Hinterrads.
c) Wie oft dreht sich das Hinterrad bei einer Umdrehung des Vorderrads?
d) Wie oft drehen sich beide Räder bei einer Fahrstrecke von 550 m?

8 Aus 10 m langem Stahldraht sollen Gardinenringe von 2 cm Durchmesser geformt werden.
Schätze zunächst, welche Anzahl von Ringen dabei entsteht, dann rechne.

9 Litfaßsäulen sind Anschlagsäulen, auf die Werbung geklebt wird.

a) Die rechts abgebildete historische Litfaßsäule hat einen Umfang von 3,5 m.
Wie groß ist ihr Durchmesser?
b) Moderne Litfaßsäulen sind drehbar und haben bis zu 3 m Durchmesser. Wie groß ist ihr Umfang?

**ZUR
INFORMATION**
Schaufelradbagger werden hauptsächlich zum Abbau von Rohstoffen oder auf Großbaustellen eingesetzt.

10 Ein kreisförmiges Beet wird von quadratischen Steinen mit 10 cm Seitenlänge eingefasst. Zum Bau werden 150 Steine benötigt. Welchen Durchmesser hat das Beet?

7 Familie Mühlen unternimmt einen Fahrradausflug über 12 km.
Der Vater benutzt ein 28-Zoll-Rad, das Rad der Mutter hat 26″.
Tochter Kira (24″) und der kleine Ben (20″) haben noch Kinderräder.

a) Berechne die Reifendurchmesser jedes Rads in cm.
Beachte die Randspalte.
b) Wie groß sind die Reifenumfänge?
c) Wie viele Umdrehungen macht das jeweilige Rad auf dem gesamten Ausflug?

8 Mittelalterliche Kettenrüstungen dienten der Körperpanzerung. Sie wurden aus 1 bis 2 mm dicken, ineinander verflochtenen Drahtringen hergestellt.

Für ein Kettenhemd wurden beispielsweise 45 000 Ringe von 10 mm Durchmesser benötigt. Reicht 1 km Draht aus, um daraus das Hemd herzustellen?

9 Das Schaufelrad eines Riesenbaggers zum Braunkohleabbau besteht aus 12 je 3 m langen Schaufeln, die dicht an dicht stehen und den Umfang bilden.
a) Welchen Durchmesser hat das Rad?
b) Wie viel Erde wird in 10 Umdrehungen abgetragen, wenn jede Schaufel durchschnittlich 6 m^3 Erde fasst?

10 Ein Basketball hat den Umfang 78 cm, der Durchmesser des Korbringes ist 46 cm. Jens platziert den Ball zentral in den Korb. Wie viel Platz bleibt ringsum bis zum Ring?

11 Das London Eye ist mit einer Höhe von 135 Meter und einem Durchmesser von 120 Meter das derzeit höchste Riesenrad Europas.
Es besitzt 32 aus Glas geformte Gondeln.
Das Rad dreht sich mit einer Geschwindigkeit von 0,26 $\frac{m}{s}$.

a) Bestimme die Strecke, die das Rad in einer Umdrehung zurücklegt.
b) Wie lange dauert eine Umdrehung?
c) Welchen Abstand haben die Aufhängungen der Gondeln voneinander?

Kreisfläche

Entdecken

1 Schätze anhand der Zeichnungen die Fläche des Kreises in Abhängigkeit vom Radius r.

a) Bestimme bei Abbildung ① die Fläche des blauen Quadrats und überlege, welche Fläche das Gesamtquadrat besitzt.
Schätze anschließend die Kreisfläche.

b) Berechne bei Abbildung ② zunächst die Fläche des äußeren (grünen) Quadrats.
Jetzt kannst du die Fläche des inneren (blauen) Quadrats bestimmen, da dieses nur halb so groß ist wie das äußere.
Mache jetzt eine Abschätzung der Kreisfläche.

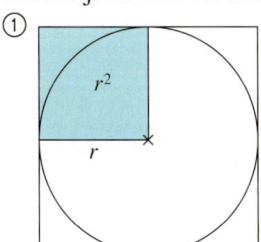

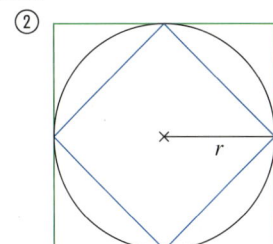

c) Diskutiert und vergleicht eure Ergebnisse.

2 Die Kreisfläche kann man näherungsweise bestimmen, indem man Kästchen auszählt.
Dabei werden die ganzen Kästchen voll (×), die vom Kreis zerschnittenen Kästchen halb (/) gerechnet.
Zeichne einen Kreis mit einem Radius von 10 Kästchen und arbeite ähnlich wie in der nebenstehenden Zeichnung.
Auf wie viele geltende Kästchen kommst du?

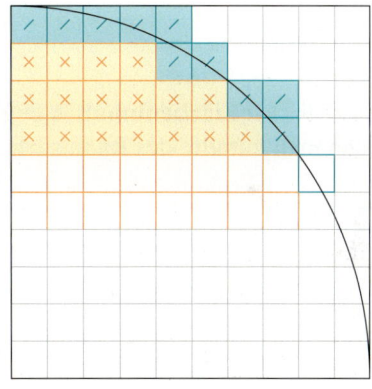

3 Zeichne auf dünne Pappe einen Kreis mit einem Radius von 5 cm und schneide ihn aus.
Male die beiden Hälften in verschiedenen Farben aus und zerlege diese in gleich große Sektoren.
Zerlege die Sektoren dann wieder in gleich große Sektoren und wiederhole diesen Schritt immer weiter, wie es die nachfolgende Zeichnung angibt.
Die letzte Fläche ist nahezu ein Rechteck.

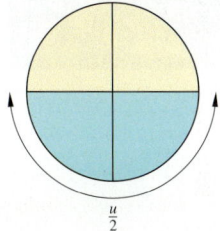

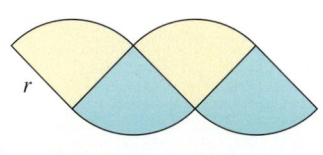

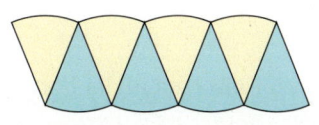

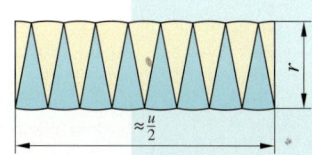

Wie kannst du ihren Flächeninhalt berechnen?

137

Verstehen

In einem Schulgarten soll ein kreisrundes Beet von 4 m Durchmesser neu bepflanzt werden.
Pro m² kann man etwa 5 Blumensetzlinge unterbringen.
Um die benötigte Anzahl an Pflanzen zu berechnen, muss man zunächst die Fläche des kreisförmigen Beetes kennen.

Um die Fläche eines Kreises berechnen zu können, zerlegt man ihn in gleich große Kreisausschnitte und setzt diese so zusammen, dass annäherungsweise ein Rechteck entsteht.

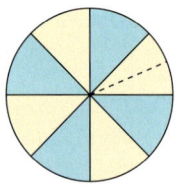 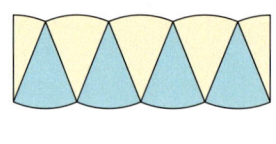 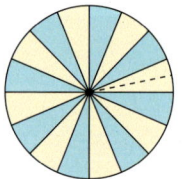 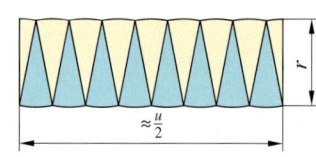

Für den Flächeninhalt des Rechtecks gilt: $A_{\text{Rechteck}} = \text{Länge} \cdot \text{Breite} = \frac{u}{2} \cdot r$
Für den Umfang des Kreises gilt: $u = 2 \cdot \pi \cdot r$,
Eingesetzt in die Rechteckformel gilt demnach für den Kreis:
$A_{\text{Kreis}} = \frac{u}{2} \cdot r = \frac{2 \cdot \pi \cdot r}{2} \cdot r = \pi \cdot r \cdot r = \pi \cdot r^2$

Merke Den **Flächeninhalt A** eines Kreises kann man mithilfe des Radius r berechnen.

Es gilt: $\boldsymbol{A = \pi \cdot r^2}$

Beispiel 1

Der Radius des Beetes beträgt 2 m.
$A = \pi \cdot (2\,\text{m})^2 \approx 12{,}6\,\text{m}^2$
Berechnung der Pflanzenanzahl:
$12{,}6 \cdot 5 \approx 63$
Für die Pflanzaktion werden etwa 63 Pflanzen benötigt.

Beispiel 2

In gotischen Kirchen finden sich, meist über dem Hauptportal, kreisrunde Glasfenster, sogenannte Rosetten.
Eine der größten je gebauten Fensterrosetten schmückt die Kirche Notre Dame in Paris. Die Glasfläche beträgt etwa 150 m².
Wie groß ist der Fensterdurchmesser?
Zur Berechnung muss die Flächenformel des Kreises umgestellt werden:

$A = \pi \cdot r^2 \qquad | : \pi$
$\frac{A}{\pi} = r^2 \qquad | \sqrt{}$
$\sqrt{\frac{A}{\pi}} = r$

Rechnung durch Einsetzen in die Formel:
$r = \sqrt{\frac{A}{\pi}} = \sqrt{\frac{150\,\text{m}^2}{\pi}} \approx \sqrt{47{,}7\,\text{m}^2} \approx 6{,}9\,\text{m}$
$d = 2 \cdot r = 2 \cdot 6{,}9\,\text{m} \approx 13{,}8\,\text{m}$

Der Durchmesser der Rosette beträgt etwa 13,80 m.

Üben und anwenden

1 Welchen Flächeninhalt hat der Kreis?
a) $r = 4\,cm$ b) $r = 9\,cm$
c) $r = 2,5\,m$ d) $r = 3,7\,mm$
e) $d = 3\,km$ f) $d = 5,7\,cm$

2 Berechne den Flächeninhalt des Kreises.
a)

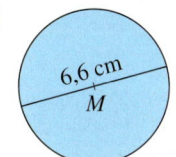

6,6 cm
M

b)

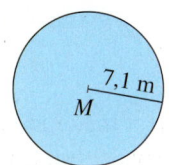

7,1 m
M

3 Wie groß ist der Radius des Kreises?
a) $A = 18\,cm^2$ b) $A = 0,94\,m^2$
c) $A = 6,6\,dm^2$ d) $A = 4,98\,km^2$
e) $A = 0,8\,cm^2$ f) $A = 27\,a$
g) $A = 38,48\,cm^2$ h) $A = 113,09\,cm^2$

4 Übertrage die Tabelle in dein Heft und fülle sie aus.

	r	d	u	A
a)	3 cm			
b)		4,5 dm		
c)			53,4 m	
d)				78,5 m²

5 Aus einem rechteckigen Blechstreifen von 64 cm Länge und 16 cm Breite werden vier Kreise mit einem Durchmesser von 15,2 cm ausgestanzt.
a) Wie viel Abfall ergibt sich? Zeichne zuerst eine Skizze.
b) Berechne den Materialverlust in Prozent.

6 Das erste Radioteleskop in Deutschland wurde 1956 in der Eifel errichtet. Sein Spiegel hat einen Durchmesser von 25 m.
Das größte Radioteleskop der Welt wird derzeit in China gebaut und soll 2016 fertiggestellt werden. Sein Durchmesser beträgt 500 m.
a) Berechne den Umfang und die Fläche der beiden Teleskopschüsseln.
b) Vergleiche die Flächen der beiden Teleskopschüsseln.
c) Vergleiche die Fläche des neuen Teleskops mit einem Fußballfeld (60 m × 90 m).

1 Wie groß ist die Kreisfläche?
a) $r = 5,5\,cm$ b) $d = 1,8\,dm$
c) $r = 2,7\,m$ d) $d = 4,9\,mm$
e) $r = 1,9\,km$ f) $d = 12,5\,cm$

2 Berechne den Flächeninhalt der Kreise mit folgenden Maßen.
a) $d = 12\,cm$ b) $d = 5,8\,cm$
c) $d = 248\,mm$ d) $d = 2,74\,dm$
e) $u = 17,94\,m$ f) $u = 1,1\,km$
g) $u = 227\,dm$ h) $u = 19,8\,mm$

3 Zeichne einen Kreis mit folgendem Flächeninhalt.
a) $A = 50,3\,cm^2$ b) $A = 125\,cm^2$
c) $A = 2\,800\,mm^2$ d) $A = 2\,dm^2$
e) $A = 3,5\,dm^2$ f) $A = 9\,800\,mm^2$

4 Versuche, ohne zu messen einen Kreis mit einem Flächeninhalt von 15 cm² zu zeichnen. Miss nach und berechne, wie groß deine Abweichung ist.

5 „Unser WLAN-Router hat eine maximale Reichweite von 350 m und deckt eine Fläche von 40 Hektar ab", behauptet der Hersteller in der Werbung. Überprüfe die Aussage auf ihren Wahrheitsgehalt (1 ha = 10 000 m²)

HINWEIS
Wenn der Durchmesser d gegeben ist, dann berechne immer zuerst den Radius r, bevor du den Flächeninhalt berechnest.
Es gilt: $r = \frac{d}{2}$

SCHON GEWUSST?
Radioteleskope dienen zum Empfang elektromagnetischer Strahlung aus dem Weltall. Mit ihnen können weit entfernte Himmelskörper erforscht werden.

7 Eine Pizzeria bietet Pizzen von 20 cm und 30 cm Durchmesser an. Die größere Pizza ist doppelt so teuer. Hat sie auch die doppelte Fläche?

7 Nina behauptet: „Der Flächeninhalt von zwei Pizzen mit 33 cm Durchmesser ist insgesamt größer als der von drei Pizzen mit 26 cm Durchmesser."
Überprüfe, ob Nina recht hat.

8 Betrachte die nebenstehende Abbildung.
a) Zeichne das Dreieck ABC mit $a = 6$ cm, $b = 10$ cm und $c = 8$ cm. Ergänze dann die Halbkreise.
b) Berechne die Flächeninhalte der drei Halbkreise.
c) Zeichne ein beliebiges rechtwinkliges Dreieck mit anliegenden Halbkreisen. Miss die Größe des Durchmessers der Halbkreise und bestimme deren Flächeninhalte. Was fällt dir auf?

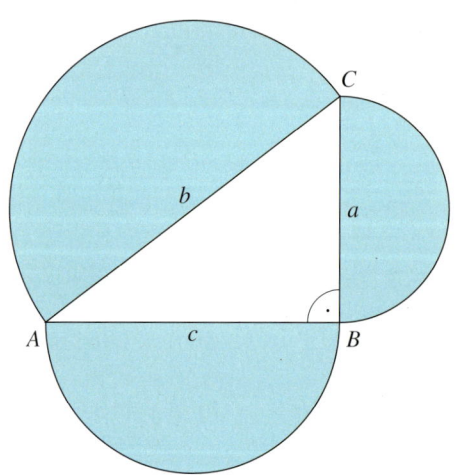

9 Ein Kreis hat einen Flächeninhalt von 10 m². Der Flächeninhalt eines zweiten Kreises soll …
a) doppelt,   b) dreimal,
c) fünfmal,   d) zehnmal
so groß sein wie der Flächeninhalt des ersten Kreises.
Wie groß muss der Radius des größeren Kreises sein?

9 Der äußere Kreis hat einen Durchmesser von 15 cm.
a) Zeichne das gesamte Gebilde ab.
b) Zeige rechnerisch, dass die freie gelbe Fläche genau so groß ist wie 4 kleine Kreise.

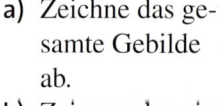

RÜCKBLICK
Von den 120 Pflanzen eines Blumenrondells sind $\frac{1}{3}$ Stiefmütterchen, $\frac{1}{4}$ Tagetes und $\frac{1}{5}$ Veilchen. Der Rest sind Primeln. Wie viele sind das?

10 Für einen kreisrunden Tisch mit einem Durchmesser von 1,50 m wird eine Tischdecke angefertigt.
Sie soll ringsherum 30 cm überhängen.
a) Fertige eine Skizze der Situation an.
b) Berechne den Flächeninhalt der Decke.
c) Wie viel Meter Borte wird benötigt, um die Tischdecke damit zu umsäumen?

10 Das Pulvermaar in der Eifel ist ein vulkanisch entstandener, fast kreisrunder See mit einem Durchmesser von ca. 700 m.
a) Wie lange braucht ein Wanderer, der mit einer Geschwindigkeit von 5 $\frac{km}{h}$ läuft, um das Maar zu umrunden?
b) Wie groß ist die Fläche, die das Maar einnimmt?

11 Ein kreisrundes Blumenbeet wird bepflanzt.
Pro m² sollen 20 Pflanzen eingesetzt werden. Wie viele Pflanzen werden für den folgenden Radius benötigt?
a) 60 cm   b) 1 m
c) 1,2 m   d) 8 dm
e) 75 cm   f) 1,35 m

Kreisteile

Entdecken

1 Wie verändert sich der sichtbare Flächeninhalt des orangefarbenen Kreises je nach Lage des blauen Kreises?
Formuliere eine Vermutung und vergleiche mit deinen Nachbarn.

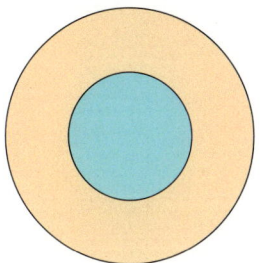 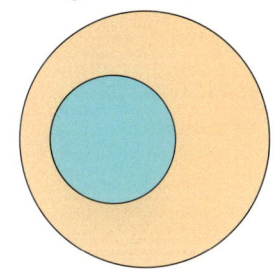 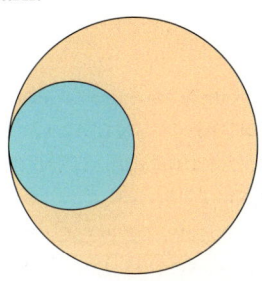

2 Ein Halbkreis-Winkelmesser ist an der geraden Kante genau 10 cm lang.
a) Wie kannst du seinen Umfang berechnen?
b) Hast du eine Idee, wie du den Kreisbogen eines Halb-, Drittel-, Viertel- usw. -kreises berechnen kannst?
c) Stelle dafür Formeln auf und vergleiche mit deinen Sitz-nachbarn.

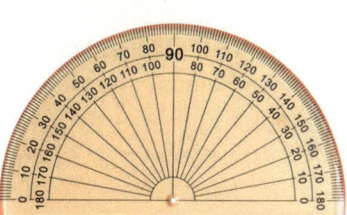

3

„Die grüne Fläche ist doppelt so groß wie die orangefarbene, weil auch der Außenradius doppelt so groß wie der Innenradius ist", behauptet Mia.
Tom widerspricht: „Der Gesamtkreis hat einen viermal so großen Flächeninhalt wie der Innenkreis".
Wer hat recht? Findest du eine Formel, nach der man den Flächen-inhalt des inneren Kreises und des äußeren Rings berechnen kann?

4 Aus 24 gleichen Kurvenschienen einer Modelleisenbahn kann man einen vollständigen Kreis bauen.
Jede Kurvenschiene ist außen 20,3 cm lang.
a) Reicht eine quadratische Grundplatte von 1,50 m Seitenlänge aus, um den Schienenkreis aufzubauen?
b) Kannst du bestimmen, wie viel Grad des Kreises eine Kurvenschiene abdeckt?
Tipp: Der Vollkreis hat 360°, der Halbkreis 180°, der Viertelkreis 90° usw. Legt zusammen eine Tabelle an.

5

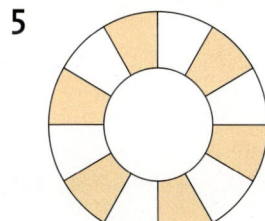

Für das Schulfest soll ein Glücksrad nach nebenstehendem Muster angefertigt werden.
Der Durchmesser des inneren Kreises ist halb so groß wie der Rad-durchmesser. Marvin behauptet, die orange Fläche nehme $\frac{3}{8}$ der Ge-samtfläche ein. Was meinst du dazu?
Finde einen Rechenweg zur Bestimmung der orangen Fläche.
Nimm einen Durchmesser von 1 m für das Glücksrad an.

Verstehen

Im Schulgarten soll um das neue Rundbeet ein ringförmiger Weg angelegt werden.
Amin fertigt eine Skizze an und trägt die Größen ein.
Er will die ringförmige Fläche berechnen, indem er die innere Kreisfläche von der Fläche des Gesamtkreises subtrahiert.

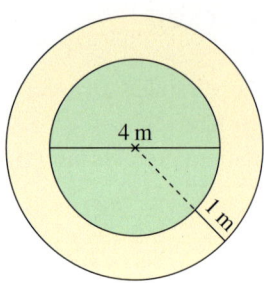

Beispiel 1

BEACHTE

r_a steht für „Radius außen" und

r_i steht für „Radius innen".

Für die neue Gartenanlage ergeben sich folgende Größen:
$r_a = 3\,\text{m}$; $r_i = 2\,\text{m}$
$$A = \pi \cdot (3\,\text{m})^2 - \pi \cdot (2\,\text{m})^2$$
$$= 28{,}27\,\text{m}^2 - 12{,}56\,\text{m}^2$$
$$= 15{,}7\,\text{m}^2$$
Die ringförmige Wegfläche beträgt $15{,}7\,\text{m}^2$.

> **Merke** Den **Flächeninhalt** eines **Kreisrings** kann man mit dem äußeren Radius r_a und dem inneren Radius r_i berechnen.
>
> Es gilt: $A = \pi \cdot r_a^2 - \pi \cdot r_i^2$
> $\qquad\qquad = \pi \cdot \left(r_a^2 - r_i^2\right)$

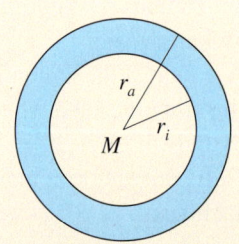

Die Klasse 9c möchte den Sportplatz für ein Fußballturnier regelgerecht markieren. Für den Eckpunkt ist ein Viertelkreis von 1 m Radius vorgeschrieben.
Carina will wissen, welche Länge dieser Kreisbogen hat, Cem möchte die Fläche des Viertelkreises errechnen.

Beispiel 2

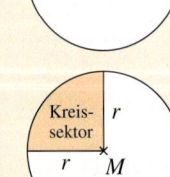

Der Kreisbogen eines Viertelkreises beträgt ein Viertel des Kreisumfangs, die Fläche eines Viertelkreises beträgt ein Viertel der Kreisfläche.
$$b = \frac{u}{4} = \frac{2 \cdot \pi \cdot r}{4} = \frac{2 \cdot \pi \cdot 1\,\text{m}}{4} \approx 1{,}57\,\text{m}$$
Der Kreisbogen an der Eckfahne ist etwa 1,57 m lang.
$$A_{\text{Sektor}} = \frac{A_{\text{Kreis}}}{4} = \frac{\pi \cdot r^2}{4} = \frac{\pi \cdot (1\,\text{m})^2}{4} \approx 0{,}79\,\text{m}^2$$
Der Viertelkreis an der Eckfahne hat eine Fläche von etwa $0{,}8\,\text{m}^2$.

> **Merke** Die Teilfläche eines Kreises, die durch zwei Radien r und den **Kreisbogen b** gebildet wird, nennt man **Kreisausschnitt** oder **Kreissektor** A_{Sektor}.
> Beim Halb-, Drittel-, Viertelkreis usw. beträgt der Flächeninhalt des Kreissektors jeweils die Hälfte, ein Drittel, ein Viertel usw. des Flächeninhalts der Kreisfläche.
> Entsprechendes gilt für die Länge des Kreisbogens b.

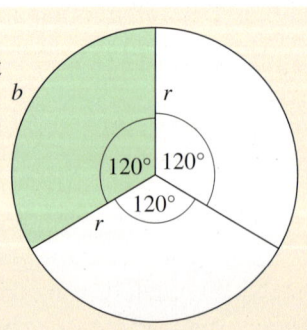

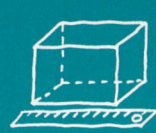

Üben und anwenden

1 Welchen Flächeninhalt hat der Kreisring?
a) $r_a = 16\,cm$; $r_i = 10\,cm$
b) $r_a = 4\,m$; $r_i = 3\,m$
c) $r_a = 6,4\,m$; $r_i = 2,9\,m$
d) $r_a = 1,69\,dm$; $r_i = 0,35\,dm$

2 Die drei Kreise
haben einen
gemeinsamen
Mittelpunkt.

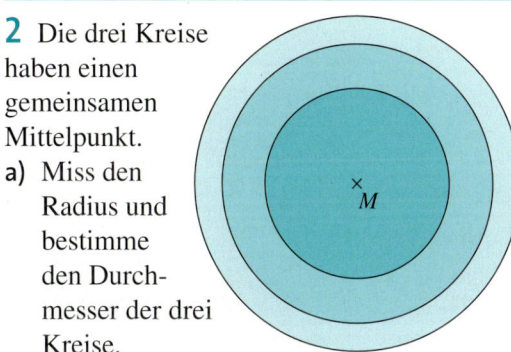

a) Miss den
   Radius und
   bestimme
   den Durch-
   messer der drei
   Kreise.
b) Berechne den Flächeninhalt der drei verschiedenen Gebiete.

3 Berechne die Länge des Kreisbogens bzw.
den fehlenden Kreisradius.
a) Viertelkreis mit $r = 5,4\,cm$
b) Halbkreis mit $r = 1\,m$
c) Im Drittelkreis ist $b = 6\,cm$.
d) Im Zehntelkreis ist $b = 1,2\,cm$.

4 Ein Kreis mit dem Radius
$r = 6\,cm$ ist in verschiedene farbige Sektoren
eingeteilt.

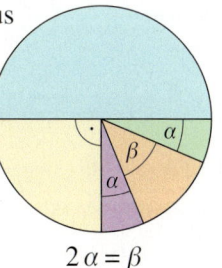

a) Zeichne den Kreis.
b) Berechne den Flächen-
   inhalt der einzelnen
   Sektoren.

$2\,\alpha = \beta$

---

1 Übertrage die Tabelle in dein Heft und berechne die fehlende Größe des Kreisrings.

	r_a	r_i	A
a)	7 dm	34 cm	
b)		8,6 cm	168,78 cm²
c)	49,5 m		5 321,86 m²

2 Zeichne einen Kreis mit 5 cm Durchmesser.
Zeichne anschließend um ihn einen Kreisring,
der den gleichen Flächeninhalt wie der Kreis
hat.

3 Übertrage die Tabelle in dein Heft und berechne die fehlenden Größen.

	Kreisteil	r	b	u
a)	Viertel	8,5 cm		
b)	Drittel			30 cm
c)	Sechstel		2,4 cm	
d)			20 cm	1 m

4 Berechne die Einzelflächen und überlege,
wie du die Gesamtfläche der Figur durch eine
einzige Rechnung kontrollieren kannst.
Der Winkel α hat eine Größe von 45°.

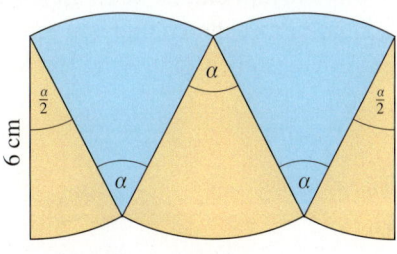

---

5 Je nach Anzahl (x) gleicher Sektoren in einem Kreis berechnet man den Mittelpunktswinkel
mit dem Term $\frac{360°}{x}$. Lege eine Tabelle nach dem folgenden Muster an und fülle sie aus:

Anzahl gleicher Sektoren	2	3	4	5	6	8	10	12	15	18	20
Winkelgröße	180°	120°									

6 Ein Wahrzeichen Chicagos sind die beiden 60-stöckigen Turmhäuser.
Sie bestehen aus 12 m dicken Stahlbetonkernen mit daran aufgehängten Wohnungen. Der
Durchmesser der Türme ist 30 m. Jede Etage kann in 16 gleich große Wohneinheiten aufgeteilt
werden. Welche Fläche hat eine Wohneinheit?

SCHON GEWUSST?
*Kreise mit glei-
chem Mittel-
punkt nennt
man auch kon-
zentrische Kreise.*

**ZUR
INFORMATION**
*Die beiden Tür-
me in Chicago
heißen Marina
Towers*

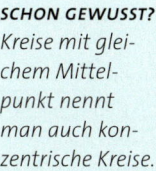

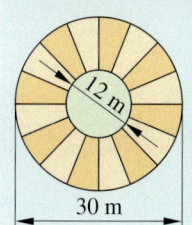

7 Berechne den Flächeninhalt der Kreisteile.

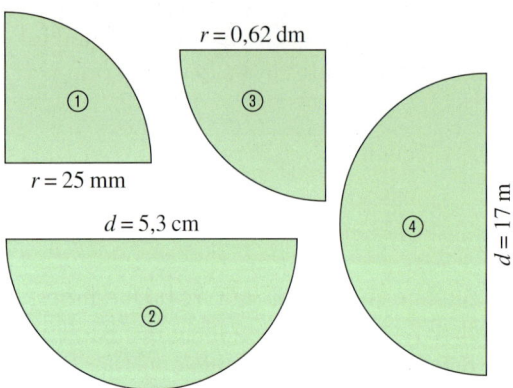

7 Berechne den Flächeninhalt je einer roten Fläche im inneren und äußeren Ring.

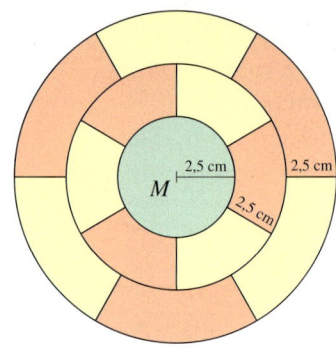

HINWEIS ZU 8

Kreissektoren, bei denen der Mittelpunktswinkel α angegeben ist, kann man nach folgender Formel berechnen:

$A = \pi \cdot r^2 \cdot \frac{\alpha}{360°}$

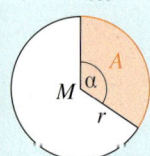

8 Ein Rasensprenger schwenkt über einen Winkel von 140° und reicht bis zu 8 m weit.
Ein anderes Modell hat nur einen Winkel von 70°, der Strahl reicht aber 12 m weit. Welches Modell besprengt eine größere Fläche?

8 Eine rechteckige Heckscheibe von 120 cm mal 60 cm wird von einem Scheibenwischer gesäubert, der 60 cm lang ist; die Länge der Gummilippe beträgt 50 cm, der Mittelpunktswinkel beträgt 182°. Erreicht der Wischer die Hälfte der Scheibe? Tipp: Fertige eine Zeichnung im Maßstab 1 : 10 an.

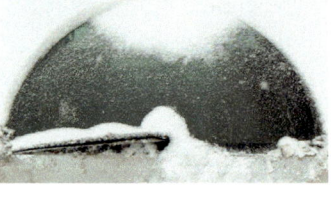

9 Die Trefferfläche einer Dartscheibe hat einen Durchmesser von 340 mm und ist in 20 gleich große Sektoren geteilt. Durch den äußeren und den inneren Ring sowie das Zentrum entstehen zahlreiche Einzelflächen.

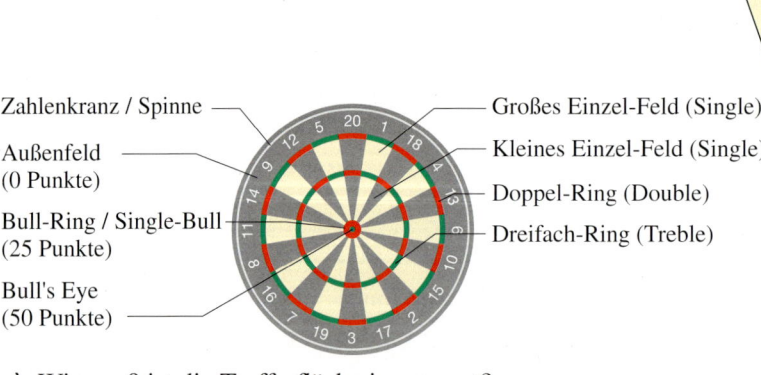

Zahlenkranz / Spinne

Außenfeld (0 Punkte)

Bull-Ring / Single-Bull (25 Punkte)

Bull's Eye (50 Punkte)

Großes Einzel-Feld (Single)

Kleines Einzel-Feld (Single)

Doppel-Ring (Double)

Dreifach-Ring (Treble)

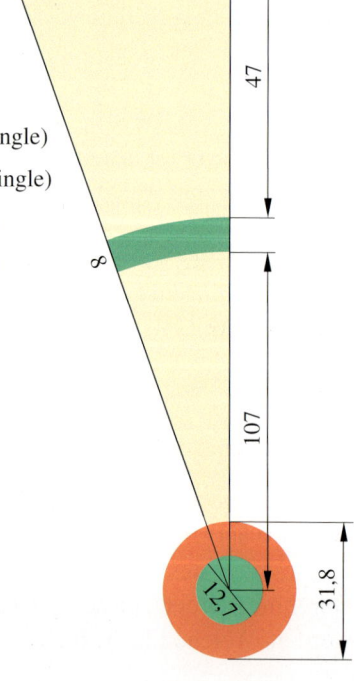

a) Wie groß ist die Trefferfläche insgesamt?
b) Wie groß ist die Fläche eines Sektors der Trefferfläche?
c) Vergleiche die Flächengrößen von Bull's Eye und Bull-Ring.
d) Wie viel Prozent der Gesamtfläche macht die Fläche des Bull's Eye aus?
e) Stelle deinen Mitschülern zwei weitere Aufgaben zur Dartscheibe.

144

10 Lena und Tim haben auf der Rätselseite ihrer Zeitung eine Figur gefunden, deren Fläche berechnet werden soll. Nun knobeln beide, wie sie das Problem am einfachsten lösen können.

Tim teilt die Figur in Teilflächen auf, rechnet diese einzeln aus und bildet die Summe:

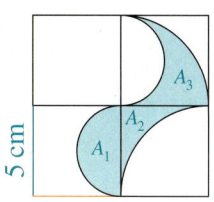

Wie groß ist die blaue Fläche?

Lena verschiebt die Teilflächen und bildet daraus ein Quadrat:

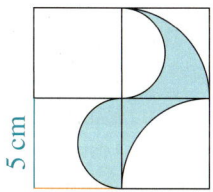   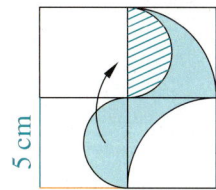      

a) Berechne die Lösungswege von Tim und Lena und vergleiche die Ergebnisse.
b) Diskutiert miteinander, welcher Lösungsweg einfacher ist.

TIPP
Aus Kreisteilen zusammengesetzte Figuren kann man in Teilflächen zerlegen und einzeln berechnen. Manchmal ist es einfacher, sie zu Kreisen oder Halbkreisen zusammenzulegen und dann zu berechnen.

11 Berechne die Größen der blauen Fläche. Die Seitenlänge des Quadrats ist 5 cm.

11 Berechne die Größen der blauen Fläche. Die Seitenlänge des Quadrats ist 10 cm.

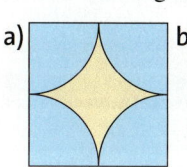 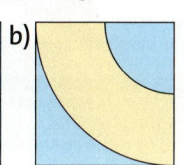 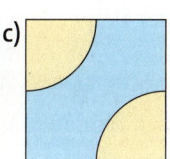

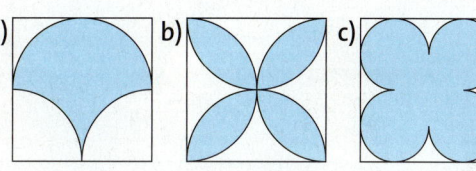

a)   b)   c)

12 Berechne jeweils den Flächeninhalt der blauen, roten und gelben Fläche. Vergleiche die Flächeninhalte der blauen und der roten Fläche miteinander.

5 m

2,50 m

12 Berechne den Flächen inhalt der abgebildeten Figur. Diskutiert verschiedene Lösungswege.

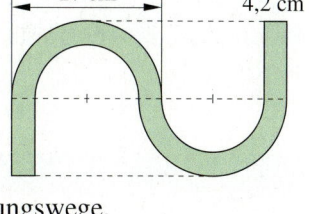

27 cm   4,2 cm

13 Ein Leichtathletikstadion hat die nachstehenden Ausmaße, die vier Laufbahnen sind jeweils 1,22 m breit.
a) Berechne die Innenfläche des Stadions.
b) Welche Fläche haben die vier Laufbahnen insgesamt?
c) Man nimmt an, dass man auf der Innenlaufbahn 0,3 m entfernt von der Laufbahneinfassung läuft. Auf den Bahnen 2 bis 4 läuft man jeweils 0,2 m entfernt von der Begrenzungslinie. Bestimme die Längen der Runden.
d) Aufgabe c) ergibt, dass die Läufer auf den Bahnen 2 bis 4 längere Strecken für eine Runde haben als der Innenbahnläufer. Deshalb gibt es beim 400-m-Lauf für diese Bahnen eine Kurvenvorgabe. Wie groß ist sie jeweils?

84,40 m

36,50 m

Innenbahn

Klar so weit?

→ Seite 130

Kreisumfang

1 Berechne den Umfang des Kreises. Runde auf zwei Stellen nach dem Komma.
a) $d = 12\,cm$ **b)** $r = 18\,cm$

2 Wie groß ist der Durchmesser d des Kreises?
Berechne auch seinen Radius r.
a) $u = 7\,cm$ **b)** $u = 15,9\,cm$
c) $u = 208\,m$ **d)** $u = 3\,587\,m$
e) $u = 97\,cm$ **f)** $u = 1\,000\,km$

3 Zeichne drei Kreise mit gemeinsamen Mittelpunkt.
Die Kreise sollen die Umfänge von 10 cm, 20 cm und 30 cm haben.

4 Der Äquator des Saturns ist 120 536 km lang, sein äußerster Ring hat einen Durchmesser von 960 000 km.

Wie oft passt die Äquatorlänge in den Umfang des Ringes?

1 Berechne den Umfang des Kreises. Runde auf zwei Stellen nach dem Komma.
a) $d = 0,25\,m$ **b)** $r = 11,47\,km$

2 Ergänze die Tabelle im Heft.

	r	d	u
a)			12,9 cm
b)		3,1 m	
c)			2478 m

3 Ein kreisrundes Wasserauffangbecken hat einen Umfang von 50 m. Es soll in 2 m Abstand vom Beckenrand eingezäunt werden. Wie lang muss der Zaun sein?

4 Mit einem Felgenband deckt man bei Fahrrädern die Speichenbohrungen in der Felge ab, damit diese sich nicht durchdrücken und den Schlauch zerreißen.

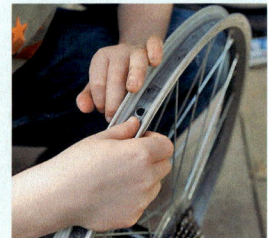

Vor einer Tour will Familie Glück alle Felgenbänder erneuern. Reicht eine 10-m-Rolle aus, um ein 20″-, ein 24″- und ein 26″-Fahrrad damit zu versehen? ($1'' \triangleq 2,54\,cm$)

→ Seite 136

Kreisfläche

5 Berechne den Flächeninhalt des Kreises. Runde auf zwei Stellen nach dem Komma.
a) $r = 3\,cm$ **b)** $d = 7\,cm$

6 Bestimme den Radius des Kreises. Runde auf zwei Stellen nach dem Komma.
a) $A = 66,5\,cm^2$ **b)** $A = 25,2\,m^2$

5 Berechne den Flächeninhalt des Kreises. Runde auf zwei Stellen nach dem Komma.
a) $r = 4,6\,cm$ **b)** $d = 81\,mm$

6 Zeichne Kreise mit folgendem Flächeninhalt in dein Heft.
a) $A = 78,5\,cm^2$ **b)** $A = 28,5\,cm^2$

7 Die Uhren des Big Ben in London gehören zu den größten der Welt. Die Minutenzeiger haben eine Länge von 4,3 Metern, die Stundenzeiger messen 2,74 Meter.
a) Welche Strecken legen die beiden Zeigerspitzen einer Uhr pro Tag zurück?
b) Wie groß ist die Fläche des Zifferblattes?

ERINNERE DICH
$1'' \triangleq 2,54\,cm.$

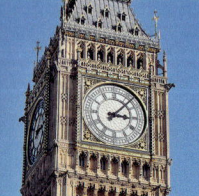

8 Zeichne einen Kreis mit $r = 6\,cm$ und mit gleichem Mittelpunkt einen Innenkreis, der einen halb so großen Flächeninhalt hat.

9 Ein kreisrundes Blumenbeet mit einem Durchmesser von 2,4 m wird bepflanzt. Pro m² Beetfläche sollen 20 Blumen eingesetzt werden.
Wie viele Blumen müssen für das Bepflanzen eingekauft werden?

8 Zeichne ein Quadrat und einen Kreis von jeweils 25 cm² Flächeninhalt. Vergleiche die Umfänge beider Figuren.

9 Ein Rasensprenger hat eine Sprühweite von maximal 20 m.
a) Welche Fläche wird damit bewässert?
b) Wie weit müsste der Sprenger etwa sprühen, wenn die doppelte Fläche bewässert werden soll?

Kreisteile

→ Seite 140

10 Zeichne drei konzentrische Kreise mit Durchmessern von 4 cm, 6 cm und 8 cm und berechne die Flächeninhalte des Innenkreises sowie der zwei Kreisringe.

10 Zeichne konzentrische Kreise mit folgenden Maßen: $r_1 = 2,5\,cm$; $r_2 = 3,8\,cm$; $r_3 = 5,3\,cm$; $r_4 = 6,1\,cm$; färbe die einzelnen Gebiete ein und berechne deren Flächen.

11 Bei einer Kochfeldplatte ist der äußere Ring zuschaltbar, wenn es die Topfgröße erfordert. Welche Fläche ist größer: die des inneren Kreises oder die Ringfläche?
Mache eine Vermutung, bevor du rechnest. Die Durchmesser betragen 12 cm bzw. 21 cm.

11 Bestimme die Speicherkapazität einer CD-ROM in MB pro cm².

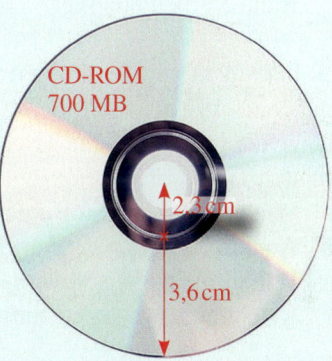

CD-ROM 700 MB

2,3 cm

3,6 cm

12 Berechne zu jedem Kreis mit $r = 2,5\,cm$ die Länge des Kreisbogens b und die Kreissektorfläche A_{Sektor}.

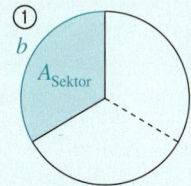
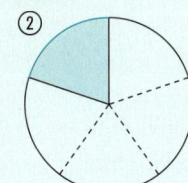
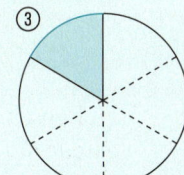
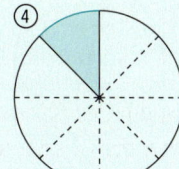
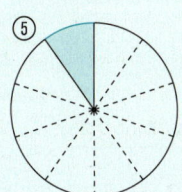

13 Berechne die Flächeninhalte der roten und der blauen Fläche.

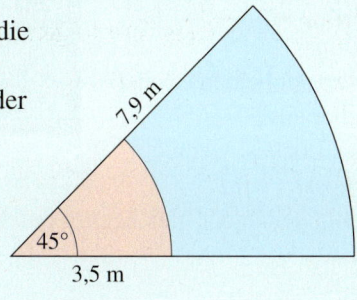

7,9 m

45°

3,5 m

13 Der Keller eines alten Hauses hat als Abschluss ein Tonnengewölbe.
Nun soll die Frontfläche des Bogenmauerwerks gestrichen werden.
Wie groß ist die zu streichende Fläche?

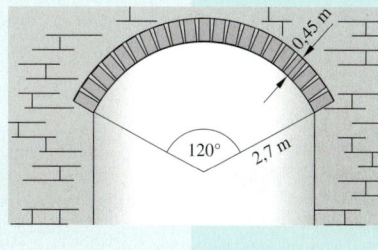

0,45 m

120°

2,7 m

Vermischte Übungen

ERINNERE DICH
1 km² = 100 ha
1 ha = 100 a
1 a = 100 m²

1 Berechne die fehlenden Werte des Kreises in deinem Heft. Runde auf Hundertstel.

	r	d	u	A
a)	3 cm			
b)		4 cm		
c)			10,7 m	
d)				1075 m²

1 Ergänze die Tabelle in deinem Heft.

	r	d	u	A
a)			53,4 m	
b)	4,5 cm			
c)		9,6 m		
d)				1 ha
e)			9,2 mm	

ZUM KNOBELN
Stell dir vor, in Aufgabe 2 werden die Bälle wie in der Abbildung unten gelegt. Braucht man dann mehr oder weniger Bälle?

2 Der Umfang eines Fußballs muss laut Regelwerk zwischen 68 und 70 cm betragen.
a) Gib den Durchmesser eines Balls an.
b) Das 68 m × 105 m große Spielfeld eines Stadions wurde mit Bällen ausgelegt. Wie viele Bälle wurden benötigt?

2 Das 68 m × 105 m große Spielfeld eines Stadions wurde mit Fußbällen ausgelegt. Der Umfang eines Balls beträgt 68 bis 70 cm.
a) Gib den Durchmesser eines Balls an. Wie viele Bälle liegen dort?
b) Wie groß ist die Fläche, die die Bälle tatsächlich verdecken?

3 Ina möchte im Textilunterricht aus einem quadratischen Stück Stoff von 1,50 m Seitenlänge die größtmögliche Tischdecke für einen runden Tisch anfertigen.
a) Wie viel Prozent Stoffabfall entsteht?
b) An den Rand der Tischdecke soll eine Rundborte angenäht werden. Reicht eine 5-m-Rolle dafür?

3 Statt einer Straßenkreuzung wird immer häufiger ein Kreisverkehr angelegt. Er besteht aus einer Kreisfahrbahn und einer Mittelinsel.
a) Welche Fläche nimmt ein Kreisverkehr ein, wenn er einen Durchmesser von 26 m (35 m, 42,5 m) hat?
b) Welchen Umfang hat der Kreisverkehr?

4 Das äußere Quadrat ist 4 cm lang. Welchen Flächeninhalt hat die gelbe Fläche?

a) 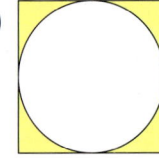   b)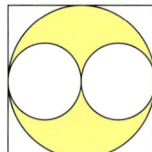

4 Der äußere Kreis hat 5 cm Radius. Wie groß ist der Flächeninhalt der gelben Fläche?

a) 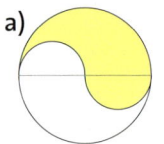   b)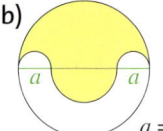

$a = 2,5$ cm

5 Die Maße der Original-Torwand aus der Fernsehsendung „Aktuelles Sportstudio" sind 2,70 m × 1,83 m, der Durchmesser jedes Loches beträgt 55 cm. Ein Fußball hat einen Umfang von 70 cm.
a) Berechne die Fläche der gesamten Wand und jedes der beiden Löcher.
b) Wie viel Prozent der Torwand machen die Löcher aus?
c) Wie viel cm Platz bleibt noch bis zum Rand des Loches, wenn ein Ball genau mittig durch eines der Löcher geschossen wird?
d) Kai behauptet: „Da würden sogar zwei Bälle nebeneinander gleichzeitig durch ein Loch passen". Stimmt das?

6 Windkraftanlagen wandeln die Windener-
gie in elektrische Energie um. Je länger die
Rotoren sind, umso mehr Energie kann mit
dem Windrad erzeugt werden. Entnimm der
Grafik rechts die entsprechenden Maße und
beantworte für alle fünf Größen der Windrä-
der die folgenden Fragen:

a) Welche Strecke legt die Spitze eines
   Flügels pro Umdrehung zurück?
b) Welche Fläche überstreicht ein Flügel bei
   einer Umdrehung?

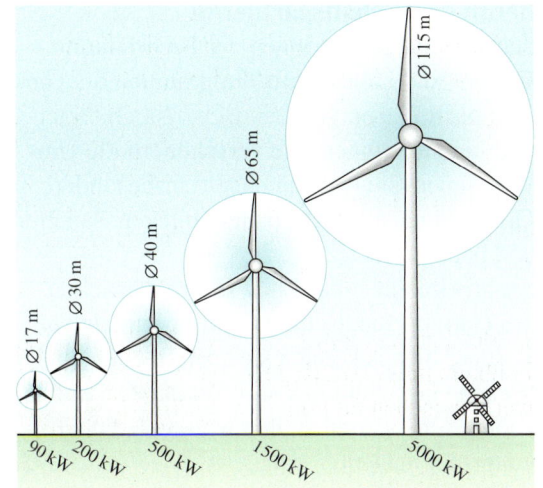

7 Wie erhältst du mehr:
Eine Minipizza von 20 cm
Durchmesser oder die Hälfte
einer normalen Pizza von
30 cm Durchmesser?
Stelle erst eine Vermutung
an, dann rechne.

7 Ein Servierteller hat
einen Durchmesser von
30 cm, der Durchmesser
des Innenhalbkreises ist
12 cm. Wie viel Prozent
der Tellerfläche nehmen
die einzelnen Teilflächen ein?

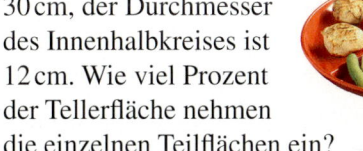

8 Warum wurden im Mittelalter Dörfer und
Städte häufig kreisförmig angelegt und durch
Stadtmauern gesichert?

Nimm an, die Besiedlungsfläche sei 1 km²
groß. Wie lang wird die umgebende
Stadtmauer, wenn die Grundform…
a) quadratisch,
b) kreisförmig ist?

8 Der Kugelstoßring ist eine runde Zement-
platte, die von einem Stahlband begrenzt
wird. In Abstoßrichtung befindet sich ein bo-
genförmiger, 1,12 m langer Balken, der ein
Sechstel des Kreisumfangs ausmacht.

a) Welche Länge hat das Stahlband?
b) Wie groß ist die Abstoßfläche?

RÜCKBLICK
*Im Jahr 1896
fanden die ers-
ten Olympi-
schen Spiele der
Neuzeit statt
und zwar 2672
Jahre nach den
ersten antiken
Olympischen
Spielen. In
welchem Jahr
fand diese
statt?*

9 Bestimme den Flächeninhalt und den Umfang der blauen Flächen.

a)

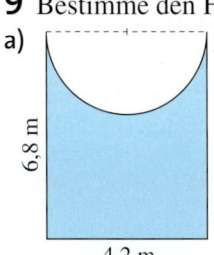

b)

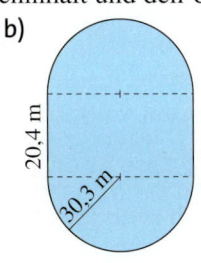

c)

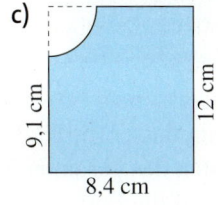

d)

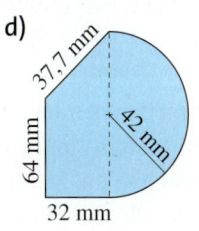

*LANDSCHAFTS-
GÄRTNER/IN*
*Die Ausbildung
dauert 3 Jahre.
Suche nach wei-
teren Informa-
tionen über den
Beruf z.B. im In-
ternet oder im
BIZ.*

Beruf Landschaftsgärtner/in

Gärtner und Gärtnerinnen der Fachrichtung
Garten- und Landschaftsbau gestalten die Umwelt nach Plänen von Landschaftsarchitekten
und -architektinnen. Sie verschönern die Umwelt, indem sie Außenanlagen, insbesondere
Grünanlagen aller Art, bauen, pflegen, sanieren
und bepflanzen.
Sie arbeiten in erster Linie in Fachbetrieben
des Garten-, Landschafts- und Sportplatzbaus.
Darüber hinaus können sie auch in einer städ-
tischen Gärtnerei tätig sein. Botanische und
zoologische Gärten stellen weitere Beschäfti-
gungsmöglichkeiten dar.

10 Bau eines Kreisverkehrs

Eine Firma für Landschafts- und Gartenpla-
nung erhält den Auftrag zur Neugestaltung
eines Kreisverkehrs.
Die Mittelinsel soll einen Durchmesser von
20 m haben, ringsherum führt eine dreispurige
Fahrbahn mit jeweils 2,75 m Spurbreite.
Der Auftrag gliedert sich in mehrere Einzel-
werke.

Setzen von Randsteinen
zwischen Insel und Fahrbahn;
Die Randsteine sind innen 50 cm
lang, 12 cm tief und kosten je
laufenden Meter 4,25 €.

Die dreispurige Fahrbahn wird
gepflastert:
Preis je Tonne: 98 €.
Eine Tonne reicht für ca.
2,5 m² gepflasterte Fahrbahn.

Einsäen der Mittelinsel
mit Rasensamen:
Pro m² werden 300 g
Samen benötigt.
Kilopreis: 6,50 €

Pflanzen von Buchsbaumhecken auf der
Verkehrsinsel in 4 konzentrischen Kreisen mit Radien
von 2 m, 4 m, 6 m und 8 m:
Pro Meter benötigt man 5 Pflanzen, das Stück je 0,90 €.

a) Berechne den Bedarf an Grassamen (in kg), Buchsbaum (in Stück), Randsteinen (in laufenden Metern) und Kopfsteinpflaster (in Tonnen).
b) Berechne die Materialkosten des gesamten Projekts.
c) Stelle die Rechnung auf. Auf die Endsumme kommen noch 19 % Mehrwertsteuer.

Zusammenfassung

Kreisumfang

→ Seite 130

In jedem Kreis ist das Verhältnis von Umfang zu Durchmesser gleich (**konstant**). Diese Konstante ist die **Kreiszahl π** („pi"). π ist eine irrationale Zahl mit unendlich vielen Nachkommastellen. Näherungsweise rechnet man mit $\pi \approx 3{,}14$ oder man benutzt die π-Taste des Taschenrechners.

Der **Umfang u** eines Kreises lässt sich mithilfe des Durchmessers d oder des Radius r berechnen: $u = \pi \cdot d$ bzw. $u = 2 \cdot \pi \cdot r$

Berechne den Umfang für einen Kreis mit $r = 4{,}5\,\text{cm}$.
$u = 2 \cdot \pi \cdot r = 2 \cdot 4{,}5\,\text{cm} \cdot \pi \approx 28{,}27\,\text{cm}$

Kreisfläche

→ Seite 136

Den **Flächeninhalt A** eines Kreises kann man mithilfe des Radius r berechnen: $A = \pi \cdot r^2$

Ist die Fläche eines Kreises gegeben, muss man die Formel nach r auflösen:
aus $A = \pi \cdot r^2$ wird $r = \sqrt{\frac{A}{\pi}}$

Berechne den Flächeninhalt eines Kreises mit $r = 0{,}75\,\text{m}$.
$A = \pi \cdot r^2 = \pi \cdot (0{,}75\,\text{m})^2 \approx 1{,}77\,\text{m}^2$
Berechne den Radius eines Kreises mit $A = 5\,\text{dm}^2$.
$r = \sqrt{\frac{A}{\pi}} = \sqrt{\frac{5\,\text{dm}^2}{\pi}} \approx 1{,}26\,\text{dm}$

Kreisteile

→ Seite 140

Kreisring
Den Flächeninhalt eines Kreisrings kann man aus dem äußeren Radius r_a und dem inneren Radius r_i berechnen:
$A = \pi \cdot r_a^2 - \pi \cdot r_i^2$
$ = \pi \cdot \left(r_a^2 - r_i^2\right)$

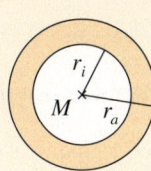

$$A = \pi \cdot \left(r_a^2 - r_i^2\right)$$
$$= \pi \cdot (3^2 - 2^2)$$
$$\approx 15{,}71\,\text{cm}^2$$

Kreissektor
Beim Halb-, Drittel-, Viertelkreis usw. beträgt der Inhalt des Sektors A_{Sektor} jeweils die Hälfte, ein Drittel, ein Viertel usw. der Kreisfläche.

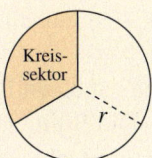

$$A_S = \tfrac{1}{3} \cdot \pi \cdot r^2$$
$$= \tfrac{1}{3} \cdot \pi \cdot 3^2$$
$$\approx 9{,}42\,\text{cm}^2$$

Kreisbogen
Beim Halb-, Drittel-, Viertelkreis usw. beträgt die Länge des Kreisbogens b jeweils die Hälfte, ein Drittel, ein Viertel usw. des Kreisumfangs.

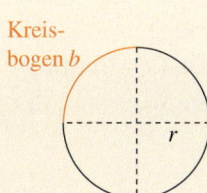

$$b = \tfrac{1}{4} \cdot u = \tfrac{1}{4} \cdot 2 \cdot \pi \cdot r$$
$$= \tfrac{1}{4} \cdot 2 \cdot \pi \cdot 3\,\text{cm}$$
$$\approx 4{,}71\,\text{cm}$$

Teste dich!

6 Punkte

1 Bestimme den Radius und den Durchmesser der drei Kreise.
Berechne jeweils ihren Umfang.

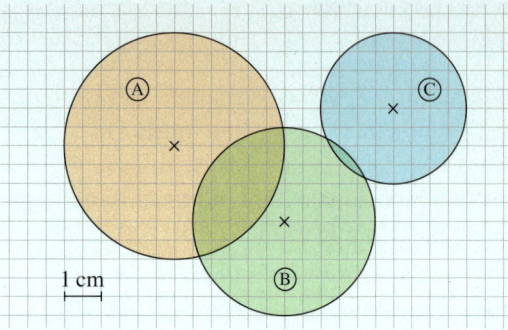

1 cm

4 Punkte

2 Ein Mammutbaum hat einen Umfang von 15 m.
Bestimme seinen Radius und den Inhalt der Querschnittsfläche.

12 Punkte

3 Übertrage die Tabelle in dein Heft und berechne die fehlenden Größen des Kreises.

	r	d	u	A
a)	6 cm			
b)		2,1 dm		
c)			697,4 m	
d)				1520,5 m²
e)	4,5 cm			
f)		30 mm		

4 Punkte

4 In einem Park legt ein Gärtner ein kreisförmiges Beet mit einem Durchmesser von 3,9 m an.
Pro m² werden 8 Blumen gepflanzt. Wie viele Blumen muss der Gärtner einplanen?

4 Punkte

5 Bestimme den Umfang und den Flächeninhalt des Kreises und des Halbkreises.

a)

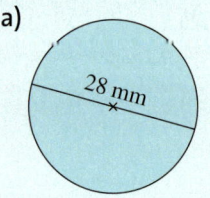

28 mm

b)

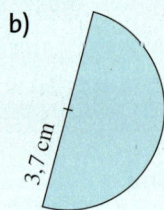

3,7 cm

2 Punkte

6 Das Sendegebiet eines Fernsehsenders hat die Form eines Kreises. Es ist 7854 km² groß.
Bestimme die Reichweite des Senders.

2 Punkte

7 Überprüfe die Aussagen. Ein Quadrat mit der Seitenlänge …
a) $a = 5$ cm hat einen größeren Flächeninhalt als ein Kreis mit dem Radius $r = 5$ cm.
b) $a = 6$ cm hat einen größeren Flächeninhalt als ein Kreis mit dem Durchmesser $d = 6$ cm.

5 Punkte

8 Das Zentrum einer Zielscheibe hat einen Durchmesser von 3 cm. Um das Zentrum hat die
Kreisscheibe vier weitere Ringe. Die Breite jedes zusätzlichen Rings beträgt ebenfalls 3 cm.
Berechne die Flächeninhalte der fünf Gebiete.

5 Punkte

9 Berechne den äußeren Umfang und den Flächeninhalt der gelb
hervorgehobenen Gesamtfläche ($a = 6$ cm).

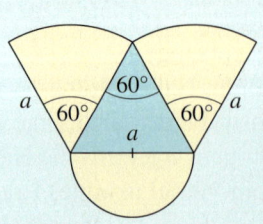

Gold: 41–44 Punkte, Silber: 33–40 Punkte, Bronze: 26–32 Punkte   Lösungen ab Seite 194

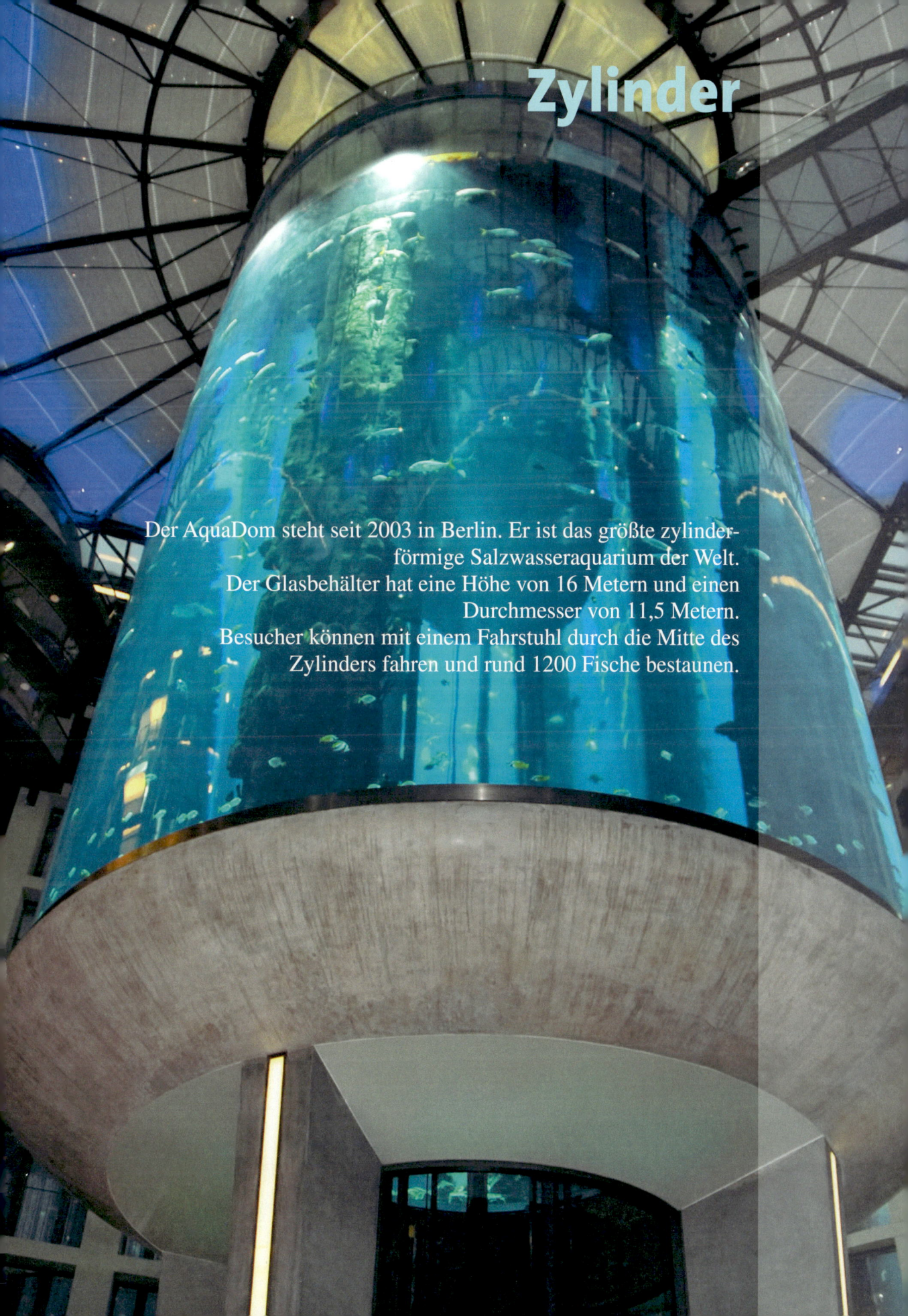

Zylinder

Der AquaDom steht seit 2003 in Berlin. Er ist das größte zylinder-
förmige Salzwasseraquarium der Welt.
Der Glasbehälter hat eine Höhe von 16 Metern und einen
Durchmesser von 11,5 Metern.
Besucher können mit einem Fahrstuhl durch die Mitte des
Zylinders fahren und rund 1200 Fische bestaunen.

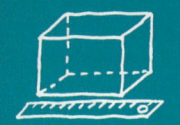

Noch fit?

Einstieg

1 Einheiten umrechnen

Rechne in die in Klammern angegebene Einheit um.

a) $2\,cm$ (mm)   b) $500\,m$ (km)
c) $6\,dm^2$ (cm^2)   d) $2\,cm^2$ (mm^2)
e) $2\,cm^3$ (mm^3)   f) $4\,m^3$ (dm^3)

2 Flächenangaben ordnen

Ordne die Flächeninhaltsangaben der Größe nach. Beginne mit der kleinsten.

$5050\,m^2$	$5\,m^2\,55\,cm^2$	$55\,dm^2$
$500\,000\,mm^2$	$0,555\,km^2$	$500\,m^2$
$5,05\,km^2$	$50\,000\,mm^2$	$5,55\,m^2$

3 Berechne das Volumen des Prismas.

a)   b)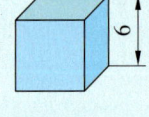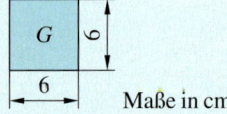

Maße in cm

4 Berechne den Umfang der Grundfläche und die Mantelfläche (Maße in cm).

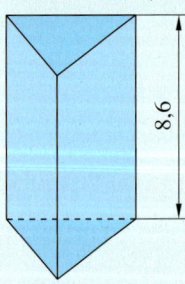

Grundfläche

Aufstieg

1 Einheiten umrechnen

Rechne in die in Klammern angegebene Einheit um.

a) $32,5\,cm$ (mm)   b) $8\,dm$ (m)
c) $75\,dm^2$ (cm^2)   d) $320\,mm^2$ (cm^2)
e) $25\,cm^3$ (l)   f) $42,2\,cm^3$ (mm^3)

2 Volumenangaben ordnen

Ordne die Volumenangaben der Größe nach. Beginne mit der kleinsten.

$230\,ml$	$33,5\,m^3$	$64\,dm^3$
$2000\,mm^3$	$340\,ml$	$0,07\,m^3$
$4,5\,l$	$50\,000\,cm^3$	$0,00012\,km^3$

3 Berechne das Volumen des Prismas.

a) 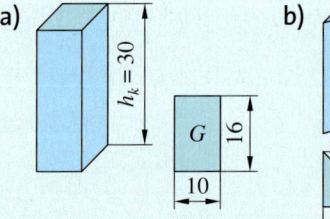   b)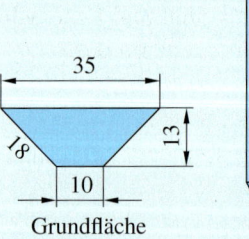

Maße in cm

4 Berechne die Oberfläche und die Gesamtlänge aller Kanten des Prismas (Maße in cm).

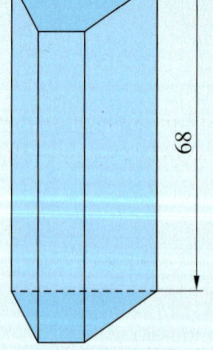

Grundfläche

5 Berechne die fehlenden Kreisangaben. Gib die Ergebnisse mit zwei Nachkommastellen an.

	a)	b)	c)	d)
r	$15\,cm$			
d				$12,5\,cm$
u		$11\,m$		
A			$9,4\,cm^2$	

Lösungen ab Seite 194

Zylinder erkennen und zeichnen

Entdecken

1 Nenne Gemeinsamkeiten und Unterschiede der Körper.
Welche Körper passen nicht zu den anderen Körpern? Begründe deine Wahl.

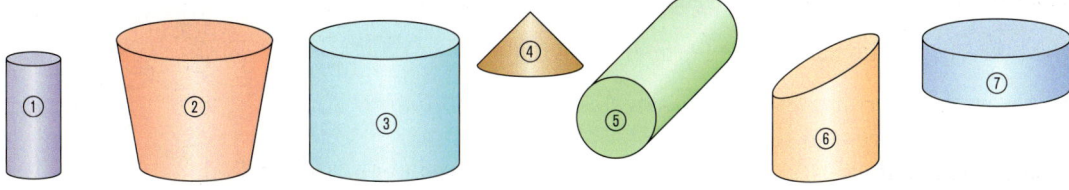

Vergleicht eure Ergebnisse untereinander.

2 In der Wohnung und im Klassenzimmer gibt es viele Gegenstände,
die in etwa die Form eines Zylinders haben. Es gibt zum Beispiel
Wassergläser, die ungefähr wie ein Zylinder aussehen.
Finde in deiner Umgebung fünf Gegenstände, die ungefähr wie Zylinder
aussehen oder aus Zylindern und anderen geometrischen Körpern zusammengesetzt sind.
Beschreibe diese Körper und gib Gemeinsamkeiten und Unterschiede an.

3 Leni, Kevin und Sandra haben jeweils ein Schrägbild eines Zylinders gezeichnet.

Lenis Schrägbild   Kevins Schrägbild   Sandras Schrägbild

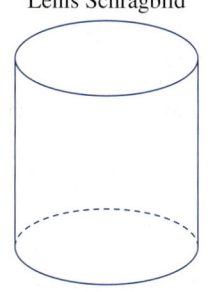 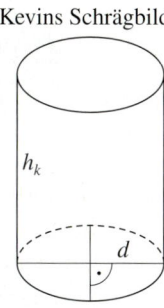 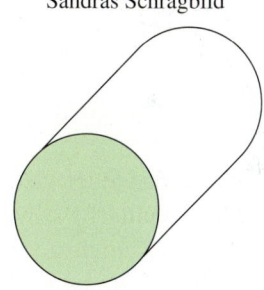

Diskutiert Gemeinsamkeiten und Unterschiede der drei Schrägbilder.
Wessen Entwurf gefällt euch am besten?
Begründet.

4 Leon hält Körpermodelle vor eine Lampe und betrachtet ihre Schattenbilder an der Wand.

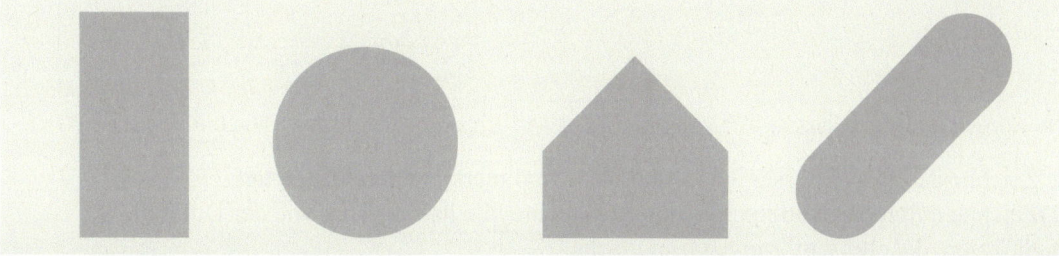

Wie könnten jeweils die Körper zu den Schattenbildern aussehen?
Fertige eine Skizze an.
Findest du mehrere Möglichkeiten?

ZUM WEITERMACHEN
*Halte die Gegen-
stände aus Auf-
gabe 2 vor eine
Lichtquelle.
Welche unter-
schiedlichen
Schattenbilder
entstehen?*

Verstehen

Für den Bau ihrer Pyramiden schlugen die Ägypter ganze Steinblöcke aus Felswänden heraus.
Um diese riesigen Blöcke zu transportieren, wurden sie auf hölzerne Rollen gelegt. Mithilfe von Seilen wurden die Blöcke von Arbeitern per Hand zu den Baustellen der Pyramiden gezogen.

Die hölzernen Rollen hatten die Form eines Zylinders.

Das Wort Zylinder stammt von dem griechischen Wort *kylindros* und bedeutet Walze oder Rolle.

ERINNERE DICH
Kongruent
*bedeutet
deckungsgleich.*

> **Merke** **Zylinder** sind Körper mit einem Kreis als **Grund-** und **Deckfläche**.
> Grund- und Deckfläche sind kongruent und parallel zueinander.
> Die Seitenfläche ist gekrümmt und ergibt abgerollt ein Rechteck.
> Der Abstand zwischen Grundfläche und Deckfläche ist die **Körperhöhe h_k** des Zylinders.

Beispiel 1

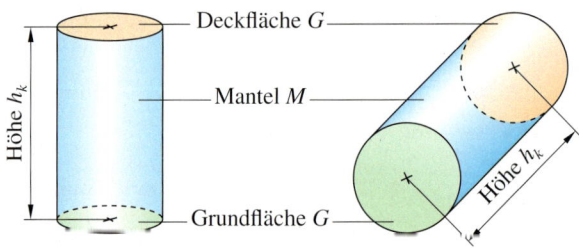

Die hier behandelten Zylinder sind gerade Zylinder, da ihre Achse senkrecht auf der Grundfläche steht.
Es gibt auch **schiefe Zylinder**. Ist im Folgenden von Zylindern die Rede, so sind gerade Zylinder gemeint.

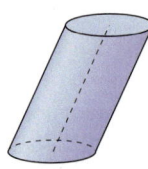

Beispiel 2

Ein Schrägbild eines Zylinders kann man so skizzieren:

HINWEIS
*Die den Zylinder
begrenzenden
Kreise erscheinen
im Schrägbild
als Ellipsen.*

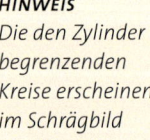
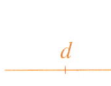

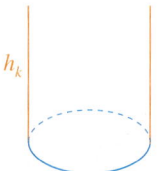

1. Zeichne den Durchmesser der Grundfläche und markiere den Mittelpunkt.
2. Zeichne durch den Mittelpunkt eine Senkrechte, die halb so lang wie der Durchmesser ist.
3. Skizziere die ellipsenförmige Grundfläche.
4. Trage die Höhe des Zylinders links und rechts ab.
5. Skizziere die ellipsenförmige Deckfläche.
6. Verdeckte Kanten werden gestrichelt gezeichnet.

Üben und anwenden

1 Welche diese Gegenstände sind näherungsweise Zylinder?
Begründe.

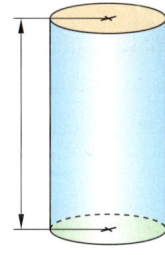

2 Abgebildet ist ein Schrägbild eines Zylinders.
a) Skizziere den abgebildeten Zylinder in dein Heft.
b) Beschrifte den abgebildeten Körper mit Fachbegriffen.
c) Nenne die Eigenschaften des Zylinders.

1 Nenne mindestens fünf Gegenstände oder Gebäude aus deiner Umwelt, die die Form eines Zylinders haben oder zumindest zylinderförmig aussehen.
Welche dieser Gegenstände oder Gebäude sind besonders hoch mit kleinem Durchmesser?
Welche haben eine kleine Höhe bei großem Durchmesser?

RÜCKBLICK
Berechne die fehlenden Winkelgrößen im Dreieck ABC mit $\overline{AB} = \overline{BC}$ und $\alpha = 28°$.

3 Betrachte die folgenden Abbildungen. Welche der Körper sind Zylinder?
Begründe.

a) 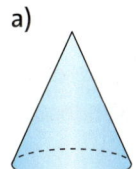   b) 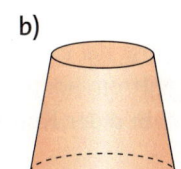   c) 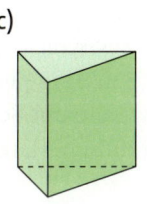   d)    e) 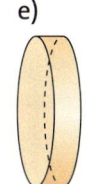   f) 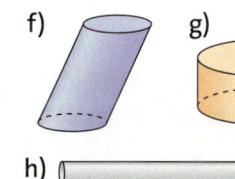   g)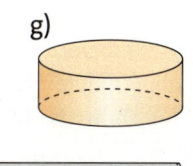

h)

4 Betrachte die abgebildeten Fotos. Welche Teile sind zylinderförmig?

a)    b)

c)    d)

4 Welche der abgebildeten Gegenstände sind zylinderförmig?

5 Baue die abgebildeten Modelle aus Pappe und einem Stift nach.

① 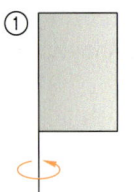 ② 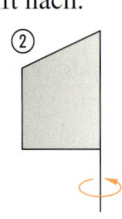 ③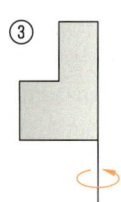

HINWEIS ZU 5
Die entstandenen Körper heißen Rotationskörper.

Drehe für jedes Modell den Stift nun möglichst schnell zwischen deinen Händen in eine Richtung.
Welche Körper entstehen jeweils?

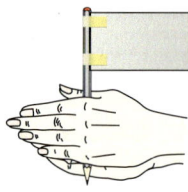

5 Wenn man ein Rechteck *ABCD* um die Seite *d* dreht, so entsteht ein Zylinder.

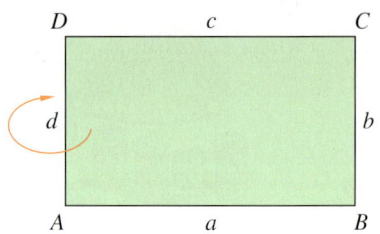

a) Benenne die Flächen des Zylinders, die von den Strecken $\overline{AB}$, $\overline{BC}$ und $\overline{CD}$ erzeugt werden.

b) Welche Bedeutung haben die Strecken $\overline{AB}$ bzw. $\overline{CD}$ und $\overline{BC}$ bzw. $\overline{AD}$ im Zylinder?

6 Skizziere jeweils ein Schrägbild eines Zylinders.
a) $d = 4\,\text{cm}$; $h_k = 3\,\text{cm}$
b) $d = 5\,\text{cm}$; $h_k = 2,5\,\text{cm}$
c) $d = 3\,\text{cm}$; $h_k = 3,7\,\text{cm}$
d) $d = 4,4\,\text{cm}$; $h_k = 2,8\,\text{cm}$

6 Skizziere jeweils ein Schrägbild eines Zylinders.
a) $d = 3\,\text{cm}$; $h_k = 5,5\,\text{cm}$
b) $d = 26\,\text{mm}$; $h_k = 3,5\,\text{cm}$
c) $r = 1,2\,\text{cm}$; $h_k = 0,5\,\text{dm}$
d) $r = 14\,\text{mm}$; $h_k = 4,6\,\text{cm}$

7 Skizziere ein Schrägbild der abgebildeten Konservendose. Entnimm die Maße dem Foto.

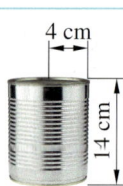

4 cm

14 cm

7 Eine Konservendose hat einen Durchmesser von 8 cm und ist 10 cm hoch.
Skizziere ein Schrägbild der Konservendose mit diesen Maßen.

SCHON GEWUSST?
Die Litfaßsäule wurde 1854 vom Berliner Drucker Ernst Litfaß erfunden.

8 Amelie möchte ein Schrägbild ihrer Bonbondose skizzieren.
Die Dose hat den Durchmesser $d = 7,5\,\text{cm}$ und die Höhe $h_k = 2,5\,\text{cm}$.
Beschreibe, wie sie dabei vorgehen soll.

8 Eine Litfaßsäule hat einen Durchmesser von 1,10 m und eine Höhe von 2,80 m.
Skizziere ein Schrägbild der Litfaßsäule im Maßstab 1 : 20.
Beschreibe, wie du dabei vorgehst.

9 Suche in deiner Umwelt zylinderförmige Gegenstände und erstelle ein Schrägbild.
Wähle einen geeigneten Maßstab.

Netze und Oberfläche von Zylindern

Entdecken

1 Julian soll mit seiner größeren Schwester eine Laterne für den Martinsumzug basteln. Im Internet findet er folgende Bastelanleitung.

HINWEIS
*Material
für die Laterne:
– Tonpapier
– Schere
– Klebe
– Transparent-
   papier
– Teelicht*

*optional:
Holzstab
Draht*

Schneide aus Tonpapier einen 50 cm mal 25 cm großen Streifen für die Wand und zwei Kreise mit einem Durchmesser von 19 cm für Deckel und Boden aus. Schneide die Kreise rundherum regelmäßig ca. 2 cm weit ein und klappe die Streifen nach oben.

Nun wird das Rechteck für die Wand gestaltet: Schneide mit einer kleinen Schere Motive in das Wandrechteck. Hinterklebe die Aussparungen mit buntem Transparentpapier. Schneide in den Deckel einen kleineren Kreis, durch den später die Kerze angezündet werden kann.

Forme das Rechteck zu einer Röhre, klebe es zusammen und befestige die Röhre am Rand des Bodens. Setze ein LED-Licht auf den Boden der Laterne und klebe zuletzt den Deckel fest.

a) Welcher geometrische Körper entsteht beim Bau der Laterne?
   Aus welchen Teilflächen besteht dieser Körper?
b) Julian hat Probleme, den Deckel in die fast fertige Laterne einzukleben. Nenne mögliche Ursachen. Wann passen Deckel und Wand genau zusammen?
c) Bestimme die Größe des Durchmessers der Laterne und berechne den Flächeninhalt der Bodenplatte. Berechne auch den Flächeninhalt des Wandrechtecks (ohne Klebelasche).
d) Julian findet ein 45 cm × 50 cm großes Reststück Pappe. Reicht dieses aus, um die Laterne mit seiner Schwester basteln zu können?
e) Um sich die Bastelarbeiten zu erleichtern, besorgt Julian im Supermarkt eine runde Käseschachtel. Die Käseschachtel hat einen Durchmesser von 16 cm. Wie breit muss das Wandrechteck mindestens sein, damit es vollständig um die Käseschachtel geklebt werden kann?

2 Zeichne auf ein DIN-A4-Blatt Papier eine möglichst große Bastelvorlage für eine runde Laterne. Achte darauf, dass Wandrechteck und Kreisringe zusammenpassen.
Präsentiert eure Bastelvorlagen in der Klasse.
Wer hat den geringsten Verschnitt?

Verstehen

Lilli ist zur Geburtstagsfeier einer Freundin eingeladen.
Sie möchte das Geburtstagsgeschenk für ihre Freundin
in einer zylinderförmigen Verpackung verschenken.
Dazu legt sie das Geschenk in eine verschließbare Dose.
Dann beklebt sie Deckel, Boden
und Wandfläche mit Geschenkpapier.

Welche Form und Größe müssen die Geschenkpapier-
stücke haben?

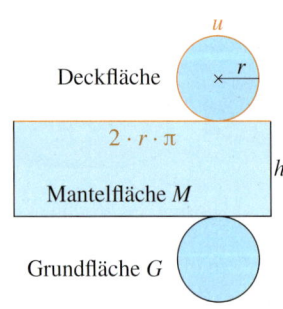

Ein **Netz** eines Zylinders besteht aus einem
Rechteck (Mantelfläche) und zwei zueinander
kongruenten Kreisflächen (Grund- und Deckfläche).
Die Länge der rechteckigen Mantelfläche
stimmt mit dem Umfang u der Kreisflächen
$u = 2 \cdot \pi \cdot r$ überein.
Die Breite der rechteckigen Mantelfläche
stimmt mit der Höhe h_k des Zylinders überein.

Der Flächeninhalt eines Rechtecks ist das Produkt der beiden Seitenlängen.
In der rechteckigen Mantelfläche des Zylinders ist die eine Seitenlänge $2 \cdot \pi \cdot r$ und die andere
Seitenlänge h_k.

> **Merke** Für die **Mantelfläche M des Zylinders gilt:**
> $$M = 2 \cdot \pi \cdot r \cdot h_k$$

Beispiel 1

Die Dose von Lilli hat den Radius $r = 5\,\text{cm}$ und die Höhe $h_k = 12\,\text{cm}$.
Wie groß muss das Geschenkpapierstück für die Mantelfläche M der Dose sein?

$$M = 2 \cdot \pi \cdot r \cdot h_k$$
$$= 2 \cdot \pi \cdot 5\,\text{cm} \cdot 12\,\text{cm} \approx 377{,}0\,\text{cm}^2$$

Das Geschenkpapierstück für die Mantelfläche der Dose muss ungefähr die Fläche $377{,}0\,\text{cm}^2$
haben.

> **Merke** Für die **Oberfläche O des Zylinders gilt:** $O = 2 \cdot G + M$
> $$= 2 \cdot \pi \cdot r^2 + 2 \cdot \pi \cdot r \cdot h_k$$
> $$= 2 \cdot \pi \cdot r \cdot (r + h_k)$$

HINWEIS
*Wie bei Prismen
gibt es eine
Grund- und
Deckfläche und
eine Mantel-
fläche.
Die Oberfläche
ist wie bei Pris-
men die Summe
der Flächen-
inhalte der drei
Teile Grundflä-
che, Deckfläche
und Mantel-
fläche.*

Beispiel 2

Mit wie viel cm^2 Geschenkpapier wird die Dose insgesamt beklebt?

$$O = 2 \cdot \pi \cdot r \cdot (r + h_k)$$
$$= 2 \cdot \pi \cdot 5\,\text{cm} \cdot (5\,\text{cm} + 12\,\text{cm}) \approx 534{,}1\,\text{cm}^2$$

Es werden ungefähr $534{,}1\,\text{cm}^2$ Geschenkpapier benötigt.

Üben und anwenden

1 Zeichne ein Netz eines Zylinders mit der Höhe h_k und dem Radius r.
a) $r = 1\,\text{cm}$; $h_k = 3\,\text{cm}$
b) $d = 2\,\text{cm}$; $h_k = 5\,\text{cm}$
c) $r = 1,5\,\text{cm}$; $h_k = 4\,\text{cm}$

1 Zeichne ein Netz eines Zylinders mit den folgenden Angaben.
a) $r = 0,5\,\text{cm}$; $h_k = 4\,\text{cm}$
b) $d = 3\,\text{cm}$; $h_k = 3\,\text{cm}$
c) $r = 1,5\,\text{cm}$; $h_k = 4,3\,\text{cm}$

2 Ist es ein Netz eines Zylinders? Begründe.

a)   b)

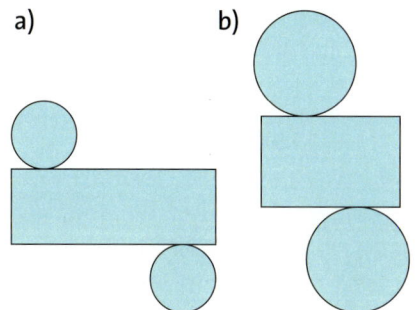

2 Welcher Kreis passt zu der angegebenen Mantelfläche?
Diskutiert untereinander.

a)

b)

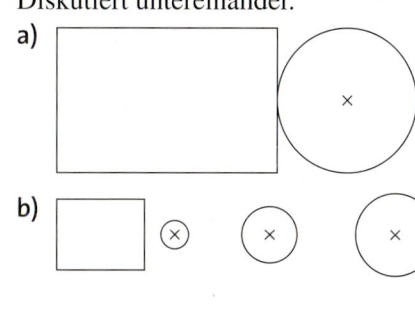

RÜCKBLICK
Wie groß ist bei einem 20er-Würfel die relative Häufigkeit eine zweistellige Zahl zu werfen? Benutze die Prozentschreibweise.

3 Zeichne ein Netz der Konservendose in einem sinnvollen Maßstab ins Heft.

a)   b)

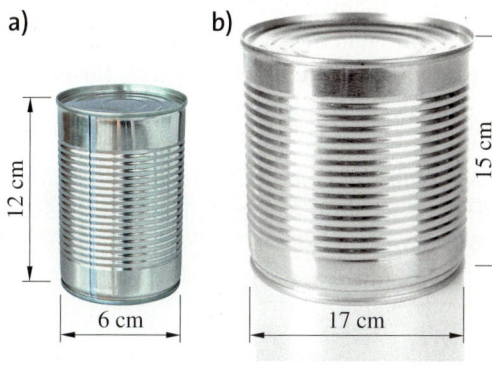

12 cm

6 cm

15 cm

17 cm

3 Schätze die Höhe und den Durchmesser der Verpackung. Zeichne anschließend ihr Netz.
Wähle einen sinnvollen Maßstab.

a)   b)

4 Berechne die Mantelfläche M eines Zylinders mit den folgenden Maßen.
a) $r = 4\,\text{cm}$; $h_k = 7\,\text{cm}$
b) $r = 2\,\text{cm}$; $h_k = 8\,\text{cm}$
c) $r = 3\,\text{cm}$; $h_k = 5\,\text{cm}$

4 Berechne die Mantelfläche M eines Zylinders mit den folgenden Maßen.
a) $r = 3\,\text{cm}$; $h_k = 9,5\,\text{cm}$
b) $r = 2,5\,\text{cm}$; $h_k = 75\,\text{mm}$
c) $r = 4,5\,\text{dm}$; $h_k = 2,8\,\text{cm}$

5 Konserven haben eine zylindrische Form. Das Etikett umhüllt die Mantelfläche des Zylinders und überlappt zum Verkleben $1,3\,\text{cm}$. Eine Dose hat die Höhe h_k und den Radius r. Wie groß ist der Flächeninhalt des Etiketts?
a) $h_k = 5\,\text{cm}$; $r = 2\,\text{cm}$
b) $h_k = 4\,\text{cm}$; $r = 3\,\text{cm}$
c) $h_k = 4\,\text{cm}$; $r = 4\,\text{cm}$
d) $h_k = 8\,\text{cm}$; $r = 2\,\text{cm}$

5 Konserven haben eine zylindrische Form. Das Etikett umhüllt die Mantelfläche des Zylinders und überlappt zum Verkleben $1,3\,\text{cm}$. Eine Dose hat die Höhe h_k und den Radius r. Wie groß ist der Flächeninhalt des Etiketts?
a) $h_k = 6\,\text{cm}$; $r = 1,5\,\text{cm}$
b) $h_k = 10,7\,\text{cm}$; $r = 4,2\,\text{cm}$
c) $h_k = 11,1\,\text{cm}$; $r = 5\,\text{cm}$
d) $h_k = 14\,\text{cm}$; $r = 2,9\,\text{cm}$

HINWEIS
Um die Oberfläche eines Zylinders zu berechnen, kann man auch die Flächeninhalte einzelner Teilflächen (Grund-, Deck- und Mantelfläche) des Zylinders berechnen und diese anschließend addieren.

6 Berechne die Oberfläche des Zylinders mit den folgenden Maßen.
a) $r = 4\,\text{cm}$; $h_k = 7\,\text{cm}$
b) $r = 6\,\text{cm}$; $h_k = 10\,\text{cm}$
c) $r = 49\,\text{mm}$; $h_k = 21\,\text{mm}$
d) $r = 25\,\text{mm}$; $h_k = 40\,\text{mm}$
e) $d = 9\,\text{cm}$; $h_k = 12\,\text{cm}$
f) $d = 7\,\text{cm}$; $h_k = 30\,\text{cm}$

6 Berechne die Oberfläche des Zylinders mit den folgenden Maßen.
a) $r = 2\,\text{cm}$; $h_k = 8\,\text{cm}$
b) $r = 3,2\,\text{cm}$; $h_k = 4\,\text{cm}$
c) $r = 1,2\,\text{m}$; $h_k = 34\,\text{dm}$
d) $r = 25\,\text{cm}$; $h_k = 4,8\,\text{dm}$
e) $d = 6,7\,\text{dm}$; $h_k = 3,8\,\text{dm}$
f) $d = 0,5\,\text{m}$; $h_k = 43\,\text{cm}$

7 Berechne die fehlenden Größen der Zylinder. Übertrage die Tabelle ins Heft.

	r	d	h_k	M	O
a)	6 cm		7 cm		
b)		74 mm	33 mm		
c)	2,8 m		0,9 m		
d)		4,4 cm	3 dm		
e)		28 mm			56,30 cm²
f)	80 mm				703,72 cm²

7 Berechne die fehlenden Größen der Zylinder. Übertrage die Tabelle ins Heft.

	r	d	h_k	M	O
a)			5,9 cm	66,73 cm²	
b)		4,5 cm		184,73 cm²	
c)	7 cm				527,79 cm²
d)			28 cm	379,82 dm²	
e)	154 dm		20,6 m		
f)		0,08 dm			10,05 cm²

8 Ein zylinderförmiger Behälter hat einen Durchmesser von 0,80 m und eine Höhe von 1,50 m.
Berechne die Oberfläche des zylinderförmigen Behälters.

8 Eine zylindrische Keksdose soll eine Höhe von 10 cm und einen Durchmesser von 22 cm haben. Wie viel cm² Blech werden ungefähr zur Herstellung benötigt, wenn 15 % für Falznähte dazugegeben werden?

9 Berechne die Oberfläche des abgebildeten Zylinders. Entnimm die entsprechenden Maße der Zeichnung.

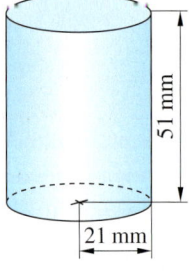

51 mm

21 mm

9 Berechne die Oberfläche des abgebildeten Zylinders. Entnimm die entsprechenden Maße der Zeichnung.

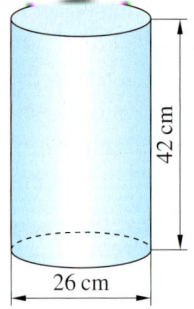

42 cm

26 cm

10 Niklas hat in einem Buch andere Formeln zur Berechnung der Mantel- und der Oberfläche gefunden, nämlich $M = d \cdot \pi \cdot h_k$ und $O = d \cdot \pi \cdot \left(\frac{d}{2} + h_k\right)$.
Sind diese Formeln richtig?

10 Selma betrachtet einen Zylinder:
„Ein halb so langer, aber doppelt so dicker Zylinder hat bestimmt die gleiche Oberfläche."
Überprüfe ihre Aussage an einem Beispiel.

11 Überprüfe die folgende Aussage.
a) Wenn sich der Radius eines Zylinders verdoppelt, verdoppelt sich auch seine Oberfläche.
b) Wenn sich die Höhe eines Zylinders verdoppelt, verdoppelt sich auch seine Oberfläche.

Volumen und Masse von Zylindern

Entdecken

1 Besorgt möglichst viele Gefäße, die die Form eines Zylinders haben, zum Beispiel Gläser, Vasen, Dosen oder Füllzylinder aus dem Physiklabor.

Messt zunächst den Durchmesser und die Höhe. Bestimmt dann das Volumen, indem ihr die Gefäße mit Wasser oder Sand füllt und den Inhalt anschließend in einen Messbecher schüttet.

Übertragt die folgende Tabelle in euer Heft und füllt sie aus.

Gefäß	Durchmesser d	Radius r	Flächeninhalt der Grundfläche G	Höhe h_k	Volumen V
Glas					
Vase					
Dose					
...					

a) Prüfe, ob im Beispiel die Zuordnungen $d \rightarrow V$, $r \rightarrow V$, $G \rightarrow V$ und $h_k \rightarrow V$ proportional sind.

b) Kannst du einen Zusammenhang zwischen den Größen und dem Volumen erkennen?

2 Andreas und Sebastian überlegen, wie sie das Volumen eines Zylinders berechnen können. Andreas hat eine Idee:

„Das Volumen eines Prismas berechnet sich doch mit der Formel $V = G \cdot h_k$.“

Sebastian:

„Das stimmt, aber was hat das mit dem Volumen eines Zylinders zu tun?“

a) Erkläre einem Mitschüler was Andreas mit seiner Aussage meint. Nutze dazu die nebenstehende Zeichnung.

b) Welchen Angaben des Zylinders entsprechen den Seiten a und b des Prismas?

c) Wie könnte eine mögliche Volumenformel für den Zylinder lauten?

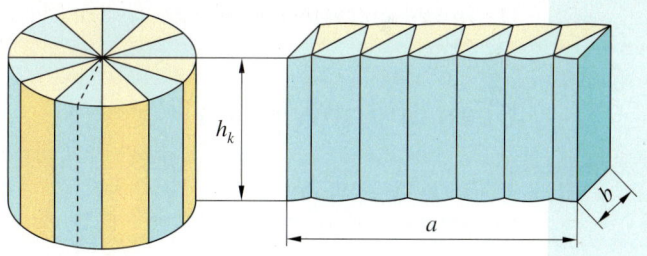

3 Die Dichte verschiedener Stoffe:

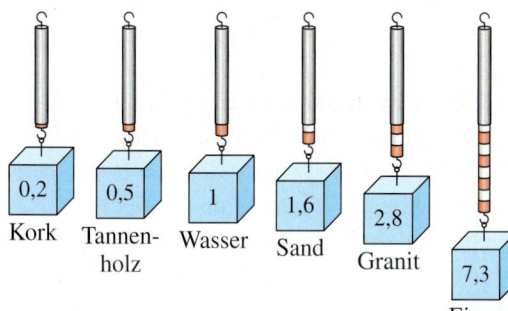

Körper mit gleich großen Rauminhalten aber aus verschiedenen Stoffen sind unterschiedlich schwer. Sie unterscheiden sich in ihrer Dichte.

Die Dichte eines Stoffes gibt an, wie viel Gramm ein cm^3 dieses Stoffes wiegt. Eisen hat beispielsweise eine Dichte von $7,3 \frac{g}{cm^3}$.

Was bedeutet das für $1\,cm^3$ Eisen?

Erläutere einem Mitschüler oder einer Mitschülerin die Zeichnung.

Verstehen

ERINNERE DICH
Das Volumen von Prismen berechnet man aus dem Produkt der Grundfläche und der Höhe.

Julia überlegt, welche der beiden Kerzen länger brennt. Die linke Kerze ist 15 cm hoch und hat einen Radius von 4 cm. Die rechte Kerze ist nur 10 cm hoch, hat aber einen Radius von 5 cm.

> **Merke** Das **Volumen V** eines **Zylinders** bestimmt man, indem man die Grundfläche G mit der Höhe h_k des Zylinders multipliziert.
>
> Es gilt also: $V = G \cdot h_k = \pi \cdot r^2 \cdot h_k$

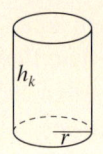

Beispiel 1

Welche Kerze brennt länger?

linke Kerze:

$V = G \cdot h_k = \pi \cdot r^2 \cdot h_k$
$\quad = \pi \cdot (4\,\text{cm})^2 \cdot 15\,\text{cm} \approx 754{,}0\,\text{cm}^3$

Die linke Kerze hat das Volumen $754{,}0\,\text{cm}^3$.

rechte Kerze:

$V = G \cdot h_k = \pi \cdot r^2 \cdot h_k$
$\quad = \pi \cdot (5\,\text{cm})^2 \cdot 10\,\text{cm} \approx 785{,}4\,\text{cm}^3$

Die rechte Kerze hat das Volumen $785{,}4\,\text{cm}^3$.

Da die rechte Kerze ein größeres Volumen hat, wird sie vermutlich länger brennen.
Julia überlegt sich wie schwer die Kerzen sind.

KURZ GESAGT:
Volumen eines Zylinders = Grundfläche mal Höhe

> **Merke** Die **Masse m** eines Körpers wird aus dem Produkt seines Volumens V und seiner Dichte ϱ (sprich: rho) berechnet: $m = V \cdot \varrho$ Für den Zylinder gilt: $m = \pi \cdot r^2 \cdot h_k \cdot \varrho$

Beispiel 2

Kerzenwachs hat eine Dichte von $0{,}8\,\frac{\text{g}}{\text{cm}^3}$. Wie schwer ist jede Kerze jeweils?

linke Kerze:

$m = \pi \cdot r^2 \cdot h_k \cdot \varrho$
$\quad = \pi \cdot (4\,\text{cm})^2 \cdot 15\,\text{cm} \cdot 0{,}8\,\frac{\text{g}}{\text{cm}^3} \approx 603{,}2\,\text{g}$

Die linke Kerze wiegt ca. 603 g.

rechte Kerze:

$m = \pi \cdot r^2 \cdot h_k \cdot \varrho$
$\quad = \pi \cdot (5\,\text{cm})^2 \cdot 10\,\text{cm} \cdot 0{,}8\,\frac{\text{g}}{\text{cm}^3} \approx 628{,}3\,\text{g}$

Die rechte Kerze wiegt ca. 628 g.

Üben und anwenden

1 Betrachte den Zylinder. Entnimm die Maße der Zeichnung.

a) Wie hoch ist der Zylinder?

b) Wie groß ist sein Durchmesser (Radius)?

c) Berechne das Volumen des Zylinders.

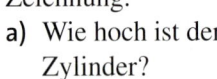
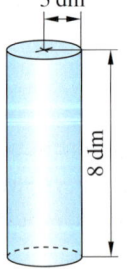

3 dm

8 dm

1 Betrachte den Zylinder. Entnimm die Maße der Zeichnung.

a) Wie hoch ist der Zylinder?

b) Wie groß ist sein Durchmesser (Radius)?

c) Berechne das Volumen des Zylinders.

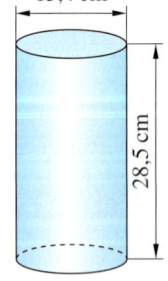

15,4 cm

28,5 cm

2 Berechne das Volumen eines Zylinders mit den folgenden Maßen.

a) $r = 5\,\text{cm}$; $h_k = 7\,\text{cm}$

b) $r = 3\,\text{cm}$; $h_k = 8\,\text{cm}$

c) $r = 2\,\text{cm}$; $h_k = 4\,\text{cm}$

d) $r = 5\,\text{cm}$; $h_k = 7{,}5\,\text{cm}$

2 Berechne das Volumen des Zylinders. Runde auf zwei Stellen nach dem Komma.

a) $r = 1{,}8\,\text{mm}$; $h_k = 5\,\text{mm}$

b) $r = 4\,\text{dm}$; $h_k = 59\,\text{cm}$

c) $r = 3{,}6\,\text{cm}$; $h_k = 0{,}2\,\text{dm}$

d) $r = 2\,\text{dm}$; $h_k = 670\,\text{mm}$

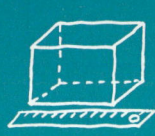

3 Berechne das Volumen der abgebildeten Zylinder.

a)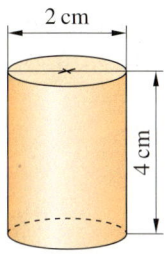
b)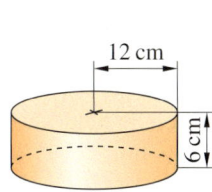
c)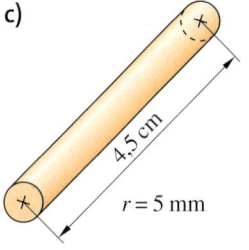
d)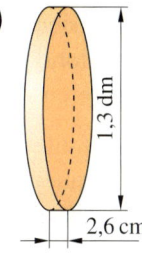

4 Die Tabelle zeigt die Maße eines Zylinders. Ergänze sie im Heft.

	r	d	h_k	V
a)	7 cm		4 cm	
b)	3 cm		8 cm	
c)		8,4 cm	5 cm	
d)		6,2 cm	14 cm	

4 Die Tabelle zeigt die Maße eines Zylinders. Ergänze sie im Heft.

	r	d	h_k	V
a)	5,4 cm		1,3 cm	
b)		13 cm	280 mm	
c)	1,1 cm		3,2 cm	
d)		72 mm	7,8 cm	

5 Ein Strohhalm ist 22,5 cm lang und hat einen Durchmesser von 5 mm. Bestimme das Volumen des Strohhalms.

5 Eine 1-€-Münze hat einen Durchmesser von 23,25 mm und eine Höhe von 2,33 mm. Berechne ihr Volumen. Miss die Größen weiterer Münzen und berechne ihr Volumen. *Tipp:* Du kannst die Größen der Münzen auch im Internet recherchieren.

6 Berechne die Masse der Zylinder.
a) $V = 113 \text{ cm}^3$; $\varrho = 0,8 \frac{\text{g}}{\text{cm}^3}$
b) $V = 76 \text{ cm}^3$; $\varrho = 2,9 \frac{\text{g}}{\text{cm}^3}$
c) $V = 89 \text{ cm}^3$; $\varrho = 1,2 \frac{\text{g}}{\text{cm}^3}$

6 Berechne die Masse der Zylinder.
a) $r = 2 \text{ cm}$; $h_k = 5 \text{ cm}$; $\varrho = 2 \frac{\text{g}}{\text{cm}^3}$
b) $r = 5 \text{ cm}$; $h_k = 7 \text{ cm}$; $\varrho = 3 \frac{\text{g}}{\text{cm}^3}$
c) $r = 4,5 \text{ cm}$; $h_k = 6 \text{ cm}$; $\varrho = 2,3 \frac{\text{g}}{\text{cm}^3}$

7 Der Tauchbereich im Gasometer Oberhausen hat einen Durchmesser von 45 m und eine Wassertiefe von 13 m.
a) Berechne das Volumen des Beckens.
b) Wie viele Liter Wasser sind im Becken?

7 Der zylinderförmige Tank eines Wasserturms ist 9,6 m hoch und hat einen Durchmesser von 6,5 m. Berechne den möglichen Wasservorrat in Litern.

ZU AUFGABE 7

8 Kannst du eine Stahlstange mit 90 cm Länge und einem Durchmesser von 10 cm tragen? Stahl hat eine Dichte von $\varrho = 7,8 \frac{\text{g}}{\text{cm}^3}$.

8 Ein zylinderförmiger Stab aus massivem Stahl hat 4 cm Durchmesser und ist 1,5 m lang. 1 dm³ Stahl wiegt 7,8 kg. Wie viele Stäbe kann ein Lastwagen transportieren, dessen Nutzlast 3 t beträgt?

ERINNERE DICH
$1 l = 1 \text{ dm}^3$

9 Eine Wachskerze ist 10 cm hoch und hat einen Durchmesser von 4 cm.
a) Berechne das Volumen der Kerze.
b) Fünf dieser Kerzen werden eingeschmolzen und das Wachs zu einer neuen Kerze mit einem Durchmesser von 8 cm verarbeitet. Wie hoch wird die neue Kerze?

9 Ein Zylinder ist 12 cm hoch und hat ein Volumen von 435,8 cm³. Ein annähernd volumengleicher Zylinder hat einen Radius von 4,5 cm. Berechne den fehlenden Durchmesser des einen bzw. die fehlende Höhe des anderen Zylinders.

Methode: Hohlzylinder und zusammengesetzte Zylinder

Industriemechaniker fertigen unter anderem Werkstücke in Form von Hohlzylindern und zusammengesetzten Körpern, die aus mehreren Zylindern bestehen können.

Bei Hohlzylindern werden in Stahlzylinder Aussparungen gebohrt oder hineingefräst, die ebenfalls die Form eines Zylinders haben. Bei zusammengesetzten Zylindern werden mehrere einzelne Zylinder mit unterschiedlichen Radien und Höhen zu einem Körper zusammengesetzt.

Hohlzylinder

Beispiel 1

gegeben: $r_a = 2,1\,\text{m}$;

$\quad\quad\quad r_i = 1,6\,\text{m}$;

$\quad\quad\quad h_k = 5\,\text{m}$

gesucht: V in m^3

Für die Berechnung des **Volumens** gibt es zwei verschiedene Varianten.

Erste Variante:

1. Volumen V_a des äußeren Zylinders:
$$V_a = \pi \cdot r_a^2 \cdot h_k$$
$$= \pi \cdot (2,1\,\text{m})^2 \cdot 5\,\text{m}$$
$$\approx 69,27\,\text{m}^3$$

2. Volumen V_i des inneren Zylinders:
$$V_i = \pi \cdot r_i^2 \cdot h_k$$
$$= \pi \cdot (1,6\,\text{m})^2 \cdot 5\,\text{m}$$
$$\approx 40,21\,\text{m}^3$$

3. Volumen V des Hohlzylinders:
$$V = V_a - V_i$$
$$= 69,27\,\text{m}^3 - 40,21\,\text{m}^3$$
$$\approx 29,06\,\text{m}^3$$

Zweite Variante:
$$V = G \cdot h_k$$
$$V = \pi \cdot (r_a^2 - r_i^2) \cdot h_k$$
$$= \pi \cdot ((2,1\,\text{m})^2 - (1,6\,\text{m})^2) \cdot 5\,\text{m}$$
$$\approx 29,06\,\text{m}^3$$

Die **Oberfläche** eines Hohlzylinders besteht aus der äußeren und der inneren Mantelfläche sowie zwei Kreisringen.

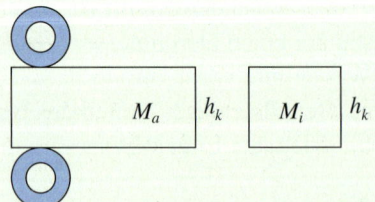

$$O = M_a + M_i + 2 \cdot \text{Kreisring}$$
$$O = 2 \cdot \pi \cdot r_a \cdot h_k + 2 \cdot \pi \cdot r_i \cdot h_k + 2 \cdot \pi \cdot (r_a^2 - r_i^2)$$
$$= 2 \cdot \pi \cdot 2,1\,\text{m} \cdot 5\,\text{m} + 2 \cdot \pi \cdot 1,6\,\text{m} \cdot 5\,\text{m} + 2 \cdot \pi \cdot ((2,1\,\text{m})^2 - (1,6\,\text{m})^2)$$
$$\approx 127,86\,\text{m}^2$$

Zusammengesetzte Zylinder

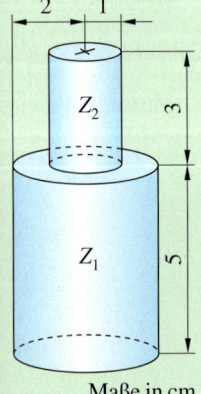

Maße in cm

Beispiel 2

$$V = V_1 + V_2$$
$$V = \pi \cdot r_1^2 \cdot h_{k1} + \pi \cdot r_2^2 \cdot h_{k2}$$
$$= \pi \cdot (2\,\text{cm})^2 \cdot 5\,\text{cm} + \pi \cdot (1\,\text{m})^2 \cdot 3\,\text{cm}$$
$$\approx 72,27\,\text{cm}^3$$

$$O = M_1 + M_2 + 2 \cdot G_1$$
$$O = 2 \cdot \pi \cdot r_1 \cdot h_{k1} + 2 \cdot \pi \cdot r_2 \cdot h_{k2} + 2 \cdot \pi \cdot r_1^2$$
$$= 2 \cdot \pi \cdot 2\,\text{cm} \cdot 5\,\text{cm} + 2 \cdot \pi \cdot 1\,\text{cm} \cdot 3\,\text{cm} + 2 \cdot \pi \cdot (2\,\text{cm})^2$$
$$\approx 106,81\,\text{cm}^2$$

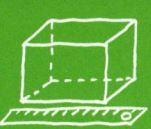

1 Nenne Objekte in deiner Umwelt, die die Form eines Hohlzylinders haben.

2 Beschreibe die Vorgehensweise zur Berechnung von Volumen und Oberfläche…
a) eines Hohlzylinders.
b) eines zusammengesetzten Körpers.
c) eines zusammengesetzten Hohlkörpers.

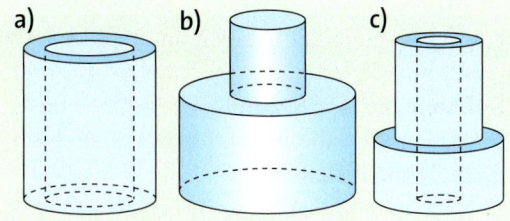

3 Berechne das Volumen und die Oberfläche eines Hohlzylinders.

a) $r_a = 8\,cm$; $r_i = 7\,cm$; $h_k = 15\,cm$ b) $r_a = 17\,cm$; $r_i = 12\,cm$; $h_k = 25\,cm$
c) $r_a = 50\,cm$; $r_i = 18\,cm$; $h_k = 6\,cm$ d) $r_a = 4\,cm$; $r_i = 2\,cm$; $h_k = 1,3\,dm$
e) $r_a = 15\,cm$; $r_i = 1\,dm$; $h_k = 9\,mm$ f) $r_a = 8,5\,cm$; $r_i = 6\,cm$; $h_k = 2\,dm$

4 Erstelle ein Lernplakat zur Berechnung des Volumens und der Oberfläche des Werkstückes. Alle Angaben in mm.

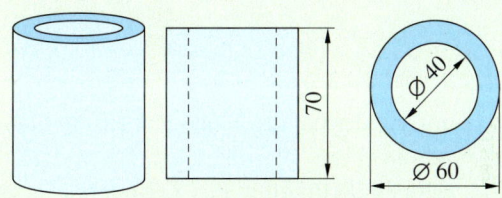

5 Berechne Oberfläche und Volumen der Werkstücke.

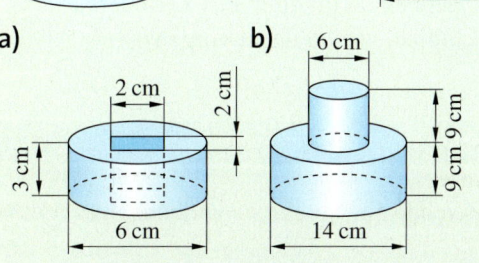

6 Mit welchen Formeln lässt sich die Oberfläche des zusammengesetzten Zylinders berechnen? Begründe.

⑤ $O = G_1 + M_1 + A_{Kreisring} + M_2 + G_2$

① $O = O_1 + O_2 - G_2$

③ $O = O_1 + O_2$

④ $O = O_1 + O_2 - 2G_2$

② $O = O_1 + M_2$

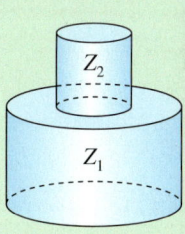

7 Vervollständige die Tabelle mit den Maßen eines Hohlzylinders. Übertrage sie in dein Heft.

	r_a	r_i	h_k	O	V
a)	17 cm	11 cm	1 dm		
b)	4,25 cm	2,25 cm	4 dm		
c)	5 cm	4,5 cm			149,2 cm³
d)	8 cm		10 cm		1507,96 cm³

8 Gegeben ist ein Hohlzylinder mit $r_a = 3,8\,cm$, $r_i = 2,2\,cm$ und $h_k = 3\,cm$.
a) Skizziere das Schrägbild und das Netz des Hohlzylinders.
b) Berechne das Volumen des Hohlzylinders.
c) Der Hohlzylinder wird aus Stahl (Dichte 7,8 g pro cm³) hergestellt. Berechne die Masse.

Klar so weit?

→ Seite 154

Zylinder erkennen und zeichnen

1 Nenne mindestens drei Gegenstände aus deiner Umwelt, die näherungsweise die Form eines Zylinders haben.
a) Welcher hat die größte Höhe?
b) Welcher hat den größten Durchmesser?

2 Beschreibe den abgebildeten Zylinder mithilfe der Fachbegriffe.

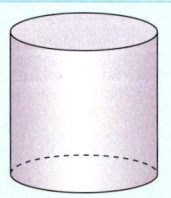

3 Ein Zylinder hat die Maße $d = 6{,}0$ cm und $h_k = 3{,}5$ cm.
Skizziere ein Schrägbild des Zylinders. Beschreibe, wie du dabei vorgehst.

1 Nenne jeweils drei näherungsweise zylinderförmige Gegenstände aus deiner Umwelt, deren …
a) Höhe größer ist als ihr Durchmesser.
b) Durchmesser größer ist als ihre Höhe.

2 Skizziere ein Schrägbild eines Zylinders mit den Maßen $d = 4{,}0$ cm und $h_k = 3{,}8$ cm in dein Heft.
Bezeichne die Flächen des Zylinders mit den entsprechenden Fachbegriffen.

3 Ein Stapel Münzen hat die Maße $d = 2{,}6$ cm und $h_k = 2$ cm.
Skizziere ein Schrägbild. Beschreibe dein Vorgehen.

→ Seite 158

Netze und Oberfläche von Zylindern

4 Zeichne ein Netz des Zylinders.

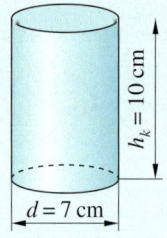

5 Handelt es sich bei dem abgebildeten Netz um ein Netz eines Zylinders? Begründe.

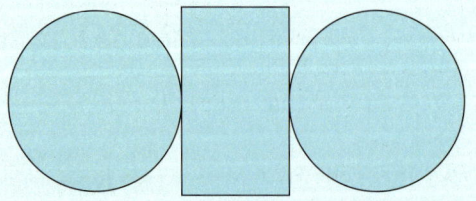

4 Zeichne ein Netz des Zylinders.

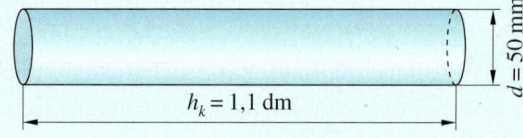

5 Mit welchem Kreis kann der Mantel eines Zylinders erstellt werden. Gibt es mehrere Möglichkeiten? Begründe.
a)

b)

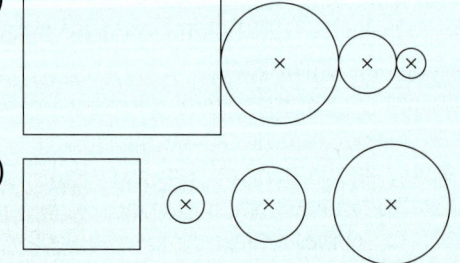

6 Ergänze die Tabelle für Zylinder im Heft.

	r	d	h_k	G	M	O
a)	3,0 cm		3,5 cm			
b)		1,0 m	13,5 m			
c)	12 dm		123 cm			

6 Ergänze die Tabelle für Zylinder im Heft.

	r	d	h_k	M	O
a)	2,5 cm		6,9 cm		
b)	0,6 m			301,6 dm²	
c)		0,75 m			206,17 dm²

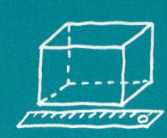

7 Der zylinderförmige Behälter auf einem Kesselwagen der Bahn (siehe Randspalte) hat einen Durchmesser von 2,05 m und eine Länge von 6 m.
Berechne die Oberfläche des Behälters.

7 Für einen Kaminofen wird ein Ofenrohr von 1,80 m Länge und 13 cm Durchmesser benötigt. Wie viel m² Blech werden ungefähr zur Herstellung benötigt, wenn für die Falznaht 1,5 cm zugegeben werden müssen?

ZU AUFGABE 7

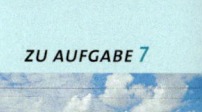

Volumen und Masse von Zylindern

→ *Seite 162*

8 Berechne das Volumen eines Zylinders mit den folgenden Maßen.
a) $r = 8$ cm; $h_k = 14$ cm
b) $r = 4,5$ cm; $h_k = 7,2$ cm
c) $r = 6$ cm; $h_k = 4,2$ cm

8 Ergänze die Tabelle für Zylinder im Heft.

	r	d	h_k	V
a)	3,4 cm		8,1 cm	
b)		6,2 dm	44 cm	
c)	9,2 cm			26,590 dm³

9 Mareike möchte mithilfe einer zylindrischen Form Kerzen gießen. Die Form hat einen Innendurchmesser von 5 cm und eine Höhe von 8 cm. Jede Kerze soll so hoch wie möglich werden. Wie viel cm³ Kerzenwachs muss Mareike mindestens einkaufen, wenn sie fünf Kerzen gießen will?

9 Der Durchmesser einer runden Tischplatte beträgt 1,20 m.
Wie schwer ist die Platte, wenn sie…
a) 8 mm dick ist und aus Kristallglas (Dichte: 2900 kg pro m³) besteht?
b) 3 cm dick ist und aus Fichtenholz (Dichte: 500 kg pro m³) besteht?

10 Beide Gläser haben den gleichen Radius. Das rechte Glas ist doppelt so hoch wie das linke. Berechne jeweils das Volumen beider Gläser. Fällt dir eine Regelmäßigkeit auf?
a) $r = 8$ cm, links $h_k = 6$ cm, rechts $h_k = 12$ cm
b) $r = 6$ cm, links $h_k = 7$ cm, rechts $h_k = 14$ cm
c) $r = 7$ cm, links $h_k = 7,5$ cm, rechts $h_k = 15$ cm
d) $r = 8,5$ cm, links $h_k = 9$ cm, rechts $h_k = 18$ cm

10 Das Volumen eines Zylinders vervierfacht sich, wenn man den Radius verdoppelt.
a) Stimmt diese Aussage? Begründe.
b) Wie muss sich die Höhe verändern, damit sich das Volumen vervierfacht?
c) Wie verändert sich das Volumen, wenn sowohl die Höhe als auch der Radius verdoppelt wird?

ZU AUFGABE 10

11 Ein zylinderförmiger Wassertank ist 2,50 m hoch und hat einen inneren Durchmesser von 80 cm. Berechne den möglichen Wasservorrat in Litern.

11 Ein zylinderförmiger Mörtelkübel hat ein Fassungsvolumen von 500 l und einen inneren Durchmesser von 1 m.
Bestimme die Höhe des Mörtelkübels.

ZU AUFGABE 11

12 Ein 8500 km langes Kupferkabel mit einem Durchmesser von 1 mm wurde verarbeitet. 1 cm³ Kupfer wiegt 8,92 g. Wie viel kg Kupfer wurden verbraucht?

12 Ein alter Mühlstein aus Granit hat einen Durchmesser von 60 cm und eine Dicke von 14 cm. Die quadratische Aussparung hat eine Seitenlänge von 10 cm.
Granit hat eine Dichte von $1,26 \frac{g}{cm^3}$.
Berechne die Masse des Mühlsteins.

Vermischte Übungen

1 Nimm eine Papprolle, auf der Toiletten-papier aufgerollt war.

a) Miss den Durchmesser der Rolle und bestimme den Radius.

b) Schneide die Papprolle der Länge nach auf. Miss anschließend die Seitenlängen der Mantelfläche.

c) Berechne, ausgehend von den Seitenlängen der Mantelfläche, wie groß der Radius der passenden Grundfläche sein muss.

d) Vergleiche den Wert aus deiner Rechnung mit dem in a) bestimmten Radius.

2 Die Edelstahltrommel einer Waschmaschi-ne hat annähernd die Form eines einseitig offenen Zylinders. Bestimme jeweils die Oberfläche.

ZU AUFGABE 2

a) Die Trommel ist 40,5 cm tief und hat einen Durchmesser von 43,0 cm.

b) Die Trommel ist 42 cm tief und hat einen Durchmesser von 52 cm.

3 Gegeben sind die Maße eines Zylinders. Zeichne jeweils ein Netz des Zylinders. Berechne anschließend seine Mantel- und seine Oberfläche.

a) $r = 2{,}5$ cm; $h_k = 4{,}0$ cm

b) $d = 30$ mm; $h_k = 55$ mm

c) $r = 3{,}8$ cm; $h_k = 4{,}0$ cm

4 Trinkwasser wird vor der Abgabe in große Wasserspeicher gepumpt.
Dieser Wasserspeicher ist 31 m hoch und hat einen Durchmesser von 26 m. Welches Volumen fasst er?

5 Wie viel Liter Flüssigkeit passen ungefähr in dieses Fass?
Notiere deinen Lösungsweg.

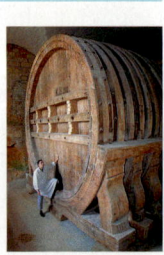

1 Ein DIN-A4-Blatt (21,0 cm breit und 29,7 cm lang) wird an den kurzen Seiten so zusammen-geklebt, dass eine Rolle entsteht. Die Klebelasche ist 1 cm breit.

a) Bestimme das Volumen des entstandenen Zylinders.

b) Verändert sich das Volumen, wenn das Blatt nicht an der kurzen, sondern an der langen Seite zusammen-geklebt wird?
Begründe.

2 Eine Druckertrommel ist 35,0 cm breit und hat einen Durchmesser von 19,5 cm.

a) Welche Fläche kann damit höchstens (eine Trommelumdrehung) bedruckt werden?

b) Welchen Mindestdurchmesser müsste die Druckertrommel haben, um DIN-A4-Blät-ter (21,0 cm breit; 29,7 cm hoch) im Hoch-format bedrucken zu können?

3 Ein Zylinder hat die Maße $r = 8$ cm und $h_k = 10$ cm. Zeichne ein Netz des Zylinders im sinnvollen Maßstab. Welche Oberfläche gehört schätzungsweise zu diesem Zylinder?
Überschlage ohne Taschenrechner.

① 1411,39 cm²   ② 904,78 cm²

③ 501,28 cm²   ④ 13,34 m²

4 Die Baku-Tiflis-Ceyhan-Pipeline transpor-tiert Rohöl vom Kaspischen Meer zum Mittel-meer. Sie ist 1768 km lang. Ihr Durchmesser beträgt zumeist 1,07 m

a) Gib das Volumen der Pipeline in m³ an.

b) Täglich sollen 160 000 m³ Erdöl transpor-tiert werden.
Bestimme die Geschwindigkeit in $\frac{m}{s}$, mit der das Öl fließt.

5 Ein quaderförmiger Strohballen der Größe 96 cm × 38 cm × 46 cm wiegt 14 kg. Wie schwer wird der zylinderförmige Ballen auf dem Foto etwa sein?

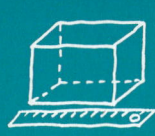

6 Maja behauptet: „Wenn sich die Höhe eines Zylinders verdoppelt, dann verdoppelt sich auch die Mantelfläche des Zylinders." Hat sie recht?
Begründe mit einer Rechnung.

6 Überprüfe die folgende Aussage mithilfe einer Rechnung:
„Wenn sich der Radius eines Zylinders verdoppelt, verdoppelt sich auch seine Mantelfläche."

7 Ein Geräteschuppen hat die Form eines Halbzylinders. Die gewölbte Überdachung besteht aus Wellblech. Vorder- und Rückseite sind mit Holz verkleidet.

a) Wie viel m² Well- blech wurden beim Bau des Schuppens verarbeitet?

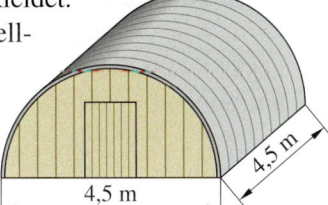

b) Vorder- und Rückwand erhalten einen Isolieranstrich. Wie viel m² müssen gestrichen werden?

7 Ein Folientreibhaus hat im Querschnitt die Form eines Halbkreises mit einem Durchmesser von 4,30 m.
Das Treibhaus ist 15,80 m lang.
Wie viele Quadratmeter Folie sind zum Bespannen nötig, wenn Vorder- und Rückseite offen bleiben?

8 In einer Unterführung, wie sie in der Skizze gezeichnet ist, sollen die Wände und die Decke neu gestrichen werden. Für wie viel m² Fläche muss Farbe eingekauft werden?

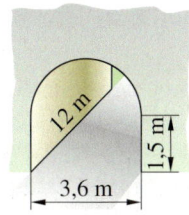

8 Betrachte die abgebildete Regenrinne aus Kupfer.

a) Wie viel l Wasser fasst diese Regenrinne maximal?

b) Wie viel cm² Kupfer benötigt man zur Herstellung der Rinne?

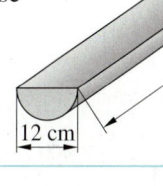

9 Der halbkreisförmige Querschnitt eines Tunnels hat einen inneren Durchmesser von 6,2 m. Das Mauerwerk ist 90 cm stark. Die Länge des Tunnels beträgt 126 m. Wie viel m³ Erde mussten mindestens beim Bau des Tunnels entfernt werden?

9 Ein zylinderförmiger Papierkorb soll ein Volumen von 10 l besitzen. Gib drei verschiedene Kombinationen von Höhe und Durchmesser an und skizziere maßstäbliche Schrägbilder der Papierkörbe. Welcher der drei Körbe hat die kleinste Oberfläche?

ZU AUFGABE 9
Runde auf volle Zentimeter.

10 Für einen Brunnen wird ein 12 m tiefer Schacht ausgehoben. Er wird 38 cm dick gemauert. Die Mauer ragt 0,5 m aus dem Erdboden heraus. Der Innendurchmesser beträgt 2,10 m.

a) Skizziere den Brunnen und bemaße ihn.

b) Wie viel m³ Erdreich müssen ausgeschachtet werden?

c) Wie viele Ziegelsteine sind mindestens notwendig, wenn man mit 308 Steinen für 1 m³ rechnet?

d) Wie viel m³ Wasser sind in dem Brunnen, wenn der Wasserspiegel 4,20 m von der Oberkante der Mauer entfernt ist?

10 Ein Pflanzkübel hat die Form eines Hohlzylinders, allerdings mit einem 8 cm dicken Boden.
Der Pflanzkübel hat eine innere Höhe von 32 cm und eine äußere Höhe von 40 cm. Die Größe des inneren Durchmessers beträgt 30 cm, die des äußeren Durchmessers 40 cm.

a) Skizziere ein Schrägbild des Pflanzkübels im Maßstab 1 : 10.

b) Wie viel Erde wird benötigt, um den Pflanzkübel vollständig auszufüllen?

c) Der Pflanzkübel besteht aus Waschbeton mit einer Dichte von $2{,}3 \frac{\text{kg}}{\text{dm}^3}$. Bestimme seine Masse.

ZERSPANUNGS-
MECHANIKER/IN
Die Ausbildung dauert 3 $\frac{1}{2}$ Jahre. Suche nach weiteren Informationen über den Beruf z.B. im Internet oder im BIZ.

Beruf **Zerspanungsmechaniker/in**

Zerspanungsmechanikerinnen und Zerspanungs-
mechaniker fertigen metallene Präzisionsbauteile
für technische Produkte aller Art. Dies können
etwa Radnaben, Zahnräder, Motoren- und Turbi-
nenteile sein. Sie richten Dreh-, Fräs- und Schleif-
maschinen ein und modifizieren hierfür computer-
gestützte Maschinenprogramme. Sie führen
Inspektionen an den Maschinen aus und überprüfen
dabei vor allem mechanische Bauteile.

11 Aus dem ersten Lehrjahr

Ein Zylinderstift aus Stahl hat eine Länge von 90 mm und einen
Durchmesser von 30 mm.
a) Berechne das Volumen des Stiftes.
b) Berechne die Masse von 100 Stiften, wenn jeder Stift eine
Dichte von 7,8 g pro Kubikzentimeter hat.

12 Bestimmung der Materialmenge

Ein zylindrisches Gefäß ist mit Wasser gefüllt.
a) Wie viel Liter fasst das Gefäß?
b) Wie viel m^2 Blech sind für 12 Gefäße notwendig, wenn für die
Bördelung am oberen Rand 15 % mehr berechnet werden muss?

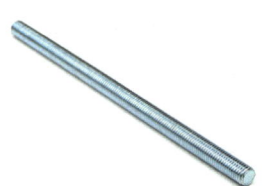

13 Ein Werkstück

Jakob hat aus einem zylindrischen Werkstück folgende Niete gefräst.
Die Maße sind in mm angegeben.
a) Berechne das Volumen der entstandenen Niete.
b) Wie viel Prozent Abfall entsteht bei der Herstellung?

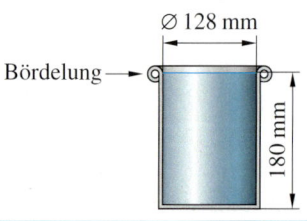

14 Eine Lehrlingsaufgabe

Sina hat von ihrem Lehrwerkstattmeister die Aufgabe bekommen, das Werkstück in der Randspalte aus Stahl herzustellen. Sie betrachtet das Werkstück, entnimmt die nötigen Maße und
fertigt dazu eine technische Zeichnung an.
Entnimm aus Sinas Zeichnung die nötigen Angaben in mm.
a) Berechne die Oberfläche des Werkstücks.
b) Berechne das Volumen des Werkstücks.
c) Wie schwer ist das Werkstück, wenn 1 cm^3 Stahl
7,8 g wiegt?

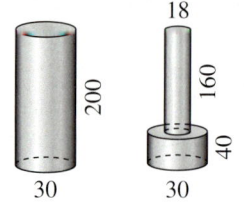

Seitenansicht   Draufsicht

15 Volumen von Werkstücken

Berechne die Oberfläche und das Volumen
der Werkstücke.
Die Maße sind in cm gegeben.

a)

b)

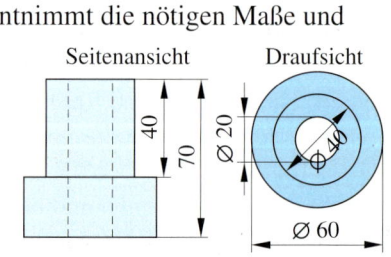

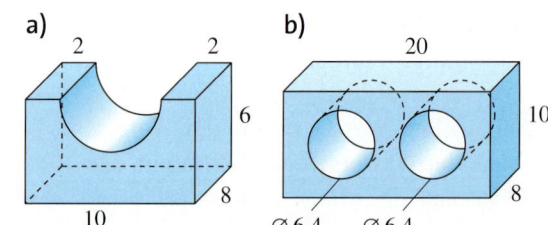

Zusammenfassung

Zylinder erkennen und zeichnen

→ Seite 154

Zylinder sind Körper mit einem Kreis als **Grund-** und als **Deckfläche.** Grund- und Deckfläche sind kongruent und parallel zueinander.
Die Seitenfläche ist gekrümmt und ergibt abgerollt ein Rechteck.
Der Abstand zwischen Grund- und Deckfläche ist die **Körperhöhe h_k** des Zylinders.

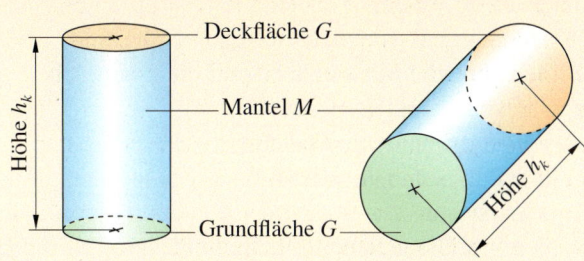

Um ein Schrägbild eines Zylinders zu skizzieren, kann man ausgehend von der Grundfläche die Höhe abtragen und die Deckfläche skizzieren. Verdeckte Kanten werden gestrichelt.

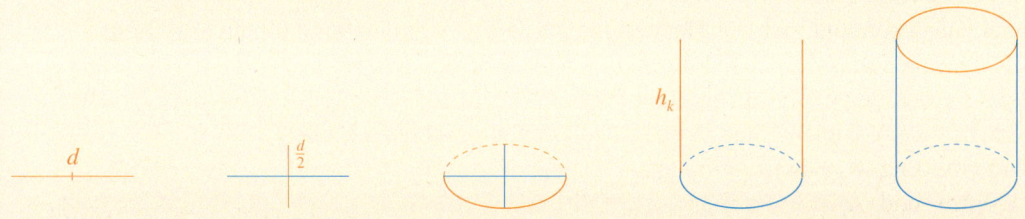

Netze und Oberfläche von Zylindern

→ Seite 158

Das **Netz** eines Zylinders besteht aus einem Rechteck (Mantelfläche) und zwei zueinander kongruenten Kreisflächen (Grund- und Deckfläche). Die Länge der rechteckigen Mantelfläche stimmt mit dem Umfang u der Kreisflächen $u = 2 \cdot \pi \cdot r$ überein.

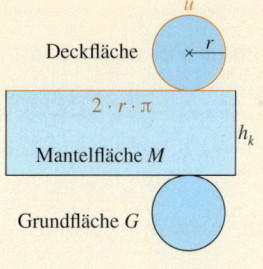

Mantelfläche M des Zylinders:
$M = 2 \cdot \pi \cdot r \cdot h_k$

Oberfläche O des Zylinders:
$O = 2 \cdot \pi \cdot r \cdot (r + h_k)$

Gegeben: $r = 5\,\text{cm}$; $h_k = 14\,\text{cm}$
$M = 2 \cdot \pi \cdot r \cdot h_k$
$\quad = 2 \cdot \pi \cdot 5\,\text{cm} \cdot 14\,\text{cm} \approx 439{,}82\,\text{cm}^2$
$O = 2 \cdot \pi \cdot r \cdot (r + h_k)$
$\quad = 2 \cdot \pi \cdot 5\,\text{cm} \cdot (5\,\text{cm} + 14\,\text{cm}) \approx 596{,}90\,\text{cm}^2$

Volumen und Masse von Zylindern

→ Seite 162

Das **Volumen V** eines Zylinders mit dem Radius r und der Höhe h_k lässt sich wie folgt berechnen: $V = \pi \cdot r^2 \cdot h_k$

Die **Masse m** eines Zylinders wird aus dem Produkt seines Volumens V und seiner Dichte ϱ berechnet:
$m = V \cdot \varrho = \pi \cdot r^2 \cdot h_k \cdot \varrho$

$V = \pi \cdot r^2 \cdot h_k$
$\quad = \pi \cdot (5\,\text{cm})^2 \cdot 14\,\text{cm} \approx 1099{,}56\,\text{cm}^3$

Wachs hat eine Dichte von $0{,}8\,\frac{\text{g}}{\text{cm}^3}$.

$m = V \cdot \varrho$
$\quad = 1099{,}56\,\text{cm}^3 \cdot 0{,}8\,\frac{\text{g}}{\text{cm}^3} \approx 879{,}65\,\text{g}$

Die Kerze wiegt etwa $880\,\text{g}$.

Teste dich!

2* Punkte
Zusatzpunkte

1 Zeichne ein Netz und skizziere ein Schrägbild eines Zylinders mit dem Radius $r = 2\,cm$ und der Höhe $h_k = 5\,cm$.

6 Punkte

2 Berechne die Mantelfläche und die Oberfläche eines Zylinders mit
a) $r = 4\,cm$ und $h_k = 8\,cm$
b) $r = 10\,cm$ und $h_k = 2,4\,dm$
c) $d = 7\,m$ und $h_k = 1,3\,m$

1 Punkt

3 Wie viel Blech benötigt man mindestens für die Herstellung einer Konservendose mit einem Durchmesser von 10 cm und einer Höhe von 12 cm?

1 Punkt

4 Eine Konservendose, die ein Volumen von einem halben Liter haben soll, hat einen Durchmesser von 12 cm.
Wie viel Blech benötigt man zur Herstellung der Dose, wenn man mit einem Verschnitt von 15 % rechnen muss?

3 Punkte

5 Berechne das Volumen eines Zylinders mit den angegebenen Maßen.
a) $r = 5\,cm$ und $h_k = 8\,cm$
b) $r = 0,4\,m$ und $h_k = 30\,cm$
c) $d = 8\,cm$ und $h_k = 1,4\,dm$

2 Punkte

6 Berechne die Oberfläche und das Volumen des abgebildeten Zylinders.
Die Maße sind in mm angegeben.

3 Punkte

7 Bestimme die Masse der folgenden Stahlzylinder $\left(\varrho = 7,8\,\frac{g}{cm^3}\right)$.
a) $r = 3\,cm$ und $h_k = 6\,cm$
b) $r = 1\,cm$ und $h_k = 25\,cm$
c) $d = 1,8\,dm$ und $h_k = 75\,mm$

2* Punkte
1 Zusatzpunkt

8 Eine Litfaßsäule ist 2,80 m hoch und hat einen äußeren Durchmesser von einem Meter.
a) Skizziere ein Schrägbild der Litfaßsäule im Maßstab 1 : 25.
b) Wie groß ist die Fläche, die mit Werbeplakaten beklebt werden kann?
c) Die Werbefläche kostet pro Quadratmeter und Tag 3,49 €.
   Berechne die Kosten für eine 21-tägige Werbung auf der Gesamtfläche.

2* Punkte
1 Zusatzpunkt

9 Durch ein quaderförmiges Werkstück aus Aluminium wurde ein Loch gebohrt.
Die Längen in der Skizze des Werkstücks sind in mm angegeben.
a) Skizziere ein Schrägbild des Werkstücks im Maßstab 1 : 1.
b) Berechne das Volumen des Werkstücks.
c) Wie schwer ist das Werkstück, wenn es aus Aluminium mit einer Dichte von 2,72 $\frac{g}{cm^3}$ besteht?

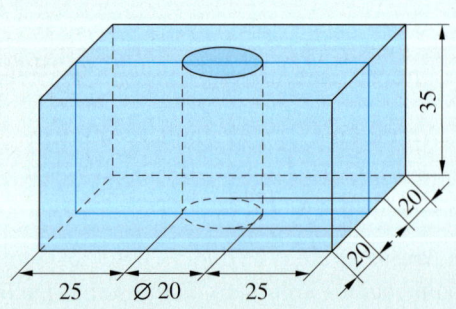

Mathematik im Alltag

In Deutschland gibt es viele Banken.
Sie versuchen mit attraktiven Zinsangeboten
Kunden zu gewinnen.
Zur Werbung nutzen sie häufig Diagramme,
um bestimmte Ergebnisse gezielt hervorzuheben.
Diese Darstellung bietet die Möglichkeit,
einen falschen Eindruck zu erwecken.

Zinseszinsen

Wird Geld über mehrere Jahre angelegt, werden in den meisten Fällen die jährlichen Zinsen nicht ausgezahlt, sondern zu dem jeweiligen Kapital addiert und mitverzinst.
Dabei entstehen Zinseszinsen.

1. Jahr	2,75 % p. a.
2. Jahr	3,00 % p. a.
3. Jahr	3,25 % p. a.
4. Jahr	3,50 % p. a.
5. Jahr	3,75 % p. a.
6. Jahr	4,00 % p. a.

Eine Bank bietet bei einer Mindesteinlage von 2 500 € und einer Laufzeit von sechs Jahren diese Staffelung der Zinssätze.
Auf welchen Betrag ist die Mindesteinlage nach der Laufzeit angewachsen?
Nach dem ersten Jahr ist die Einlage K_0 um 2,75 % auf 102,75 % angewachsen. Der Zinsfaktor q beträgt 1,027 5.

Das Kapital K_1 nach dem ersten Jahr kann also so berechnet werden:
$$K_1 = 1,027 5 \cdot K_0 = 1,027 5 \cdot 2 500 € = 2 568,75 €$$
Entsprechend wird das Kapital K_2 nach dem zweiten Jahr berechnet:
$$K_2 = 1,03 \cdot K_1 = 1,03 \cdot 2 568,75 € = 2 645,81 €$$
Für das Kapital K_3 nach dem dritten Jahr ergibt sich:
$$K_3 = 1,032 5 \cdot K_2 = 1,032 5 \cdot 2 645,81 € = 2 731,79 €$$
Für das Kapital K_4 nach dem vierten Jahr ergibt sich:
$$K_4 = 1,035 \cdot K_3 = 1,035 \cdot 2 731,79 € = 2 827,40 €$$
Die Fortsetzung dieses Verfahrens ergibt nach dem sechsten Jahr das Kapital 3 050,75 €.

HINWEIS

Im Bankwesen wird nicht mathematisch gerundet, sondern die Stellen nach der zweiten Stelle hinter dem Komma „abgeschnitten".

1 Bestätige durch entsprechende Rechnungen das Endkapital für 2 500 € nach 6 Jahren.
Welche Zinsen ergeben sich nach 5 Jahren aus 4 000 € Kapital mit Zinseszins?

2 Eine andere Bank bietet bei Sparkonten feste Zinssätze an.
Diese sind von Beginn der Laufzeit an höher, je länger das Geld angelegt wird.
a) Auf welchen Betrag sind 2 500 € nach sechs Jahren angewachsen?
b) Berechne die Zinseszinsen, die sich nach 5 Jahren aus 4 000 € mit Zinseszins ergeben.

1 Jahr Laufzeit	2,75 % p. a.
2 Jahre Laufzeit	3,00 % p. a.
3 Jahre Laufzeit	3,25 % p. a.
4 Jahre Laufzeit	3,50 % p. a.
5 Jahre Laufzeit	3,75 % p. a.
6 Jahre Laufzeit	4,00 % p. a.

3 Eine Bank hat folgende jährlich gestaffelte Zinssätze bei einer Laufzeit von sechs Jahren mit Zinseszins:
– Zinssatz im ersten Jahr 1,25 % p. a.,
– Zinssatz im zweiten Jahr 1,75 % p. a.,
– Zinssatz im dritten Jahr 2,25 % p. a.,
– Zinssatz im vierten 2,75 % p. a.,
– Zinssatz im fünften 3,25 % p. a.,
– Zinssatz im sechsten 3,75 % p. a..
Vervollständige die Tabelle zur übersichtlichen Darstellung der jährlichen Kapitalentwicklung im Heft für:
a) 1 500 €   b) 3 000 €   c) 4 700 €
d) 6 300 €   e) 5 500 €   f) 7 000 €

	Kapital	Zinsen
Beginn		0 €
1. Jahr		
2. Jahr		
3. Jahr		
4. Jahr		
5. Jahr		
6. Jahr		
	gesamt:	

4 Berechne das Kapital nach sechs Jahren für 6 800 €, wenn das Kapital mit Zinseszinsen und gleich bleibendem Zinssatz von 2,25 % p. a. angelegt wird.

5 Welche Geldanlage ergibt nach drei Jahren…

a) für 2 000 € das größere Endkapital?

   I. Zinssatz 3,25 % p. a. (fest)

   II. Zinssatz im ersten Jahr 2,75 % p. a., im zweiten Jahr 3,00 % p. a., im dritten Jahr 3,50 % p. a.

b) für 4 500 € das größere Endkapital?

   I. Zinssatz 2,75 % p. a. (fest)

   II. Zinssatz im ersten Jahr 2,25 % p. a., im zweiten Jahr 2,75 % p. a., im dritten Jahr 3,25 % p. a.

6 Berechne das Kapital nach 5 Jahren, wenn 3 600 € mit Zinseszinsen und gleich bleibendem Zinssatz von 2,75 % p. a. angelegt werden.

7 Ein „glatter" Geldbetrag wurde vier Jahre lang fest angelegt, wobei die Zinsen mitverzinst wurden und ein über die gesamte Laufzeit gleich bleibender Zinssatz von 3,25 % festgelegt wurde. Am Ende des vierten Jahres wurden 7 614,38 € ausgezahlt. Welcher Betrag wurde vor vier Jahren angelegt?

8 Berechne das Kapital mit Zinseszinsen nach der Laufzeit bei gleich bleibendem Zinssatz für die in der Tabelle angegebenen Werte.

	a)	b)	c)	d)
Kapital	500 €	2 000 €	10 000 €	5 000 €
Zinssatz	3,6 %	4,5 %	4,55 %	4,75 %
Laufzeit	5 Jahre	8 Jahre	10 Jahre	12 Jahre

9 Berechne das Kapital auf einem Sparkonto nach drei (vier, fünf) Jahren, wenn 5 600 € mit einem Festzinssatz von 3,75 % p. a. angelegt werden.

10 Herr Fuchs zahlt 2 400 € in seinen Bausparvertrag ein. Welches Kapital hat er nach 3 Jahren bei gleich bleibenden Zinssatz von 3,5 % p. a.?

11 Christian möchte sich von den Zinsen seines Sparkontos ein Fahrrad für 448 € kaufen. Wie lange muss er 4 800 € bei einem Zinssatz von 2 % auf seinem Konto liegen lassen?

12 Lena erhält 300 € zum 15. Geburtstag. Sie überlegt, das Geld für den Führerschein zu sparen. Eine Bank bietet 4 % Zinsen an.

a) Nach wie vielen Jahren sind die 300 € um mehr als 50 % angewachsen?

b) Um wie viel Prozent sind die 300 € nach 2 Jahren, nach 5 bzw. nach 7 Jahren angewachsen?

13 Eine Bank bietet Ihren Kunden die Möglichkeit, ihr Kapital für 7 Jahre zu folgenden Konditionen fest anzulegen.

a) Berechne, auf welchen Betrag 1 000 € nach 7 Jahren angewachsen sind.

b) Welches Kapital hat man nach 7 Jahren bei einem Startkapital von 2 000 €, 3 000 € bzw. 6 500 €?

Daten in Klassen einteilen und kritisch bewerten

Die Klasse 9 a hat eine Umfrage zur Körpergröße durchgeführt. Die Auswertung gestaltet sich schwierig, da viele verschiedene Zahlen auftreten. Deshalb ist es günstig, mehrere Zahlen (Messwerte) zu **Klassen** zusammenzufassen.
Die Klasse 9 a hat sich für folgende Einteilung entschieden und eine Strichliste mit Häufigkeitstabelle angelegt.

Größe	Strichliste	Häufigkeit
140–149	II	2
150–159	IIII	4
160–169	HHT HHT I	11
170–179	HHT II	7
180–189	III	3

HINWEIS
Besonders für spätere Berechnungen ist es hilfreich, wenn die Klassen gleich große Abstände umfassen.

Bei der Klassenbildung gibt es keine feste Regel. Man muss überlegen, welche Klasseneinteilung für die jeweilige Auswertung sinnvoll ist. Es gilt aber:
– Die einzelnen Klassen sollten sich nicht überschneiden.
– Alle Klassen zusammen sollten die Gesamtheit der Messwerte erfassen.
Eine Klasseneinteilung ermöglicht oft eine übersichtliche Darstellung, aber man kann auch Informationen einbüßen.

Die Darstellung von Daten ist nicht immer genau und neutral: manchmal werden Daten absichtlich manipuliert dargestellt. Häufig vorkommende Manipulationen sind:

– Das **Koordinatensystem** ist **fehlerhaft**. Der Schnittpunkt von x- und y-Achse liegt nicht bei (0 | 0) oder die Abstände auf jeweils einer Achse sind nicht gleich groß.

– Bei einem **Kreisdiagramm** werden die Anteile zu „keine Angabe" oder „Sonstiges" **nicht dargestellt**.

Ja

Nein

– Bei einem Piktogramm wird die **Veränderung in der Höhe und in der Breite** abgetragen. Dann führt z, B, eine Verdopplung der Werte zu einer Vervierfachung der Fläche.

50 €

100 €

Umfrage: Pausenhof zum Chillen

Ein ruhiger Hof bietet entspannte Pausen, ohne dass uns Bälle um die Ohren fliegen.

Willst du auch einen Pausenhof zum Chillen?

☐ ja unbedingt
☐ eher ja
☐ weiß nicht
☐ nein, die lauten Ballspiele stören mich nicht

Auch die Gestaltung des Fragebogens kann das Ergebnis einer Umfrage beeinflussen:

Die Befragung wird mit einem Text eingeleitet, der die Befragten einseitig informiert.
Mit den vorgegebenen Antwortmöglichkeiten kann man in die gewünschte Richtung beeinflussen.

1 Die Schultaschen von 130 Schülern einer Oberschule wurden gewogen. Die Ergebnisse wurden in einer Häufigkeitstabelle mit Klasseneinteilung zusammengefasst.

a) 43 Schultaschen wogen zwischen 6,0 kg und 6,9 kg.
b) Die Hälfte der Taschen war zu schwer.
c) Die schwerste Schultasche wog 10 kg.
d) 44 Taschen wogen mehr als 6,9 kg.

Masse der Tasche	Anzahl der Schüler
< 5,0 kg	24
5,0 kg – 5,9 kg	19
6,0 kg – 6,9 kg	43
7,0 kg – 7,9 kg	28
≥ 8,0 kg	16

2 So lange brauchen die Schüler einer 9. Klasse für ihren Schulweg:
Stelle die Daten übersichtlicher in einer Häufigkeitstabelle dar, indem du sie in fünf gleich breite Klassen einteilst.

25 min; 18 min; 20 min;   8 min; 29 min;
16 min; 28 min; 15 min; 12 min; 26 min;
22 min;   7 min; 12 min; 25 min; 10 min;
 7 min;   9 min; 27 min; 19 min; 16 min

3 Timo hat eine Strichliste mit Häufigkeitstabelle zu den Körpergrößen in seiner Klasse angefertigt.
a) Erkläre und begründe, was du an der Tabelle ändern würdest.
b) Worauf muss man beim Erstellen einer Klasseneinteilung achten?

Größe	Strichliste	Häufigkeit
164 – 167	|||	3
155 – 164	ℍℍℍ ℍℍℍ	10
168 – 185	ℍℍℍ ||	7
150 – 155	||	2
149			1

4 So lange sollten Schüler höchstens an ihren täglichen Hausaufgaben sitzen:
a) Wie breit sind die einzelnen Klassen in dieser Einteilung? Vergleiche sie.
b) Ergänze: „In der 9. Jahrgangsstufe sollte man höchstens … .“

1. und 2. Jahrgangsstufe	30 min
3. und 4. Jahrgangsstufe	60 min
5. und 6. Jahrgangsstufe	90 min
7. bis 10. Jahrgangsstufe	120 min

5 Eine Umfrage zum Thema „Ist Sitzenbleiben sinnvoll?“ hatte folgendes Ergebnis:
Ja 48 %   nein 44 %   weiß nicht 8 %
Bewerte das dazu gezeichnete Kreisdiagramm.

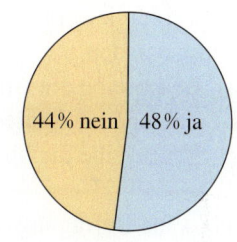

6 Zum Thema „Was hältst du von Piercings?“ soll eine Umfrage durchgeführt werden.

Piercings stellen ein Hygienerisiko dar. Bei manchen Piercings gibt es die Gefahr, dass Nerven verletzt werden und dadurch Gesichtsmuskeln gelähmt werden.
Was hältst du von Piercings?
☐ Nichts für mich   ☐ Die Risiken nehme ich in Kauf   ☐ Ist mir egal

Welche Manipulationen werden hier vorgenommen? Erläutere sie und erstelle einen kurzen Fragebogen, mit dem die Befragten nicht manipuliert werden.

7 Vergleiche den Anteil positiver und den Anteil negativer Antworten auf den beiden Fragebögen. Wie könnte sich ein Unterschied auswirken?

Wie gerecht fühlst du dich in den mündlichen Leistungen bewertet?

☐ gerecht   ☐ nicht gerecht

Wie gerecht fühlst du dich in den mündlichen Leistungen bewertet?

☐ immer gerecht
☐ fast immer gerecht
☐ meistens gerecht
☐ häufig nicht gerecht
☐ nie gerecht

ZU AUFGABE 8

Wäsche
waschen

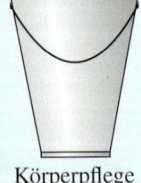

Körperpflege

8 Für Wäschewaschen benötigt man nur ein Drittel so viel Wasser wie für Körperpflege (Baden, Dusche usw.). Stellt das Piktogramm diesen Zusammenhang richtig dar?

9 Betrachte das Säulendiagramm zur Ausbildungsvergütung einer Hotelfachfrau.

a) Wie viel verdient eine Hotelfachfrau ungefähr in den einzelnen Lehrjahren?

b) Jana meint: „Super, als Hotelfachfrau verdiene ich im 2. Lehrjahr doppel so viel wie im 1. Lehrjahr!" Stimmt das?

c) Wie wurde das Diagramm manipuliert?

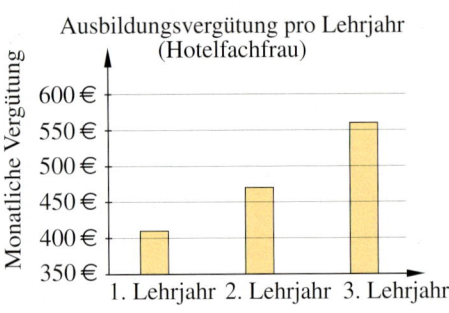

10 Manchmal geraten Menschen in finanzielle Schwierigkeiten. Sie können z. B. die Raten für einen Bankkredit oder für ihre Handyrechnung nicht mehr bezahlen.
Die beiden folgenden Diagramme zeigen die prozentualen Anteile der Verträge, bei denen es Zahlungsschwierigkeiten gibt. Es werden jeweils zwei Altersgruppen unterschieden.

	16 bis 24 Jahre	25 bis 65 Jahre
Banken	3,38 %	3,41 %
Telekommunikation	5,33 %	9,96 %

a) Beschreibe die aufgetretenen Fehler.

b) Zeichne ein Säulendiagramm, welches die Daten korrekt darstellt.

c) Beschreibe die unterschiedliche Wirkung von Piktogramm und Säulendiagramm.

11 Eine Befragung zum Thema „Computernutzung" kam zu folgendem Ergebnis.

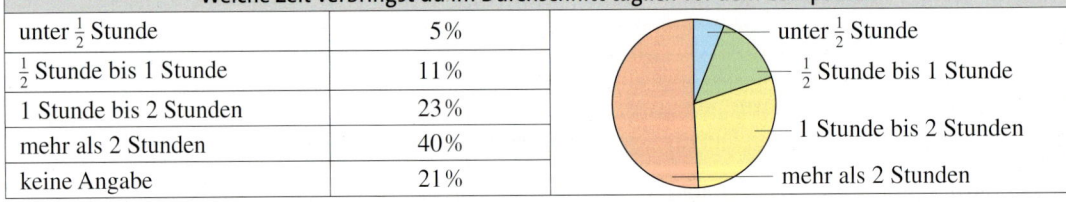

Welche Zeit verbringst du im Durchschnitt täglich vor dem Computer?	
unter $\frac{1}{2}$ Stunde	5 %
$\frac{1}{2}$ Stunde bis 1 Stunde	11 %
1 Stunde bis 2 Stunden	23 %
mehr als 2 Stunden	40 %
keine Angabe	21 %

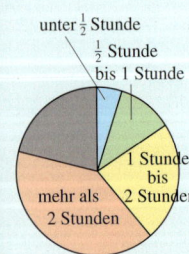

a) Betrachte das abgebildete Kreisdiagramm und benenne den Fehler, der gemacht wurde.

b) Zeichne ein korrektes Kreisdiagramm zu den Daten mit dem Radius $r = 5$ cm.

c) Vergleiche die beiden Kreisdiagramme und beschreibe die Wirkung des fehlerhaften Diagramms.
Wer ist daran interessiert, solch ein fehlerhaftes Diagramm zu veröffentlichen?

12 In den beiden Piktogrammen ist folgender Sachverhalt dargestellt: Dirk bekommt von seinen Eltern für den Führerschein 1000 €, sein Freund Kai bekommt 1200 €.

a) Was unterscheidet die Darstellungen?

b) Welche Darstellung ist korrekt? Begründe.

c) Welche Darstellung sollte Dirk zu seiner Oma mitnehmen, damit sie ihn unterstützt?

Bist du bereit?

Das dreiwöchige Schüler-Betriebs-Praktikum bietet einen Einblick in die Berufswelt. Viele Schülerinnen und Schüler werden sich danach um einen Ausbildungsplatz bewerben.

Größere Betriebe und Behörden setzen Berufseignungstests oder Einstellungstests ein, um eine Vorauswahl unter den Bewerbern zu treffen. Die Tests sind je nach Beruf sehr unterschiedlich aufgebaut.

Mathematik und Berufe im Überblick

Die Mindmap gibt dir einen Überblick über die wichtigsten Berufsfelder mit einigen Beispielen. Aktuelle Informationen zu diesen und vielen anderen Berufen bekommst du über die Arbeitsagentur und die Berufsberater deiner Schule.

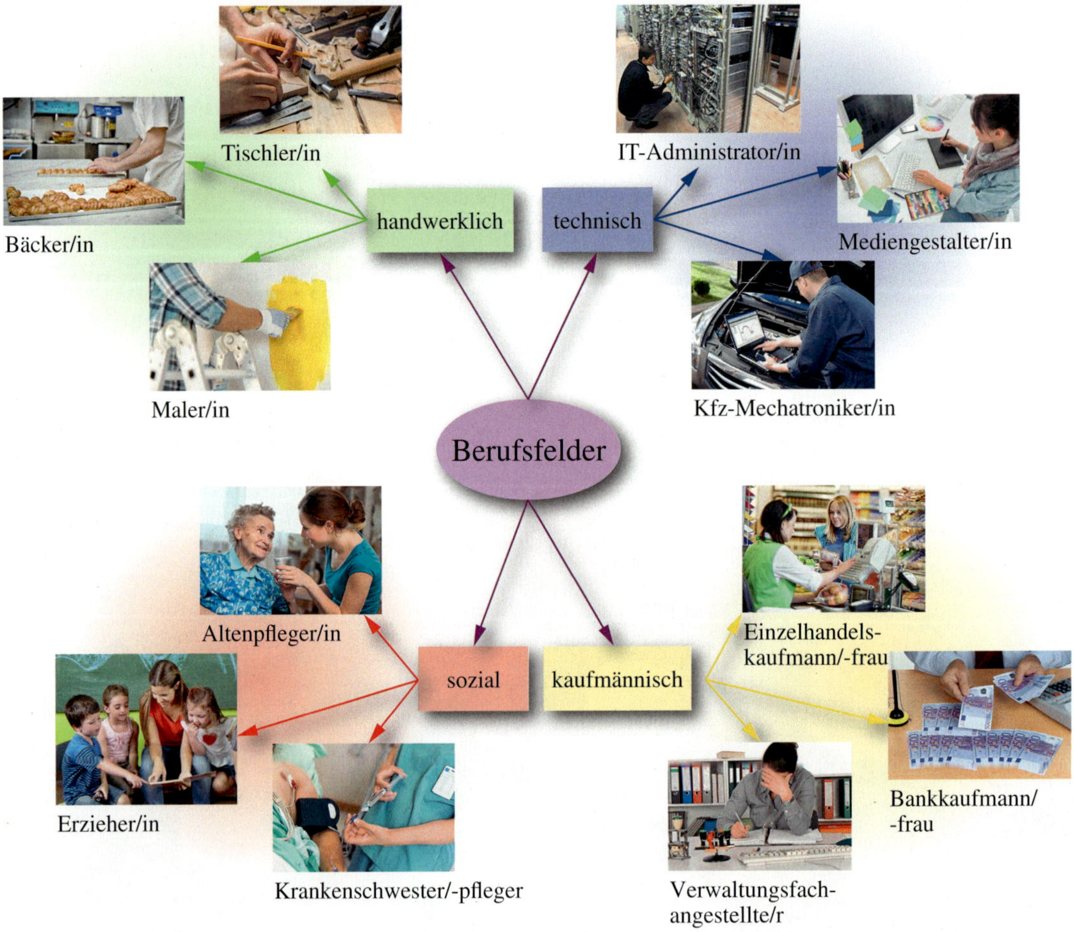

Tischler/in

IT-Administrator/in

Bäcker/in

handwerklich

technisch

Mediengestalter/in

Maler/in

Kfz-Mechatroniker/in

Berufsfelder

Altenpfleger/in

Einzelhandels-
kaufmann/-frau

sozial

kaufmännisch

Erzieher/in

Bankkaufmann/
-frau

Krankenschwester/-pfleger

Verwaltungsfach-
angestellte/r

In den meisten Eignungstests, Einstellungstests und auch Abschlusstests werden Kenntnisse über die folgenden Bereiche der Mathematik vorausgesetzt:

1. Grundrechenarten
2. Maße und Gewichte
3. Dreisatz
4. Prozent- und Zinsrechnung
5. Zahlen- und Zeichenfolgen
6. Flächen- und Körperberechnung
7. Textgleichungen

→ Seite 218

Im Anhang findest du eine Formelsammlung. Dort kannst du Formeln aus den Teilgebieten der Mathematik nachschlagen, die in den Eignungstests, Einstellungstests und Abschlusstests vorkommen können. Versuche zunächst die Aufgaben ohne die Formelsammlung zu bearbeiten. Schlage erst nach, wenn du nicht weiterkommst.

Beachte beim Bearbeiten der Aufgaben folgende **Tipps**:
– Meist ist **kein Taschenrechner** erlaubt und die Zeit ist knapp bemessen.
– **Lies** die Aufgabenstellung sehr **sorgfältig** durch.
– Löse zuerst die Aufgaben, die dir leicht fallen.
– Halte dich nicht zu lange mit der Lösung einer Aufgabe auf.
– **Bleibe ruhig!** Oft wollen Arbeitgeber testen, wie du in einer Stresssituation reagierst.

Eignungstest

Mathematik ist in nahezu allen Eignungs-/Einstellungstests ein wichtiges Thema. So oder so ähnlich können die Aufgaben aufgebaut sein. Je nach Umfang des Testteils bekommst du eine bestimmte Zeitvorgabe, in der du die Aufgaben lösen musst.

Bei den folgenden Testaufgaben handelt es sich um einen fiktiven Test, daher werden keine Zeitvorgaben gemacht. Löse die Aufgaben ohne Taschenrechner.

Grundrechenarten

1 $7\,915 + 38\,209 + 927 =$ _____

2 $29\,516 + 8\,812 + 59\,437 + 28 + 8\,209 =$ _____

3 $4\,952\,112 - 788\,456 =$ _____

4 $9\,839 \cdot 7\,427 =$ _____

5 $5\,904 : 41 =$ _____

Schätzaufgaben

6 Der dickste Baum, den Lothar kennt, ist eine alte Linde. Der Umfang dieses Baumes ist in 1,50 m Höhe so groß, dass gerade acht Kinder seiner Klasse ihn umfassen können. Schätze den Umfang in ca. 1,50 m Höhe und beschreibe Dein Vorgehen.

7 Schätze, wie viele Kilometer hoch ein Münzenstapel aus 1,2 Milliarden 1-Cent-Münzen ungefähr wäre. Beschreibe, wie Du vorgegangen bist.

8 Schätze, welche Lösung die richtige ist: $24\,661\,248 : 6 =$ _____
① $4\,110\,103$ ② $3\,680\,208$ ③ $3\,880\,103$ ④ $4\,110\,208$

Maße und Gewichte

9 Der wievielte Teil eines Kilometers (km) sind zwei Dezimeter (dm)? Bitte als Dezimalzahl angeben.

10 Für ein Mixgetränk braucht man zehn Zentiliter (cl) Konzentrat. Wie viele Getränke kann man aus einer Flasche mit 0,7 Liter (l) Fruchtkonzentrat mixen?

Dreisatz

11 Einige Schüler wollen beim Sportfest Wassereis verkaufen. Aus einem Eisbehälter kann man 150 Portionen abfüllen. Wie viele Behälter müssen angeschafft werden, wenn zugunsten der SV-Kasse mindestens 5 000 Portionen verkauft werden sollen?

12 Ein Motorrad verbraucht fünf Liter Benzin auf 100 Kilometer. Wie viel Benzin wird auf 200 km verbraucht und wie viele Kilometer kann es mit 24 Litern im Tank zurücklegen?

13 Zehn Pferde fressen 50 Kilogramm Heu. Wie viel Heu fressen sieben Pferde?

14 Zwei Schüler brauchen vier Stunden Zeit, um eine Präsentation vorzubereiten. Wie viel Zeit braucht ein Schüler, wenn er die Arbeit alleine erledigt?

15 Im Jugendheim soll der Tanzkeller einen neuen Boden bekommen. Die Jugendgruppe hat eine Fliese ausgesucht, die 20 cm × 45 cm groß ist, und berechnet, dass 210 Fliesen benötigt werden. Die Mehrheit entscheidet sich aber für eine andere Fliese, die 54 cm × 35 cm misst. Wie viele Fliesen müssen besorgt werden?

Prozentrechnung

16 Von 30 Testaufgaben hast Du 18 richtig gelöst. Wie viel Prozent sind das?

17 Jan sagt nach dem Eignungstest, dass $\frac{1}{3}$ der Aufgaben schwierig, $\frac{1}{6}$ aber sehr einfach waren. Wie viel Prozent der Aufgaben lagen demnach zwischen leicht und schwierig?

18 Julia hat 3 000 € in einem Talentwettbewerb gewonnen. Ihren Eltern schenkt sie 17 % des Gewinns und sie selbst gibt 25 % für ein Party-Wochenende mit ihrer Freundin aus. Den Rest möchte sie anlegen, um bald ein eigenes Auto zu kaufen. Wie viel Geld kann Julia anlegen?

19 Von den 960 Schülerinnen und Schülern einer Realschule sind 65 % Jungen. 25 % der Jungen spielen aktiv Fußball im Verein. Wie viele aktive Fußballer hat die Schule?

Zinsrechnung

20 Wie viele Zinsen bekommt man für 4 000 € bei einer Verzinsung von 2,9 % in acht Monaten?

21 Justin leiht sich 500 € von seinen Eltern, um das neue Mountainbike zu finanzieren. Er muss dafür einen Jahreszinssatz von 8 % bezahlen. Seine Großeltern schenken ihm das Geld nach 90 Tagen. Wie viel Zinsen hat Justin seinen Eltern bezahlt?

22 Mareike möchte so viel Geld im Lotto gewinnen, dass sie allein von den monatlichen Zinsen gut leben kann. Sie hat berechnet, dass sie dafür 2 500 € braucht. Im Augenblick liegt der Jahreszinssatz ihrer Bank bei 2,75 %. Wie viel Geld muss Mareike gewinnen?

Logisches Denken

23 Welcher Tag war gestern, wenn der Tag nach morgen zwei Tage vor Samstag ist?

24 Übermorgen ist der vierte Tag nach Sonntag. Welcher Tag war gestern?

25 Für je 3 €, die Frieda hat, hat Greta 5 €. Wenn sie zusammen 120 € haben, wie viele Euro hat dann Greta davon?

26 Luisa ist das einzige Kind, das kleiner als Dilan ist. Vicky ist nicht kleiner als Marc. Jens und Marc sind gleich groß. Jens ist ein wenig kleiner als Vicky.
Wer ist der bzw. die größte?

27 Steven kauft für seine Freundin Marie einen Blumenstrauß. Es sind insgesamt 20 weiße und pinkfarbene Rosen. Für die weißen Rosen bezahlt er 1,50 €, für die pinkfarbenen 2,30 €. Insgesamt bezahlt er 35,60 €. Wie viele pinkfarbene Rosen sind in seinem Strauß?

Zahlenreihen

28 Wie lautet die nächste Zahl in der Zahlenreihe?
a)   4   2   5   3   6   4   7   …
b)   5   3   6   9   5   20   23   17   …
c) 14   11   33   30   10   7   21   …
d) 12   10   13   17   12   18   25   …
e) 11   17   23   35   53   83   …

Potenz- und Wurzelrechnen

29 $3^3 =$ _____

30 $3 \cdot 10^3 =$ _____

31 $\sqrt{49} =$ _____

32 $\sqrt{81^2} =$ _____

Algebra

33 Berechne x, indem Du die Gleichungen nach x auflösen.
a) $5x - 13 = 5 - 4x$ b) $\frac{2x}{10} = 4$

Mathematik im Alltag

34 Die durchschnittliche Reaktionszeit eines Menschen beträgt eine Sekunde. Eine Autofahrerin fährt mit einer Geschwindigkeit von $48\frac{km}{h}$. Plötzlich bemerkt sie, dass die Fahrzeuge auf ihrer Spur einen Stau bilden. Wie weit fährt das Auto weiter, bevor sie anfängt zu bremsen?

35 Wie viele Kilometer fährt ein Radrennfahrer in 3,5 Stunden, wenn er es schafft, die ganze Zeit $40\frac{km}{h}$ zu fahren?

36 Zwei Geschwister sind zusammen 44 Jahre alt.
Wie alt ist der jüngere Bruder, wenn die Schwester sechs Jahre älter ist?

37 Die Aula der Schule soll mit quadratischen Fußbodenplatten ausgelegt werden. Die Aula ist 50 Meter × 72 Meter groß.
Nennen Sie die größtmögliche Abmessung der Platten, die ohne Zuschnitt möglich ist.

38 Die BMX-Fans Lothar und Julian fahren zehn Kilometer um die Wette. Lothar kommt mit 100 Metern Vorsprung ins Ziel. Julian fordert Revanche. Dieses Mal startet Lothar 100 Meter hinter Julian, der wie zuvor an der Startlinie losfährt.
Wer gewinnt, wenn beide genauso schnell fahren wie vorher?

39 Anna bekommt zum Abitur von ihren Großeltern einen Geldbetrag in Höhe von 4 250 € für das erste Auto geschenkt. Ihre Großmutter bezahlt $\frac{1}{4}$ des Autopreises, der Großvater $\frac{3}{8}$. Was kostet Annas erstes Auto?

Informationen in Tabellen und Diagrammen

40 Betrachte die Tabelle zum Thema Internetnutzung und prüfe, ob die Aussagen wahr oder falsch sind.

alle Angaben in Prozent	Altersgruppen (Angabe in Jahren)							
	10–15	16–24	25–34	35–44	45–54	55–64	65–74	ab 75
Insgesamt 2013	97	97	96	94	85	70	47	20
Veränderung zu 2012 in Prozentpunkten	+/−0	+1	+1	+3	+4	+5	+6	+3
männlich 2013	97	96	97	96	87	78	55	27
weiblich 2013	97	98	96	94	82	61	38	13

① In keiner Altersgruppe gab es 2013 im Vergleich zu 2012 einen Rückgang.
② Die größte Steigerung im Vergleich zum Jahr 2012 erfolgte in der Altersgruppe der 16- bis 24-jährigen.
③ Insgesamt gibt es prozentual in der Altersgruppe der 55- bis 64-jährigen mehr Frauen als Männer, die das Internet 2013 nicht genutzt haben.
④ 2012 haben 47 % der 65- bis 74-jährigen das Internet genutzt.

41 Simon und Ahmet treffen sich im Café. Das Diagramm stellt die Fahrradfahrten von ihren Wohnungen zum Café dar.
a) Wie viele Kilometer fährt Simon?
b) Wie viele Kilometer fährt Ahmet?
c) Wann kommt Simon im Café an?
d) Wer kommt zuerst im Café an?
e) Wie viele Minuten muss der erste im Café auf den anderen warten?
f) Wer hält unterwegs für kurze Zeit an?
g) Für wie viele Minuten hält er an?
h) Wer erreicht die höhere Geschwindigkeit?

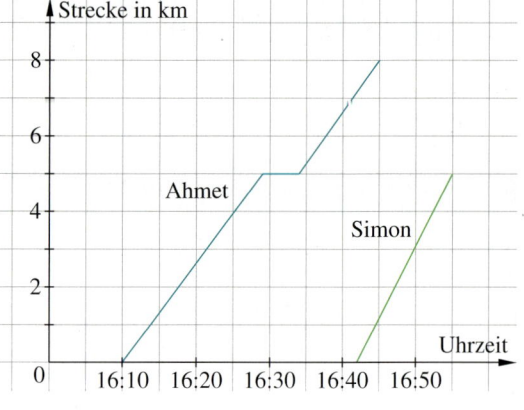

42 Das Diagramm zeigt die Wassermenge in einer Badewanne.
a) Wann beginnt das Einlassen des Wassers?
b) Wie viele Minuten dauert das Einlassen?
c) Wie viel Liter Wasser befinden sich während des Bades in der Wanne?
d) Wann wird der Stöpsel gezogen?
e) Nach einiger Zeit verstopft ein Waschlappen den Abfluss. Das Wasser läuft danach langsamer ab. Wann passiert das?
f) Wie lange dauert das Ablaufen des Wassers?
g) Wie lange würde das Ablaufen des Wassers ohne die Verstopfung dauern?

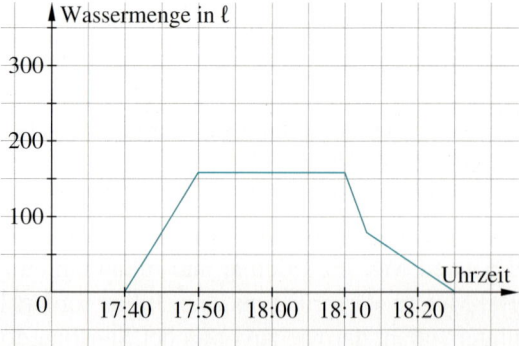

Vorbereitung auf den Abschlusstest

Training

Grundrechenarten

1 Berechne.
a) $7\,546 + 53\,805 + 1\,929$
b) $18\,024 + 256 + 20\,147 + 2\,308$
c) $15\,748 - 8\,952$
d) $205\,801 - 58\,942$
e) $14\,987 - 2\,547 - 8\,835$

2 Berechne.
a) $7\,294 \cdot 917$ b) $40\,802 \cdot 5\,810$
c) $45\,027 \cdot 2\,065$ d) $3\,024 : 4$
e) $14\,399 : 7$ f) $78\,012 : 12$

3 Beachte die Rechenregeln.
a) $147 + 105 \cdot 23 + 64$
b) $(147 + 105) \cdot 23 + 64$
c) $147 + 105 \cdot (23 + 64)$
d) $(147 + 105) \cdot (23 + 64)$
e) $678 - 246 : 6 - 38$
f) $(678 - 246) : (6 - 38)$

4 Rechne vorteilhaft (ohne den TR).
a) $86 + 573 + 207 - 36$
b) $25 \cdot 7 \cdot 4 \cdot 5$
c) $277 : 7 - 137 : 7$
d) $27 \cdot 24 + 27 \cdot 76$

5 Berechne.
a) $2\,867 - 523 \cdot 4 + 689 - 1988 : 2$
b) $13 (-20 + 18) - (900 - 650) : 5 + 22$

6 Überschlage die Ergebnisse.
a) $787 + 218$ b) $6\,891 - 3\,215$
c) $322 \cdot 28$ d) $52\,100 \cdot 2{,}1$
e) $1\,144 : 5{,}4$ f) $489 : 9{,}79$

7 Schätze die Ergebnisse der folgenden Aufgaben unter Verwendung runder Zahlen.
a) $345 \cdot 28$ b) $52\,100 \cdot 0{,}04$
c) $0{,}045 \cdot 0{,}24$ d) $1\,144 : 52$
e) $489{,}3 : 0{,}028$ f) $0{,}28 : 0{,}039$

Brüche und Dezimalbrüche

8 Wandle in Dezimalbrüche um.
a) $\frac{7}{10}$ b) $\frac{47}{100}$ c) $\frac{33}{1\,000}$
d) $\frac{1}{2}$ e) $\frac{3}{5}$ f) $\frac{1}{4}$
g) $\frac{17}{20}$ h) $3\frac{7}{50}$ i) $12\frac{3}{25}$

9 Berechne.
a) $0{,}3 + 2{,}4$ b) $3{,}9 + 4{,}71$
c) $5{,}1 - 3{,}8$ d) $2{,}05 - 0{,}5$
e) $8{,}6 \cdot 6{,}3$ f) $0{,}9 \cdot 6$
g) $21{,}44 : 8$ h) $3{,}048 : 6$
i) $1{,}9 : 0{,}5$ j) $3{,}0228 : 0{,}12$
k) $9 : 3{,}6 + 4{,}8$ l) $2{,}6 + 3{,}4 \cdot 0{,}8$

10 Kürze das Ergebnis, falls möglich.
a) $\frac{2}{7} + \frac{4}{7}$ b) $\frac{1}{9} + \frac{5}{9}$ c) $\frac{13}{24} + \frac{5}{24}$
d) $\frac{2}{5} + \frac{2}{10}$ e) $\frac{3}{4} + \frac{1}{5}$ f) $\frac{7}{8} - \frac{5}{8}$
g) $\frac{5}{12} - \frac{1}{4}$ h) $\frac{4}{9} - \frac{5}{18}$ i) $7\frac{1}{2} - 3\frac{5}{6}$

11 Berechne.
Kürze das Ergebnis, falls möglich.
a) $\frac{2}{7} \cdot \frac{3}{5}$ b) $\frac{3}{8} \cdot \frac{4}{5}$
c) $\frac{5}{6} \cdot \frac{9}{10}$ d) $1\frac{1}{4} \cdot 6$
e) $2\frac{1}{2} \cdot 3\frac{1}{4}$ f) $3\frac{3}{4} \cdot 4\frac{3}{5}$

12 Kürze das Ergebnis, falls möglich.
a) $\frac{1}{3} : \frac{1}{6}$ b) $\frac{4}{9} : \frac{5}{18}$
c) $\frac{2}{5} : \frac{3}{7}$ d) $1\frac{2}{5} : \frac{3}{19}$
e) $1\frac{4}{5} : 2\frac{1}{2}$ f) $\frac{15}{16} : 27$

13 Berechne.
a) $\frac{3}{4} - \frac{1}{5} \cdot \frac{3}{4}$ b) $\frac{3}{4} \cdot \frac{2}{3} + \frac{1}{4} \cdot \frac{2}{3}$
c) $\left(\frac{2}{3} + \frac{5}{6}\right) : \frac{5}{12}$ d) $8 : \left(\frac{1}{6} - \frac{1}{18}\right)$
e) $\left(\frac{1}{4} + \frac{1}{2}\right) \cdot \frac{3}{8}$ f) $\left(\frac{3}{8} - \frac{1}{4}\right) \cdot \frac{2}{5}$
g) $\frac{1}{3} \cdot \frac{4}{5} - \frac{1}{5}$ h) $\frac{2}{3} + \frac{1}{2} : \frac{3}{7}$
i) $\frac{1}{4} \cdot \left(\frac{3}{8} - \frac{1}{4}\right)$ j) $\left(2 + \frac{1}{5}\right) : \frac{10}{11}$

Größen

14 Rechne die Angaben in die in Klammern stehende Einheit um.

a) 14 dm (cm) **b)** 14,6 m (dm)
c) 7,8 km (m) **d)** 54 mm (dm)
e) 8 500 g (kg) **f)** 2,8 t (kg)
g) 4 kg 50 g (g) **h)** 2 h (min)
i) 12 min (s) **j)** $2\frac{1}{4}$ h (min)
k) 2 400 s (min) **l)** 36 000 s (h)
m) 7 € 35 ct (€) **n)** 50 ct (€)
o) 3,05 € (ct) **p)** 15 € (ct)

15 Berechne. Gib das Ergebnis in der kleineren Einheit an.

a) 3 m + 150 cm **b)** 1 h + 15 min
c) 2 kg − 250 g **d)** 45 dm − 35 cm

16 Berechne. Gib das Ergebnis in der größeren Einheit an.

a) 5 kg + 350 g + 2 g + 2,5 kg
b) 3 cm + 21 mm + 15 m + 41 dm

17 Schreibe in der in Klammern stehenden Einheit.

a) $2\,m^2$ (dm^2) **b)** $6\,000\,mm^2$ (cm^2)
c) $0,5\,km^2$ (m^2) **d)** $5\,ha$ (m^2)
e) $3\,m^3$ (dm^3) **f)** $2\,m^3\,50\,dm^3$ (m^3)
g) $1\,280\,cm^3$ (l) **h)** $0,3\,m^3$ (l)

18 Ergänze im Heft.

a) $1\,km^2 = \blacksquare\,m^2$ **b)** $1\,m^2 = \blacksquare\,cm^2$
c) $1\,ha = \blacksquare\,a$ **d)** $1\,ha = \blacksquare\,m^2$

Daten

19 Während eines Frühlingstages wurde alle vier Stunden die Lufttemperatur gemessen und notiert: 4 °C, 6 °C, 8 °C, 12 °C, 11 °C, 7 °C.

a) Berechne die Durchschnittstemperatur.
b) Berechne den maximalen Temperaturunterschied an diesem Tag.

20 Die Pizzeria „Luisa" befragt ihre Gäste nach deren Lieblingsgericht.
Berechne die relativen Häufigkeiten. Gib diese als Bruch, als Dezimalbruch und in Prozentschreibweise an. Stelle die Angaben in einem Streifen-, Säulen- und Kreisdiagramm dar.

Lieblingsgericht	Anzahl Gäste
Pizza Bolognese	6
Pizza Salami	8
Lasagne	12
Tortellini a la Casa	9
sonstiges	15

Lineare Gleichungen

21 Löse die folgenden Gleichungen.

a) $x + 12 = 3x + 8$
b) $7t - 9 = 4t + 15$
c) $y - 11 - 10y = 29 - 7y$
d) $\frac{1}{4}v + 7 = \frac{1}{3}v + 6$
e) $2s + 5 - (s + 3) = 11$
f) $3(4 - 3x) + 112 = -5(x - 8)$

22 Die Summe aus dem Siebenfachen einer Zahl und 5 ist − 37. Wie heißt die Zahl?

23 Die Summe von drei Zahlen ist 357. Die erste Zahl ist doppelt so groß wie die zweite Zahl. Die dritte Zahl ist halb so groß wie die zweite Zahl. Wie lauten die drei Zahlen?

Prozent- und Zinsrechnung

24 Berechne den Prozentwert.

a) 8 % von 200 kg **b)** 25 % von 120 m **c)** 20 % von 15 000 Stimmen
d) 15 % von 1 200 Schülern **e)** 4,75 % von 5 000 € **f)** 138 % von 2 5401

25 Bestimme den Prozentsatz.
a) 38 Aufgaben von 50 Aufgaben
b) 8 m von 25 m
c) 138 Punkte von 200 Punkten
d) 45 kg von 375 kg
e) 12 Minuten von einer Stunde
f) 9 von 24 Schülern

26 Berechne den Grundwert.
a) 25 % sind 8 kg   b) 16 % sind 32 m
c) 8 % sind 14 Punkte
d) 23 % sind 184 Schüler

27 Ute will sich ein Fahrrad für 300 € kaufen. Es fehlen ihr noch 240 € an der Gesamtsumme. Wie viel Prozent sind das?

28 Eine Versicherung zahlt Herrn Moll bei einem Unfallschaden von insgesamt 1800 € nur 85 %.
a) Wie viel Euro zahlt die Versicherung?
b) Wie viel Euro muss er selbst zahlen?

29 Bei einer Produktion gab es 3 % Ausschuss. Wie viele Artikel von 6 400 sind das?

30 Der Preis für einen Tisch wurde von 255 € auf 224,40 € reduziert.
a) Auf wie viel Prozent ist der Preis des Tisches gesenkt worden?
b) Um wie viel Prozent ist der Preis gefallen?

31 Eine Reparatur kostet 470 €. Auf diese Kosten werden 19 % Mehrwertsteuer erhoben.
a) Wie viel Euro entspricht die Mehrwertsteuer?
b) Wie viel kostet die Reparatur (Endpreis)?

32 Franz erhält für sein Sparguthaben, das mit 3,5 % verzinst wurde, 7 € Zinsen. Wie hoch war das Sparguthaben?

33 Wie viel Zinsen bringt ein Kapital von 4 000 € bei einem Zinssatz von 4,5 % in 9 Monaten?

Dreiecke

34 Konstruiere das Dreieck ABC.
a) $a = 5,4$ cm, $\beta = 65°$, $\gamma = 80°$
b) $c = 6,5$ cm, $b = 3,2$ cm, $\beta = 124°$
c) $a = 3,8$ cm, $b = 4,2$ cm, $c = 6,3$ cm
d) $b = 5$ cm, $\beta = 54°$, $\gamma = 78°$

35 Vervollständige die Tabelle für rechtwinklige Dreiecke im Heft.

	Kathete a	Kathete b	Hypotenuse c
a)	8 cm	6 cm	
b)	15 cm		17 cm
c)		19 cm	21 cm
d)	7 mm	24 mm	
e)	17 m		19 m
f)		2,5 cm	36 cm

36 Kannst du auf einem DIN-A4-Papier (21 cm × 29,7 cm) eine Strecke von 40 cm zeichnen?
Bis zu welcher Länge könntest du die Strecke zeichnen?

37 Ergänze mithilfe der Zeichnung.

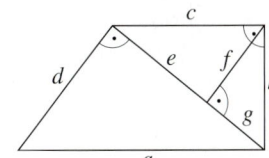

a) $c^2 = f^2 + \blacksquare$ b) $f^2 + \blacksquare = b^2$
c) $b^2 = (e + g)^2 - \blacksquare$ d) $a^2 = d^2 + \blacksquare$
e) $e = \sqrt{\blacksquare - f^2}$ f) $d = \sqrt{a^2 - \blacksquare}$

Flächen

38 Ein Rechteck ist 90 m lang und 55 m breit. Berechne den Flächeninhalt und gib den Umfang an.

39 Der Umfang eines Rechtecks beträgt 28 cm und die Breite 6 cm. Bestimme die Länge und den Flächeninhalt des Rechtecks.

40 Eine rechteckige Fläche, die 3,5 m lang und 2,8 m breit ist, soll mit quadratischen Fliesen ausgelegt werden.
a) Wie viel cm² hat die Rechteckfläche?
b) Wie viele Fliesen braucht man mindestens, wenn jede Fliese 49 cm² groß ist?

41 Eine quadratische Fläche hat eine Größe von 48 ha.
a) Wie viel m² sind das?
b) Gib die Seitenlänge in m an.

42 Konstruiere das Dreieck ABC.
Fertige zuerst eine Planfigur an.
a) $c = 4$ cm; $a = 5,3$ cm; $\alpha = 68°$
b) $a = 3,8$ cm; $b = 4,2$ cm; $c = 68°$

43 Berechne die Flächeninhalte der Vierecke.
a) Parallelogramm $g = 40$ cm; $h_g = 48$ cm
b) Trapez $a = 3,8$ cm; $c = 4,2$ cm; $h_a = 8$ cm

44 Gib Grundseite und Höhe von zwei verschiedenen Dreiecken mit einer Fläche von 8 cm² an.

45 Kann ein rechtwinkliges Dreieck folgende Seitenlängen haben? Begründe.
a) $a = 6$ cm; $b = 10$ cm; $c = 8$ cm
b) $a = 2$ cm; $b = 3$ cm; $c = 4$ cm

46 Ein Kreis hat einen Radius von 3 cm. Berechne den Umfang und die Fläche des Kreises.

Körper

47 Ein 5 m langes und 3 m breites quaderförmiges Glasbecken enthält 30 000 l Wasser.
a) Rechne die Wassermenge in m³ um.
b) Wie hoch steht das Wasser im Becken?
c) Wie viel m² Glas wurden im Becken verbaut?

48 Welcher Körper hat das größere Volumen? Ein Quader mit $a = 3$ cm, $b = 4$ cm und $c = 5$ cm oder ein Würfel mit $a = 4$ cm?

49 Zeichne das Netz eines Würfels mit $a = 2500$ mm im Maßstab von 1:100.

Zuordnungen

50 Welche der folgenden Zuordnungen können proportional oder antiproportional sein? Begründe und gib gegebenenfalls notwendige Bedingungen an.
a) Alter → Körpergröße
b) Schriftgröße → Zeilen pro Seite
c) Anzahl der Eiskugeln → Preis
d) Anzahl der Lkws → Zeit, um 50 m³ Sand zu liefern
e) Anzahl der 1-Euro-Stücke → Masse
f) Anzahl der Colaflaschen → Zuckergehalt
g) Anzahl der Rasenmäher → Zeit, um einen Rasenplatz zu mähen
h) Seitenlänge eines Quadrats → Umfang
i) Geschwindigkeit → Dauer einer Fahrt

51 Ein Mieter muss für 20 m³ Wasser inklusive Nebenkosten 46 € bezahlen. Wie viel zahlt ein anderer Hausbewohner für 25 m³ Wasser?

52 Sind die Aussagen richtig oder falsch?
a) Proportionale Zuordnungen sind produktgleich.
b) Antiproportionale Zuordnungen sind quotientengleich.
c) Bei proportionalen Zuordnungen gehört zum Doppelten der Ausgangsgröße das Doppelte der zugeordneten Größe.
d) Der Graph einer proportionalen Zuordnung ist eine Halbgerade durch den Ursprung.

53 850 g Fleisch kosten 8,33 €. Gib den Preis für 1 kg Fleisch an.

54 Ein Vater benötigt bei einer Schrittweite von 75 cm für einen Weg 620 Schritte. Wie groß ist die Schrittweite seiner Tochter, die für die gleiche Strecke 930 Schritte benötigt?

55 Welche der folgenden Zuordnungen sind proportional oder antiproportional?

a)
x	0	1	2	3	4
y	0	4	8	12	16

b)
x	0	1	2	3	4
y	2	3	4	5	6

c)
x	1	2	3	4	5
y	2	5	8	11	14

d)
x	1	2	3	4	6
y	24	12	8	6	4

Lineare Funktionen

56 Bestimme die Nullstellen der Funktionen sowie die Koordinaten des Schnittpunktes mit der y-Achse.
Gib jeweils an, ob die Funktion steigend oder fallend ist.

a) $f(x) = 2x - 8$
b) $g(x) = -3x - 2$
c) $h(x) = \frac{1}{2}x + 3{,}5$
d) $i(x) = -4x + \frac{4}{5}$

57 Gegeben sind die Funktionen $f(x) = 2x - 1$ und $g(x) = x + 2$.

a) Erstelle je eine Wertetabelle.
b) Zeichne die Graphen der Funktionen in ein Koordinatensystem.
c) Gib die Koordinaten des Schnittpunktes S der Funktionsgraphen an.
d) Liegen die Punkte $A(4|7)$, $B(7|9)$ und $C(3|7)$ auf einem der Graphen? Wenn ja, auf welchem Graphen liegen sie?

58 Gegeben ist die Funktion $f(x) = 2x + 2$.

a) Vervollständige die Wertetabelle.

x	−3	−2	−1	0	1	2	3
f(x)							

b) Zeichne den Graphen der Funktion.
c) Zeichne in dasselbe Koordinatensystem eine zu f parallele Gerade g, die durch den Punkt $A(1|2)$ verläuft.
d) g ist der Graph einer linearen Funktion. Gib die Steigung der Funktion an.

59 Der Tank eines Autos ist mit 60 Litern Benzin gefüllt. Bei einer Fahrt werden durchschnittlich 7 l pro 100 km verbraucht.

a) Gib die Funktionsgleichung der Funktion *Strecke in km → Tankinhalt in l* an.
b) Wie viel Liter Benzin befinden sich nach 325 km Fahrt noch im Tank?

Zufall und Wahrscheinlichkeit

60 Aus einem Skatspiel (32 Karten) wird eine Karte gezogen. Wie groß ist die Wahrscheinlichkeit, für folgendes Ereignis?

a) Herz-Ass wird gezogen
b) ein schwarzer Bube wird gezogen
c) ein König wird gezogen
d) eine „7" oder eine „8" wird gezogen
e) eine Karo-Karte wird gezogen
f) eine rote Karte wird gezogen
g) eine Dame oder eine schwarze Karte wird gezogen
h) ein Bube, eine Dame oder ein König wird gezogen
i) eine gerade Zahl wird gezogen

61 Nenne je ein Beispiel für ein unmögliches und für ein sicheres Ereignis.

62 Maria schreibt die Buchstaben ihres Vornamens auf je ein Blatt Papier. Dann zieht sie ohne hinzuschauen ein Blatt.
Wie groß ist die Wahrscheinlichkeit, dass sie

a) das „M" zieht, b) ein „A" zieht,
c) einen Vokal zieht, d) ein „S" zieht?

63 Ergebnisse vom Tontaubenschießen:

Name	Schüsse	Treffer
Hannah	10	8
Katrin	12	9
Thomas	8	4
Michael	15	12
Marco	9	3

Vergleiche die Wahrscheinlichkeiten, mit der jede Person die Tontaube trifft.

Test

1 Berechne.
a) $3{,}25 \cdot 1000$ b) $\frac{2}{3} \cdot \frac{3}{5}$ c) $(12 - 9)^2$

2 Rechne um.
a) $100\,\text{g} = \blacksquare\,\text{kg}$ b) $0{,}2\,\text{km} = \blacksquare\,\text{m}$

3 Berechne für $a = -3$ und $b = 2$ den Wert des Terms $b(2a + 4b)$.

4 Löse die Klammern auf.
a) $7a - (4 - 5b)$ b) $(15 + 9a) : 3 + 5b$

5 Stelle die Gleichung nach v um: $2u = \frac{v}{3}$.

6 Zeichne die Strecke s mit einer Länge von 5 m im Maßstab $1:100$.

7 Ergänze.
$5\,€$ sind $10\,\%$ von $\blacksquare\,€$.

8 Zeichne ein Parallelogramm mit einer Fläche von $18\,\text{cm}^2$.

9 Berechne den Umfang und Flächeninhalt des Rechtecks mit den Seitenlängen $a = 3\,\text{cm}$ und $b = 4{,}5\,\text{cm}$.

10 Löse die folgende Gleichung. $15x + 48 = 20x - 12$

11 Frau Seidel verdiente monatlich $2000\,€$. Sie erhält eine Gehaltserhöhung von $4\,\%$.
a) Gib die Gehaltserhöhung in Euro an.
b) Berechne das neue Gehalt.

12 Gegeben ist die Funktion $f(x) = -2x + 4$.
a) Zeichne den Graphen der Funktion in ein Koordinatensystem.
b) Berechne die Nullstelle der Funktion und gib die Koordinaten des Schnittpunktes mit der y-Achse an.
c) Gib den Anstieg der Funktion an.
d) Ist die Funktion steigend oder fallend?

13 Sechs Schüler nehmen an einem Wettkampf teil. Um die Startreihenfolge zu bestimmen, zieht jeder eine Karte aus einem Satz von 6 Karten mit den Zahlen 1 bis 6.
Berechne die Wahrscheinlichkeit …
a) als erster starten zu müssen.
b) als letzter zu starten.
c) als erster oder zweiter zu starten.
d) nicht als erster zu starten.

14 Ein Kreis hat einen Umfang von $94{,}25\,\text{cm}$.
a) Berechne den Kreisradius.
b) Bestimme den Flächeninhalt.

15 Ein quaderförmiges Aquarium ist $50\,\text{cm}$ lang, $30\,\text{cm}$ breit und $40\,\text{cm}$ hoch.
a) Zeichne ein Netz und das Schrägbild des Aquariums.
b) Wie viel Glas wurde zum Bau des Aquariums benötigt?
c) Berechne das Volumen des Aquariums. Gib das Volumen in Liter an.
d) Das Aquarium ist zu $95\,\%$ mit Wasser gefüllt.
Wie viel Wasser ist enthalten?

Terme, Gleichungen und Funktionen

Noch fit?

1 a) $2x + 3y$
 b) $5i + 3j$
 c) $2x + 2y$
 d) $2o - 2p$
 e) r
 f) $-2c + 2d - e$

1 a) $2c + 13d$
 b) $22o + 10p + 12$
 c) $12p + 22q$
 d) $6m - 120n + 17$
 e) $13a - 25b - 36c + 30$
 f) $-9x + 14y$

2 a) $x - (5 + 2) = 3$
 $x = 10$
 b) $x - (2,5 + 3 + 1) = 13,50$
 $x = 20$

2 a) $x = 12 + 4,30 + 5,90 + 2,30$
 $x = 24,50$
 b) $x = 150 \cdot \frac{12}{630 - 300 - 150}$
 $x = 10$

3 a) $x = 2$
 b) $a = -3$
 c) $d = -3$
 d) $y = -11$
 e) $v = -0,2$
 f) $u = -15$

3 a) $x = -5$
 b) $y = \frac{1}{3}$
 c) $p = 15$
 d) $k = -1,5$
 e) $g = -\frac{1}{2}$
 f) $x = 11$

4 Funktionen sind ①, ② und ④, da es sich um eindeutige Zuordnungen handelt.

5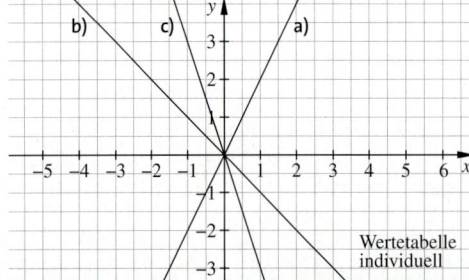

Wertetabelle individuell

5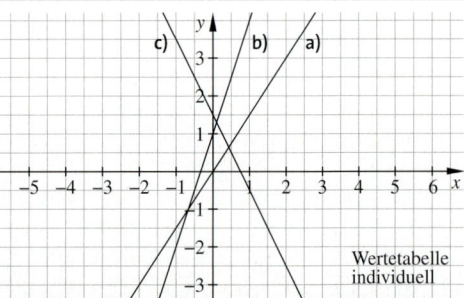

Wertetabelle individuell

Klar so weit?

1 a) $4a + 4b + 4c$ **b)** $9a - 15b - 9c$
 c) $5x + 5y + 35$ **d)** $12x - 72 - 12y$
 e) $2a^2 + ab + ac$ **f)** $7my + 3xy + 4y^2$
 g) $36a^2 + 12ab$ **h)** $2ab - 9a^2b$

1 a) $6a + 6b - 6c$ **b)** $32a - 24b - 8c$
 c) $30x + 12y - 3z$ **d)** $-18x + 45 + 81y$
 e) $36a^2 + 12ab + 84a$ **f)** $50my - 20xy^2 - 5y$
 g) $34a + 51b$ **h)** $21ab - 6ab^2$

2 a) $3 \cdot (c - d)$ **b)** $3 \cdot (a - 2c)$
 c) $x \cdot (y - z)$ **d)** $x \cdot (4y - 7z)$
 e) $13 \cdot (c - 1)$ **f)** $2x \cdot (7yz - 18a)$
 g) $4 \cdot (a + b + c)$ **h)** $2x \cdot (3x + 8)$

2 a) $c \cdot (7 - 12d)$ **b)** $2a \cdot (b - 2c)$
 c) $5x \cdot (-3y + 1)$ **d)** $3x \cdot (y - 2z + 3yz)$
 e) $7c \cdot (1 - 2d - 3a)$ **f)** $x \cdot (6x - 17)$
 g) $2a \cdot (b^2 + 6a)$ **h)** $5x \cdot (1 + 2xy^2)$

3 a) $ab - 4a - 2b + 8$ **b)** $cd - 8c - 4d + 32$
 c) $xy - 5x - 3y + 15$ **d)** $3v - 18 - uv + 6u$
 e) $fg - 6f - 5g + 30$ **f)** $xy + 3x - 8y - 24$
 g) $9b - 18 + ab - 2a$ **h)** $4v + 36 - uv - 9u$

3 a) $xy - 15x - 10y + 150$ **b)** $ab - 7a - 2b + 14$
 c) $4v - 12 - uv + 3u$ **d)** $-6d + 48 + cd - 8c$
 e) $11x + xy - 99 - 9y$ **f)** $-28 + 7b - 4a + ab$
 g) $5v + 45 - 4uv - 36u$ **h)** $2cd - 16c - 5d + 40$

4 a) ⑧ **b)** ① **c)** ② oder ⑤ **d)** ⑦ **e)** ⑤ oder ② **f)** ⑥ **g)** ④ **h)** ③

5 a) $x - 12 = 2$ **b)** $x + 35 = 100$
 $x = 14$ $x = 65$
 c) $\frac{1}{3}x = 7,5$ **d)** $x + 5 = 50$
 $x = 22,5$ $x = 45$
 e) $79 - x = 50$ **f)** $2x = 650$
 $x = 29$ $x = 325$

5 a) $x + 2 = 1,5$ **b)** $3x = 54$
 $x = -0,5$ $x = 18$
 c) $\frac{2}{3}x = 460$ **d)** $x + 3,5 = 18$
 $x = 690$ $x = 14,5$
 e) $97 - x = 86$ **f)** $\frac{1}{3}x = 260$
 $x = 11$ $x = 780$

6 a)

x	−2	−1	0	1	2	3	4	5
y	−1	−0,5	0	0,5	1	1,5	2	2,5

b) Es gibt unendlich viele Wertepaare.

c)

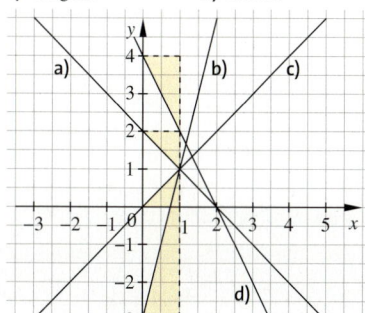

d) Funktion: jedem x-Wert wird genau ein y-Wert zugeordnet.

6 a)

x	−3	−2	−1	0	1	2	3
y	−7,5	−5	−2,5	0	2,5	5	7,5

b)

x	−3	−2	−1	0	1	2	3
y	−15	−11	−7	−3	1	5	9

c)

x	−3	−2	−1	0	1	2	3
y	9	4	1	0	1	4	9

d)

x	−3	−2	−1	0	1	2	3
y	−12	−18	−36	−	36	18	12

7 a) linear; $m = 9$; $b = 5$
b) nicht linear
c) linear; $m = −1$; $b = 0$
d) nicht linear

7 a) nicht linear
b) linear; $m = −0,1$; $b = 4$
c) nicht linear
d) linear; $m = −1$; $b = 1$

8 a) ja; es handelt sich um eine lineare Funktion.
b) ①
c) Die Kiste wiegt 5,4 kg.
d) Eine Kiste darf höchstens 31 Bücher enthalten.

8 a) ja; die Gesamtkosten lassen sich mithilfe einer linearen Funktion darstellen.
b) $y = 0,6x + 59$
c) Herr Kunze muss 90,80 € bezahlen.
d) Er darf 68,3 km fahren.

9 a) fallend   **b)** steigend
c) steigend   **d)** fallend

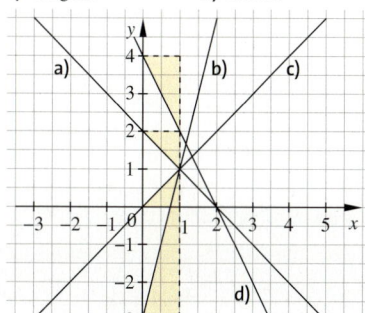

9 a) fallend   **b)** steigend
c) konstant   **d)** steigend

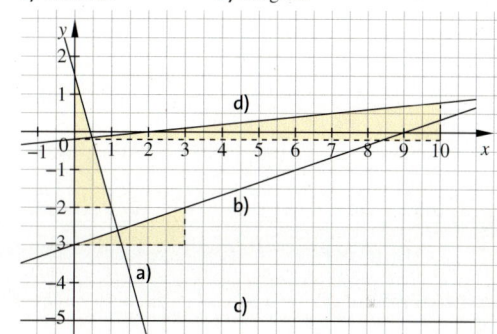

10 Beispiele
a) $y = 4x$ **b)** $y = −x + 1,5$ **c)** $y = x − 2$ **d)** $y = 3x + 2$

Teste dich!

Seite 34

1 a) $2a + 5 − b$ **b)** $42,8x + 6,8y$
c) $6 + x − 4y + 7z$ **d)** $12x + 1$
e) $ab − 14a$ **f)** $39d + 16,3e$

2 a) $20(a + 2b)$ **b)** $14x(y − 4)$
c) $y(x − z)$ **d)** $a(4b − 11x)$
e) $9(a + 2b − 9c)$ **f)** $3e(11dz − 2y + 6f)$

3 a) $x^2 + 10x + 24$ **b)** $a^2 − 4a − 117$ **c)** $y^2 − 23y + 120$
d) $−b^2 + 5b − 5a + ab$ **e)** $−6d^2 + 101d + 126$ **f)** $s^2 + 2s − 5,25$

4 a) $x^2 + 10x + 25$ **b)** $v^2 − 14v + 49v$ **c)** $b^2 − 81$ **d)** $s^2 − 4s + 4$
e) $d^2 − 16d + 64$ **f)** $t^2 − 6t + 9$ **g)** $y^2 + 20y + 100$ **h)** $m^2 − 121$

5 a) $(x − 2)5 + 24 = 74$; $x = 12$
b) $2x + 2(3y − 5) = 54$; $y = 8$, $x = 19$
c) $3x + 65 = 350$; $x = 95$
d) $x + x + 5 + \frac{x}{2} = 185$; $x = 72$

6 a) $m = 4$; $b = -1,5$ b) $m = 4$; $b = -4$ c) nicht linear
d) $m = 2$; $b = 0$ e) $m = -1$; $b = 0$ f) $m = 0$; $b = 4,7$

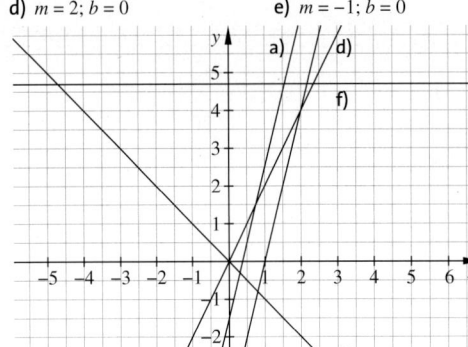

7 a) $y = x - 1$ b) $y = 2x + 2$ c) $y = -3x - 3$ d) $y = 4x + 10$

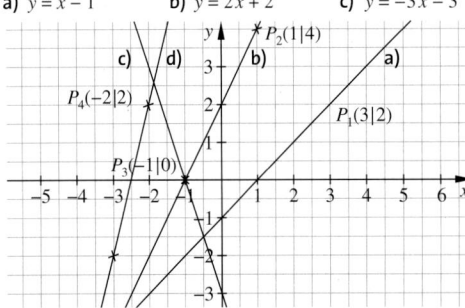

8 a)

km	0	100	200	300	400	500	600
Tarif I	45€	70€	95€	120€	145€	170€	195€
Tarif II	65€	65€	65€	107€	149€	191€	233€

b)

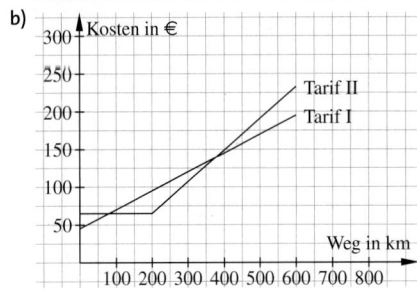

c) Tarif I
d) Tarif I empfiehlt sich für Streckenlängen über 376,5 km.

Lineare Gleichungssysteme

Noch fit?

Seite 36

1 a) 14   b) −7,5   c) 54

1 a) 26   b) −1,5   c) −7

2 a) $x = -12$ b) $x = -2$ c) $x = -3$

2 a) $y = -24$ b) $x = -6$ c) keine Lösung

3

x	−3	−2	−1	0	1	2	3
$y = 4x - 2$	−14	−10	−6	−2	2	6	10

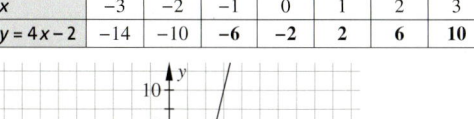

3

x	−2	−1	0	1	2	3
$y = 0,5x + 1$	0	0,5	1	1,5	2	2,5

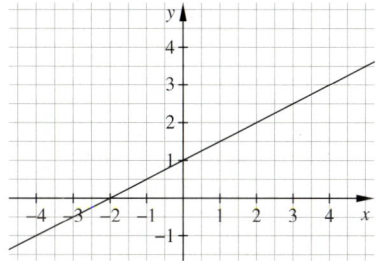

4 a) $P(\mathbf{6}|{-1})$ b) $P(-\mathbf{2}|0)$ c) $P\left(\frac{2}{3}\big|3\right)$
d) $P\left(-\mathbf{6}\frac{2}{3}\big|{-7}\right)$ e) $P(\mathbf{28}|5)$

4 a) $S(0|5)$; $m = 2$ b) $S(0|1)$; $m = -3$
c) $S(0|{-4})$; $m = -0,6$ d) $S(0|{-0,25})$; $m = 0,25$
e) $S(0|{-1,5})$; $m = 0,8$

5 a) Ja, denn alle Punkte liegen auf einer Geraden.
b) Nein, denn die Funktion $y = mx + b$ verläuft nur für $b = 0$ durch den Ursprung.
c) ja, im Punkt $(0|b)$ d) Das gilt nur für $m \neq 0$, der Schnittpunkt liegt dann bei $S\left(-\frac{b}{m}\big|0\right)$.
e) Nein, die y-Werte steigen um den Wert m.

6 a) $y = 0,4x + 35$ b) Für 500 km zahlt man 235 €.
c) Frau Meyer ist 305 km gefahren.

6 a) Im Tarif Relax zahlt man 23,7 €. Im Tarif Flatrate zahlt man 25 €.
b) Sarah hat 175 Minuten (2 h 55 min) telefoniert.
c) Bei fünf Gesprächsstunden ist die Flatrate 3,50 € günstiger als der Tarif Relax.

Klar so weit?

Seite 54/55

1 c) und d) sind keine linearen Gleichungen, denn es gilt nicht $y = mx + b$.

1 individuell, z. B. $y = 2x - 8$. Beim Kauf von zwei Artikeln erhalten Sie heute einen Rabatt von 8 €.

2

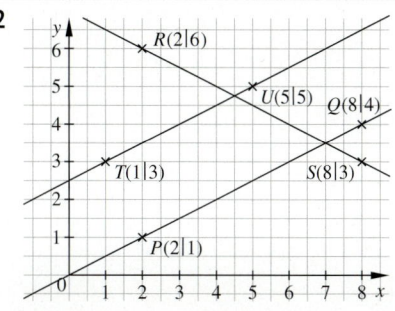

a) $y = \frac{1}{2}x$ b) $y = -\frac{1}{2}x + 7$ c) $y = \frac{1}{2}x + \frac{5}{2}$

3

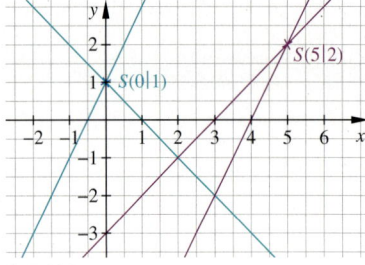

a) $S(0|1)$

x	−4	−3	−2	−1	0	1	2	3	4
y = 1 − x	5	4	3	2	1	0	−1	−2	−3
y = 2x + 1	−7	−5	−3	−1	1	3	5	7	9

b) $S(5|2)$

x	−4	−3	−2	−1	0	1	2	3	4
y = x − 3	−7	−6	−5	−4	−3	−2	−1	0	1
y = 2x − 8	−16	−14	−12	−10	−8	−6	−4	−2	0

4 a) Tarif A beginnt kostengünstiger, steigt aber stärker an als Tarif B.
Tarif B beginnt teurer als Tarif A, steigt aber weniger stark an.
b) Fragen und Antworten individuell, z. B.
① Hat Lisa den für sie passenden Tarif gewählt? Bei 14 Einheiten wäre Tarif B günstiger gewesen.
② Bei welchem Tarif kann Stephan für 20 € länger telefonieren? Bei Tarif B kann Stephan länger telefonieren.
③ Ab wie viel Telefoneinheiten sollte man von Tarif B zur Flatrate wechseln? Ab 18 Telefoneinheiten ist die Flatrate günstiger.

5 a) $x = −4$; $y = 8$　**b)** $a = 12$; $b = 3$
c) $k = 2$; $y = 2$　**d)** $x = 2$; $y = 3$

6 Ein Eimer Farbe kostet 29,45 €. Eine Malerrolle kostet 2,95 €.

7 Lea ist 12 und Antonia ist 14 Jahre alt.

8 a) $x = −2$; $y = 2$　**b)** $a = 5$; $b = 9$　**c)** $x = 6$; $y = 11$

9 a) $x = 3$; $y = 2$　**b)** $x = 3$; $y = 7$　**c)** $x = 2$; $y = 1$

10 a) Die Zahlen lauten 17 und 23.
b) Die Zahlen lauten 13 und 15.

3 a) $S(2,5|4)$　　**b)** $S(−2|0)$　　**c)** $S(−0,2|−1,9)$

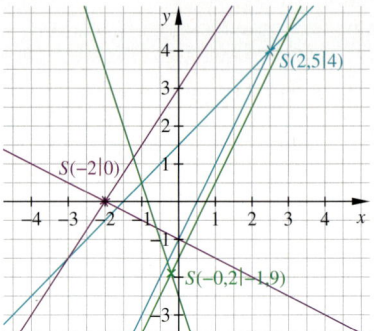

4 a) Das Motorrad holt den Rollerfahrer um 15:30 Uhr ein.
b) Am Treffpunkt haben beide Fahrer 180 km zurückgelegt.
c) Um 14:30 Uhr hat der Motorradfahrer 120 km zurückgelegt.
d) Um 14:30 Uhr sind die beiden Fahrer noch 20 km voneinander entfernt.

5 a) $x = 4$; $y = 4$　**b)** $x = 2$; $y = 6$
c) $c = −1$; $d = 2$　**d)** $s = 9$; $t = 3$

6 Der Test hat 24 Fragen, für die es drei Punkte gibt, und sechs Fragen, für die es vier Punkte gibt.

7 Ein Brötchen kostet 0,25 €, ein Croissant kostet 0,90 €.

8 a) $c = 7$; $d = 4$　**b)** $k = 3$; $y = 2$　**c)** $x = 6$; $y = −2$

9 a) $x = 11$; $y = 5$　**b)** $x = 0$; $y = −2$　**c)** $x = −3,5$; $y = 2$

Seite 60

Teste dich!

1 a) Thomas ist 25 Jahre alt, seine Mutter ist 50 Jahre alt.
b) Monika ist 49 Jahre alt und Jürgen ist 51 Jahre alt.
c) Sabine ist 27 Jahre alt und Tim ist 11 Jahre alt.

2 a) Die Jugendherberge hat 45 Vierbettzimmer und 35 Sechsbettzimmer.
b) Man bekommt acht 10-€-Scheine und sechs 20-€-Scheine.
c) Der Meister ist 57 Jahre alt, der Geselle ist 19 Jahre alt.

3

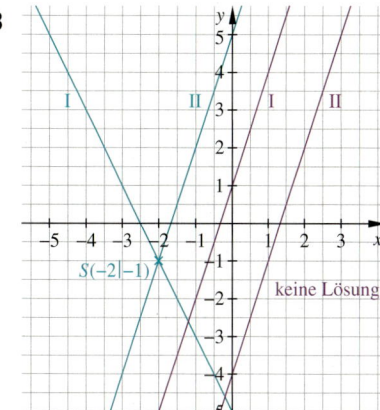

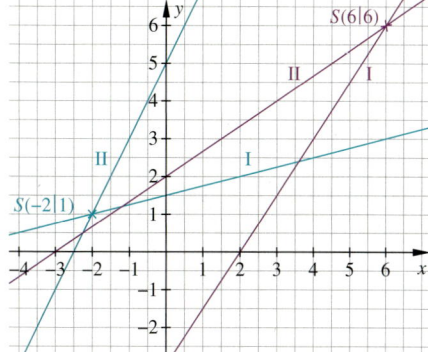

a) $S(-2|-1)$ **b)** keine Lösung   **c)** $S(-2|1)$ **d)** $S(6|6)$

4 a) $x = 1$; $y = -0,5$ **b)** $x = 3$; $y = 1,5$ **c)** $x = 2$; $y = 1,5$ **d)** $x = -5$; $y = 1$

5 Angebot B ist ab der 27. Gesprächsminute günstiger als Angebot A.

6 Die gesuchte Zahl ist 26.

7 Der Großvater ist heute 82 Jahre alt und seine Enkelin ist heute 32 Jahre alt.

8 a), b)
c) $S(0|2)$

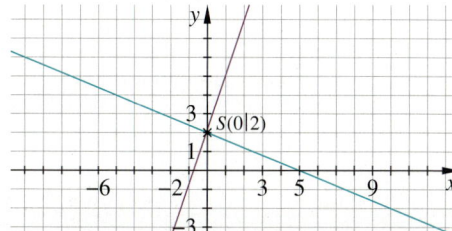

Ähnlichkeit

Noch fit?

1 a) 1,2 m   **b)** 7 cm
c) 20 500 m   **d)** 4 500 mm
e) 4 dm²   **f)** 3 000 cm²
g) 6,5 m³   **h)** 1 400 000 cm³

1 a) 1,35 km   **b)** 307 mm
c) 0,56 m   **d)** 0,0045 m²
e) 1 250 000 m²   **f)** 3 000 cm³
g) 350 cm²   **h)** 0,025 m³

2

	Maßstab	Karte	Wirklichkeit
a)	1 : 1 000	7,5 cm	**7 500 cm**
b)	1 : 2 000	12 cm	**24 000 cm**
c)	1 : 450 000	**2 cm**	900 000 cm
d)	1 : 250	**0,9 cm**	22,5 dm

2

	Maßstab	Karte	Wirklichkeit
a)	1 : 100	3,25 cm	**325 cm**
b)	1 : 25 000	**30 cm**	7,5 km
c)	1 : 7 500	6 cm	**45 000 cm**
d)	1 : 40 000	**1,7 cm**	0,68 km

3 a)

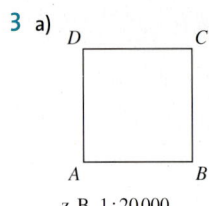

z. B. 1 : 20 000

b)

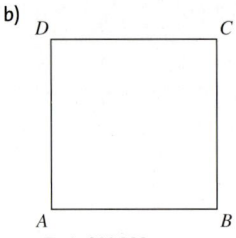

z. B. 1 : 200 000

3 a)

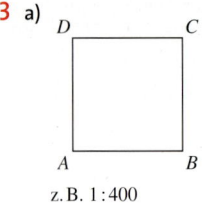

z. B. 1 : 400

b)

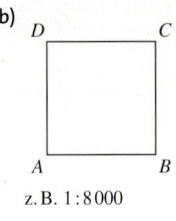

z. B. 1 : 8 000

c)

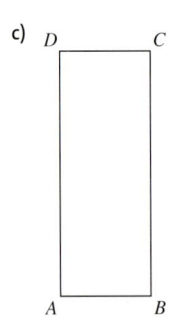

z. B. 1 : 400

d)

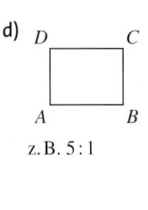

z. B. 5 : 1

c)

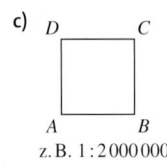

z. B. 1 : 2 000 000

d)

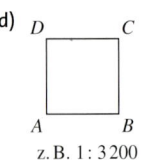

z. B. 1 : 3 200

4 a) … 2 km in der Wirklichkeit.
Mit diesem Maßstab wird z. B. bei Landkarten gearbeitet.
b) … 1108 cm in der Wirklichkeit.
Mit diesem Maßstab wird z. B. bei technischen Skizzen gearbeitet.

4 a) … 20 cm auf dem Papier.
Mit diesem Maßstab wird z. B. bei Landkarten gearbeitet.
b) … etwa 6,4 mm in der Wirklichkeit.
Mit diesem Maßstab wird z. B. bei Modellen von Insekten gearbeitet.

5

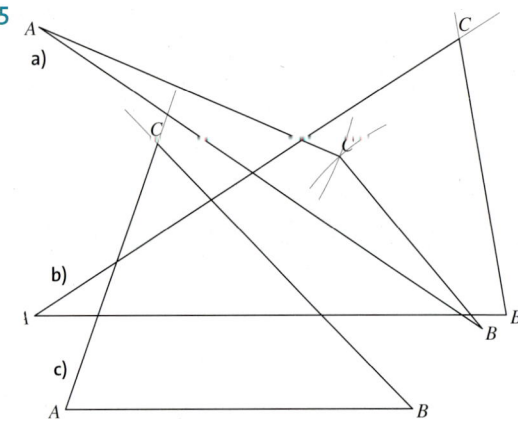

a)
b)
c)

5

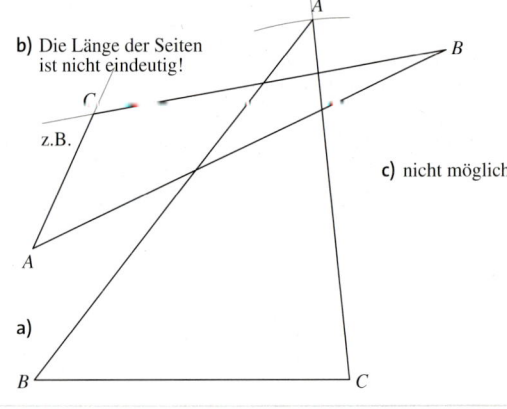

b) Die Länge der Seiten ist nicht eindeutig!
z. B.

c) nicht möglich

a)

6 a) Die Folge der Quadratzahlen lautet 1, 4, 9, **16**, **25**, **36**, **49**, **64**, **81**, 100.
b) Kubikmeter und Milliliter sind Volumeneinheiten und keine Längeneinheiten.
c) Ein Quader hat 12 Kanten (jeweils vier sind gleich lang).
d) 1 000 km.
e) $\frac{1}{100\,000}$ von einem Kilometer ist 1 **cm**.

Klar so weit?

1 Die Drachen ①, ⑤ und ⑥ sind zueinander ähnlich.
Die Drachen ② und ⑦ sind zueinander ähnlich.

1 Die Rechtecke ①, ③ und ⑧ sind zueinander ähnlich.
Die Rechtecke ② und ⑤ sind zueinander ähnlich.
Die Rechtecke ④ und ⑨ sind zueinander ähnlich.
Die Rechtecke ⑥ und ⑦ sind zueinander ähnlich.

2 Originalrechteck mit $a = 4\,\text{cm}$, $b = 9\,\text{cm}$:
Abbildungen maßstäblich verkleinert.

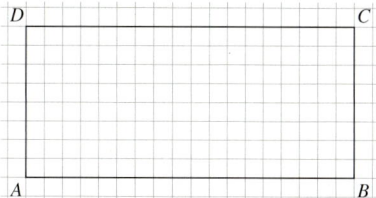

Ähnliche Rechtecke:

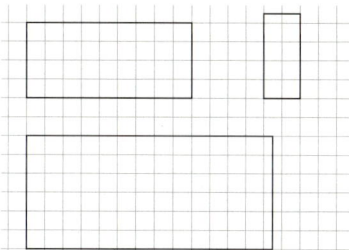

Das Seitenverhältnis ist bei allen vier Rechtecken 9 : 4.

2 Originaldreieck mit $a = 8\,\text{cm}$, $b = 10\,\text{cm}$ und $c = 6\,\text{cm}$:
Abbildungen maßstäblich verkleinert.

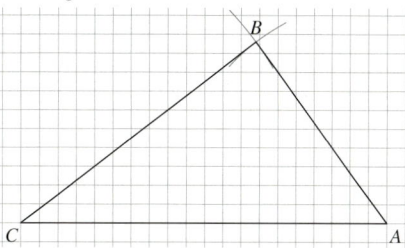

Ähnliche Dreiecke:

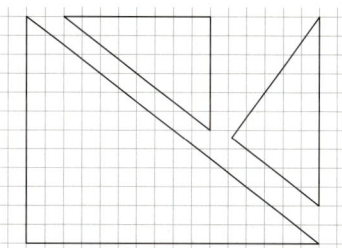

Das Seitenverhältnis ist bei allen vier Dreiecken 5 : 4 : 3.

3 **a)** Ja, die Dreiecke sind ähnlich, denn die Winkelgrößen stimmen.
b) Ja, die Dreiecke sind ähnlich, denn die Winkelgrößen stimmen.
c) Nein, die Dreiecke sind nicht ähnlich, denn die Winkelgrößen stimmen nicht überein.

3 ① und ③ sind ähnlich, da sie dieselben Winkelgrößen haben.
Sie sind nicht kongruent zueinander, weil ihre Seiten nicht gleich lang sind (① hat doppelt so lange Seiten wie ③).
② ist zu den anderen beiden Dreiecken nicht ähnlich, da die Winkel nicht gleich sein können.

4 **a)** $a = 4\,\text{cm}$; $b = 6\,\text{cm}$
b) $a = 1,5\,\text{cm}$; $b = 1\,\text{cm}$

4 **a)** $a = 6\,\text{cm}$; $b = 4,5\,\text{cm}$
b) $a = 3,2\,\text{cm}$; $b \approx 2,13\,\text{cm}$

5 Abbildungen maßstäblich verkleinert.
a) $k = 3$

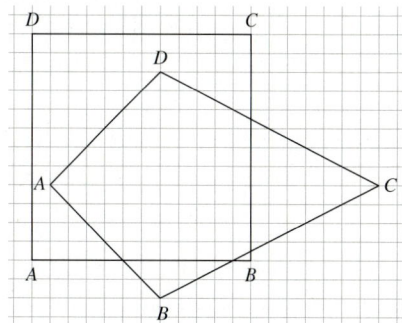

b) $k = \frac{1}{2}$

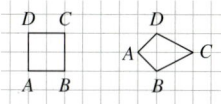

5 Abbildungen maßstäblich verkleinert.
a) $k = 3$

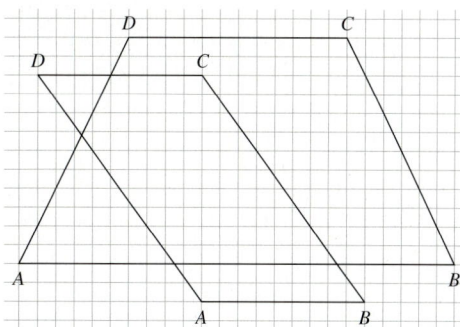

b) $k = \frac{1}{2}$

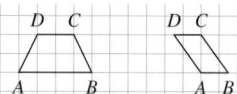

6 a) Abbildung im Maßstab 1 : 4.

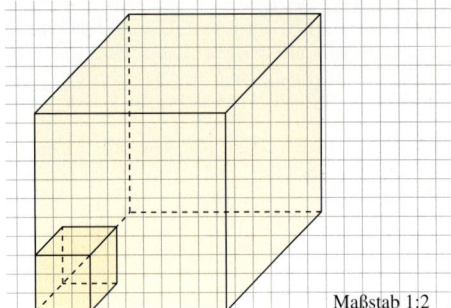

Maßstab 1:2

b) Abbildung im Maßstab 1 : 4.

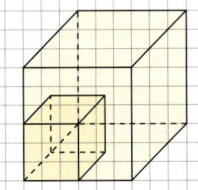

6 a) Abbildung im Maßstab 1 : 4.

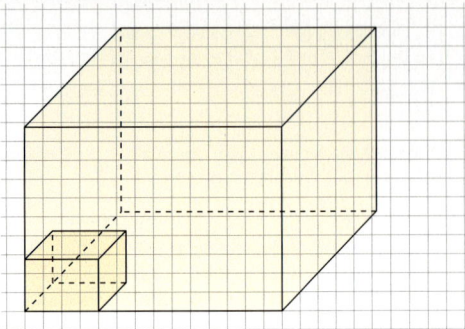

b) Abbildung im Maßstab 1 : 4.

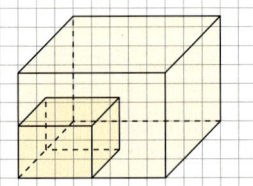

7 Abbildungen maßstäblich verkleinert.

a)

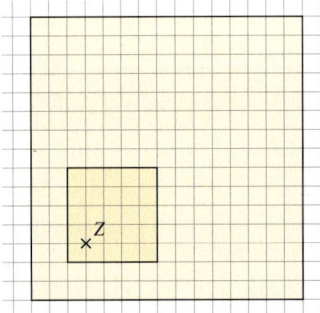

b)

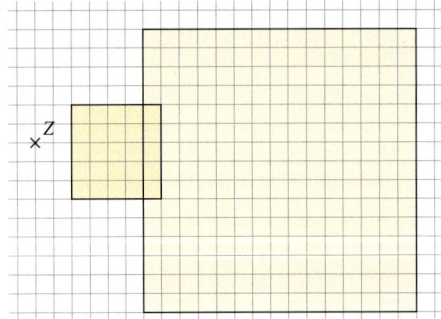

c)

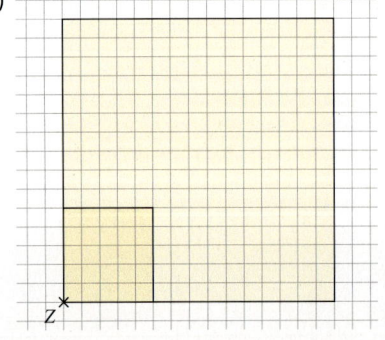

7 k ist bei allen drei Teilaufgaben gleich 1,5.

a)

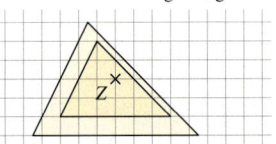

b)

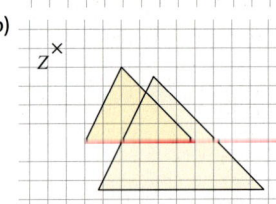

c)

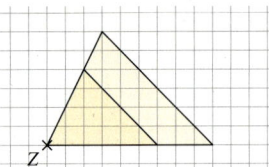

7 d)

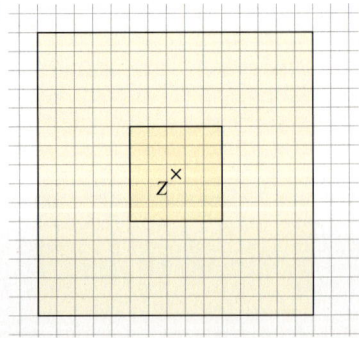

8 a) Die beiden Rechtecke haben verschiedene Seitenverhältnisse, sie können also aus keiner Streckung entstanden sein.

b) Abbildung maßstäblich verkleinert.
Die beiden Dreiecke sind aus einer zentrischen Streckung
mit $k = 2$ und dem eingezeichneten Zentrum Z hervorge-
gangen.

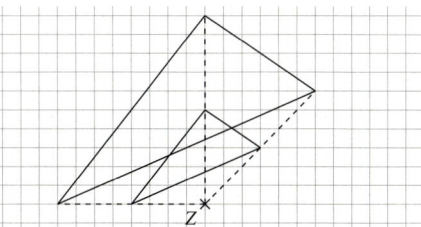

c) Die eine Figur ist ein Quadrat, die andere nicht, also können sie nicht aus einer Streckung erzeugt worden sein.
d) Abbildung maßstäblich verkleinert.
Die beiden Dreiecke sind aus einer zentrischen Streckung
mit $k = 3$ und dem eingezeichneten Zentrum Z hervorge-
gangen.

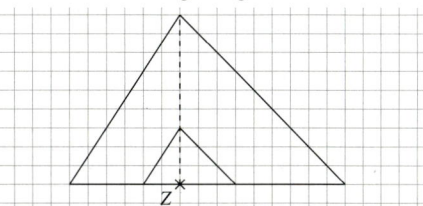

e) Die beiden Rechtecke haben verschiedene Seitenverhältnisse, sie können also aus keiner Streckung entstanden sein.

9 Die Strecke $\overline{A'B'}$ ist 12 cm lang.

9 $\overline{A'C'} = 2{,}8$ cm; $\overline{A'B'} = 2{,}1$ cm

10 a) 96,4 cm; 74,7 cm; 53,1 cm; 31,5 cm
b) Es wurden insgesamt mindestens 1,31 m² Glas für die Einlegescheiben verwendet.
c) Es wurden 1,06 m² Glas für die Türen der Vitrine verwendet.

Teste dich!

Seite 84

1 ① und ③ sind zueinander ähnlich, ② und ⑪ sind zueinander ähnlich,
④ und ⑨ sind zueinander ähnlich und ⑤ und ⑩ sind zueinander ähnlich.

2 a) Zwei Figuren heißen zueinander ähnlich, wenn **entsprechende Winkel gleich groß sind und entsprechende Strecken das
gleiche Seitenverhältnis haben**.
b) Zwei Rechtecke sind zueinander ähnlich, wenn **die Seitenlängen das gleiche Seitenverhältnis haben**.
c) Zwei Dreiecke sind zueinander ähnlich, wenn **die Größen von 2 Winkeln übereinstimmen**.

3 Abbildungen maßstäblich verkleinert.
a)

Die Winkelgrößen bleiben gleich. Die einzelnen Formen (also
auch die dreieckigen Spitzen) entstehen auseinander durch
Streckungen. Also sind sie ähnlich. Ähnliche Dreiecke haben
gleich große Winkel.

b)

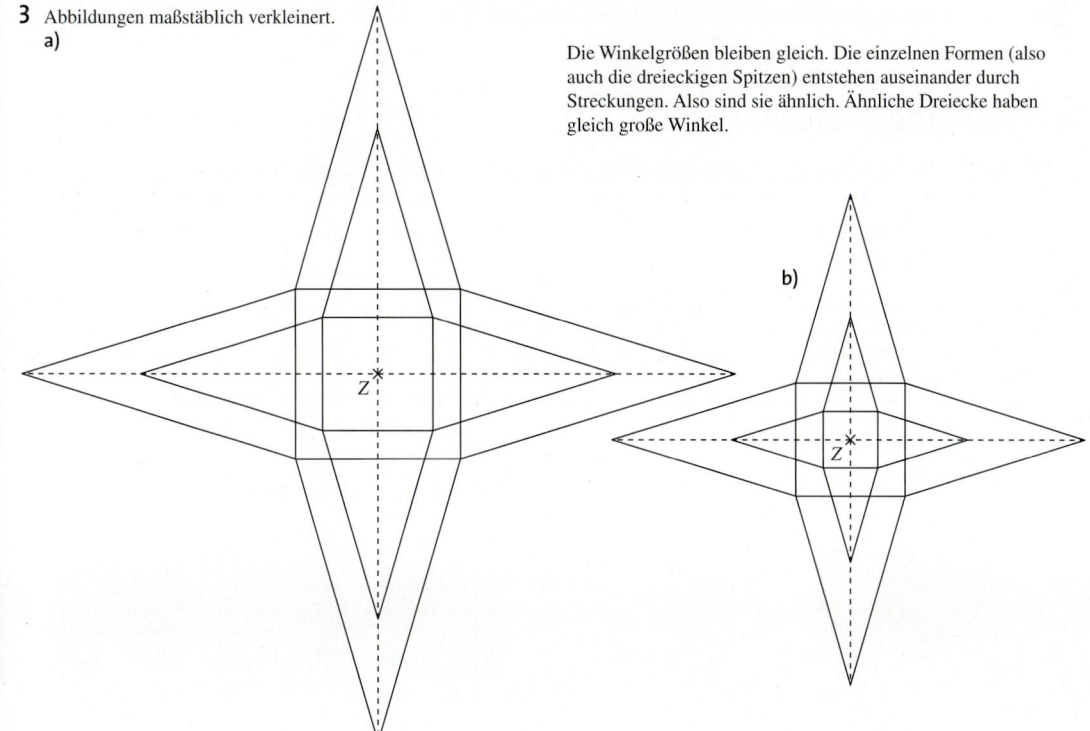

4 Die Lösungen variieren je nach Lage des Streckungszentrums. Abbildungen maßstäblich verkleinert.

a)

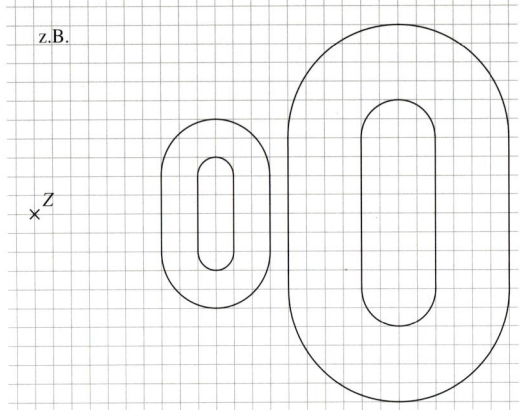

b)

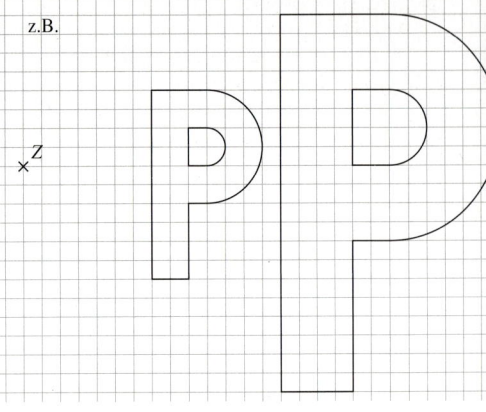

c)

5 a) $x \approx 2{,}53$ cm

b) $x = 8{,}772$ cm

6 Wenn I das Original ist wurde mit $k = 1{,}25$ gestreckt, das entspricht einem Maßstab von $5 : 4$.
Wenn II das Original ist wurde mit $k = 0{,}8$ gestaucht, das entspricht einem Maßstab von $4 : 5$.

Wurzeln und Dreiecke

Seite 86

Noch fit?

1 a) 37 mm   b) 245 cm   c) 27 cm
d) 27 m   e) 2 034 mm²

1 a) 3,37 dm   b) 0,493 m   c) 732,7 mm²
d) 593,94 dm²   e) 883 cm²

2 ① unregelmäßig, rechtwinklig   ② gleichseitig, spitzwinklig
③ unregelmäßig, stumpfwinklig   ④ unregelmäßig, rechtwinklig
⑤ gleichschenklig, rechtwinklig   ⑥ gleichschenklig, spitzwinklig
⑦ unregelmäßig, stumpfwinklig   ⑧ gleichschenklig, spitzwinklig
⑨ gleichseitig, spitzwinklig   ⑩ gleichschenklig, rechtwinklig

3 a), b)

3 a) – c)

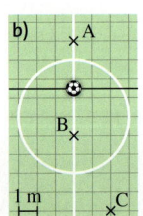

4 a) Das Dreieck ist rechtwinklig:
$\alpha \approx 28°$; $\beta = 90°$; $\gamma \approx 62°$
b) Das Dreieck ist spitzwinklig:
$c \approx 6{,}7\,\text{cm}$; $b = 5{,}4\,\text{cm}$; $\alpha = 73°$
c) Das Dreieck ist unregelmäßig:
$\alpha \approx 36{,}5°$; $\gamma \approx 96{,}5°$; $a = 6{,}6\,\text{cm}$; $b = 5{,}3\,\text{cm}$

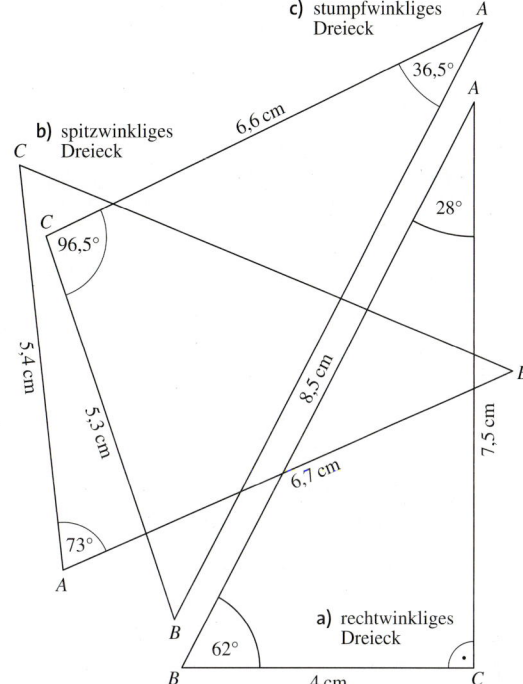

c) stumpfwinkliges Dreieck

b) spitzwinkliges Dreieck

a) rechtwinkliges Dreieck

5 a) $a = 8\,\text{m}$ **b)** $a = 5\,\text{km}$
c) $a = 25\,\text{cm}$ **d)** $a = 15\,\text{mm}$

5 a) $a = 100\,\text{m}$ **b)** $a = 0{,}4\,\text{km}$
c) $a = 1{,}6\,\text{cm}$ **d)** $a = 1{,}9\,\text{mm}$

6 a) $a = 3$ **b)** $b = 2$
c) $c = 3$ und $c = -3$ **d)** $d = 11$

6 a) $a = -2$ **b)** $b = 3$ und $b = -3$
c) $c = 6$ und $c = -16$ **d)** $d = 9{,}2$ und $d = 10{,}8$

Klar so weit?

Seite 102/103

1 a) $2{,}5\sqrt{32}$
b) $20\frac{2}{3}\sqrt{3}$
c) kann nicht zusammengefasst werden
d) kann nicht zusammengefasst werden
e) kann nicht zusammengefasst werden
f) $12{,}3\sqrt{28}$

1 a) $-2\sqrt{a}$
b) $7n\sqrt{a}$
c) kann nicht zusammengefasst werden
d) $-1{,}1\sqrt{x}$
e) $4\frac{5}{6}\sqrt{ab}$
f) kann nicht zusammengefasst werden

2 a) 16 **b)** 15 **c)** 18
d) 2 **e)** 8 **f)** $0{,}8$

2 a) $6a$ **b)** $10\sqrt{xy}$ **c)** $14m\sqrt{n}$
d) 5 **e)** 10 **f)** $8n\sqrt{n}$

3 a) $8 + 2\sqrt{3} \approx 11{,}46$ **b)** $5 - \sqrt{10} \approx 1{,}84$
c) $\sqrt{3} - \sqrt{6} \approx -0{,}72$ **d)** $49 + 7\sqrt{2} \approx 58{,}90$

3 a) $51 + 14\sqrt{2} \approx 70{,}80$ **b)** $16 + 8\sqrt{3} \approx 29{,}86$
c) $9 - 4\sqrt{5} \approx 0{,}06$ **d)** 1

4 Das Quadrat hat eine Seitenlänge von $a = 15\,\text{cm}$.
Lösungsweg: Zuerst wird der Flächeninhalt der Raute berechnet: $A = \frac{1}{2} \cdot e \cdot f$. Anschließendes Wurzelziehen liefert die Seitenlänge des Quadrats: $\sqrt{225} = 15$

5

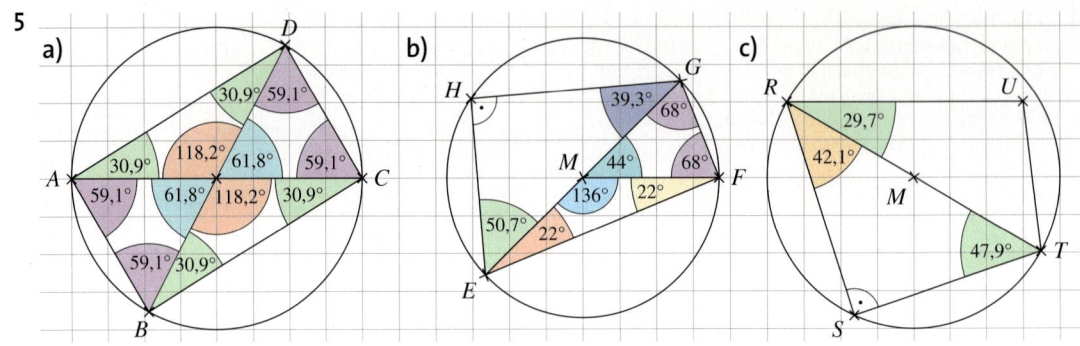

6

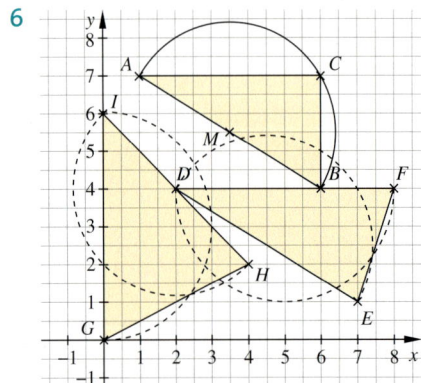

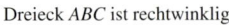

Dreieck *ABC* ist rechtwinklig.

6 a)

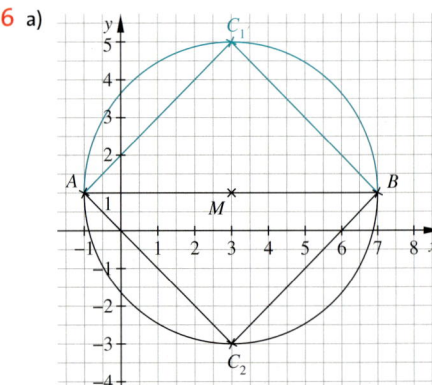

C(3|5) oder *C*(3|−3)

b)

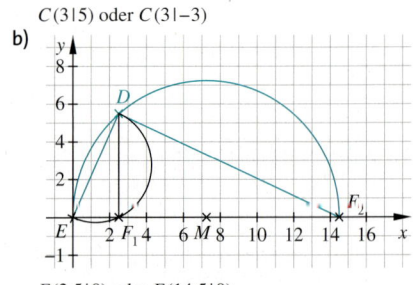

F(2,5|0) oder *F*(14,5|0)

c)

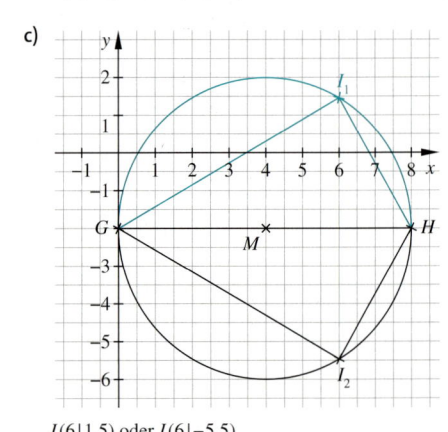

I(6|1,5) oder *I*(6|−5,5)

7

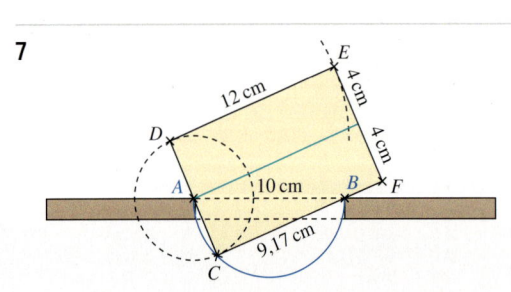

8 a) b ist die Hypotenuse: $a^2 + c^2 = b^2$
 b) a ist die Hypotenuse: $b^2 + c^2 = a^2$
 c) c ist die Hypotenuse: $a^2 + b^2 = c^2$

8 a) z ist die Hypotenuse: $x^2 + y^2 = z^2$
 b) r ist die Hypotenuse: $s^2 + t^2 = r^2$
 c) a ist die Hypotenuse: $m^2 + t^2 = a^2$

9

	Katheten	Hypotenuse	Gleichung nach dem Satz des Pythagoras	1. Kathetenquadrat	2. Kathetenquadrat	Hypotenusenquadrat
a)	a und b	c	$a^2 + b^2 = c^2$	$a^2 = 16\,\text{cm}^2$	$b^2 = 9\,\text{cm}^2$	**$c^2 = 25\,\text{cm}^2$**
b)	b und c	a	$b^2 + c^2 = a^2$	$b^2 = 25\,\text{cm}^2$	$c^2 = 25\,\text{cm}^2$	**$a^2 = 50\,\text{cm}^2$**
c)	a und c	b	$a^2 + c^2 = b^2$	$c^2 = 70\,\text{cm}^2$	**$c^2 = 50\,\text{cm}^2$**	$b^2 = 120\,\text{cm}^2$
d)	a und b	c	$a^2 + b^2 = c^2$	**$a^2 = 12,5\,\text{cm}^2$**	$b^2 = 9,5\,\text{cm}^2$	$c^2 = 22\,\text{cm}^2$

10 a) Katheten: a, c; Hypotenuse: $b \approx 5,32\,\text{cm}$
 b) Katheten: f, $e \approx 3,97\,\text{cm}$; Hypotenuse: d
 c) Katheten: h, $g \approx 7,09\,\text{cm}$; Hypotenuse: i

10 $b \approx 4,02\,\text{cm}$; $c \approx 5,26\,\text{cm}$; $d = 2\,\text{cm}$; $e \approx 5,33\,\text{cm}$; $f \approx 4,10\,\text{cm}$

11 Der Drachen steht 81 m hoch am Himmel.

11 Die Seile sind in einer Entfernung von ca. 22,36 m zum Mast im Boden verankert.

Teste dich!

Seite 108

1 a) $x = 3$ b) $x = 289$ c) $x = 625$ d) $x = 42$

2 a) $\sqrt{\frac{a}{b}} + 1$ b) $a - \sqrt{ab}$ c) $2 \cdot \sqrt{a - b}$ d) $3 \cdot \sqrt{x + 3y}$

3 a)

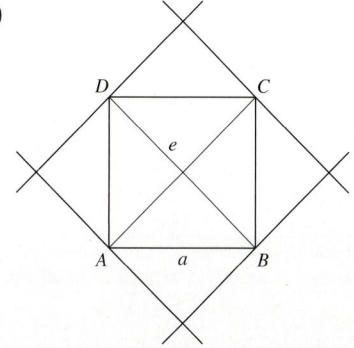

b) Die Diagonalen halbieren einander. Es entstehen vier kongruente Dreiecke. Zeichnet man dann die Parallelen durch die Eckpunkte, entstehen acht Dreiecke desselben Flächeninhalts.
Somit hat das große Quadrat den doppelten Flächeninhalt des Quadrats $ABCD$.
Das große Quadrat hat als Seitenlänge e, somit hat das Quadrat den Flächeninhalt e^2.

c)

a	a^2	e^2	e
1	1	2	$\sqrt{2} \approx 1,41$
2	4	8	$\sqrt{8} \approx 2,83$
3	9	18	$\sqrt{18} \approx 4,24$
4	16	32	$\sqrt{32} \approx 5,66$

4 a)

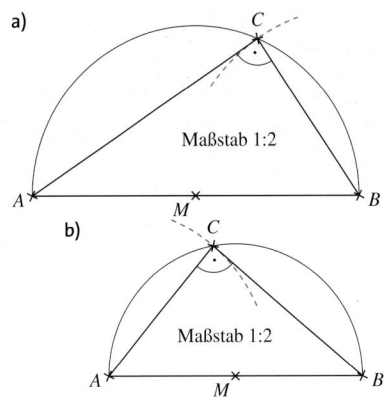

Maßstab 1:2

b)

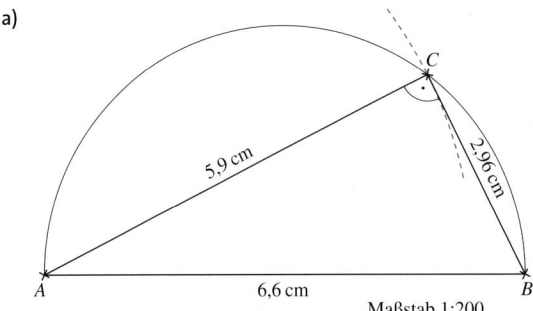

Maßstab 1:2

c)

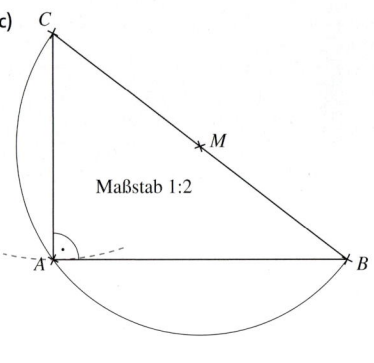

Maßstab 1:2

d)

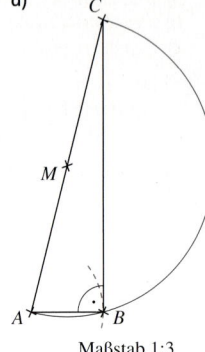

Maßstab 1:3

5 a)

A   5,9 cm   C   2,96 cm   B

6,6 cm

Maßstab 1:200

Die fehlende Seite hat eine Länge von ca. 5,92 m.

b) Man bestimmt zuerst den Mittelpunkt der Länge der Terrasse und markiert einen Halbkreis um den Mittelpunkt mit dem Radius der halben Terrassenlänge ($r = 6{,}6$ m). Danach misst man 11,8 m auf dem Seil ab und spannt das Seil von der einen Hausecke bis zum Halbkreisbogen. Im Schnittpunkt von Seil und Halbkreis liegt der gesuchte Eckpunkt der Terrasse.

6

	a)	b)	c)	d)	e)	f)
Seite a	30 cm	2,3 m	≈ 101,6 mm	4,7 cm	≈ 3,738 km	≈ 11,62 dm
Seite b	16 cm	≈ 6,8 m	54 mm	50 mm	3,540 km	1 200 mm
Seite c	34 cm	6,4 m	86 mm	≈ 6,9 cm	1 200 m	3 dm
rechter Winkel	γ	β	α	γ	α	β

7 a) Die Leiter reicht in eine Höhe von ca. 32,3 m.

b) Die Leiter müsste eine Länge von mindestens 37,5 m haben.

Zweistufige Zufallsexperimente

Seite 110

Noch fit?

1 a) Es haben 25 Schüler mitgeschrieben.

b) (1) $\frac{1}{25} = 4\%$; (2) $\frac{8}{25} = 32\%$; (3) $\frac{6}{25} = 24\%$;

(4) $\frac{1}{5} = 20\%$; (5) $\frac{3}{25} = 12\%$; (6) $\frac{2}{25} = 8\%$

c) Die Note 3 gibt den Median an.

2 a) $\frac{1}{8} = 12{,}5\%$

b) $\frac{1}{2} = 50\%$

c) $\frac{3}{8} = 37{,}5\%$

d) $\frac{3}{8} = 37{,}5\%$

e) $\frac{3}{4} = 75\%$

3 a) $\frac{5}{12}$ **b)** $\frac{1}{2}$

c) $\frac{29}{35}$ **d)** $\frac{7}{20}$

1 a) relative Häufigkeit:

(1) $\frac{1}{12} \approx 8{,}3\%$; (2) $\frac{7}{24} \approx 29{,}2\%$; (3) $\frac{1}{4} = 25\%$;

(4) $\frac{1}{4} = 25\%$; (5) $\frac{1}{8} = 12{,}5\%$

arithmetisches Mittel: ≈ 3,04; Median = 3

b) Ja.

2 a) Jede Zahl ist gleichwahrscheinlich.

b) $\frac{1}{8} = 12{,}5\%$

c) $\frac{1}{2} = 50\%$

d) „Eine Zahl kleiner/gleich 5 wird gedreht"

e) sicher „Eine Zahl zwischen 1 und 8 wird gedreht", unsicher: z. B. „Eine 9 wird gedreht"

3 a) $\frac{1}{4}$ **b)** $\frac{5}{8}$

c) $\frac{35}{36}$ **d)** $\frac{9}{10}$

4

Bruch	$\frac{37}{100}$	$\frac{7}{100}$	$\frac{1}{4}$	$\frac{7}{25}$	$\frac{5}{8}$	$\frac{1}{20}$	$\frac{43}{125}$	$\frac{1}{3}$
Dezimalzahl	**0,37**	0,07	**0,25**	**0,28**	0,625	**0,05**	**0,344**	**$0,\overline{3}$**
Prozent	**37 %**	**7 %**	25 %	**28 %**	62,5 %	5 %	**34,4 %**	**$33,\overline{3}\,\%$**

5 a) $\frac{1}{32} \approx 3,13\,\%$

  b) $\frac{1}{16} = 6,25\,\%$

  c) $\frac{1}{4} = 25\,\%$

  d) $\frac{1}{4} = 25\,\%$

  e) $\frac{1}{8} = 12,5\,\%$

5 a) nein

  b) Es ist wahrscheinlicher eine „5" zu werfen, da die Fläche größer ist.

  c) Man führt eine sehr hohe Zahl an Würfen aus und ermittelt die relativen Häufigkeiten der Ergebnisse, die dann als Maß für die Wahrscheinlichkeit angenommen werden können.

Klar so weit?

Seite 122/123

1 a)

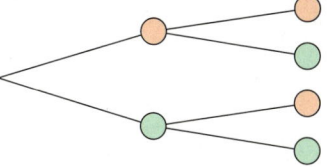

  (Rot|Rot); (Rot|Grün); (Grün|Rot); (Grün|Grün)

  b) (Rot|Rot); (Grün|Grün)

1 a)

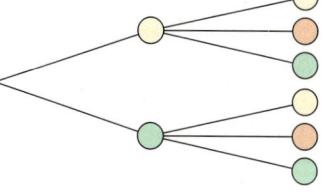

  (Gelb|Gelb); (Gelb|Rot); (Gelb|Grün); (Grün|Gelb); (Grün|Rot); (Grün|Grün)

  b) A: (Gelb|Gelb); (Grün|Grün) B: (Gelb|Rot); (Gelb|Grün); (Grün|Gelb); (Grün|Rot)

2 Er kann zwischen 20 verschiedenen Kombinationsmöglichkeiten wählen.

2 Es hat 21 Gänge.

3 a) Man kann 12 Zahlen bilden.

  b) Man kann 16 Zahlen bilden.

3 a) Man kann 20 Zahlen bilden.

  b) Man kann 25 Zahlen bilden.

  c) Man kann 125 Zahlen bilden.

4 a)

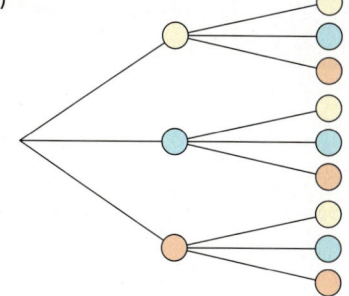

  b) Die Wahrscheinlichkeit ist $\frac{1}{9} = 11,\overline{1}\,\%$.

  c) Die Wahrscheinlichkeit ist $\frac{2}{9} = 22,\overline{2}\,\%$.

4 a) Die Wahrscheinlichkeit ist $\frac{1}{64} \approx 1,56\,\%$.

  b) Die Wahrscheinlichkeit ist $\frac{1}{8} = 12,5\,\%$.

  c) Die Wahrscheinlichkeit ist $\frac{1}{2} = 50\,\%$.

  d) Die Wahrscheinlichkeit ist $\frac{1}{8} = 12,5\,\%$.

5 a) Bei der ersten Wahl ist die Wahrscheinlichkeit für einen Jungen $\frac{7}{13}$ und für ein Mädchen $\frac{6}{13}$. Die zweite Wahl hängt von der ersten ab. Da dort bereits eine Person gewählt wurde, verringert sich die Anzahl der zur Wahl stehenden Personen um 1 und die Wahrscheinlichkeiten ändern sich. Es ist ein Zufallsexperiment.

  b) Die Wahrscheinlichkeit ist $\frac{66}{325} \approx 20,3\,\%$.

  c) Die Wahrscheinlichkeit ist $\frac{168}{325} \approx 51,7\,\%$.

6 a)

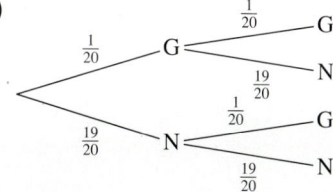

  b) Die Wahrscheinlichkeit ist 90,25 %.

  c) Die Wahrscheinlichkeit ist 9,75 %.

6 a)

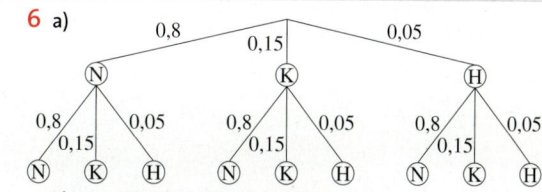

  b) Die Wahrscheinlichkeit ist 0,25 %.

  c) Die Wahrscheinlichkeit ist 64 %.

  d) Die Wahrscheinlichkeit ist 36 %.

7 a) Die Wahrscheinlichkeit ist $\frac{1}{4} = 25\%$.

   b) Die Wahrscheinlichkeit ist $\frac{21}{50} = 42\%$.

   c) Die Wahrscheinlichkeit ist $\frac{9}{25} = 36\%$.

   d) Die Wahrscheinlichkeit ist $\frac{16}{25} = 64\%$.

   e) Die Wahrscheinlichkeit ist $\frac{3}{25} = 12\%$.

7 a)

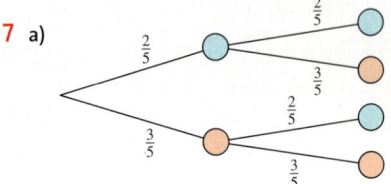

   b) Die Wahrscheinlichkeit für

     ① ist $\frac{9}{25} = 36\%$.   ② ist $\frac{21}{25} = 84\%$.

     ③ ist $\frac{12}{25} = 48\%$.   ④ ist $\frac{16}{25} = 64\%$.

   c) Die Wahrscheinlichkeit für

     ① ist $\frac{1}{3} = 33,\overline{3}\%$.   ② ist $\frac{13}{15} = 86,\overline{6}\%$.

     ③ ist $\frac{8}{15} = 53,\overline{3}\%$.   ④ ist $\frac{2}{3} = 66,\overline{6}\%$.

8 a) Die Wahrscheinlichkeit ist $\frac{1}{12} \approx 8,3\%$.

   b) Die Wahrscheinlichkeit ist $\frac{1}{4} = 25\%$.

8 Die Wahrscheinlichkeit, dass keine CD defekt ist, ist $\frac{9}{16} = 56,25\%$, dass beide CDs defekt sind, ist $\frac{1}{16} = 6,25\%$ und das eine CD defekt ist, ist $\frac{3}{8} = 37,5\%$.

Seite 128

Teste dich!

1 Sie können zwischen 6 Kombinationen wählen.

2 a) Es gibt 25 Kombinationsmöglichkeiten.

   b) Die Wahrscheinlichkeit ist $\frac{1}{5}$ bzw. $\frac{5}{25} = 20\%$..

   c) Es müsste 11 Tiere geben.

3 a) Es gibt 9 Ergebnisse.

   b) Die Wahrscheinlichkeit ist $\frac{1}{9} = 11,\overline{1}\%$.

   c) Die Wahrscheinlichkeit ist $\frac{5}{9} = 55,\overline{5}\%$.

   d) Die Wahrscheinlichkeit ist $\frac{4}{9} = 44,\overline{4}\%$.

4 Mit einer Wahrscheinlichkeit von $\frac{632}{6225} \approx 10,15\%$ zieht man zufällig nacheinander zwei Beutel Pfefferminztee.

5 a)

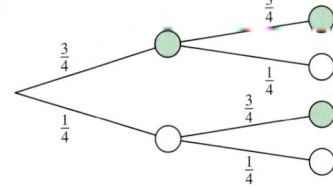

   b) Die Wahrscheinlichkeit ist $\frac{9}{16} = 56,25\%$.

   c) Die Wahrscheinlichkeit ist $\frac{3}{8} = 37,5\%$.

   d) Die Wahrscheinlichkeit ist $\frac{7}{16} = 43,75\%$.

6 a)

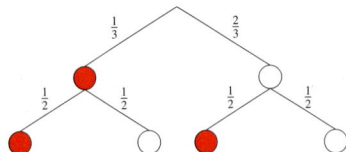

   b) Die Wahrscheinlichkeit ist $\frac{1}{6} = 16,\overline{6}\%$.

   c) Die Wahrscheinlichkeit ist $\frac{5}{6} = 83,\overline{3}\%$.

   d) Die Winkelgröße muss 270° betragen.

Kreise berechnen

Noch fit?

1 a) 1,7 dm   b) 510 cm
c) 0,17 cm^2 d) 51 000 cm^2

1 a) 0,099 cm   b) 0,47 km
c) 0,009 9 cm^2 d) 0,047 ha

2 individuell, z. B.

a) Mit dem Innenkreis ($r = 1$ cm) beginnen, bei jedem nach außen folgenden Kreis nimmt der Radius um 1 cm zu.

b) Mit dem kleinsten Kreis ($r = 1$ cm) beginnen, die folgenden Kreise haben einen je um 1 cm vergrößerten Radius. Die Mittelpunkte liegen auf der Waagerechten und sind jeweils um 1 cm vom vorhergehenden Mittelpunkt entfernt.

c) Mit dem größten Halbkreis beginnen ($r = 4$ cm), die Mittelpunkte der beiden kleinen Halbkreise ($r = 2$ cm) liegen auf der Waagerechten jeweils 2 cm vom ersten Mittelpunkt entfernt.

3 $r_1 = 1,3$ cm; $r_2 = 0,9$ cm; $r_3 = 0,5$ cm
$d_1 = 2,6$ cm; $d_2 = 1,8$ cm; $d_3 = 1$ cm

3 Abbildungen maßstäblich verkleinert.
Der Abstand beträgt 5,35 cm.

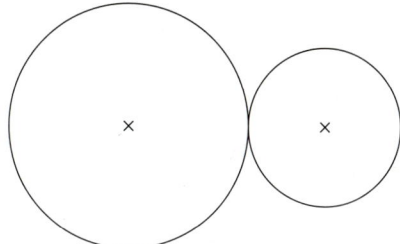

Maßstab 1:2

Der Abstand beträgt 1,15 cm.

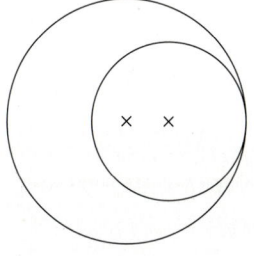

4 $\alpha = 180°$; $\beta = 90°$; $\gamma = 45°$; $\delta = 22,5°$

4 Es entstehen die Winkel 180°; 120°; 90°; 72°; 60°; 51,4°; 45°; 40° und 36°

5

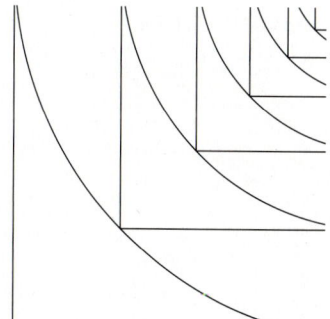

5 Türkis: 147,6°;
Rot: 90°;
Grün: 61,2°;
Lila: 39,6°;
Blau: 21,6°

Die Kantenlängen der Quadrate sind 10 cm; 7,1 cm; 5 cm;
3,5 cm; 2,5 cm; 1,8 cm; 1,3 cm; 0,9 cm; 0,6 cm; usw.

6

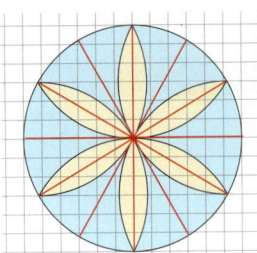

6

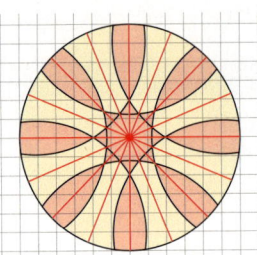

Klar so weit?

1 a) 37,70 cm   **b)** 113,10 cm

1 a) 0,79 m   **b)** 72,07 km

2 a) $d = 2{,}2$ cm; $r = 1{,}1$ cm
b) $d = 5{,}1$ cm; $r = 2{,}5$ cm
c) $d = 66{,}2$ m; $r = 33{,}1$ m
d) $d = 1141{,}8$ m; $r = 570{,}9$ m
e) $d = 30{,}9$ cm; $r = 15{,}4$ cm
f) $d = 318{,}3$ km; $r = 159{,}2$ km

2

	r	d	u
a)	**2,1 cm**	**4,1 cm**	12,9 cm
b)	**1,6 m**	3,1 m	**9,7 m**
c)	**394,4 m**	**788,8 m**	2478 m

3 $r_1 = 1{,}6$ cm; $r_2 = 3{,}2$ cm; $r_3 = 4{,}8$ cm

3 Der Zaun muss ungefähr 62,6 m lang sein.

4 $u_{Ring} \approx 3\,015\,929{,}0$ km
Der Äquator passt etwas mehr als 25-mal in den Umfang des äußersten Rings.

4 $u_1 \approx 159{,}6$ cm; $u_2 \approx 191{,}5$ cm; $u_3 \approx 207{,}5$ cm;
$u_{insgesamt} \approx 1117{,}2$ cm
Die 10 m Rolle reicht nicht aus, es werden 11,17 m benötigt.

5 a) 28,27 cm²   **b)** 38,48 cm²

5 a) 66,48 cm²   **b)** 5 153,00 mm²

6 a) 4,60 cm   **b)** 2,83 m

6 a) $r \approx 5{,}00$ cm   **b)** $r \approx 3{,}01$ cm

7 a) Der Minutenzeiger legt seinen Umfang 24-mal am Tag zurück, also $24 \cdot 27{,}0$ m = 648 m, der Stundenzeiger legt seinen Weg zweimal zurück, also 34,4 m.
b) Das Ziffernblatt hat eine Grundfläche von etwa 58,1 m².

8 Der Innenkreis hat einen Radius von etwa 4,2 cm.

8 Quadrat: $a = 5$ cm; $u = 20$ cm;
Kreis: $r = 2{,}8$ cm; $u \approx 17{,}7$ cm

9 Das Feld hat eine Fläche von etwa 4,52 m², also benötigt man etwa 90 Blumen.

9 a) Der Rasensprenger bewässert etwa 1256,6 m².
b) Er müsste etwa 28 m weit sprühen.

10 Abbildung maßstäblich verkleinert.

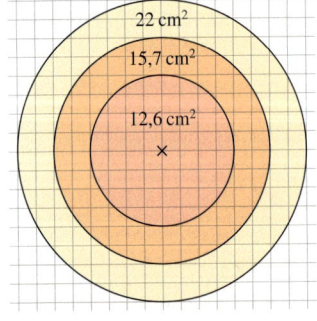

10 Abbildung maßstäblich verkleinert.

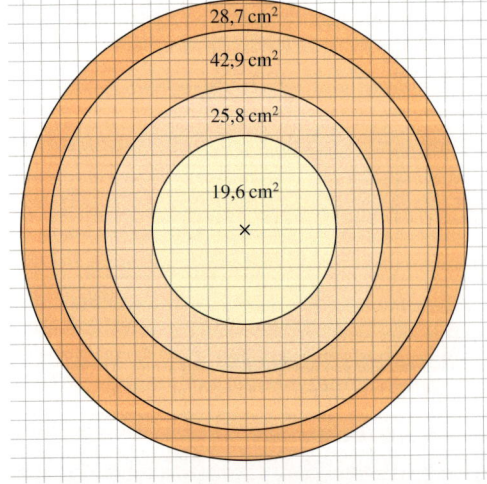

11 Die Ringfläche $A_{\text{Kreisring}} \approx 233{,}3\,\text{cm}^2$ ist größer als die Kreisfläche $A_{\text{Innenkreis}} \approx 113{,}1\,\text{cm}^2$.

11 Die Speicherkapazität einer CD-ROM beträgt etwa 7,55 MB pro cm^2 ($A_{\text{Kreisring}} \approx 92{,}7\,\text{cm}^2$).

12 Die Kreise haben alle einen Gesamtumfang von etwa 15,71 cm und eine Gesamtfläche von etwa $19{,}63\,\text{cm}^2$

① $b \approx 5{,}24\,\text{cm}$; $A_{\text{Sektor}} \approx 6{,}54\,\text{cm}^2$ ② $b \approx 3{,}14\,\text{cm}$; $A_{\text{Sektor}} \approx 3{,}93\,\text{cm}^2$ ③ $b \approx 2{,}62\,\text{cm}$; $A_{\text{Sektor}} \approx 3{,}27\,\text{cm}^2$

④ $b \approx 1{,}96\,\text{cm}$; $A_{\text{Sektor}} \approx 2{,}45\,\text{cm}^2$ ⑤ $b \approx 1{,}57\,\text{cm}$; $A_{\text{Sektor}} \approx 1{,}96\,\text{cm}^2$

13 $A_{\text{rot}} \approx 4{,}8\,\text{m}^2$; $A_{\text{blau}} \approx 19{,}7\,\text{m}^2$

13 Die Fläche ist etwa $2{,}76\,\text{m}^2$ groß.

Teste dich!

Seite 152

1 $r_Ⓐ = 3\,\text{cm}$; $d_Ⓐ = 6\,\text{cm}$; $u_Ⓐ \approx 18{,}8\,\text{cm}$;

$r_Ⓑ = 2{,}5\,\text{cm}$; $d_Ⓑ = 5{,}0\,\text{cm}$; $u_Ⓑ \approx 15{,}7\,\text{cm}$;

$r_Ⓒ = 2\,\text{cm}$; $d_Ⓒ = 4\,\text{cm}$; $u_Ⓒ \approx 12{,}6\,\text{cm}$

2 Der Baum hat einen Radius von etwa 2,39 m und eine Querschnittsfläche von etwa $17{,}90\,\text{m}^2$

3

	r	d	u	A
a)	6,0 cm	**12,0 cm**	**37,7 cm**	**113,1 cm²**
b)	**1,05 dm**	2,1 dm	**6,6 dm**	**3,46 dm²**
c)	**111,0 m**	**222,0 m**	697,4 m	**38 703,8 m²**
d)	**22,0 m**	**44,0 m**	**138,2 m**	1520,5 m²
e)	4,5 cm	**9,0 cm**	**28,3 cm**	**63,6 cm²**
f)	**15 mm**	30 mm	**94,2 mm**	**706,9 mm²**

4 Der Gärtner braucht etwa 96 Blumen ($A \approx 11{,}95\,\text{m}^2$).

5 a) $u \approx 88{,}0\,\text{mm}$; $A \approx 615{,}75\,\text{mm}^2$;   b) $u \approx 19{,}0\,\text{cm}$; $A \approx 21{,}50\,\text{cm}^2$;

6 Das Sendegebiet des Senders hat einen Radius von 50 km.

7 a) Die Aussage ist falsch.
Der Flächeninhalt des Quadrats ist $25\,\text{cm}^2$, der des Kreises etwa $78{,}5\,\text{cm}^2$.
b) Die Aussage ist wahr.
Der Flächeninhalt des Quadrats ist $36\,\text{cm}^2$, der des Kreises etwa $28{,}3\,\text{cm}^2$.

8 $A_{\text{Zentrum}} \approx 7{,}07\,\text{cm}^2$; $A_{\text{Ring 1}} \approx 56{,}55\,\text{cm}^2$; $A_{\text{Ring 2}} \approx 113{,}10\,\text{cm}^2$; $A_{\text{Ring 3}} \approx 169{,}65\,\text{cm}^2$; $A_{\text{Ring 4}} \approx 226{,}20\,\text{cm}^2$

9 Der äußere Umfang beträgt etwa 34,0 cm, der Flächeninhalt etwa $51{,}84\,\text{cm}^2$.

Zylinder

Noch fit?

Seite 154

1 a) 20 mm   b) 0,5 km
c) 600 cm²   d) 200 mm²
e) 2000 mm³   f) 4000 dm³

1 a) 325 mm   b) 0,8 m
c) 7500 cm²   d) 3,2 dm²
e) 0,025 l   f) 42 200 mm³

2 $50\,000\,\text{mm}^2 < 500\,000\,\text{mm}^2 < 55\,\text{dm}^2 < 5\,\text{m}^2\,55\,\text{cm}^2 = 5{,}55\,\text{m}^2$
$< 500\,\text{m}^2 < 5050\,\text{m}^2 < 0{,}555\,\text{km}^2 < 5{,}05\,\text{km}^2$

2 $2000\,\text{mm}^3 < 230\,\text{ml} < 340\,\text{ml} < 4{,}5\,\text{l} < 50\,000\,\text{cm}^3 < 64\,\text{dm}^3$
$< 0{,}07\,\text{m}^3 < 33{,}5\,\text{m}^3 < 0{,}000\,12\,\text{km}^3$

3 a) $V = 105\,\text{cm}^3$ b) $V = 216\,\text{cm}^3$

3 a) $V = 4800\,\text{cm}^3$ b) $V = 27\,\text{cm}^3$

4 $u_{\text{G}} = 11\,\text{cm}$; $M = 94{,}6\,\text{cm}^2$

4 $A_{\text{G}} = 292{,}5\,\text{cm}^2$; $O = 6093\,\text{cm}^2 = 60{,}93\,\text{dm}^2$
$l_{\text{Kanten}} = 434\,\text{cm}$

5

	a)	b)	c)	d)
r	15 cm	**1,75 m**	**1,73 cm**	**6,25 cm**
d	**30,00 cm**	**3,50 m**	**3,46 cm**	12,5 cm
u	**94,25 cm**	11 m	**10,87 cm**	**39,27 cm**
A	**706,86 cm²**	**9,62 m²**	9,4 cm²	**122,72 cm²**

Klar so weit?

1 z.B. Ein Glas, eine Konservendose und eine Chipspackung.
  a) Die Chipspackung hat die größte Höhe.
  b) Die Konservendose hat den größten Durchmesser.

1 a) z.B. Kreide, Litfaßsäule, Baumstamm
  b) z.B. Thunfischdose, Münze, Autoreifen

2

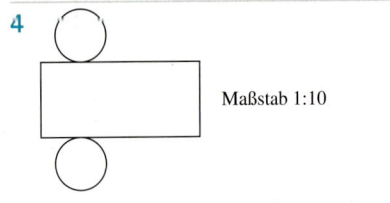

Deckfläche — Mantel — Höhe — Grundfläche

2

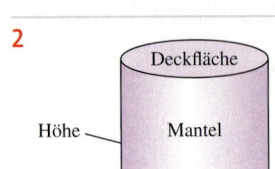

Deckfläche — Mantel — Höhe — Grundfläche

3

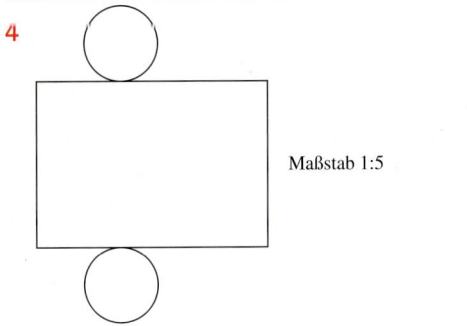

1. Zeichne den Durchmesser mit $d = 6$ cm und markiere den Mittelpunkt.
2. Zeichne durch den Mittelpunkt eine 3 cm lange Senkrechte.
3. Skizziere die ellipsenförmige Grundfläche.
4. Trage die Höhe $h_k = 3,5$ cm links und rechts ab.
5. Skizziere die ellipsenförmige Deckfläche.

3

1. Zeichne den Durchmesser mit $d = 2,6$ cm und markiere den Mittelpunkt.
2. Zeichne durch den Mittelpunkt eine 1,3 cm lange Senkrechte.
3. Skizziere die ellipsenförmige Grundfläche.
4. Trage die Höhe $h_k = 2$ cm links und rechts ab.
5. Skizziere die ellipsenförmige Deckfläche.

4

Maßstab 1:10

4

Maßstab 1:5

5 Nein, denn die Seite des Rechtecks ist kleiner als der Umfang der Kreise.

5 a) Mit dem mittelgroßen oder dem kleinen Kreis, je nachdem, wie man das Rechteck herumlegen möchte, kann der Mantel eines Zylinders erstellt werden.
  b) Mit dem kleinsten Kreis

6

	r	d	h_k	G	M	O
a)	3,0 cm	6,0 cm	3,5 cm	28,27 cm²	65,97 cm²	122,52 cm²
b)	0,5 m	1,0 m	13,5 m	0,79 m²	42,41 m²	43,98 m²
c)	12 dm	24 dm	123 cm	245,39 dm²	927,4 dm²	1 832,18 dm²

6

	r	d	h_k	M	O
a)	2,5 cm	5 cm	6,9 cm	108,38 cm²	147,65 cm²
b)	0,6 m	1,2 m	0,8 m	301,6 dm²	5,28 m²
c)	0,375 m	0,75 m	0,5 m	1,18 m²	206,17 dm²

7 Der Behälter hat die Oberfläche von etwa 45,2 m².

7 Es werden ca. 7621,3 cm², also ca. 0,762 m² Blech benötigt.

8 a) $V = 2\,814,9$ cm³
  b) $V = 458$ cm³
  c) $V = 475$ cm³

8 a) $d = 6,8$ cm; $V = 294,2$ cm³
  b) $r = 31$ cm; $V = 132\,839,1$ cm³
  c) $d = 18,4$ cm; $h_k = 100$ cm

9 $V_{\text{Kerze}} = 157,08\,\text{cm}^3$, $5 \cdot 157,08 = 785,4\,\text{cm}^3$
Mareike muss $785,4\,\text{cm}^3$ Wachs kaufen.

10 a) $V_{\text{links}} = 1\,206,4\,\text{cm}^3$; $V_{\text{rechts}} = 2\,412,7\,\text{cm}^3$
b) $V_{\text{links}} = 791,7\,\text{cm}^3$; $V_{\text{rechts}} = 1\,583,4\,\text{cm}^3$
c) $V_{\text{links}} = 1\,154,5\,\text{cm}^3$; $V_{\text{rechts}} = 2\,309,1\,\text{cm}^3$
d) $V_{\text{links}} = 2\,042,8\,\text{cm}^3$; $V_{\text{rechts}} = 4\,085,6\,\text{cm}^3$
Das rechte Glas hat auch immer das doppelte Volumen des linken Glases.

11 Der Wassertank hat ein Fassungsvermögen von $1\,257\,\text{l}$.

12 $V = 26\,703\,538\,\text{cm}^3$; $0,008\,92 \cdot V = 238\,195$
Es wurden $238\,196\,\text{kg}$ Kupfer verbraucht.

9 a) Die Platte ist $26,2\,\text{kg}$ schwer.
b) Die Platte ist $17\,\text{kg}$ schwer.

10 a) Sie stimmt. Wenn der Radius r sich verdoppelt, dann wird r^2 viermal so groß (da $(2\,r)^2 = 4\,r^2$) und somit auch das Volumen.
b) Sie muss sich vervierfachen.
c) Sie verachtfacht sich.

11 Der Mörtelkübel hat eine Höhe von $0,64\,\text{m}$.

12 Der Mühlstein hat eine Masse von $48,6\,\text{kg}$.

Teste dich!

1 Abbildung maßstäblich verkleinert.

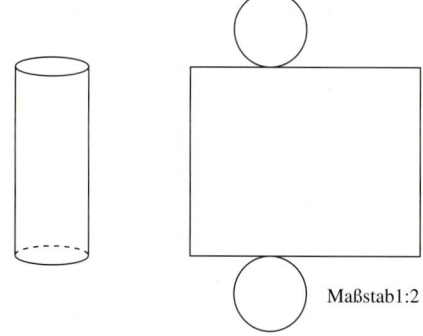

Maßstab 1:2

2 a) $M = 201,06\,\text{cm}^2$; $O = 301,59\,\text{cm}^2$
b) $M = 1\,508\,\text{cm}^2 = 15,08\,\text{dm}^2$; $O = 2\,136,3\,\text{cm}^2 = 21,36\,\text{dm}^2$
c) $M = 28,59\,\text{m}^2$; $O = 105,56\,\text{m}^2$

3 Man benötigt mindestens $534,1\,\text{cm}^2$ Blech.

4 Man braucht also $462,2\,\text{cm}^2$ Blech pro Dose.

5 a) $628,32\,\text{cm}^3$
b) $150\,796,45\,\text{cm}^3$, also $0,15\,\text{m}^3$
c) $703,72\,\text{cm}^3$, also $0,70\,\text{dm}^3$

6 $O = 2\,092,30\,\text{mm}^2$; $V = 7\,125,13\,\text{mm}^3$

7 a) $1\,323,24\,\text{g}$
b) $612,61\,\text{g}$
c) $14\,886,44\,\text{g}$

8 a) Zeichenübung
b) Es sind ca. $8,8\,\text{m}^2$ Werbefläche.
c) Die Kosten betragen $644,69\,€$.

9 a) Zeichenübung
b) $V_{\text{Quader}} = 147\,\text{cm}^3$; $V_{\text{Zylinder}} = 11\,\text{cm}^3$; Das Werkstück hat ein Volumen von $136\,\text{cm}^3$.
c) Das Werkstück hat eine Masse von $369,92\,\text{g}$.

Eignungstest

1 47 051
2 106 002
3 4 163 656
4 73 074 253
5 144

6 individuell, z. B.
Die Spannweite eines Menschen entspricht in etwa seiner Körpergröße. Die acht Kinder umfassen den Baum in einer Höhe von 1,50 m. Von den Schultern bis zum oberen Ende des Kopfes sind es ca. 25 cm. Annahme: Die Kinder sind im Durchschnitt 1,75 m groß. Wenn sich die Hände der acht Kinder an den Fingerspitzen berühren, hat die Linde einen Umfang von ca. 12 m.

7 Die Schätzung der Höhe einer 1-Cent-Münze ist individuell.
Bei einer Höhe von 1,67 mm beträgt die Höhe des Münzstapels 2004 km.

8 Antwort ④ ist richtig.

9 Zwei Dezimeter sind der 0,000 2-te Teil eines Kilometers: $\frac{0,2\,\text{m}}{1\,000\,\text{m}} = 0,000\,2$

10 Aus dem Konzentrat können 7 Mix-Getränke hergestellt werden.

11 Es müssen 34 Behälter angeschafft werden.

12 Auf 200 km werden 10 l Benzin verbraucht.
Mit 24 l Benzin im Tank kann das Motorrad eine Strecke von 480 km zurücklegen.

13 Sieben Pferde fressen 35 kg Heu.

14 Ein Schüler allein benötigt acht Stunden für die Präsentation.

15 Es werden 100 Fliesen in der Größe 54 cm × 35 cm benötigt (Verschnitt nicht mit eingerechnet).

16 Es wurden 60 % richtig gelöst.

17 50 % der Aufgaben lag zwischen leicht und schwierig.

18 Julia kann 1 740 € anlegen.

19 Die Schule hat 156 aktive Fußballer.

20 Man erhält 77,33 € Zinsen.

21 Justin hat seinen Eltern 10 € zu zahlen.

22 Mareike benötigt einen Gewinn in Höhe von 1 090 909,09 €.

23 Gestern war Montag.

24 Gestern war Montag.

25 Greta hat 75 €.

26 Vicky ist die größte.

27 Es sind sieben pinkfarbene Rosen im Strauß.

28 a) 5   b) 102   c) 18   d) 17   e) 131

29 27
30 3 000
31 7
32 81

33 a) $x = 2$ b) $x = 20$

34 Das Auto fährt noch ca. 13,33 m weiter.

35 Er fährt 140 km.

36 Der jüngere Bruder ist 19 Jahre alt, seine ältere Schwester ist 25 Jahre alt.

37 Die größtmögliche Platte ist 2 m breit und 2 m lang.

38 Lothar gewinnt: Bei Kilometer 9,9 sind beide gleich auf. Da Lothar schneller fährt als Julian, erreicht Lothar als erster das Ziel.

39 Das Auto kostet 6 800 €.

40 ① wahr
② falsch
③ wahr
④ falsch

41 a) Simon fährt 5 km.
b) Ahmet fährt 8 km.
c) Simon kommt um 16:55 Uhr im Café an.
d) Ahmet kommt zuerst im Café an.
e) Ahmet wartet zehn Minuten auf Simon.
f) Ahmet hält unterwegs an.
g) Ahmet hält für fünf Minuten an.
h) Simon erreicht die höhere Geschwindigkeit.

42 a) Das Wasser wird um 17:40 Uhr eingelassen.
b) Das Einlassen dauert zehn Minuten.
c) Es befinden sich 160 Liter Wasser in der Wanne.
d) Um 18:10 Uhr wird der Stöpsel gezogen.
e) Um 18:13 Uhr verstopft ein Waschlappen den Abfluss.
f) Das Ablaufen dauert insgesamt 15 Minuten.
g) Ohne die Verstopfung wäre das Wasser innerhalb von sechs Minuten abgelaufen.

Abschlusstest

1 a) 3250   b) $\frac{2}{5}$ c) 9

2 a) 0,1 kg   b) 200 m

3 $2(2 \cdot (-3) + 4 \cdot 2) = 4$

4 a) $7a - 4 + 5b$ b) $5 + 3a + 5b$

5 $v = 6u$

6 Zeichenübung: Die Strecke muss 5 cm lang sein.

7 50 €

8 Zeichenübung: $g \cdot h = 18 \, \text{cm}^2$

9 $u = 15 \, \text{cm}$; $A = 13,5 \, \text{cm}^2$

10 $x = 12$

11 a) Die Gehaltserhöhung beträgt 80 €.   b) Das neue Gehalt beträgt 2080 €.

12 a)

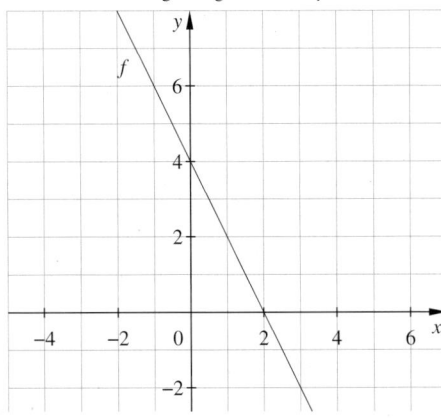

b) Die Nullstelle liegt bei $N(2|0)$; der Schnittpunkt mit der y-Achse liegt bei $S(0|4)$.

c) Der Anstieg beträgt -2.

d) Die Funktion ist fallend.

13 a) $P(\text{„Erster"}) = \frac{1}{6}$ b) $P(\text{„Letzter"}) = \frac{1}{6}$ c) $P(\text{„Erster oder Zweiter"}) = \frac{1}{3}$ d) $P(\text{„nicht Erster"}) = 1 - \frac{1}{6} = \frac{5}{6}$

14 a) $r \approx 15 \, \text{cm}$ b) $A \approx 706,9 \, \text{cm}^2$

15 $V = 33,3 \, \text{cm}^3 = 33\frac{1}{3} \, \text{cm}^3$

16 a) Zeichenübung   b) Es wurden 9400 cm³ Glas benötigt.

    c) $V = 60\,000 \, \text{cm}^3 = 60 \, \text{l}$ d) Das Aquarium enthält 57 Liter.

Arbeiten mit einer Formelsammlung

Formelsammlungen enthalten alle wichtigen mathematischen Formeln, mathematische Symbole, das griechische Alphabet, Umrechnungen usw. Formelsammlungen dienen als Nachschlagewerk. Die Informationen sind dort meist sehr kurz ohne Beispiele oder erklärende Texte zusammengefasst.

Die Inhalte sind nach mathematischen Teilgebieten sortiert. Zum Nachschlagen kann man entweder das Inhaltsverzeichnis am Anfang oder das Stichwortverzeichnis am Ende der Formelsammlung verwenden.

Oft weichen einzelne Begriffe von den aus dem Unterricht bekannten Begriffen ab. Darüber hinaus enthält eine Formelsammlung meist auch mathematische Inhalte, die (bisher) im Unterricht nicht behandelt wurden.

Beachte, dass die Formeln gegebenenfalls erst nach der gesuchten Größe umgestellt werden müssen.

Auf den nachfolgenden Seiten findest du einen Auszug aus einer Formelsammlung. Sie enthält alle mathematischen Inhalte, die du auch bei der zentralen Abschlussprüfung verwenden darfst.

Beispielseite aus einer Formelsammlung

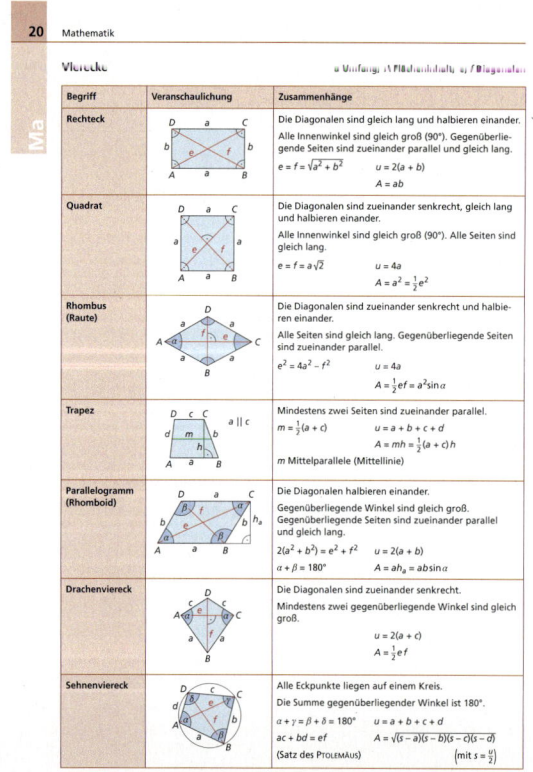
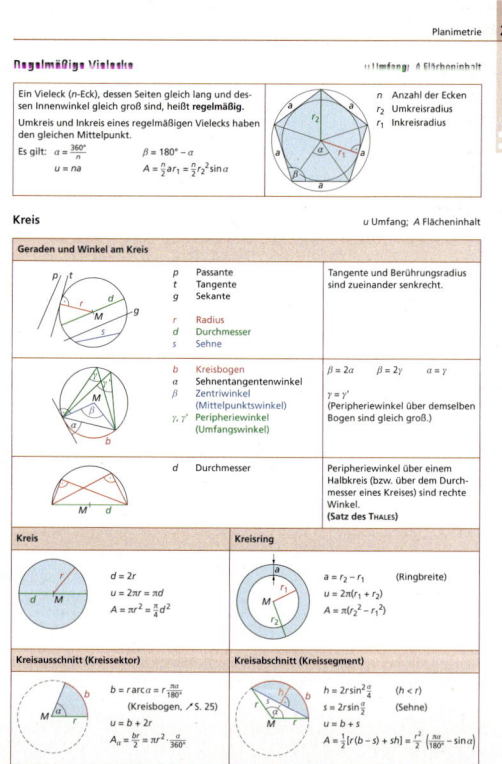

Formelsammlung

Quadratische Gleichungen	
Normalform: $x^2 + p \cdot x + q$	Lösung: $x_{1/2} = -\frac{p}{2} \pm \sqrt{\left(\frac{p}{2}\right)^2 - q}$; wenn $\left(\frac{p}{2}\right)^2 - q \geq 0$, sonst keine Lösung

Zahlen und Variablen

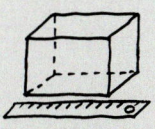

Geometrie

Flächenberechnung

Quadrat

$A = a^2$

$u = 4 \cdot a$

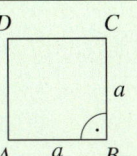

Rechteck

$A = a \cdot b$

$u = 2 \cdot a + 2 \cdot b$

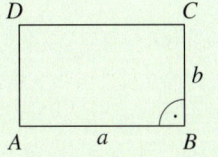

Dreieck

$A = \frac{g \cdot h}{2}$

$u = a + b + c$

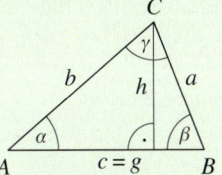

Satz des Pythagoras

Im rechtwinkligen
Dreieck gilt:

$a^2 + b^2 = c^2$

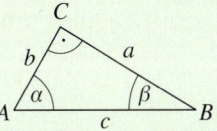

Parallelogramm

$A = g \cdot h$

$u = 2 \cdot a + 2 \cdot b$

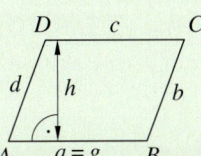

Trapez

$A = \frac{a + c}{2} \cdot h$

$u = a + b + c + d$

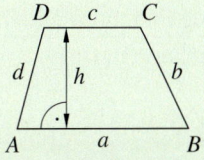

Kreis

$d = 2 \cdot r$

$A = \pi \cdot r^2 = \pi \cdot \frac{d^2}{4}$

$u = 2 \cdot \pi \cdot r = \pi \cdot d$

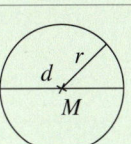

Kreissektor und Kreisbogen

$A = \frac{\pi \cdot r^2 \cdot \alpha}{360°}$

$b = \frac{\pi \cdot r \cdot \alpha}{180°}$

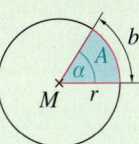

Kreisring

$A = \pi \cdot r_a{}^2 - \pi \cdot r_i{}^2$

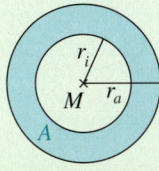

Zusätzlich für den E-Kurs

Raute

$A = \frac{e \cdot f}{2}$

$u = 4a$

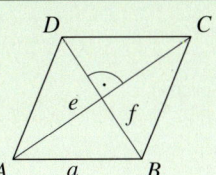

Drachen

$A = \frac{e \cdot f}{2}$

$u = 2a + 2b$

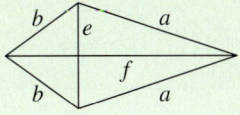

Körperberechnung

Würfel

$V = a^3$

$O = 6 \cdot a^2$

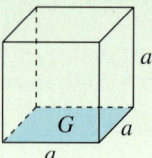

Quader

$V = a \cdot b \cdot c$

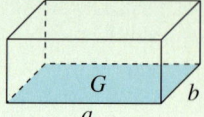

$O = 2 \cdot a \cdot b + 2 \cdot a \cdot c + 2 \cdot b \cdot c$

Prisma

$V = G \cdot h_k$

$M = u \cdot h_k$

$O = 2 \cdot G + M$

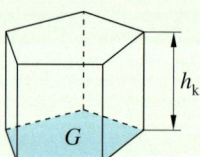

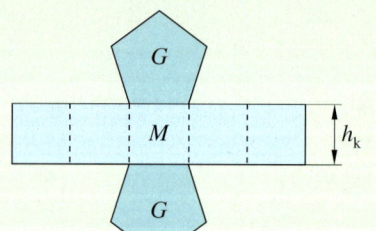

Zylinder

$V = \pi \cdot r^2 \cdot h_k$

$O = 2 \cdot \pi \cdot r^2 + 2 \cdot \pi \cdot r \cdot h_k$

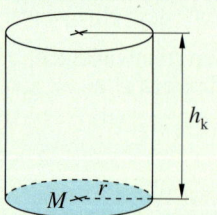

Quadratische Pyramide

$V = \frac{a^2 \cdot h_k}{3}$

$O = a^2 + 2 \cdot a \cdot h_s$

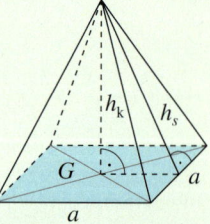

Kegel

$V = \frac{\pi \cdot r^2 \cdot h_k}{3}$

$O = \pi \cdot r^2 + \pi \cdot r \cdot s$

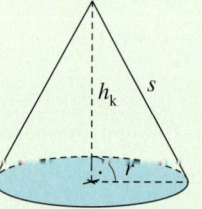

Kugel

$V = \frac{4 \cdot \pi \cdot r^3}{3}$

$O = 4 \cdot \pi \cdot r^2$

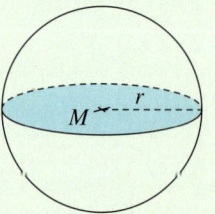

Trigonometrie

Im rechtwinkligen Dreieck gilt:

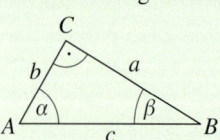

$\sin \alpha = \frac{a}{c} = \dfrac{\text{Gegenkathete von } \alpha}{\text{Hypotenuse}}$

$\cos \alpha = \frac{b}{c} = \dfrac{\text{Ankathete von } \alpha}{\text{Hypotenuse}}$

$\tan \alpha = \frac{a}{b} = \dfrac{\text{Gegenkathete von } \alpha}{\text{Ankathete von } \alpha}$

Zusätzlich für den E-Kurs

Im allgemeinen Dreieck gilt:

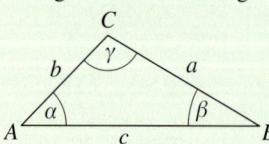

Kosinussatz:

$a^2 = b^2 + c^2 - 2\,b\,c \cdot \cos \alpha$

$b^2 = a^2 + c^2 - 2\,a\,c \cdot \cos \beta$

$c^2 = a^2 + b^2 - 2\,a\,b \cdot \cos \gamma$

Sinussatz:

$\dfrac{a}{\sin \alpha} = \dfrac{b}{\sin \beta} = \dfrac{c}{\sin \gamma}$

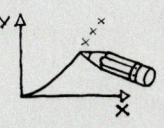

Funktionen

Prozentrechnung

G: Grundwert
W: Prozentwert
$p\%$: Prozentsatz

$$W = \frac{G \cdot p}{100}$$

Zinsrechnung

Zinsformel:
K: Kapital
Z: Zinsen
$p\%$: Zinssatz in Prozent

$$Z = K \cdot \frac{p}{100} \cdot \frac{t}{360}$$

Zinseszins:
K_0: Kapital am Anfang
K_n: Kapital nach n Jahren
n: Zeit in Jahren
$p\%$: Zinssatz in Prozent

Zinsfaktor: $q = \frac{100 + p}{100}$

$$K_n = K_0 \cdot q^n$$

Zusätzlich für den E-Kurs: Wachstum und Zerfall

G_0: Wert am Anfang
G_n: Wert nach n Jahren

$$q = \frac{100 \pm p}{100}$$

$$G_n = G_0 \cdot q^n$$

Stichwortverzeichnis

Bildverzeichnis

Titel euroluftbild.de/Gerhard Launer; **5** Fotolia/styf; **13** Storm, S., Berlin; **14** Fotolia/sonya etchison; **15** Fotolia/Andres Rodriguez; **16** Fotolia/Deklofenak; **18** iStockphoto.com/Vassiliy Vishnevskiy; **21** Feltes, T., Berlin; **22** Fotolia/Martin Lehotkay; **30/1** Fotolia/auremar; **30/2** picture alliance/blickwinkel/M; **35** stock.adobe.com/Zoschy; **37/1** Shutterstock/auremar; **37/2** Fotolia/Ruediger Rau; **37/3** Fotolia/Gina Sanders; **39/1** Shutterstock/Lerche&Johnson; **39/2** Shutterstock/MiVa; **40/1** Shutterstock/Givaga; **40/2** Shutterstock/Irina Rogova; **41** Shutterstock/iofoto; **42/1** Shutterstock/Art Allianz; **42/2** Laif/Jochen Eckel/SZ Photo; **45** Shutterstock/Monkey Business Images; **46/1** Fotolia/twystydigi; **46/2** Fotolia/Krawczyk-Foto; **50** Mauritius images/Onoky; **53** Clip Dealer/Alexander Raths; **58/1** Shutterstock/Monkey Business Images; **58/2** Shutterstock/Monkey Business Images; **61** Shutterstock/FAUP; **63** Fotolia/Lucky Dragon; **64** Grimm's GmbH, Hochdorf; **67** Döring, V., Hohen Neuendorf; **71** Döring, V., Hohen Neuendorf; **74** Fotolia/Lars Johansson; **80/1** Corbis/2/Ocean; **80/1** Corbis/13/Michelangelo Gratton/Ocean; **80/1** Corbis/2/Michelangelo Gratton/Ocean; **80/1** Corbis/Pictures; **82/1** Fotolia/apops; **82/2** Fotolia/Syda Productions; **82/3** Fotolia/Antico Portone; **85** Hartmut Skerbisch, Fraktal PYTHAGORASBAUM/© kunstGarten Graz, Irmi und Reinfrid Horn; **94** Okapia/NAS/New York Public; **97** Fotolia/Kara; **100** Fotolia/MaBiCeLeTa; **103/1** Shutterstock/Eduardo Rivero; **103/2** Shutterstock/the goatman; **106/1** Fotolia/minicel73; **106/2** Fotolia/Kara; **109** Corbis/Dieter Heinemann/Westend61; **110/1** Cornelsen Schulverlage GmbH; **110/2** Fotolia/dipego; **110/3** Fotolia/M. Schuppich; **114/1** Shutterstock/EMprize; **114/2** Shutterstock/Peter Bernik; **114/3** Shutterstock/Peter Bernik; **124** Shutterstock/EMprize; **125** Shutterstock/DUSAN ZIDAR; **126/1** Fotolia/lightpoet; **126/2** Shutterstock/anyaivanova; **126/3** Corbis/Ocean; **128** F1 online; **129** Shutterstock/vvoe; **131/1** Fotolia/sss78 ; **131/2** Shutterstock/pogonici; **131/3** Shutterstock/Winai Tepsuttinum; **131/4** picture alliance/Eibner-Pressefoto; **131/5** Fotolia/lightpoet; **132** Fotolia/siebenla; **133/1** Shutterstock/Lilac Mountain; **133/2** Mauritius images/Alexander Kupka; **133/3** Your photo today/A1 pix/Friedel Gierth; **134** Bridgeman Art Library; **135** Fotolia/Coloures-Pic; **136/1** Shutterstock/Stocksnapper; **136/2** Shutterstock/Ivan Smuk; **136/3** Fotolia/sonnenflut; **136/4** Clip Dealer/Konnenhill; **136/5** F1 online; **138** Fotolia/scaliger; **139/1** Shutterstock/alexmillos; **139/2** picture alliance/Reiner Hackenberg; **140** Fotolia/ArtHdesign; **141** Fotolia/Kostia Lomzov; **142** Fotolia/petra b.; **143** Shutterstock/Henryk Sadura; **144/1** Fotolia/Milos Cirkovic; **144/2** picture alliance/empics; **146/1** Fotolia/Tristan3D; **146/2** mauritius images/Alamy; **146/3** Fotolia/lizascotty; **147/1** Fotolia/skatzenberger; **147/2** Fotolia/dimakp; **148/1** Kensel, Hameln; **148/2** Imago; **149/1** Fotolia/Jack Jelly; **149/3** Fotolia/Martin Schlecht; **150/1** Fotolia/michaeljung; **150/2** Fotolia/Javier Cuadrado; **150/3** Fotolia/Hardy; **150/4** Voit, R., München; **150/5** Fotolia/mirpic; **150/6** Fotolia/Delphimages; **150/7** Fotolia/Stefan Körber; **153** Imago/imagebroker/auth; **157/1** Fotolia/aigarsr; **157/3** Fotolia/PANORAMO; **157/2** Look; **157/4** Fotolia/Adrian v. Allenstein; **157/5** Clip Dealer/Discovod; **157/6** Fotolia/DenisNata; **157/7** Fotolia/coolnina; **157/8** Fotolia/Christian Delbert; **157/9** Fotolia/masterzphotofo; **157/10** Fotolia/pupes1; **157/11** Fotolia/rdnzl; **157/12** Fotolia/Denver; **157/13** Fotolia/unpict; **157/14** Fotolia/PhotoSG; **158/1** Fotolia/indigolotos; **158/2** Shutterstock/Vector1st; **158/3** Fotolia/klick klick; **158/4** Shutterstock/Petr Malyshev; **158/5** Shutterstock/nui7711; **160** Shutterstock/uniwind; **161/1** Fotolia/Africa Studio; **161/2** Shutterstock/Sergio Stakhnyk; **161/3** Fotolia/designsstock ; **161/4** Fotolia/syomao ; **164** Fotolia/ignatius44; **165/1** Corbis/Björn Kärf; **165/2** Fotolia/Taffi; **166** Fotolia/industrieblick; **169/1** Shutterstock/frotos; **169/2** Döring, V. Hohen Neuendorf; **169/3** Fotolia/Matthias Buehner; **169/4** Shutterstock/Ivonne Wierink; **169/5** Fotolia/Cécile Haupas; **170/1** Shutterstock/Veronika Surovtsev; **170/2** Fotolia/Sven Petersen; **170/3** picture-alliance/dpa; **170/4** Fotolia/bettina sampl; **171** Fotolia/vodolej; **172/1** Fotolia/ehrenberg-bilder; **172/2** Fotolia/Ingo Bartussek; **172/3** Fotolia/WimL; **175** Fotolia/fotomek **181** Mauritius images/mauritius images/Alexander Kupka; **182/1** Fotolia/kartos; **182/2** Shutterstock/joyfull; **182/3** Fotolia/viappy; **182/4** Fotolia/WavebreakMediaMicro; **182/5** Fotolia/Syda Productions; **182/6** Fotolia/Kurhan; **182/7** Shutterstock/Alexander Raths; **182/8** Fotolia/Kadmy; **182/9** Fotolia/Robert Kneschke; **182/10** Fotolia/Gina Sanders; **182/11** Shutterstock/Tyler Olson; **182/12** Shutterstock/Firma V; **193** s. Titel

Die Screenshots auf den Seiten 7 und 53 wurden mit Microsoft Excel® erstellt. Microsoft Excel® ist ein eingetragenes Warenzeichen der Microsoft Corporation.

Medien und Werkzeuge in der Mathematik

Viele mathematische Fragestellungen lassen sich mithilfe von Werkzeugen beantworten. Oft fehlen aber auch wichtige Informationen, bevor man sich für das richtige Werkzeug entscheiden kann.

Meistens können verschiedene Medien oder Werkzeuge verwendet werden, um dieselbe Frage zu beantworten.

Informationbeschaffung

Informationen findest du im Schulbuch, im Lexikon, in einer Formelsammlung oder im Internet.
Schlage im Inhaltsverzeichnis oder im Stichwortverzeichnis den gesuchten Begriff nach.
Im Internet hilft dir die Suchfunktion (z. B. Strg + F).
Beachte, dass einige Inhalte nicht der Wahrheit entsprechen oder veraltet sein können. Suche deshalb an verschiedenen Stellen.

Werkzeuge Zirkel, Lineal und Geodreieck

Zum Konstruieren verwendet man Zirkel, Lineal und Geo-dreick. Achte darauf, dass die Mine des Zirkels spitz ist.
Zum Messen und genauen Zeichnen arbeitet man mit einem Geodreieck. Achte auf eine spitze Bleistiftmine.

Werkzeug Taschenrechner

Der Taschenrechner ist schnell einsatzbereit und liefert schnell Ergebnisse. Überschlage zur Kontrolle deine Rechnungen.
Beachte, dass die Tastenfolge bei einer Berechnung vom Modell abhängt ebenso wie die Anzahl der Stellen, auf die gerundet wird.

Werkzeug DGS und Funktionenplotter

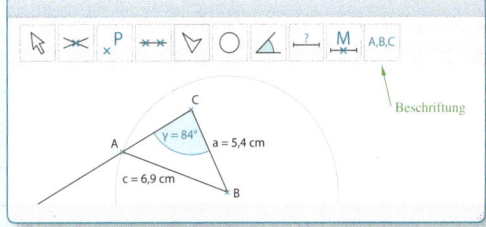

Mit einer dynamischen Geometrie-Software können Figuren schnell und genau konstruiert, bewegt und dynamisch verändert werden. Die Software kann Berechnungen ausführen, z. B. für Längen, Flächen und Winkel.
Fertige Zeichnungen können zusammen mit dem Konstruktions-protokoll gespeichert und ausgedruckt werden.
Ein Funktionenplotter stellt Funktionsgraphen im Koordinaten-system dar. Das Programm berechnet meist auch z. B. Nullstel-len und Schnittpunkte.